“十三五”国家重点出版物出版规划项目

光电子科学与技术前沿丛书

硅基纳米结构材料及其在太阳电池器件中的应用

徐 骏 等 著

科 学 出 版 社

北 京

内 容 简 介

随着人类文明的不断发展，对能源的需求与依赖越来越强烈，而如何获得高效、清洁和可持续的能源，是当前全社会都共同关注的问题。其中一个具有重要应用前景的方向是硅基太阳能光伏器件的研究，利用不断发展的半导体纳米结构材料，有可能使得硅基太阳能电池器件突破当前的效率瓶颈，对人类社会产生巨大影响。

本书系统介绍了半导体硅基纳米结构的制备及其在新型太阳电池中的应用，在阐述硅基太阳能电池原理与制备过程的基础上，重点阐述了国内外利用硅基纳米结构在太阳能电池中应用的最新研究进展。本书主要包括太阳光谱与半导体太阳电池；太阳电池中的光学吸收增强；纳米硅量子点的可控制备与特性；化学合成方法制备硅量子点及相关光电材料；纳米硅量子点在太阳电池器件中的应用；硅纳米颗粒的冷等离子体法制备及其在太阳电池中的应用；一维Ⅳ族材料纳米结构的湿法制备；新型硅基径向结太阳电池原理与应用。

本书侧重基础研究前沿课题，可为从事相关研究的学者与工程技术人员提供参考，也可供半导体材料与器件等相关专业的本科生和研究生学习和了解相关知识。

图书在版编目(CIP)数据

硅基纳米结构材料及其在太阳电池器件中的应用/徐骏等著. —北京：科学出版社，2016.9
(光电子科学与技术前沿丛书)
“十三五”国家重点出版物出版规划项目
ISBN 978-7-03-049917-2

Ⅰ.①硅… Ⅱ.①徐… Ⅲ.①硅-纳米材料-应用-太阳能电池-元器件-研究 Ⅳ.①TN103②TM914.4

中国版本图书馆CIP数据核字(2016)第219242号

责任编辑：郭建宇
责任印制：谭宏宇 / 封面设计：殷 靓

科学出版社 出版
北京东黄城根北街16号
邮政编码：100717
http://www.sciencep.com

南京展望文化发展有限公司排版
上海叶大印务发展有限公司印刷
科学出版社发行 各地新华书店经销

*

2016年9月第 一 版 开本：B5(720×1000)
2016年9月第一次印刷 印张：17
字数：338 000

定价：96.00元

(如有印装质量问题，我社负责调换)

光电子科学与技术前沿丛书

Preface | 丛书序

“光电子科学与技术前沿”丛书主要围绕近年来光电子科学与技术发展的前沿领域，阐述国内外学者以及作者本人在该前沿领域的理论和实验方面的研究进展。经过几十年的发展，中国光电子科学与技术水平有了很大程度提高，光电子材料、光电子器件和各种应用已发展到一定高度，逐步在若干方面赶上世界水平，并在一些领域走在前头。当前，光电子科学与技术方面研究工作科学规律的发现和学科体系的建设，已经具备系列著书立说的条件。这套丛书的出版将推动光电子科学与技术研究的深入，促进学科理论体系的建设，激发科学发现、技术发明向现实生产力转化。

光电子科学与技术是研究光与物质相互作用的科学，是光学光子学和电子科学的交叉学科，涉及经典光学、电磁波理论、光量子理论，和材料学科、物理学科、化学学科，以及微纳技术、工程技术等，对于科学技术的整体发展和信息技术与物质科学技术的深度融合发展都具有重要意义。光电子科学技术本质上是描述物质运动形态转换规律的科学，从光电转换的经典描述到量子理论，从宏观光电转换材料到微纳结构材料，人们对光电激发动力学的认识越来越深入。随着人们对光电转换规律的发现和应用日益进入自由王国，发明了多种功能先进的光电转换器件以及智能化光电功能系统，开辟了光电功能技术广泛应用的前景。

本丛书将结合当代光电子科学技术的前沿领域，诸如太阳电池、红外光电子、LED 光电子、硅基光电子、激光晶体光电子、半导体低维结构光电子、氧化物薄膜光电子、铁电和多铁材料光器件、纳米光电子、太赫兹光效应、超快光学、自旋光电子、有机光电子、光电子新技术和新方法、飞秒激光微纳加工、新型光电子材料、光纤光电子等领域，阐述基本理论、方法、规律和发现及其应用。丛书有清晰的基本理论体系的线条，有深入的前沿研究成果的描述，特别是包括了作者团队以及国内国际同行的科研成果，并且与高新技术结合紧密。本丛书将在光电科学技术诸多领域建立光电转换过程的理论体系和研究方法框架，提供光电转换的基本理论和技术应用知识，使读者能够通过认识和理解光电转换过程的规律，从而了解光电转换材料器件和应用，同时通过理论知识和研究方法的掌握，提高探索新规律、发明新器件、开拓应用新领域的能力。

我和丛书专家委员会的所有委员们共同期待这套丛书能在涉及光电子科学与技术知识的深度和广度上达到一个新的高度。让我们共同努力，为广大读者提供一套高质量、高水平的光电子科学与技术前沿系列著作，作为对中国光电子科学与技术事业发展的贡献。

2015 年 8 月

Preface | 序言

从人类社会诞生开始，能源就成为人类文明发展赖以生存的基石和不断进步的动力，能源形式也随着社会的发展而逐渐演化，从人力、畜力到火的利用，再到煤、石油、天然气的大规模应用，可以说，人类文明的发展史也是一部能源的发展史。到今天，能源的作用日益重要，是人类文明未来可持续发展的关键。特别是常规能源的不断枯竭及日趋严重的环境问题致使人们不得不考虑未来的能源形式。而利用太阳赐予人类的福祉，将其能量转化为方便且可以直接运用的电能就是人类未来的能源发展方向之一。因而，具有光电转换功能的半导体太阳能电池成为大家十分关注的焦点，也是当今世界各国争相投入进行研发的课题之一。

在当前的太阳能电池技术中，半导体硅材料一直在光伏领域独领风骚。这不仅与其有合适的带隙相关，更归功于硅在地壳中的丰富含量，这使其有可能以较低的成本获得可接受的光电转换效率。但是硅的物理性质，特别是其间接带隙的能带结构又使得在人们进一步提高光电转换效率时受到了制约。Shockley 和 Queisser 指出，基于单晶硅 p－n 结的单结电池的光电转换效率不会高于 30％。而如何进一步提高硅在太阳能电池的光电转换效率，突破 S－Q 效率极限就成为摆在研究者面前的一个极具挑战性的课题。

随着硅基微纳加工技术的不断发展，人们已可成功地制备出小到几个纳米的低维硅基纳米材料与纳米结构。而将其与硅基太阳能电池相结合，在硅基微纳结构材料中，如果光子像在微电子与集成电路器件中的电子一样，可以被有效地调控起来，就可以让更多的光被厚度很薄的电池材料所吸收，让吸收的光产生更多的载流子，让光生载流子具有更高的收集效率等，也就是在不显著增加成本的基础上提高光电转换效率，这也是本书所聚焦的主题。

本书主要作者徐骏教授长期从事硅基纳米结构材料和光电子器件研究，是我国这一重要研究领域有影响的中青年学者。本书汇集了在一线从事相关研究的优秀年青科研工作者撰写各章，融入了丰硕的研究成果与对未来发展的体会，理论与实验兼顾，既有很强的专业性，也有很好的可读性。相信对从事半导体材料与器件研究的科技人员，在读研究生、本科生及有志于在这一领域进行工作的其他人员都有着重要的参考价值与帮助。

张荣

2016 年 6 月

Foreword | 前言

随着作为常规能源形式的石油、天然气、煤炭等日益凸显的资源枯竭问题以及人类社会对环境问题的日益关注，并且在可预见的未来，能源需求与供给之间的差额将越来越明显，特别是对我们国家而言，现探明的常规能源储量远低于世界平均水平，大约只有世界总储量的10%，因此大力研究和发展可再生能源，对国民经济和社会的进一步发展无疑具有极其重要的研究意义与价值，也已成为目前世界各国包括政府、公众、研究机构等的关注焦点。

在各种新能源中，太阳能电池发电是未来最有希望的主要能源形式之一，也是当前世界各国竞相投入、大力研发的关键课题。太阳给我们提供了几乎是永久的免费能量，同时，其光电转换过程也不会产生有害于人类生存环境的废弃物质，因此，备受人们关注。作为未来希望大规模使用的太阳能电池，首要一条就是组成其材料的元素应该是非常丰富的。半导体硅材料，在这一点上，具有其他材料所无法比拟的优势，它在地壳中的含量约为27%，居于第二位，仅次于氧元素，并且基于硅材料的器件制作工艺也已相当成熟，因此，半导体硅是价廉物美的首选太阳能电池基质材料，硅基太阳能电池已成为当前和未来发展的主流。目前，基于单晶硅和多晶硅的太阳能电池已占据市场份额的90%以上，并且预期在未来相当长的一段时期内仍将保持其优势地位。当前，对硅基太阳电池的研究的关键问题就是如何在保持制作成本没有大幅增加的条件下，实现高效率的光电转换，突破单结单晶硅

p-n结太阳电池的效率极限。通过对当前正在迅猛发展的纳米技术、能带工程和掺杂工程的巧妙运用,将先进的半导体薄膜技术、纳米技术和硅基太阳电池器件结合起来,有望实现高效率低成本的新一代硅基太阳能电池,这也是当前国际上的研究前沿和热点问题之一。

我国也非常重视对新一代太阳电池研究中基础科学和技术问题的研究和探索,在国家重点基础研究发展计划项目和国家自然科学基金委员会的重大、重点项目中都设置了相关研究课题。国内许多单位在这一领域和方向上做出了令人瞩目的研究工作。本书以多名国内在第一线的优秀青年研究者的工作为基础,系统介绍了半导体硅基纳米结构的制备及其在新型太阳电池中的应用,重点阐述了国内外利用硅基纳米结构在太阳能电池中应用的最新研究进展,既有理论分析,也有丰富的实验结果,对未来太阳电池的研究工作有着很好的参考作用。本书第1章(太阳光谱与半导体太阳电池)由南京大学李成栋、朱光耀、余林蔚撰写,第2章(太阳电池中的光学吸收增强)由南京大学郑岳凌、周林、朱嘉撰写,第3章(纳米硅量子点的可控制备与特性)由南京大学徐骏、许杰等撰写,第4章(化学合成方法制备硅量子点及相关光电材料)由南京师范大学徐翔星撰写,第5章(纳米硅量子点在太阳电池器件中的应用)由南京大学徐骏、曹蕴清、吴仰晴撰写,第6章(硅纳米颗粒的冷等离子体法制备及其在太阳电池中的应用)由浙江大学赵双易、皮孝东撰写,第7章(一维Ⅳ族材料纳米结构的湿法制备)由中国科学院半导体研究所耿学文、刘智、李传波撰写,第8章(新型硅基径向结太阳电池原理与应用)由南京大学余林蔚、于忠卫、钱晟一、陆嘉文撰写;全书由徐骏负责统筹和统一定稿,曹蕴清和翟颖颖在文字校阅等方面提供了很大帮助。

在当前全社会对环境和能源问题都十分关注的氛围中,对高效率硅基太阳电池的研究既是一个很好的机遇,也面临着巨大的挑战。只有通过在基础研究方面以及器件结构与应用方面深入而创新的工作,才能实现高效率低成本硅基太阳能电池。本书所涉及的课题是当前十分活跃的研究方向,新的研究结果不断出现,一些过去的认识也不断被突破,由于著者的知识水平有限,书中的内容很可能挂一漏万,也可能存在不少不足之处,敬请各位读者和专家批评指正。

徐 骏

2016年4月于南京大学唐楼

Contents | 目 录

第1章

太阳光谱与半导体太阳电池

1.1 太阳能电池的发展背景

从人类开始尝试着探索和征服周围的自然环境以来，生物燃料和化石能源（煤、石油、天然气等）的开采和使用效率直接决定了人们的生活、生产方式。近代以来的高效能源转化技术，直接刺激并支撑着现代文明的一路高歌猛进和飞跃式发展。然而，也正是这样以“燃烧”为主的传统生物化石能量释放方式，已经逐渐将人类活动对生态环境的冲击从“量变”推向了“质变”的边缘。在各个时期中冰层封闭的气氛数据以及实时监控的大气数据显示，大气中主要的温室效应气体二氧化碳（CO_2）浓度的增加几乎与发源于英国的工业革命同时启动，其中煤炭作为蒸汽机燃料的大规模使用和燃气排放成为主要因素。同时，另外一点需要人们警醒的是人类本身对于气候和生态环境变化的承受能力是非常脆弱的。全球温度升高和海平面略微提升都将对人类社会和环境带来巨大、持续的冲击。抛开具体的政治和地域性争论，有一点共识已经在国际社会中逐步达成，即为了实现将全球气温控制在比工业革命前升高2℃的范围内，一个较为宽泛的指标表述是在2050年之前CO_2的全球排放量要在当前的基础上降低70%～85%。为了实现这个“功在当代，利在千秋”的目标，必须为传统的化石能源选择高效、可行的绿色洁净替代能源，并将其在全球范围内推广应用。

不妨从另外一个角度来看看如今化石能源，如煤、石油的燃烧释放能量的模式：化石能源大多由远古时期的动植物生命体，通过光合作用的方式吸收太阳光并将其转化成有机体，然后经过亿万年的沉积和积累形成了当今分布广泛的煤炭、石油和天然气等化石能源。这样的一个能量转换和积累过程是极其漫长而低效的。如此看来，人们今天在花园聚会烧烤时，所点燃的哪怕一小块黑煤炭，它所释放出来的都是几千甚至几万年积累的阳光。如此奢华的盛筵，如何能够无限地持续呢？其实，无论是风能、水能还是其他有机生物能源，无不来源于地球表面所吸收的太阳辐射能。

太阳辐射是维持和推动地表生态环境、动植物繁衍生存和各种自然气候演变的最根本的来源。它的辐射光谱[图 1.1(a)]跨越 200～2 500 nm 波段，峰值在可见光波段 550 nm 附近，十分接近于 5 250℃的黑体辐射分布。每时每刻，太阳光辐照抵达地球外大气表面的平均辐照能量密度为 1 367 W/m^2。在太阳光穿过大气层的过程中，一部分能量将被大气中的水(H_2O)、二氧化碳(CO_2)、一氧化二氮(也称笑气，N_2O)、甲烷(CH_4)、臭氧(O_3)、氧气(O_2)及尘埃等吸收而损失。考虑大气分子吸收与阳光在大气层中穿越的厚度成正比，通常将大气层顶的太阳辐照光谱定义为大气质量(air mass)AM0，而垂直穿越一个大气层厚度(l_0)后的辐照光谱为 AM1。在实际情况下，平均太阳光入射角度为 48°(相对于地表法向)，穿越大气层后抵达海平面处的太阳辐照光谱定义为 AM1.5。AM1.5 辐照光谱也被国际上采纳为地表太阳能电池能量转换效率测试和标定的标准，其光子能量积分后得到的能量密度约为 1 000 W/m^2。在实际应用中，考虑维度、气候的差异，全球平均太阳辐照强度为 230 W/m^2，小于 AM1.5 强度的 1/4。

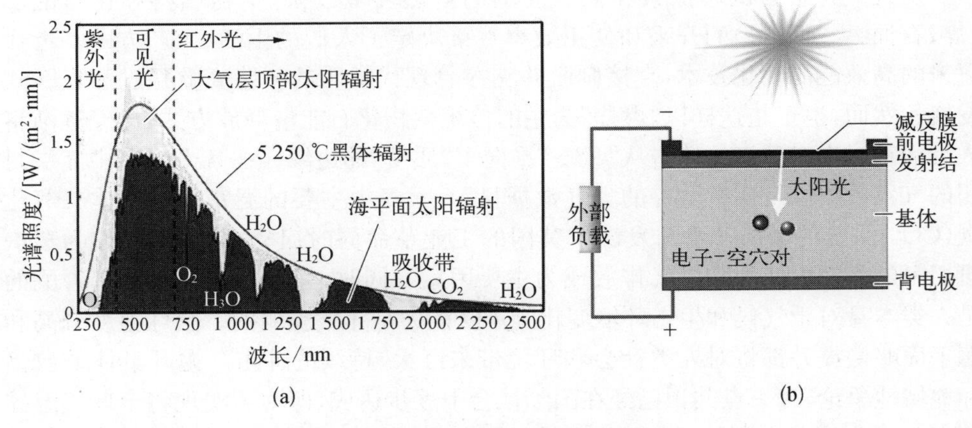

图 1.1 太阳光谱(a)和光伏技术(b)

用于俘获太阳辐射光子并将它转换成为可利用电能的光伏太阳能电池技术[图 1.1(b)]立足于现代半导体材料(如硅、锗、砷化镓等)的提纯制备、掺杂调控和界面钝化等工艺。太阳能电池的基本结构如下：在不同掺杂特性的半导体材料之间的界面处，由于不同载流子之间相互扩散形成 p－n 结区；当光子被半导体材料吸收时，所产生的“电子-空穴”对在 p－n 结区中内建电场作用下(在结区外则通过扩散抵达 p－n 结区)实现分离；光生电子(或者空穴)分别被 n 型(或 p 型)电极所收集，对外负载电路形成有效功率输出。为了从自然界中获得更为清洁(clean)、可靠(reliable)和可持续(sustainable)的替代能源，需要直接向每天照耀人们的阳光索取能量。如何实现高效、稳定的太阳能吸收和转换，使它转化成为便于利用、传输和存储的电磁能或化学能，就是当代光伏技术的研究内容和光荣使命。美国、欧洲和日本的政府光伏发展计划纷纷启动，重点推进光伏应用相关的三个核心领域：研发高效太阳能电池、光伏电站验证优化项目及并网发电市场探索。最为著名的计划项目包括德国的十万屋顶光伏计划、美国的百万屋顶光伏计划及其他在意大利、奥地利和瑞士等国的分布式屋顶电站计划。更为关键的是欧洲和日本推出的光伏发电补贴法案，极大地激励了太阳能光伏技术的投入和在并网与分布式发电市场的发展。

1.2　半导体太阳电池的工作原理、基本物理过程和工艺简介

1.2.1　太阳能电池中的基本物理过程

半导体可以分为本征半导体和杂质半导体。杂质半导体是向本征半导体中掺杂一些杂质元素而形成的半导体。以硅半导体为例，向其中掺入Ⅴ族杂质原子(如磷P)，杂质电离后，导带中的导电电子增多，这样的半导体称为n型半导体。相反地，如果向其中掺入Ⅲ族杂质原子(如硼B)，杂质电离后，价带中的导电空穴增多，这样的半导体称为p型半导体。在n型半导体中，电子的数量远大于空穴的数量，称为多数载流子，简称多子，而空穴称为少数载流子，简称少子；而在p型半导体中含有大量的空穴，因此空穴称为多子，电子称为少子。

太阳能电池的基本工作原理，就是利用半导体p-n结将光能转换成电能。当半导体受光照时，能量大于或等于半导体禁带宽度的光子将产生非平衡电子-空穴对，电子-空穴对在p-n结内建电场作用下分开，电子向n区运动，空穴向p区运动。这些成对产生的电子和空穴就是光生载流子。如果此时p-n结处于开路状态，则n区积累大量电子，处于低电位；p区积累大量空穴，处于高电位，形成一个与内建电场方向相反的电场，削弱并阻止光生载流子的继续迁移。如果将p-n结两边的欧姆接触用一根导线短接，n区积累的电子将通过外电路移动到p区，与p区积累的空穴发生复合，而从外部来看，这就在外电路中形成了电流。至此，光能转换成了电能，这就是太阳能电池的工作过程。

描述太阳能电池性能主要有以下四个参数。

(1) 开路电压V_{OC}：受太阳光照时电池内部光生载流子只能积累于p-n结两侧，产生一个光生电动势，这时在太阳能电池两端测得的电势差称为开路电压，用符号V_{OC}表示。

(2) 短路电流I_{SC}：太阳能电池从外部短路测得的最大电流称为短路电流，用符号I_{SC}表示。

(3) 填充因子FF：太阳电池的另一个重要参数是填充因子FF，它等于最大输出功率P_m与开路电压和短路电流乘积之比。

$$\mathrm{FF} = \frac{P_{\mathrm{m}}}{V_{\mathrm{OC}} \cdot I_{\mathrm{SC}}} = \frac{V_{\mathrm{m}} \cdot I_{\mathrm{m}}}{V_{\mathrm{OC}} \cdot I_{\mathrm{SC}}}$$

图 1.2 中 M 点为最大功率点，当太阳能电池工作处于 M 点时，具有最大的输出功率。图 1.2 中小矩形与大矩形面积之比就为填充因子。

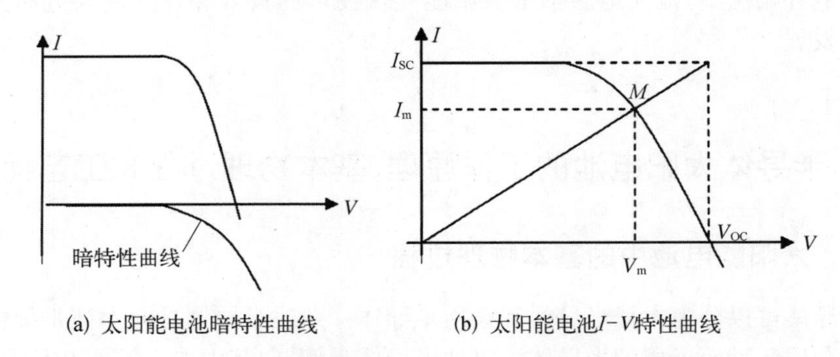

(a) 太阳能电池暗特性曲线 (b) 太阳能电池I-V特性曲线

图 1.2 太阳能电池的暗特性曲线和 $I-V$ 特性曲线

(4) 转换效率 η：太阳电池的最大输出功率与入射到太阳电池表面的能量之比。

$$\eta = \frac{P_{\mathrm{m}}}{P_0} = \frac{V_{\mathrm{OC}} \cdot I_{\mathrm{SC}} \cdot FF}{P_0}$$

当太阳能电池外接负载 R 时会形成一个电流回路，在太阳光照射下太阳能电池产生电流，为外加负载提供功率。只要光照不停，电池会源源不断地对外提供电流。在理想情况下，p－n 结太阳能电池等效电路如图 1.3(a)所示，其中 I_l 为光生电流，I_f 为 p－n 结的正向注入电流，I 为太阳能电池提供的负载电流。实际上由于电池漏电带来的并联电阻 R_{sh} 和金属电极与半导体之间的接触电阻、金属电极电阻及半导体材料体电阻带来的串联电阻 R_s 的存在，其等效电路如图 1.3(b)所示。

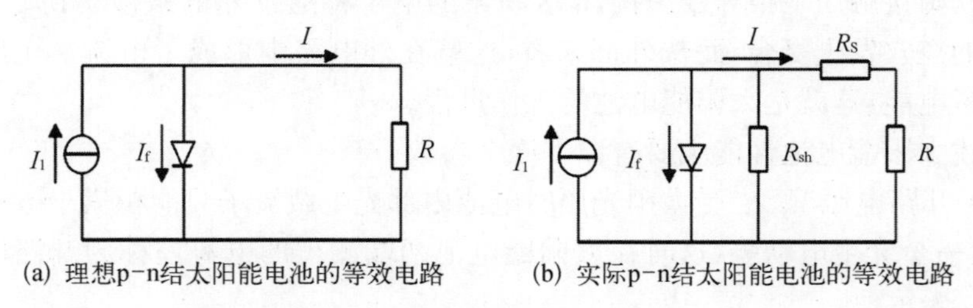

(a) 理想p-n结太阳能电池的等效电路 (b) 实际p-n结太阳能电池的等效电路

图 1.3 太阳能电池等效电路图

对于太阳能电池的性能，人们早已有了成熟的测量技术，可以快速精确地得到每一块电池的性能参数。对应于实验室小批量测试和工业生产的大规模在线测试平台都得到了广泛的应用。它们的测试原理基本相同，都是利用氙灯等模拟太阳光源提供标准的太阳光照环境，加上高灵敏度的电路测试设备，测出电池在稳定光照情况下，对应不同负载时的伏安特性，计算机通过采集到的数据可以迅速地计算出开路电压、短路电流、最大输出功率、转换效率、填充因子等重要数据，为太阳能电池的设计和生产带来极大的便利。

影响太阳能电池工作效率的因素很多，除了光照环境、温度等非人为因素，电池的材料、结构体系及制备工艺作为设计因素是对工作效率产生根本影响的。光生的电子和空穴从产生开始，复合的过程也在以一定的速率伴随发生。复合包括直接复合和间接复合，影响载流子寿命的主要是在禁带中形成陷阱能级的间接复合，它的产生因素有半导体内部缺陷导致的复合中心和半导体表面缺陷引起的复合中心。半导体内部缺陷主要由材料制备工艺来改善，通过工艺控制减少晶格缺陷；通过掌握掺杂浓度，减少杂质造成的复合中心。半导体表面由于是晶格的终止之处，也会产生大量晶格缺陷从而形成深入禁带的表面能级，成为载流子复合中心，影响载流子寿命，应在制备过程中作相应的表面钝化处理，消除表面能级。

1.2.2 晶硅电池原料提纯和制备工艺

硅太阳能电池制作主要分为两个过程，单晶硅和多晶硅原材料的生产和电池片的制作。常规晶硅太阳电池组件中，硅片的成本占55%～60%，太阳电池制片成本占15%～18%，组件材料及制造成本占25%～27%。多晶硅棒直接用浇铸法形成，单晶硅一般采用直拉法和区域熔化提纯法。熔铸多晶硅锭比提拉单晶硅锭的工艺简单，省去了昂贵的单晶拉制过程，也能用较低纯度的硅作为投炉料，材料利用率高，电能消耗较省。同时，多晶硅太阳电池的电性能和力学性能都与单晶硅太阳电池基本相似，而生产成本却低于单晶硅太阳电池，这也是目前多晶硅太阳能电池得到快速发展的原因。

在制备纯度较高的多晶硅料时，首先要挑选较为纯净的 SiO_2 矿石与木炭等一起放入电弧炉中，高温还原反应生成纯度较低的冶金级硅。从冶金级硅到纯度较高的半导体级多晶硅，主要采取以下三种提纯方法。

1. *改良西门子法*

(1) 将工业硅碾碎成粒度小于0.5 mm细微颗粒的冶金硅粉。

(2) 在300～400℃反应器中液化冶金级硅，在Cu的催化作用下，与HCl反应生成三氯氢硅和氢气。气体通过冷凝器，产生的液体经过多次分馏用以生成三氯硅烷。为了提取高纯度的硅，在反应器中被氢还原，在1 000℃电加压的杵棒上沉淀成细粒状多晶硅。

2. *硅烷热分解法*

(1) 利用四氯化硅氢化法、硅合金分解法、氢化物还原法、硅的直接氢化法等方法制取硅烷气。

(2) 将制得的硅烷气提纯后在热分解炉上生产纯度较高的棒状多晶硅。

3. 流化床法

(1) 将四氯化硅、氢气、氯化氢和工业硅为原料放在流化床(沸腾床)内,在高温高压下生成三氯氢硅。

(2) 将三氯氢硅和氢反应生成二氯二氢硅,从而生成硅烷气。

(3) 制得的硅烷气通入加有粒度小的硅粉反应炉内进行连续加热,使它产生分解反应,便生成形状呈粒状的多晶硅产品。

流化床反应炉内参与反应的硅表面积大,生产效率高,电耗低、成本低,适用于大规模生产太阳能级多晶硅。然而它安全性差、危险性大、产品纯度不够高,但基本能满足太阳能电池生产使用性能的需要。

得到多晶硅料后,进一步提纯和结晶,就可以得到质量较好的单晶硅。其主要有两种方法:直拉法(CZ 法)和区熔法(FZ 法)。

(1) 直拉法。将清洗好的多晶硅块投放到石英坩埚中,然后将其置于单晶炉,在氩气保护下感应加热,使多晶硅料熔化(1 400℃以上),将预先放置在炉顶部的籽晶降落到液体中,让熔化的硅以籽晶为核心排列生长为固态的硅单晶,然后缓慢地垂直提拉籽晶形成一定直径的单晶硅棒。其优点是晶体被拉出液面,不与器壁接触,不受容器限制,因此晶体中应力小,同时又能防止器壁沾污或接触所可能引起的杂乱晶核而形成多晶。此法制成的单晶完整性好,直径和长度都可以很大,生长速率也高,电阻率较低。所用坩埚必须由不污染熔体的材料制成。

(2) 区熔法。区熔法是将已经成形的多晶硅棒从起始端开始,逐段熔化,由于硅和杂质元素的分凝系数不同,杂质元素大量富集于液态硅中,被过滤了杂质的硅冷却后凝固成纯度更高并且晶向一致的单晶硅。这种熔化-凝固的过程,从多晶硅棒的起始端逐渐向末端缓慢移动,并且这种熔化-凝固的过程可以反复进行多次,最后杂质几乎全部集中于重新凝固的单晶硅棒的末端,此时将新的硅棒取出,切除末端杂质含量高的部分,就得到了高质量的单晶硅棒。这种方法,晶棒不与任何物体接触,连坩埚都不需要,因此晶体纯度非常高,可用于制备单晶和提纯材料,还可得到比较均匀的掺杂杂质分布,能生长出质量较好的中高阻硅单晶。

1.2.3 单晶、多晶电池的制备工艺

生产出的多晶硅锭和单晶硅锭,经过切片、抛光等工序,切成几百微米厚度的硅片,作为太阳能电池片生产的原料。生产电池片的工艺比较复杂,一般要经过硅片检测、表面制绒、扩散制结、去磷硅玻璃、等离子刻蚀、镀减反射膜、丝网印刷、快速烧结和检测分装等主要步骤。

1. 硅片检测

硅片是太阳能电池片的载体,硅片质量的好坏直接决定了太阳能电池片转换效率的高低,因此需要对来料硅片进行检测。该工序主要用来对硅片的一些技术

参数进行在线测量，这些参数主要包括硅片表面不平整度、少子寿命、电阻率、p/n型和微裂纹等。

2. 表面制绒

单晶硅绒面的制备是利用硅的各向异性腐蚀，在每平方厘米硅表面形成几百万个四面方锥体即金字塔结构。由于入射光在表面的多次反射和折射，增加了光的吸收，提高了电池的短路电流和转换效率。硅的各向异性腐蚀液通常用热的碱性溶液，可用的碱有氢氧化钠、氢氧化钾、氢氧化锂和乙二胺等，腐蚀温度为70～85℃。为了获得均匀的绒面，还应在溶液中酌量添加醇类如乙醇和异丙醇等作为络合剂，以加快硅的腐蚀。制备绒面前，硅片必须先进行初步表面腐蚀，用碱性或酸性腐蚀液蚀去20～25 μm，在制备绒面后，进行一般的化学清洗。经过表面制绒的硅片都不宜在水中久存，以防沾污，应尽快扩散制结。

对于多晶硅来说，其物理结构与单晶硅不同，由于存在晶界、位错、微缺陷等，通过碱腐蚀得到的制绒效果不佳，工业上多采用酸腐蚀来制绒。更好的绒面效果可采用机械刻槽，利用V型刀在硅表面摩擦以形成规则的V型槽；也可以利用光刻刻蚀技术，在硅表面先沉积一层镍铬层，然后用光刻技术在镍铬层上制出织构图案，接着就用反应离子刻蚀方法制备出表面织构，但这样的成本极高。

3. 扩散制结

太阳能电池需要一个大面积的p－n结以实现光能到电能的转换，而扩散炉即为制造太阳能电池p－n结的专用设备。管式扩散炉主要由石英舟的载卸部分、废气室、炉体部分和气柜部分等四大部分组成。扩散一般用三氯氧磷液态源作为扩散源。把p型硅片放在管式扩散炉的石英容器内，使用氮气将三氯氧磷带入石英容器，并通有一定量的氧气，在850～900℃高温下，经过反应在硅片表面形成一层磷源。经过一定时间，磷原子从四周通过扩散进入硅片的表面层，形成了n型半导体和p型半导体的交界面，也就是p－n结。

4. 去磷硅玻璃

在扩散制结过程中，$POCl_3$与O_2反应生成P_2O_5淀积在硅片表面。P_2O_5与Si反应又生成SiO_2和磷原子，这样就在硅片表面形成一层含有磷元素的SiO_2，称为磷硅玻璃。太阳能电池片生产制造过程中，通过化学腐蚀法，把硅片放在氢氟酸溶液中浸泡，使其产生化学反应生成可溶性的络合物六氟硅酸，以去除扩散制结后在硅片表面形成的一层磷硅玻璃。

5. 等离子刻蚀

由于在扩散过程中，即使采用背靠背扩散，硅片的所有表面包括边缘也都将不可避免地扩散上磷。p－n结的正面所收集到的光生电子会沿着边缘扩散有磷的区域流到p－n结的背面，而造成短路。因此，必须对太阳能电池周边的掺杂硅进行刻蚀，以去除电池边缘的p－n结。通常采用等离子刻蚀技术完成这一工艺。等离子刻蚀是在低压状态下，反应气体CF_4的母体分子在射频功率的激发下，产生电离并形成等离子体以及许多高能基团，它们由于扩散或者在电场作用下到达 Si 表面，在那里与被刻蚀材料表面发生化学反应，并形成挥发性的反应生成物脱离被刻蚀物质表面，被真空系统抽出腔体。

6. 镀减反射膜

抛光硅表面的反射率为 35%，为了减少表面反射，提高电池的转换效率，需要沉积一层氮化硅减反射膜。现在工业生产中常采用 PECVD 设备制备减反射膜。PECVD 即等离子体增强型化学气相沉积。它的技术原理是将样品置于射频电源的阴极上，通过红外灯管或线圈加热使样品升温到预定的较低的温度，通入适量的反应气体 SiH_4 和 NH_3，在低压下利用射频电源辉光放电将反应气体等离子体化，经一系列化学反应，在样品表面形成固态薄膜，即含氢非晶态氮化硅薄膜。一般情况下，使用这种等离子体增强型化学气相沉积的方法沉积厚度在 70 nm 左右的氮化硅薄膜。这种厚度的氮化硅薄膜具有光学的功能性，利用薄膜干涉原理，可以使光的反射大为减少，电池的短路电流等就有很大增加，效率也有相当的提高。

7. 丝网印刷

太阳电池经过制绒、扩散及 PECVD 等工序后，已经制成 p－n 结，可以在光照下产生电流，为了将产生的电流导出，需要在电池表面上制作正、负两个电极。制造电极的方法很多，而丝网印刷是目前制作太阳电池电极最普遍的一种生产工艺。丝网印刷是采用压印的方式将预定的图形印刷在基板上，该设备由电池背面银铝浆印刷、电池背面铝浆印刷和电池正面银浆印刷三部分组成。其工作原理如下：利用丝网图形部分网孔透过浆料，用刮刀在丝网的浆料部位施加一定压力，同时朝丝网另一端移动，油墨在移动中被刮刀从图形部分的网孔中挤压到基片上。由于浆料的黏性作用使印迹固着在一定范围内，印刷中刮板始终与丝网印版和基片呈线状接触，接触线随刮刀移动而移动，从而完成印刷行程。

8. 快速烧结

经过丝网印刷后的硅片需要经烧结炉快速烧结，将有机树脂黏合剂燃烧掉，剩下几乎纯粹的、由于玻璃质作用而密合在硅片上的金属电极。当金属电极和晶体硅达到共晶温度时，晶体硅原子以一定的比例融入熔融的金属电极材料中，从而形成上下电极的欧姆接触，提高电池片的开路电压和填充因子两个关键参数，以提高电池片的转换效率。烧结炉分为预烧结、烧结、降温冷却三个阶段。

9. 检测分装

至此，晶硅电池片的生产工艺全部完成，但还需要对产品进行参数的测试。利用模拟太阳光源对产品进行快速的在线测试，测出每一片电池片的转换效率，并对不同效率的电池片进行分拣，是产品质量控制最后的关键步骤。

以上介绍的是产业界作为主流的以 p 型硅为基础的太阳能电池工艺。n 型硅衬底也可以生产太阳能电池，而且 n 型硅中载流子寿命比 p 型硅更长，对杂质污染物的容忍度更高，生长温度要求更低，因此具有巨大的优势。但 n 型硅高昂的材料成本和复杂的工艺技术一度限制了其发展应用。近年来，随着业界技术的提高，n 型硅的制备技术长足进步，成本已经接近于 p 型硅，涌现出了大量以 n 型硅为衬底的高效率太阳能电池。例如，SunPower 的背面接触高效电池 IBC、SANYO 的 HIT 电池、国内厂商英利的“熊猫”n 型双面电池，效率都已经突破了 20%。未来，n 型电池技术还会有更大的发展，可能成为太阳能电池技术的主流。

钝化工艺是制造高效太阳电池的一个非常重要的步骤，在一定程度上说，它是衡量高效电池的重要标志。对于没有进行钝化的太阳电池，光生载流子运动到一些高复合区域后，如表面和电极接触处，很快就被复合掉，从而严重影响电池的性能。采取一些措施对这些区域进行钝化后可以有效地减弱这些复合，提高电池效率。一般来说，高效太阳电池可采用热氧钝化、原子氢钝化，或利用磷、硼、铝表面扩散进行钝化。

热氧钝化是最普遍、最有效的一种方式，在电池的正面和背面形成二氧化硅膜，可以有效地阻止载流子在表面处的复合。除此之外，二氧化硅层还可以起到减反射膜、化学镀的掩模、防止硅片污染等作用。利用原子氢对电池也有很好的钝化，一般认为，硅的表面有大量的悬挂键，这些悬挂键是载流子的有效复合中心，而原子氢可以中和悬挂键，所以减弱了复合。利用磷、硼或铝在电池的表面进行扩散，形成表面场，迫使少数载流子远离表面，减少复合概率，这也是一种钝化。

电极的制备是太阳电池制备过程中一个至关重要的步骤，它不仅决定了发射区的结构，也决定了电池的串联电阻和电池表面被金属覆盖的面积。传统的电极采用平面丝网印刷银浆然后烧结而成，但是这种方法制备的电极具有相对高的串联电阻和相对大的表面覆盖率，对电池的效率有一定的不利影响。电极的制备也存在其他一些方法，如激光刻槽埋栅电极、透明导电氧化物（TCO）电极、整体背接触电极等。

1.2.4 高效电池构架的基本区分

1. PERC 电池结构

PERC 技术，即钝化发射结及背面的太阳电池（passivated emitter and rear cell）技术。PERC 电池是澳大利亚新南威尔士大学光伏器件实验室最早研究的高效电池。正面采用倒金字塔结构，进行双面钝化，背电极通过一些分离很远的小孔贯穿钝化层与衬底接触，这样制备的电池最高效率可达到 23.2%。传统标准电池结构中光电子的复合限制了效率的进一步提升，而 PERC 电池则将 p－n 结间的电势差最大化，降低了光电子的复合，从而提升电池效率。

2. 背接触电池结构

IBC 电池是背电极接触（interdigitated back-contact）硅太阳能电池的简称，是由 SunPower 公司开发的高效电池，其特点是正面无栅状电极，正负极交叉排列在背后。这种把正面金属栅极去掉的电池结构有很多优点：① 减少正面遮光损失，相当于增加了有效半导体面积；② 组件装配成本降低；③ 外观好。由于光生载流子需要穿透整个电池，被电池背表面的 p－n 结所收集，故 IBC 电池需要载流子寿命较高的硅晶片，一般采用 n 型单晶硅作为衬底；正面采用二氧化硅或二氧化硅/氮化硅复合膜与 n^+ 层结合作为前表面场，并制成绒面结构以抗反射。背面利用扩散法做成 p^+ 和 n^+ 交错间隔的交叉式接面，并通过二氧化硅上开金属接触孔，实现电极与发射区或基区的接触。交叉排布的发射区与基区电极几乎覆盖了背表面的大部分，十分有利于电流的引出，其结构见图 1.4。

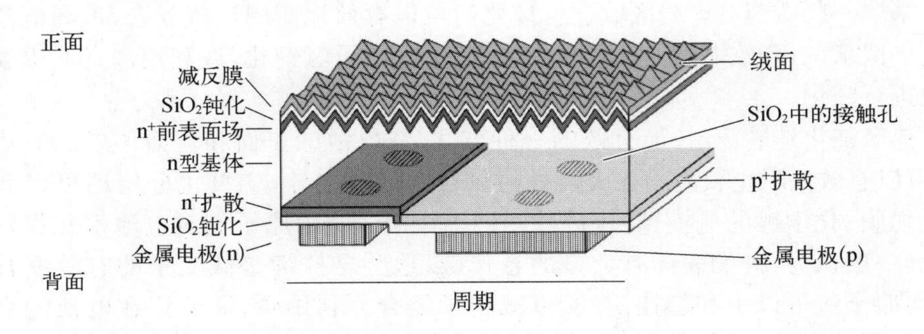

图 1.4 IBC 电池（η=22.3%）

这种背电极的设计实现了电池正面“零遮挡”，增加了光的吸收和利用。但制作流程也十分复杂，工艺中的难点包括 p^+ 扩散、金属电极下重扩散及激光烧结等。

3. 异质结电池工艺

HIT 电池是异质结（hetero-junction with intrinsic thin-layer）太阳能电池的简称。1997 年，日本 SANYO 公司推出了一种商业化的高效电池设计和制造方法，如图 1.5 所示，电池制作过程大致如下：利用 PECVD 在表面织构化后的 n 型 CZ－Si 片的正面沉积很薄的本征 a－Si：H 层和 p 型 a－Si：H，然后在硅片的背面沉积薄的本征 a－Si：H 层和 n 型 a－Si：H 层；利用溅射技术在电池的两面沉积透明导电氧化物（TCO）薄膜，用丝网印刷的方法在 TCO 薄膜上制作 Ag 电极。

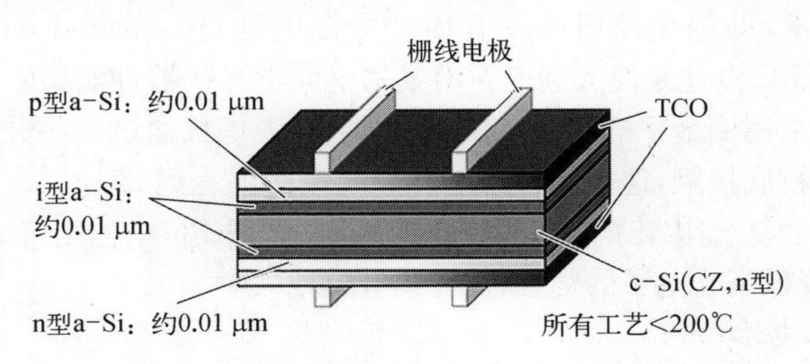

图 1.5 HIT 电池（η=23%）

值得注意的是所有的制作过程都是在低于 200℃的条件下进行的，这对保证电池的优异性能和节省能耗具有重要的意义。

1.3　硅基薄膜太阳电池的发展概述及主流光伏技术

1.3.1　硅基薄膜光伏概述

在传统晶硅材料电池主导光伏市场的同时，硅基薄膜材料(Si - based thin film materials)以其独特的低温淀积制备工艺，轻便灵活的应用前景及与柔性曲面、建筑一体化的良好结合，在日益增长的光伏市场中依然占据着重要的地位。不同于传统晶硅的高温提拉、扩散和烧结等相对苛刻且高耗能的工艺流程，薄膜硅的制备过程可以在较低温度下(通常仅＜200℃)，在等离子体增强型化学气相沉积(plasma enhanced chemical vapor deposition，PECVD)环境或系统中完成。如此便捷的低温淀积工艺，使得硅基薄膜电池可以在各种廉价玻璃、金属薄膜甚至在柔性的耐高温聚合物衬底上制备，极大地丰富了光伏器件的应用和结合方式，同时也为开发更为贴近和集成的柔性太阳能电池和建筑一体化光伏应用提供了关键核心技术。另外，不同于晶硅体材料的间接带隙弱光吸收特性(故而需要几百微米以上的吸收层厚度)，硅基薄膜近似于直接带隙材料，具有较强光吸收特性，通常仅需要远小于 1 微米的薄膜厚度即可实现充分吸收。如此，硅基薄膜电池的推广和应用本身所带来的制备和环境成本大大降低，也使得能量偿还时限(energy pay back time，EPBT)——光伏器件投入使用后，所产生的能量折算达到生产它所消耗的能量而所需要的时长——更短，显著低于晶硅电池。这对于真正大规模的光伏应用和市场推广往往会产生决定性的影响作用。

另外，相比于其他薄膜光伏技术(CdTe、CIGS)等，硅基薄膜技术延续了硅基材料在原材料获取和存储丰度上的优势。考虑光伏技术在未来人类社会中的规模化应用(跨越＞10^{15}量级以上)，光伏材料本身的安全性、稳定性和可持续供给都是关键的考虑因素。

综上所述，硅基薄膜光伏技术在满足各种多样化光伏应用需求，提供安全稳定、可规模化应用的光伏技术方面具有得天独厚的优势。研究高效灵活的硅基薄膜电池及应用技术，通过引入新的材料优化和结构设计理念，追求更高的能量转换效率，开拓新型光伏应用，将持续成为不断拓展、推进而令人激动的新领域！

硅基薄膜材料通常可以进一步大致划分为氢化非晶硅(hydrogenated amorphous Si，a - Si : H)、镶嵌有晶态成分的氢化纳米晶硅(nanocrystalline，nc - Si : H)和微晶硅(microcrystalline，mc - Si : H)等。与晶硅 p - n 结电池结构

不同，在硅基薄膜太阳能电池中采用的是 p－i－n 电池结构，其中 i 层是本征非晶硅层作为主要的光吸收介质，而 p 型层和 n 型层则提供内建电场。采用 p－i－n 结构，而不是晶硅电池常用的 p－n 结构，主要有三个方面的考虑：首先，虽然氢化非晶硅可以将原始非晶网格中的缺陷态降低几个数量级（从而实现掺杂调控），它本身的无序性和晶格质量还是远低于晶硅，故而难以实现如同在晶硅中的高效掺杂来大范围调控其中的费米能级。其次，如果一直增加掺杂气氛，掺杂原子本身所引入的晶格缺陷随之增加，反而会导致更多的复合中心，甚至导致导电性出现下降；最后，更重要的是，光生载流子在氢化非晶硅中的扩散长度（$<0.1\ \mu m$）远远低于其在晶硅中的扩散长度（$>200\ \mu m$）。这使得通过扩散收集载流子的方式变得十分低效。因此，非晶硅电池需要利用 p－i－n 结构，将吸收层 i 层置于 p、n 两极中，在其内建电场的作用下，实现载流子的快速分离和收集。

在氢化非晶硅电池结构提出后的几年里，电池效率得到快速提升，1982 年左右就已经达到 10%以上[1]。然而，随后的发展受到各种因素的限制，其中最为显著的就是氢化非晶硅所特有的光致衰减效应，即 Staebler-Wronski 效应（简称 S－W 效应）[2]。其主要原因在于 Si—H 键在长时间光照情况下的不稳定性，容易发生断裂而引入新的悬挂键，导致电池性能下降。后续研究发现，引入更为稳定的纳米晶或者微晶薄膜[3-7]，或者采用更为先进的 3D 径向结电池超薄吸收层结构[8-10]，以增强内建电场，可以显著抑制光衰减效应。

与非晶硅类似，氢化纳米晶硅（nc－Si：H）或者微晶硅（mc－Si：H）薄膜材料在非晶硅网格中逐步引入并增加了更多的晶态成分。通过调节 PECVD 系统的生长参数（如增加功率、气压等丰富的调控手段），可以在低温条件下，获得由微小晶态硅颗粒（grain）组成的薄膜材料。由于具有高晶态成分，其光吸收特性已经接近于晶硅体材料，例如，图 1.6 给出了氢化非晶硅、微晶硅和晶硅体材料的吸收谱，以及对应的穿透深度。氢化非晶硅在可见光波段具有最强的吸收特性，但是由于其具有较宽的光学带隙（1.7 eV），随着入射波长不断变长（能量降低），其光学吸收在 750 nm 处开始迅速下降。此时，微晶硅的吸收特性几乎与晶硅吸收一致。

值得一提的是，氢化非晶硅向氢化微晶硅的转变完全由 PECVD 条件和生长参数所决定。例如，如果定义硅烷和氢气的流量比 $R=[SiH_4]/[SiH_4+H_2]$，在纯硅烷生长条件下（$R=1$），所获得的就是非晶态的薄膜材料；当 R 值下降时，薄膜本身的微结构变化并不明显，但是所制备的 p－i－n 电池结构却展现出明显改善的抗光致衰减特性和略微上升的开路电压；进一步降低 $R=5\%\sim10\%$，会出现一个明显的非晶向微晶的转变区域，薄膜中的晶态比大幅提升；如果再持续降低，将进入表面微结构明显增大，粗糙化生长模式，并伴随形成柱状晶粒贯穿整个薄膜的裂痕（cracks）。目前最佳性能的微晶硅太阳能电池结构都是在以上的转变区域中获得的[11-13]。

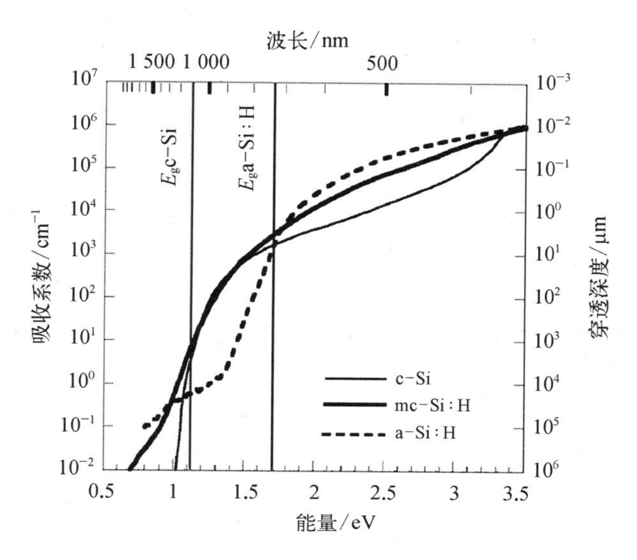

图 1.6 氢化非晶硅、微晶硅和晶硅体材料的吸收谱及对应的穿透深度

1.3.2 薄膜电池制备工艺

传统单结 p-i-n 非晶硅薄膜太阳电池制备技术发展最早，目前已经比较成熟，已实现大规模生产技术。其关键工艺与设备是采用 PECVD 技术淀积本征或掺杂型的非晶硅薄膜。著者在此不作赘述。然而非晶硅材料在光照时存在 S-W 效应，使得非晶硅电池呈现光致衰减现象。此外，非晶硅材料带隙较宽，难以吸收 700 nm 波长以上的光，限制了其对太阳光的利用率。目前大家公认采用包含纳米硅薄膜的叠层电池是硅基薄膜太阳电池的发展趋势，下面将对此详细阐述。

硅材料在太阳电池中的主流地位决定了纳米硅薄膜太阳电池在未来第三代太阳电池中的角色和地位。纳米硅薄膜是一种包含非晶硅相和晶体硅纳米颗粒(量子点)的两相体系。和传统非晶硅薄膜的制备技术相容，纳米硅薄膜可以通过等离子体增强型化学气相沉积(PECVD)在不超过 300℃下制备，只需要通过增加反应气体中的氢稀释比，非常有利于降低生产成本，也有利于在柔性衬底上制备太阳电池，而且其耐高温性能优于晶体硅电池。纳米硅材料的载流子迁移率、电导率和光学吸收系数都比非晶硅高，其光学带隙也可由纳米尺度效应调节到高效理想太阳电池所需要的带隙区域。同时在纳米硅中，氢对光照产生的额外悬挂键缺陷起到了有效的钝化作用，晶化作用使纳米硅内部的弱 Si—Si 键或者 Si—H 键数量大大降低[14]，因此纳米硅太阳电池的性能和稳定性比起非晶硅太阳电池有了明显的提高。美国 United Solar Ovonic 公司已经在实验室中尝试用纳米硅薄膜代替其中的底部和中间非晶锗硅结电池[15][图 1.7(a)和图 1.7(b)]，利用长波的红光对纳米硅结电池几乎没有光致衰减现象这一特点，明显改善了电池性能的稳定性[图 1.7(c)

和图 1.7(d)]，并进一步发现小型硅颗粒和有序纳米结构有利于晶界钝化，从而提高电池性能。

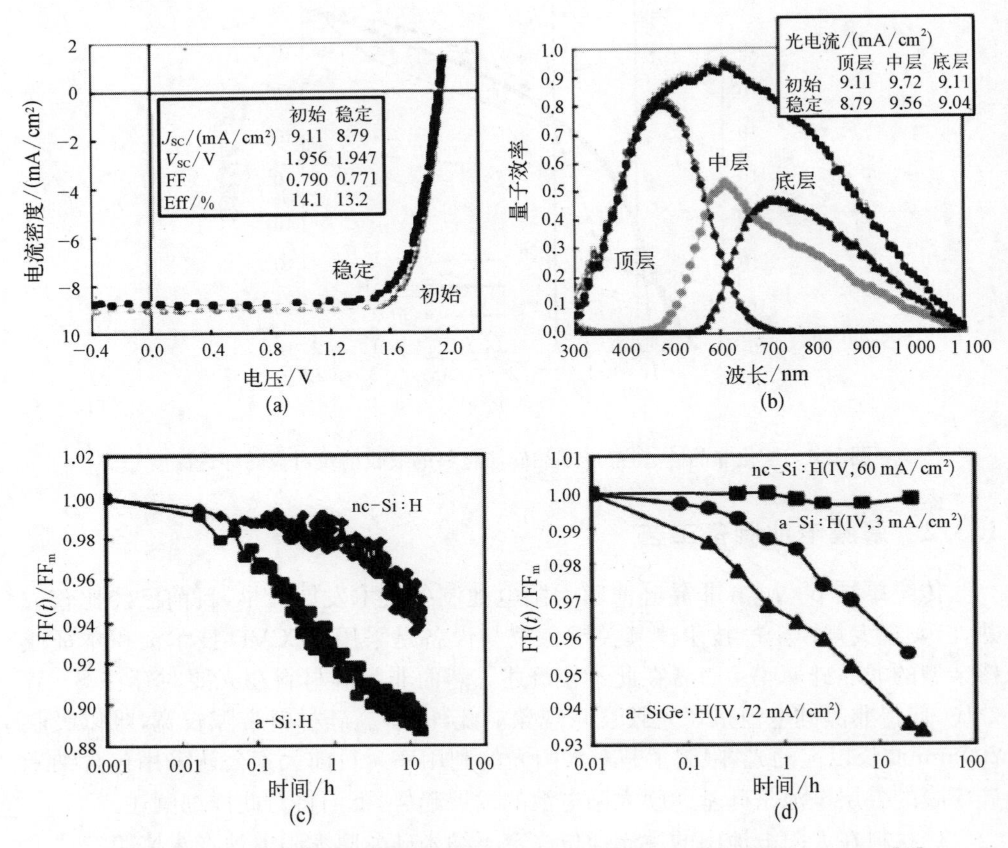

图 1.7 非晶硅/纳米硅三结薄膜太阳电池的性能(a)和(b)及稳定性(c)和(d)[15]

在探索提高纳米硅结构有序程度的大量实验和理论工作中，人们逐渐认识到氢在硅晶粒的生长过程中起着至关重要的作用。深层次认识生长过程中氢原子与硅原子相互作用微观调控，可以通过合理控制生长条件，在优化的衬底材料和衬底温度下生长出均匀有序的镶嵌在氢化非晶硅网络中的纳米硅薄膜结构。上海交通大学太阳能研究所利用改进的 PECVD 方法，通过控制射频功率和反应气压，在250℃的单晶硅衬底上成功地制备出均匀有序的硅量子点结构，其中硅纳米晶粒之间的非晶硅晶界极薄，厚度仅 2～4 个原子层。在这样的有序纳米结构中，不仅获得了优异的结构性能、与单晶硅可比的高室温电子迁移率[超过 100 $cm^2/(V \cdot s)$]、纳米硅/单晶硅异质结界面上的二维电子气[16]和电子退相干特性，而且还观察到体系中明显的量子共振隧穿现象和纳米结构中周期性负微分电导现象。同时，从体系纳米尺度三维势阱新型能带结构(由非晶硅晶界中缺陷态导致的硅晶粒内部载流子耗尽所形成）出发，成功实现不同浅能级掺杂浓度对能带结构的调控[17]及对量子共振隧穿现象的调控。在光学特性方面，通过生长条件调节晶粒大小或掺杂浓度，借助于纳米尺度效应调控纳米硅薄膜材料的光学带隙，已经实现纳米硅的带隙在高效理想太阳电池所需的 1.7～1.8 eV[18]以及体系中较强的室温可见发光。在光电响应方面，揭示出由于纳米晶粒中光吸收截面的增大及载流子电导率的提高，纳米硅薄膜与晶体硅相比具有更强的光吸收和更大的光电流[19,20]。在太阳电池研发方面，研制的小面积渐变带隙纳米硅薄膜太阳电池初始效率达到 11.4%（AM1.5 为 1 000 W/m^2，25℃）的国际先进水平。

目前，纳米硅薄膜太阳电池研发的机遇与挑战主要包括两个方面：在薄膜材料制备方面，要求生长出高度有序和高迁移率的纳米硅薄膜，并在产业化需求的快速沉积和大面积均匀生长方面取得突破；在电池研制方面，重点研发已经有较好产业化前景的叠层纳米硅薄膜太阳电池。理论分析发现，在单结太阳电池中入射太阳光能量的 20%左右损失在低于材料带隙光子的不吸收上面，而 40%左右损失在高于材料带隙的热载流子晶格热化上面。叠层多结太阳电池设计是一种非常简单而又有效的解决办法，目的是使不同能量的太阳光子被不同带隙的结电池所吸收，从而有效地提高太阳光子的利用效率。可以利用已经实现的均匀有序、高迁移率纳米硅薄膜材料构筑叠层多结纳米硅薄膜太阳电池。典型的双结结构一般是在透明导电氧化物（TCO）薄膜上沉积顶层和底层纳米硅薄膜 p－i－n 结电池，分别吸收 2.0 eV 和 1.5 eV 的太阳光子，其带隙是由硅量子点的尺寸来调节控制的。在这种电池中由于没有非晶硅，电池性能的稳定性会比较好，预计不远的将来会有较好的产业化前景。具体技术路线包括采用 PECVD 技术来实现硅基薄膜的纳米晶化和可控生长：精确控制每一膜层厚度、掺杂浓度、晶态比及其他相关物性，实现可控晶态比、可控纳米晶粒尺度、可控禁带宽度和可控生长速度，为实现高光电转换效率的光伏电池提供强有力的材料支撑；利用反应等离子体沉积获得高品质 TCO 和缓冲层材料，包括受光面高陷光效应、高透光率和电导率 TCO 膜及硅薄膜的界面优化。系统设计的先进性可以实现低成本、高产率和高稳定效率的纳米硅薄膜太阳电池。

1.4　硅基太阳电池发展的技术瓶颈和新技术方向

1.4.1　光伏技术的应用和推广需求

随国内外环境污染与能源紧张形势的日益严峻，各国政府已把开发新能源作为节能减排、发展生产力的重要举措。自 1954 年贝尔实验室的皮尔森等[21]发明第一个具有实际意义的、效率达 4.5%的 p－n 结太阳电池以来，光伏技术已经历经了半个多世纪。光伏技术的发展路径,以太阳电池转换效率来表征的话,从以晶体硅、砷化镓为代表的第一代电池,到 1976 年 Carlson 等研制出效率达到 2.4%的非晶硅薄膜太阳电池[22],开始进入了以薄膜电池为特征的第二代电池的时代。半个世纪以来,单晶硅电池效率达到 25.1%[23],逐步趋近其 29%的极限[24]。多结Ⅲ-Ⅴ族太阳电池效率已达 40.7%,三结硅基薄膜电池的效率也达到了 15.4%,离其理论效率 19%也不甚远。电池生产的尺寸也由 4 in(1 in=2.54 cm)的单晶片到现在 8 代线 5.7 m^2 的母版玻璃。但是纵观太阳电池效率增长趋势,除了染料敏化电池、有机电池及聚光电池属于新发展的电池技术,尚呈现出有提升的空间,其他类型电池效率的增长速率日趋缓慢,几近饱和。这个现象说明,光伏技术已经到了期盼新的、突破性的理论和技术的时候。

Green 在日本召开的第十七届 PVSEC 国际会议上提出,提高电池效率,即提高单位面积输出功率是具有长期竞争力的关键[25]。他认为,采用藏量丰富、无毒、耐用的材料,开发环保的制造技术来获得高的电池效率,才是发展第三代电池充满希望的技术之路,并提出了两大工程目标:第一是利用 Si 中量子点的量子限制效应去控制硅基薄膜的能隙,从而实现全硅基叠层电池;第二是要探索一种前景技术,它采用类似纳米的或者量子的技术,去减慢光生载流子的冷却速率,并通过一种可选择能量通过的接触方式,实现对热载流子的利用。Green 认为这是极具可能,且更具挑战意义的新概念高效电池[26]。

早在 2001 年,Green 就提出了第三代(third generation)电池的概念[27]:环保与低成本下的超高转换效率。图 1.8(a)清晰地展示了他的构想。美国政府也对下一代(future generation)电池技术提出了设计[图 1.8(b)][28,29],在美国能源部逐年发布的 2002~2007 年项目计划书中,对下一代电池的轮廓予以了描述。他们所称的下一代,是指全光谱的、非常规的、创新的概念,是现在尚未出现,需要长期规划研究,但又是有商业价值的实用技术,如用溶液法制备纳米量子点、量子阱,寻找更为廉价制备叠层电池的方法等。美国下一代电池的概念与第三代概念有所不同,它包含内容更为广泛,既包含 Green 第三代概念电池的科学意义,又具有实用、中长期可实现的价值。

不管是第三代还是下一代,它们的出发点都是建立在对现今太阳电池工作原理仔细分析的基础上的。作为将太阳光能转换成电能的转换器件,太阳电池的主要工作应该是充分吸收太阳光的全波段的光谱能量,并在减少各种可能的能量损失的基础上得到最大的电能输出。因此从光伏材料与电池结构出发,应该尽可能地满足“充分吸收光能,尽量减少转化损失”这两点,才有可能获得高的转换效率。

光电转换应满足热力学定律,将太阳看作 6 000 K 的绝对黑体。太阳电池处于室温(300 K)的这个体系中,除非有新的能量转换机制,可使光电转换的过程摆脱热力学机制的限制,否则由热力学定律决定的转换效率极限(卡诺极限),应为 86.8%。在实际的电池系统中还会存在其他的效应,又会加剧能量损失。

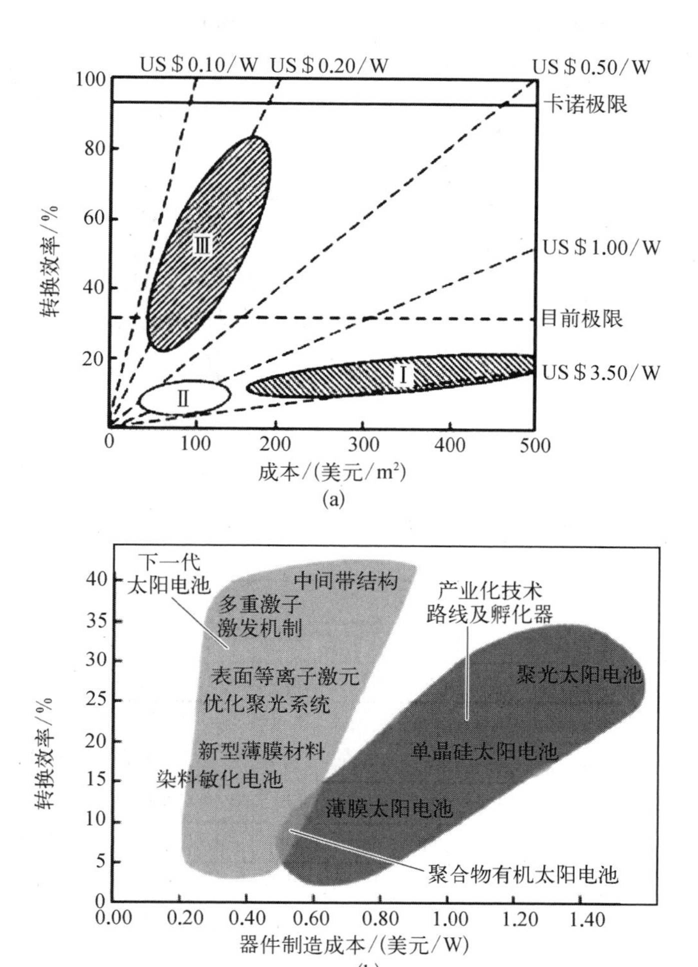

图 1.8 Green 的第三代电池[27](a)及美国政府的下一代电池[29](b)的基本主旨

图 1.9 展示一般 p－n 结太阳电池，在吸收了太阳光，产生光生载流子之后，载流子在电池内输运的过程中，有可能遭受的损失。太阳电池只能吸收波长短于其长波吸收限(简称长波限)的光子。材料的长波限 λE_g 由 hc/E_g 决定。那些比吸收限 λE_g 波长长的近红外光光子，电池无法吸收，不能产生电子-空穴对，即为非吸收损失；而波长小于长波限的光子，又将多余的能量释放给了晶格，也浪费掉了，称为晶格热振动损失。除了光电转换的热力学损失，还会有光的损失，即表面的反射损失及因电池吸收厚度不够引起的透过损失。现在人们正极力采取措施挽救这些损失，以便提高实际效率。就光损失而言，已有很多文章对设计构建各类陷光结构[30]，以及深入研究绒面材料的结构改进[30]方面作出论述，在此不作赘述。拟将重点放在如何构造电池的结构，在减少“能量转换损失”方面进行综述。

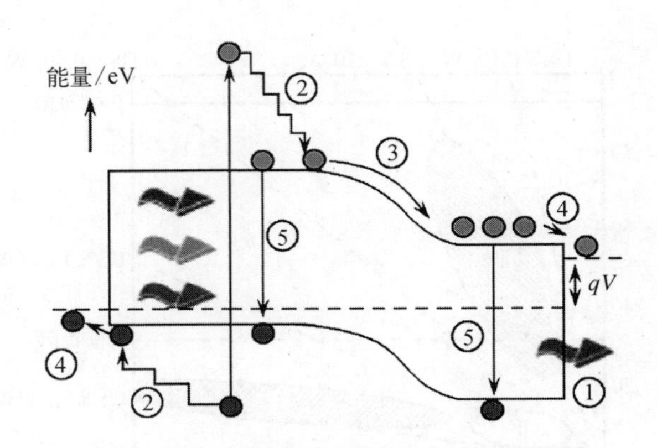

图 1.9 标准太阳电池中的能量损失过程[27]

① 未吸收；② 热化损失；③ 结内电压损失；④ 接触处的电压损失；⑤ 复合损失

1.4.2 硅基电池的新型电池设计框架

1. 叠层电池

如果从尽量多地利用太阳光能量的角度去分析新一代电池的基本概念及其工作原理，可以将太阳光分成三段：波长长于吸收限的红光（或红外）波段；短于长波限的可见光波段及能量两倍于吸收层能隙以上的短波波段。因此要想充分利用太阳能，利用多能带子电池叠层结构[31]，以充分吸收尽可能多的太阳光（含可见光到近红外光）能量，应该是最佳途径。这就是叠层电池的概念，最早由 Jackson 于 1955 年提出。叠层电池的极限效率依赖于所用子电池的数目。对单结、双结，乃至无穷个结的叠层电池，在没有聚光和优化聚光条件下计算的结果，如表 1.1 所示。数据显示，虽然效率随子电池数的增多而增大，但是效率的增益反而会减少。对降低成本而言，以制作 3～4 结电池为宜[32]。

表 1.1 叠层电池极限效率随子电池数的增长趋势[32]

	单结/%	双结/%	3 结/%	4 结/%	无穷个结/%
无聚光	31	42.5	48.6	52.5	68.2
聚光优化	40.8	55.5	63.2	67.9	86.8

2. 对高能量光子的光-电利用

对于现在常规的太阳电池而言，不论光子的能量有多大，只要大于吸收层材料的带隙 E_g，都只能产生一对电子-空穴对，也就是量子产率不是为 0（能量小于带隙），就是为 1（能量大于带隙）。这样对于能量远高于带隙的光子来说，损失就很大了。由 SQ（Shockley-Queisser）模型计算，带隙宽度在 1.25～1.4 eV 的材料，转换效率的极限为 32%。能量损失的成分中，热化损失将是重要部分。因此对它要特别予以重视。多年研究以来提出解决的主要措施如下。

1）热载流子电池

在如图1.9所示的第②过程中，当吸收层吸收了大于或远大于带隙宽度的光子后，则会有电子从价带跃迁到远高于导带底的高能级区域内。这些处于高能激发态的电子具有远比导带底的电子高得多的能量，按照动能可表示成$3/2KT_e$的方式可知，此时的电子温度T_e应该远比平衡态的电子温度高，因此，可以将这些处于导带高能激发态的电子称为“热电子”。它们将通过“热化”过程将多余的能量经与声子的相互作用，变成晶格振动能，而自身弛豫落到导带底，回到平衡态。价带的空穴具有类似的过程。仅此热化损失将达60%左右[33]。图1.10详细描述了热化过程，即半导体材料受短波长、高强度脉冲激光照射后，电子（空穴）的能量分布随时间的演变过程。其中①表示受光照之前时刻的热平衡态，②代表直接受光照时刻非平衡电子的整体激发、跃迁到导带激发态的情况，③为经过不到皮秒的载流子之间的散射，电子分布开始发散，④描述“热载流子”的热化，⑤说明载流子开始冷却，⑥为在纳秒量级内，热化的载流子将能量交给晶格，然后大部分落入导带底，⑦描述在毫秒量级内发生载流子的复合，⑧为回到热平衡状态。图1.8清晰给出热化的时间关系。可以设想，如果能有一种办法延缓热电子的弛豫过程，在它们热化回到导带底之前，就将它们传导输送到外部金属电极，形成负载电流，则可挽回这部分损失。其中的关键是如何将热电子尽快导出。

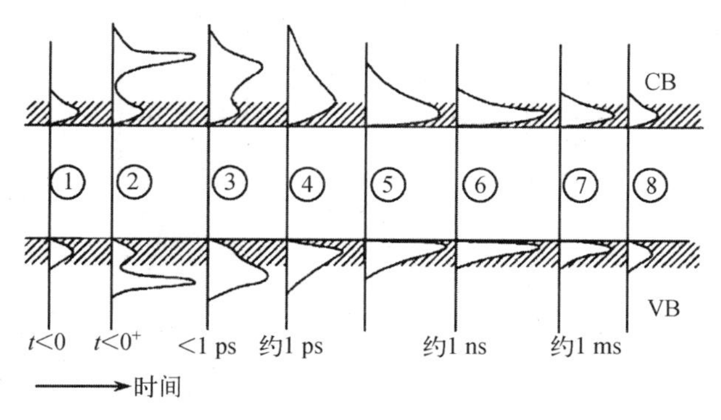

图1.10　半导体内电子（空穴）分布的时间演变过程[27]

所谓的热载流子电池，就是要在这些“热”载流子还处于高能态的“热”状态下就被电池的电极所收集，以提高输出电压。这要求延缓热载流子的冷却速率，使其处于“热态”的时间从皮秒延长到纳秒量级（注：纳秒相当于常规情况下辐射复合的时间），这样才有可能使热电子仍处于高能状态下就被电极收集，而不至于通过声子散射将能量交给声子，自身“冷却”回落到导带底。要能及时传导这种“热”载流子，则要求有提供热载流子传导的通道。2002年，Nozik[34]称，可以通过量子点在宽导带或宽价带边形成能带很窄的导带E_e或价带E_h，构成能量选择接触（energy selective contact，ESC），为热电子提供共振隧穿通道，将热电子快速传递到金属电极中。所谓ESC的能量选择，是指ESC要求共振的热载流子的能量与自身窄的能带宽度（kT 量级）相当，即该接触只选择接受和自身能量相当的热载流子进行传导，并因此而得名。从减少能量损失的角度，这个窄能带的最高位置应该是尽量高为好；而最低位置是阻止传导到外电极的冷载流子逆向返回接受体内，加速热载流子的冷却，所以也要求最低位置尽可能高，因此这个窄带的宽度在 kT 量级。

图 1.11(a)为热载流子电池的结构示意图[33]。它由光接受体和与能量相关的选择接触部分及金属电极组成。如图 1.11(b)所示，由量子点的量子限制效应，形成微型窄能带。由于这些微型子能带间距远大于声子的能量，可降低热载流子冷却时间（减缓与声子的能量交换时间），有利于热载流子电池的实现[34]。其结果可以使输出电压由 ΔV_h 提高到 ΔE（视量子点微型能带的分裂状况而定）。理论计算的最高效率可达 60%；若优化聚光条件，理想的热载流子电池最高转换效率，依计算参数选取的不同，可达到或超过 85%[32,34]。

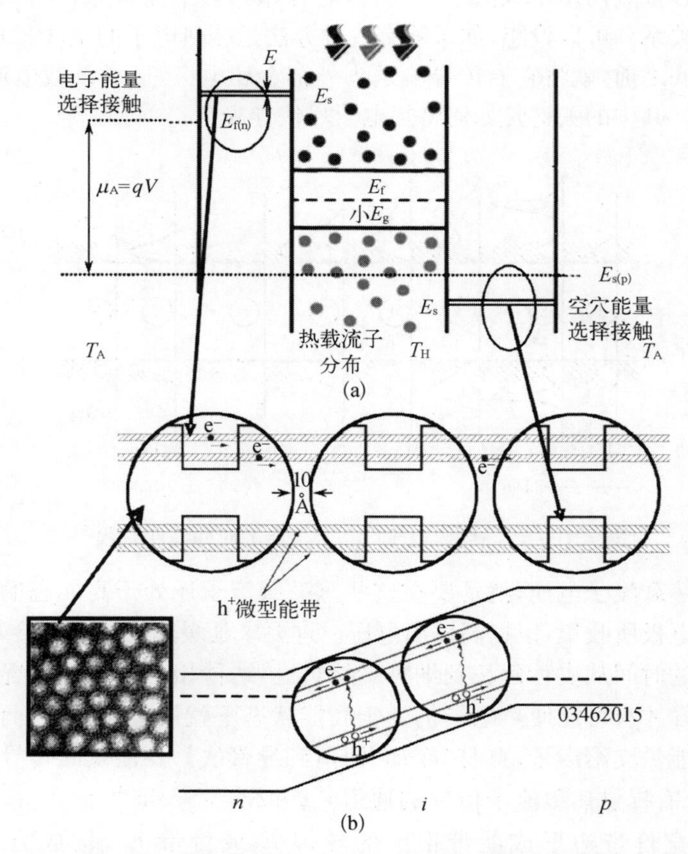

图 1.11 热载流子电池的能带图[33](a)及由量子点构成的微型窄带的示意图[34](b)

2）多重激子激发的量子点电池

减小热化损失的另一种途径，就是提高高能光子的量子产率[35]。一种称为多重激子激发（multiple exciton generation，MEG）或者多载流子激发（multiple carrier generation，MCG）过程被提了出来。该过程实际是半导体内的碰撞离化的过程[36]，也是俄歇过程的逆过程，即两个电子-空穴对的复合，产生单个高能量的电子-空穴对。针对热电子，要能够产生电子-空穴对的多重激发，就要求碰撞电离的速率或者电子-空穴对多重激发的速率，远高于热载流子冷却的速率；热电子的转移速率及正向俄歇过程的速率，也就是说热电子变成冷电子的速率必须快过于辐射复合速率。对于晶体材料而言，这种多重激发的概率总会存在但是比较小，原因是这种激发除了要满足能量守恒，还必须满足动量守恒。例如，对于晶体硅，光子能量为 4 eV（为硅带隙的 3.6 倍），多重激发的产生概率只有 5%；如果光子能量为 4.8 eV，产生的概率也只有 25%（总量子产率为 125%）[37]。这是很低的，常规情况下难以实现。但是对于量子点而言，由于载流子在三维空间中的量子限制效应，伴随电子-空穴对之间库仑相互作用的增强将形成激子；此时在量子点体系，“动量”已不再是一个好的量子数。因此，在量子点结构中，远高于带隙能量的光子无需满足在晶体中需要满足的动量守恒，其正向“俄歇”过程的速率及其逆向过程的速率得以明显提高。将价带电子激发到导带的高激发态，它与价带中的空穴构成激子，当落回导带底时，将多余的能量不是交给声子而是交给价带中的另一个电子，把它激发到导带底。如是 1 个光子产生了 2 个以上的电子-空穴对，量子产率为 2 以上。文献[29]报道，对单结电池，效率可从 33.7%增至 44.4%。无机纳晶半导体，如球形量子点、量子棒、量子线，均具有 MEG 的能力。在纳米晶体的 PbSe、PbS 和 PbTe 中已经有多重激发电子-空穴对的报道[38,39]，更有甚者，在 3.9 nm 直径的 PbSe 量子点中，当用 $4E_g$光子能量激发时可得到 300%的量子产率[22]。

Queisser 等根据热动力学计算，给出极限效率与带隙的关系。受到多重激子激发产额的调制，带隙越窄的材料，MEG 对极限效率的贡献越大。不过至今虽然测到 MEG 的产额可达到 300%，但还没有得到光电流也大于 100%的报道[34]。这是因为在电池内，不仅要求有高的激子（电子-空穴对）的产生率，同时还要求这些电子-空穴对能够及时地以相反方向分离并被电极收集，才能形成光生电流，因此对光生激子的分离与收集的研究将是新的挑战。在量子点电池中，可产生多激子的 MEG 和产生共振隧穿效应将热电子快速传导到外电极的作用是不能同时存在的。因此，这些以纳米量子效应为基点的新型器件尚属于概念验证阶段，还有很长的路要走。

3. 对低能量光子的光-电利用

低能光子是指能量小于材料长波限的光子。既然能量小于带隙，就无法激发价带电子跃迁到导带去，也就不能被材料所吸收。0.8～2.4 μm 的红外光几乎占到太阳光谱的 50%，未被吸收的损失对降低极限效率的贡献是非常明显的，几乎处于首位。如何利用这部分光能，最容易想到的方法就是研发出窄带隙的光伏材料。

1）窄带隙光伏材料

文献[29]给出美国 Solexant 公司提出的以 PbSe 作为窄带隙材料，利用 PbSe 的纳米点具有 MEG 效应制作高效电池的报道。文献[38]指出，PbSe 材料的带隙在室温下为 0.26 eV，长波限约在 4.77 m，具有 300%的 MEG 产额。但是窄带隙光伏材料是一个长期的研究课题，如对 β- $FeSi_2$ 的研究几乎走了十多年的历程，至今还在进行中。因此寻找其他利用红外光的路径，应该是更为有效的。

2）中间带光伏器件

已知载体材料，尤其是硅基薄膜的带隙中，有很多种能级或能带，它们常以杂质和缺陷态能级或连续带的形式存在于带隙内。在光吸收测量中常会呈现它们的存在。那些不足以本征激发的光子，能不能对出现在带隙中的能带（称为中间带，intermediate band，IB）上的电子加以激发呢？文献[33]示出了如图 1.12 所示的含中间带的能级分布的图示。它描述了不足以本征激发的红光，可以先将价带电子激发到中间带，再由稍长的、不足以产生本征激发的橘色光，将中间带上的电子激发到导带中去。这样两个无法利用的低能量光子，通过中间带的吸收，产生了一对电子-空穴对而得以利用。这种器件具有和三能级叠层电池相当的极限效率，聚光条件下可达 63%，一个太阳下达 48%，其原因是它也具有与三结电池相同数目的能量阈值。该计算是在非常理想的情况下计算的，未计入材料的光敏性、光的选择性及中间带电池自身潜在的其他问题。实际应用中又有具体要求，例如，要保证光的选择性，就必须调节器件的吸收和发射光谱范围，即各能带间的能隙所吸收的光子能量不能重叠。价带到中间带、中间带到导带、价带到导带，各自独立地只吸收与其能隙对应的光子，而不会去吸收比它更高能量的光子。同时为使被中间带吸收的电子，能够再激发到导带而不是复合，需要电子在中间能级上的寿命延长，有时间等待第二个稍短波长光子将它激发到导带去。这就要求电子对中间带的填充是半空半满的，即如图 1.12 所示的费米能级应位于中间带的中央，以便中间带吸收或发射电子的概率相当。这意味着对中间带与导带和价带的宽度提出了严格的限制，这在实际材料选择中是很困难的，因此只有人为地构造出这种结构。

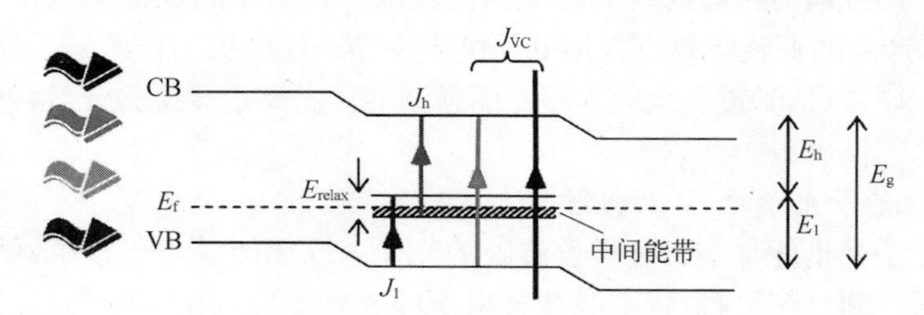

图 1.12　中间带电池结构示意图

人为构造的中间带常见的有量子点(QD)中间带、高失配构建中间带等。量子点中间带可以在基质"垒"材料薄层中插入"阱"材料的量子点，由于量子限制效应会引起微带结构，从而成为中间带[40]。可以通过垒材料的掺杂使IB带填满一半，达到利于红外波段的吸收而提高效率。高失配构建中间带采用高失配合金(highly mismatch alloys, HMA)构建中间带，按照"能带反交叉(band anti-crossing, BAC)模型"[41]，基质的扩展态与添加成分的局域态之间的相互作用引起能带杂化，导致能带重组，这项研究正在引起关注。

1.4.3　新纳米结构引入的影响

半导体纳米线因其独特的光学和电学特性近年来引起了科研工作者的广泛关注，在太阳电池方面具有很大的潜在应用价值。由于硅材料和工艺在半导体工艺中占有主流地位，与其他材料相比，硅纳米线太阳电池的制作更容易与当前工艺兼容。目前硅纳米线太阳电池的研究热点是硅纳米线阵列太阳电池和单根硅纳米线太阳电池。

1. *硅纳米线的高效减反射*

结构最简单的硅纳米线电池就是直接在传统的晶体硅电池上制备合适的硅纳米线，以此作为减反层来增加光吸收，从而提高电池的效率。人们通过理论分析和数值计算，发现半导体纳米线具有极低的光反射率[42]，纳米线的吸收在短波长很高，只是在长波长较低，不过可以通过延长纳米线的长度或陷光技术来弥补；并将这种光学特性归因于光在纳米线结构中的多次散射，同时指出通过优化纳米线的直径和合适的折射率匹配可以增强光的吸收、减少反射[43]。实验上确实已证明了硅纳米线的反射率明显低于硅薄膜和晶体材料，通过对比硅纳米线与单晶硅、多晶硅等的反射率，发现硅纳米线的确在红外波段吸收显著增强，原因一方面是反射率的显著降低，另一方面是纳米线导致的缺陷等对光子具有更强的捕获能力[44]。

最近，美国加州大学Berkeley分校研究组通过光透射和光电流的测量表明，有序纳米线阵列能够增加入射光光程，加强因子高达73，优于其他散射方法[45]。美国加州理工学院研究组设计了新的陷光技术，纳米线首先覆一层Si_3N_4，随后沉积透明材料Al_2O_3纳米颗粒[46]，这些纳米颗粒散射入射光进入纳米线以使吸收最大化。结果表明，用不到5%的纳米线面积可以达到96%的吸收，整天可以吸收85%带隙以上的太阳光。同时，纳米线阵列也加强了近红外吸收，使整体光吸收超过对等的传统平板陷光限制。美国斯坦福大学研究组研究了单根纳米线的漏模共振(LMR)现象，指出纳米线光吸收不仅与材料的本征吸收有关，还可以通过控制纳米线的尺寸、几何形状和纳米结构的方向改变光吸收[47]。他们又进一步研究了单根纳米线的光学天线效应，指出纳米线能够加强光吸收而几乎不依赖光照角度[48]，这说明纳米线可以作为近乎完美的电池元素。

目前，平板晶体硅太阳电池中单晶硅多采用各向异性碱性溶液织构，工艺成熟，多晶硅则采用酸性腐蚀，工艺还有待完善。硅纳米线的有效减反效应可以在传统的平板多晶硅太阳电池中有很好的应用。清华大学研究组已经尝试采用无电极化学腐蚀技术制备硅纳米线用于晶体硅太阳电池[49]，具体过程是先在 p 型晶体硅上制作规则排列的纳米线阵列，然后通过磷扩散形成 n 型区，形成 p - n 结，最后通过常规的电池工艺制作硅太阳电池[图 1.13(c)]。实验结果发现，纳米线结构能够显著降低光反射率，但这种平板硅纳米线阵列太阳电池的转换效率仅为 9.3%，而多晶硅电池为 4.73%。可能的问题在于表面电极接触不够致密，表面缺陷增加了表面电子-空穴对复合速率。进一步将纳米线阵列的方向由垂直改成略微倾斜来改善表面电极接触，降低接触电阻，实验上已证明可以将电池转换效率提高到 11.37%[50]。以纳米线作为减反层的硅太阳电池仍有很多问题要解决，如纳米线的制备和改善电极接触等。此外，法国研究组将 n 型硅纳米线用化学气相沉积工艺和 vapor liquid solid(VLS)方法生长在 p 型衬底上，制作了硅纳米线阵列电池，效率为 1.9%[51][图 1.13(a)]。德国 Jena 光子技术研究所用无电极化学腐蚀法制作了轴向纳米线阵列电池，效率为 4.4%[52]。

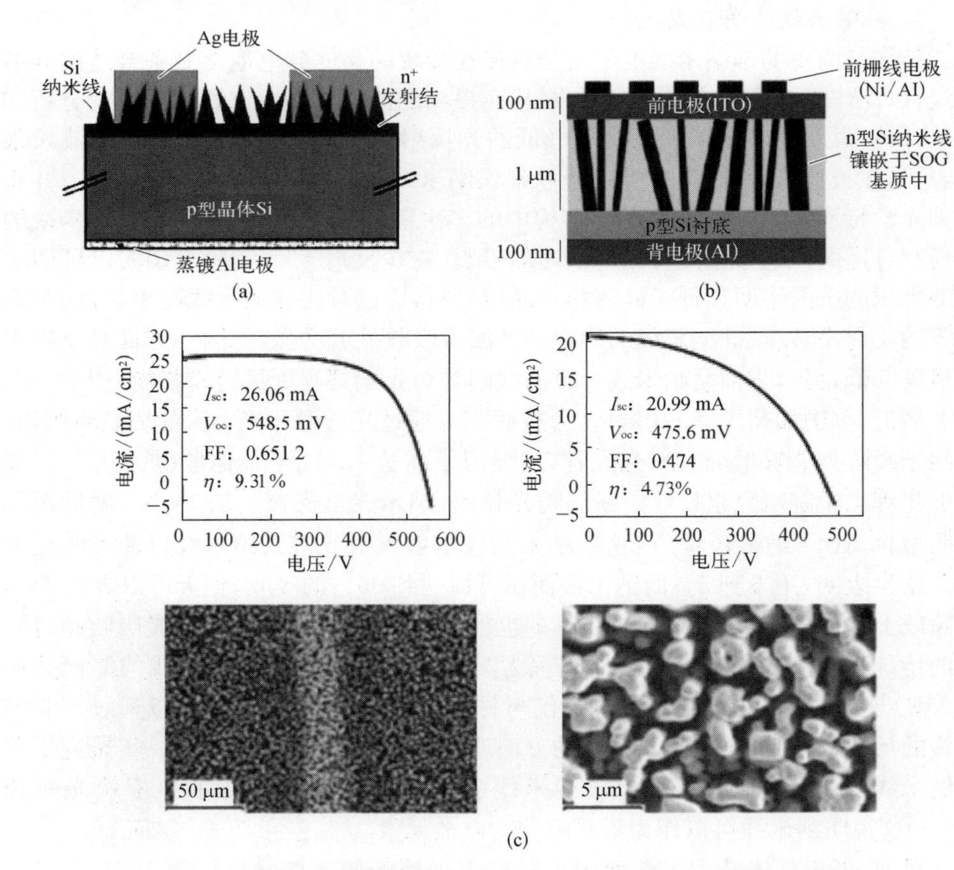

图 1.13　两种硅纳米线阵列电池结构(a)和(b)及硅纳米线阵列太阳电池性能与表面形貌(c)[49-52]

2. 纳米线径向结电池

相比如图1.13所示纳米线阵列电池，美国加州理工学院研究组提出的径向p-n结的纳米线阵列太阳电池[53]具有更大的优势：入射光吸收的过程发生在电池轴向，有效增加了光程，提高光的吸收利用；载流子分离的过程发生在电池径向，减小了输运距离，提高光生载流子的收集效率，综合起来将显著提高电池的短路电流、转换效率等指标。此外，由于载流子的短距离输运可以有效减少电子-空穴对的体复合，这类电池对硅材料的要求低于传统电池。理论计算表明，对于电子扩散长度为100 nm的径向硅纳米线，太阳电池的效率可达11%，远高于平板结构的1.5%。美国加州大学Berkeley分校研究组首先利用低温蚀刻和薄膜沉积方法制作了径向硅纳米线电池，只是效率不到0.5%[54]。最近，他们通过降低表面的粗糙程度和对纳米线直径和密度的调控，大大提高了开路电压、影响因子和开路电压的值，光电转换效率达到5%。这将极有可能在低成本材料上实现较高的转换效率，将是未来新型纳米线太阳电池的重要研究方向。

除了纳米线阵列电池，单根硅纳米线在光伏和纳电子器件应用方面也受到人们的重视。美国哈佛大学研究组用VLS方法和化学气相沉积工艺制作了径向硅p-i-n纳米线太阳电池，电池效率达到3.4%，单根纳米线太阳电池最大输出功率达到72 pW[55]。单根硅纳米线也已成功制作成轴向单结甚至多结p-i-n太阳电池结构，4.0 μm厚本征区的单结太阳电池的效率为0.5%，输出功率仅4.6 pW[56]。很清楚，这种轴向电池的效率和输出功率远低于前述的单根径向p-i-n太阳电池。由此可见，具有径向p-i-n结的纳米线太阳电池在载流子输运和收集方面确实展现出独特的优势。相信通过对单根纳米线的基础研究，能够阐释纳米线阵列电池的主要性质，有利于设计新一代高性能纳米线阵列电池。

类似的，美国宾州州立大学的Joan Redwing在玻璃衬底上先形成公共金属底电极及被SiO_2隔离成分立的作为接触电极的n^+层，由此连续沉积出以柱状n型纳米线为中心(呈单晶特征)的辐射状nc-Si/a-Si：H/ITO(氧化铟锡)的纵向结，如图1.14所示。这种高占空比的异质结构，期望将电池效率提高到15%。Solasta公

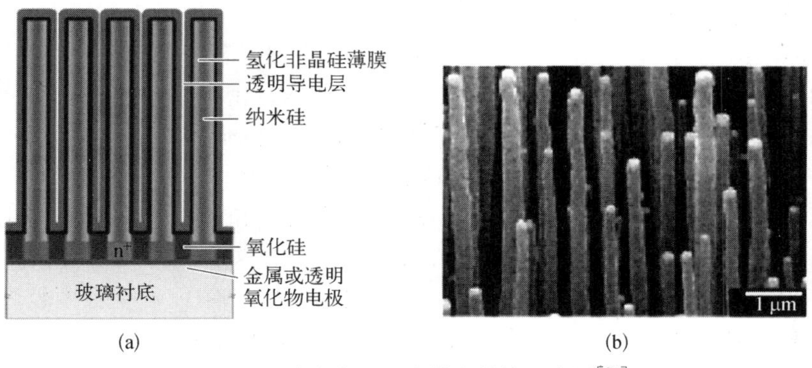

图1.14　纳米太阳电池纵向结构示意图[29]

司的 Naughton 提出以碳纳米管结构/非晶硅吸收层/金属的纳米结构，形成纳米工程的太阳电池，它可以将光子与产生载流子的电子通道予以隔离以提高电池效率，预期效率可达 25%。

虽然硅纳米线太阳电池理论上比传统电池具有更优的性能，但传统电池的理论与工艺相对成熟，而硅纳米线太阳电池大多还处在实验室研究阶段。尽管近年来硅纳米线太阳电池在理论和制备上已取得很大的进展，但在实用中还会有不少全新的问题出现，无论在基础机理还是工艺实现方面，都值得更深入地探讨与研究。可以预计的是，下一阶段具体技术路线如下：p－cores 硅纳米线的有序可控生长；利用优化的 PECVD 沉积 i－shell 和 n－shell；优化器件结构参数，包括掺杂、各层厚度、线直径和密度，并实现其有序可控生长；探索合适的欧姆接触和适合大规模生产纳米线阵列电池的工艺等。

1.4.4 多样化应用细分市场：柔性和透明电池技术

柔性太阳电池具有高的比功率，不易破碎，可折叠、卷曲，便于运输，可粘贴在其他物体表面，得到了发展。在工业生产中，卷到卷制备技术的发展[57]为柔性太阳电池降低成本提供了可能。

柔性太阳电池的特点决定了它比非柔性太阳电池的应用领域更广，在太阳能光伏建筑一体化（弧形屋顶、玻璃幕墙、柔性窗帘等）、城市遮阳设施、农业及户外供电（农业大棚、帐篷等）、交通工具辅助电源、便携式充电电源等众多应用领域更具独特优势。

1. 柔性衬底材料

薄膜太阳电池的柔性衬底材料一般要满足下列要求：① 良好的热稳定性，保证足够的衬底温度；② 足够的薄膜支持力；③ 热膨胀系数与活性层相吻合，适用于卷轴工艺；④ 价格低廉；⑤ 良好的透光性。目前，柔性太阳电池大都采用下述两类柔性衬底材料。

（1）金属，如不锈钢、铝、钛、钼、钴等。采用柔性金属衬底来制作薄膜太阳电池，可采用高温工艺，但相对于有机聚合物基体，同时也增加了制作成本；另外由于电池整体不透明，在电池结构设计和应用领域上受到很多的限制。

（2）有机聚合物。大多数有机聚合物膜材料具有密度小、可弯曲、耐冲击和易携带等优点，利用连续卷轴式印刷生产，能提高产率、降低生产成本。

尽管柔性有机材料完全可以取代玻璃作为衬底，但其不耐高温，因此要求较低的成膜温度，使得目前薄膜与基体之间的附着力较差和效率普遍偏低。相对玻璃衬底而言，有机柔性衬底由于其柔韧性释放应变[58]，这些应力应变会破坏衬底材料，在薄膜结构中引入断键和缺陷[59]。常见报道的材料有① 承受温度较高的一种高分子聚合物有机材料——聚酰亚胺（PI），在真空条件下可承受 300℃，短时间内 400℃进行薄膜沉积，少数能耐 450℃高温；② 聚对苯二甲酸乙二酯（PET），有较好的绝缘性和较高的阻气性、耐化性、透明性及机械强度，但结晶速率极慢，加工成型工艺困难，导致尺寸安定性不佳；③ 聚萘二甲酸乙二醇酯(PEN)，气密性好、耐有机溶剂、透紫外线，较高的拉伸强度、弯曲模量和弯曲强度，经 150℃烧结 30 min 后，热收缩率变化仅为 0.005%等，但 PEN 成本约为 PET 的 5 倍[60]。

2. 柔性硅基薄膜太阳电池

柔性硅薄膜太阳电池的研究近几年受到越来越多的关注，其中以非晶硅及非晶硅/微晶硅结电池的研究较多，有关多晶硅柔性太阳电池的研究较少。美国 Erickson 和 Dalal[61]利用电子回旋共振辅助脉冲激光溅射方法在 PI 衬底上沉积微晶硅薄膜。该过程中在薄膜表面产生 H 离子，会促进薄膜在低温下晶化。美国 Vijh 等[62]首次报道了柔性三结非晶硅电池组件的制备过程，电池效率可达 9.8%。德国 Stuttgart 大学 Schubert 和 Werner[63]已研制在 50 μm 的 PI 和 PET 衬底上制备非晶硅电池。德国的 van den Donker 等根据临时覆层的观念，利用卷轴系统制备非晶硅/微晶硅叠层电池，效率为 9.4%。日本 Ichikawa 等利用等离子体增强型化学气相沉积法在 40 cm×80 cm 柔性衬底上制备了 a-Si：H 电池，效率为 9%[64]。南开大学张德贤等采用 RF-PECVD 方法在 PI 柔性衬底上制备 n-i-p 型非晶硅薄膜太阳电池，其光电转换效率为 7.09%；在 PET 衬底上的柔性非晶硅叠层太阳电池的转换效率为 6.0%。

3. 柔性晶体硅太阳电池

基于非晶硅薄膜的柔性太阳电池，由于材料质量及其自身光电性质的制约，电池的转换效率偏低。采用薄的具有柔性的晶体硅作为柔性电池的吸收基区，具有优良的光电性能，为获得高效柔性电池提供了材料基础。

法国研究组提出了使用外延生长的方法制备柔性晶体硅衬底，再在其上完成电池的制造。但是这种技术路线难度高，工艺冗长复杂。再加上在很薄的柔性晶体硅衬底上，制作电池结构的技术工艺和常规非柔性晶体硅电池的不兼容，致使制造成本很高。

近几年常规太阳能级晶体硅片价格大幅下降，如果将硅片正面的电池结构保护起来，使用化学刻蚀的方法从背面将硅片减薄至柔性，通过这种技术路线可以获得转换效率高，又兼顾制造成本的柔性晶体硅电池。该途径在电池关键制作方法上兼容了常规非柔性晶体硅电池的技术工艺，使用化学刻蚀方法，易于低成本、大规模、产业化。最终获得的柔性晶体硅太阳电池的转换效率与常规非柔性单晶硅或多晶硅太阳电池的相当，远高于一般的柔性薄膜电池，因此具有更加广泛的应用。

4. 透明太阳电池

将常规或柔性太阳电池按照一定的间隙排布组成组件，可以获得半透明的非柔性或柔性的太阳电池产品，用于建筑物的玻璃窗户或柔性窗帘。日本夏普公司开发的具有超薄和半透明特质的太阳电池板，企业家庭两用，主要是用于阳台栏杆和大厦窗户,它提供的太阳能转换效率约为 6.8%,最大输出功率为 95 W,整体面板尺寸为 3.2 ft(1 ft=0.304 8 m)高,4.5 ft 宽。美国密歇根州立大学的研究团队开发出了一种透明的太阳能面板,吸收利用太阳光中人眼不可见的近红外/红外波长的光子,对人眼来说面板几乎无色透明。但是不足之处在于面板转换效率目前仍不足 1%,目前团队希望通过改进将转换效率提高至 5%。

总之,以传统晶体硅为代表的第一代太阳电池产量以超过 40%的速度高速递增,2009 年全球产量已超过 10 GW。中国光伏产业发展更加惊人,2007 年以 1.088 GW的产量一举跃居世界首位,2009 年的产量达到 4.0 GW,稳居世界第一。虽然 2008 年第四季度起全球金融危机使晶体硅材料的价格大幅降低,但目前晶体硅太阳电池的价格仍然相对较高,这为第二代薄膜太阳电池的发展提供了良好的机遇。目前以非晶硅薄膜为代表的第二代薄膜太阳电池产业化正如火如荼地进行,成本相对较低。但是非晶硅薄膜太阳电池的最大问题是光电转换效率比较低,而且随着时间的推移(一般十几天),它的性能会出现光致衰减现象,其短路电流、转换效率等也随着下降。随着全球纳米科学的快速发展,纳米技术日渐成熟,降低太阳电池成本、提高光电转换效率和稳定性的一个重要思想是利用纳米技术。纳米结构材料成为新颖的太阳电池材料,它的应用将给蓬勃发展的太阳能光伏产业注入新的活力,形成所谓的第三代纳米薄膜太阳电池的研究热潮[65],目标是在维持现有第二代薄膜电池沉积技术的经济性和环保性基础上显著提高电池性能及稳定性,进一步降低太阳电池的成本。

光伏作为未来能源主力,必须大幅降低成本才能得以生存,而提高转换效率是这场竞争中最具效力的关键。现有太阳电池技术,尤其是产业化技术,其潜能的挖掘显得很有限,需要创造新概念,引入新技术才能得以突破。一种带有 21 世纪特征的纳米技术,量子阱、量子线、量子点的新概念和其他新技术纷纷涌现,在这场革新运动中,担负着主力军的作用。但是如果仍然停留在借助微电子技术去开创新局面,是有着诸多困难的。需要在研究其原理的同时,开发低成本技术,才能走出真正的第三代电池的本意:低成本、绿色环保前提下的超高效率。

参考文献

[1] Catalano A, D'Aiello R, Dresner J, et al. Attainment of 10% conversion efficiency in amorphous silicon solar cells. Proceedings of the 16th IEEE Photovoltaic Specialists Conference. San Diego, 1982: 1421-1422.

[2] Staebler D L, Wronski C R. Reversible conductivity changes in discharge-produced amorphous silicon. Applied Physics Letters, 1977, 31(4): 292-294.

[3] Veprek S, Marecek V. The preparation of thin layers of Ge and Si by chemical hydrogen plasma transport. Solid State Electronics, 1968, 11(7): 683-684.

[4] Meier J, Torres P, Platz R, et al. On the way towards high-efficiency thin film silicon solar cells by the "micromorph" concept. Proceedings of the Materials Research Society

Symposium, 1996, 420: 3 - 14.

[5] Kroll U, Meier J, Keppner H, et al. Origin and incorporation mechanism for oxygen contaminants in a - Si : H and mc - Si : H films prepared by the very high frequency (70 MHz) glow discharge technique. Proceedings of the Materials Research Society Symposium, 1995, 377: 39 - 44.

[6] Kroll U, Meier J, Keppner H, et al. Origins of atmospheric contamination in amorphous silicon prepared by very high frequency (70 MHz) glow discharge. Journal of Vacuum Science and Technology A, 1995, 13(6): 2742 - 2746.

[7] Torres P, Meier J, Flückiger R, et al. Device grade microcrystalline silicon owing to reduced oxygen contamination. Applied Physics Letters, 1996, 69(10): 1373 - 1375.

[8] Ito H, Jeynes C, Reprek S, et al. Microstructure of amorphous silicon. EMIS Data Reviews, 2nd INSPEC. London, 1989: 1 - 22.

[9] Houben L, Luysberg M, Hapke P, et al. Morphological and crystallographic defect properties of microcrystalline silicon: a comparison between different growth modes. Journal of Non-Crystalline Solids, 1998, 227 - 230(98): 896 - 900.

[10] Dubail J, Vallat-Sauvain E, Meier J, et al. Microstructure of microcrystalline silicon solar cells prepared by very high frequency glow-discharge. Proceedings of the Materials Research Society Symposium, 2001, 609: A13. 6. 1 - A13. 6. 6.

[11] Jones S J, Chen Y, Williamson D L, et al. The effect of Ar and He dilution of silane plasmas on the microstructure of a - Si : H detected by small angle X - ray scattering. Journal of Non-Crystalline Solids, 1993, 164 - 166: 131 - 134.

[12] Wagner H, Beyer W. Reinterpretation of the silicon-hydrogen stretch frequencies in amorphous silicon. Solid State Communications, 1983, 48(7): 585 - 587.

[13] Vallat-Sauvain E, Kroll U, Meier J, et al. Evolution of the microstructure in microcrystalline silicon prepared by very high frequency glow-discharge using hydrogen dilution. Journal of Applied Physics, 2000, 87(6): 3137 - 3142.

[14] Sriraman S, Agarwal S, Aydil E S, et al. Mechanism of hydrogen-induced crystallization of amorphous silicon. Nature, 2002, 418(6893): 62 - 65.

[15] Yang J, Yan B J, Guh A S. Amorphous and nanocrystalline silicon-based multi-junction solar cells. Thin Solid Films, 2005, 487(1 - 2): 162 - 169.

[16] Chen X Y, Shen W Z, He Y L. Enhancement of electron mobility in nanocrystalline silicon/crystalline silicon hetero-structures. Journal of Applied Physics, 2005, 97(2): 024305 - 1 - 5.

[17] Chen X Y, Shen W Z. Controlling the electronic band structures in hydrogenated silicon nanocrystals by shallow impurity doping. Physical Review B, 2005, 71(3): 035309 - 1 - 6.

[18] Chen H, Shen W Z. Temperature-dependent optical properties of B - doped nc - Si : H thin films in the interband region. Journal of Applied Physics, 2004, 96(2): 1024 - 1031.

[19] Zhang R, Chen X Y, Zhang K, et al. Photocurrent response of hydrogenated nanocrystalline silicon thin films. Journal of Applied Physics, 2006, 100(10): 104310 - 1 - 5.

[20] Zhang R, Wu H, Chen X, et al. Electronic states in Si nanocrystal thin films. Applied Physics Letters, 2009, 94(24): 242105 - 1 - 3.

[21] Chapin D M, Fuller C S, Pearson G L. A new silicon p-n junctionphotocell for converting solar radiation into electrical power. Journal of Applied Physics, 1954. 25(5): 676-677.

[22] Carlson D E, Wronski C R. Amorphous silicon solar cell. Applied Physics Letters, 1976, 28(11): 671-673.

[23] Green M A, Emery K, Hisikawa Y, et al. Solar cell efficiency tables (Version 30). Progress in Photovoltaics, 2007, 15(5): 425-430.

[24] Shockley W, Queisser H J. Detailed balance limit of efficiency of p-n junction solar cells. Journal of Applied Physics, 1961, 32(3): 510-519.

[25] Green M. Silicon based tandem and hot carrier cells. Technical Digest of the International PVSEC-17. Fukuoka, 2007: 10.

[26] Conibeer G, Ekins-Daukes N, Guillemoles J F, et al. Progress on hot carrier cells. Technical Digest of the International PVSEC-17. Fukuoka, 2007: 295.

[27] Green M A. Third generation photovoltaics: Ultra-high conversion efficiency at low cost. Progress in Photovoltaics, 2001, 9(2): 123-135.

[28] McConnell R D, Matson R. Next-generation photovoltaic technologies in the United States. 19th European Photovoltaic Solar Energy Conference and Exhibition. Paris, 2004.

[29] Kevin B. Future generation photovoltaic devices and processes selections. DOE Solar Energy Technology Program, 2007.

[30] Oyama T, Kambe M, Taneda N, et al. Requirements for TCO substrate in Si-based thin film solar cells-toward tandem. Proceedings of MRS, 2008: 1101-KK02-1.

[31] Green M A, Conibeer G, Konig D, et al. Progress with all-silicon tandem cells based on silicon quantum dots in a dielectric matrix. 21st European Photovoltaic Solar Energy Conference. Dresden, 2006.

[32] Brown A S, Green M A. Limiting efficiency for current-constrained two-terminal tandem cell stacks. Progress in Photovoltaics, 2002, 10(5): 299-307.

[33] Cho E C, Park S W, Hao X J, et al. Toward silicon quantum dot junction to realize all-silicon tandem solar cells. Proceedings of 22nd European PSEC. Milan, 2007: 169.

[34] Nozik A J. Quantum dot solar cells. Physica E-Low-Dimensional Systems & Nanostructures, 2002, 14(1-2): 115-120.

[35] Ekins-Daukes N J, Schmidt T W. A molecular approach to the intermediate band solar cells. Technical Digest of the International PVSEC-17. Fukuoka, 2007: 528.

[36] Kolodinski S, Werner J H, Wittchen T, et al. Quantum efficiencies exceeding unity due to impact ionization in silicon solar-cells. Applied Physics Letters, 1993, 63(17): 2405-2407.

[37] Nozik A J. Exciton multiplication and relaxation dynamics in quantum dots: Applications to ultra-high efficiency solar photon conversion. Conference Record of the 2006 IEEE 4th World Conference, 2006, 1: 40-44.

[38] Wolf M, Brendel R, Werner J H, et al. Solar cell efficiency and carrier multiplication in $Si_{1-x}Ge_x$ alloys. Journal of Applied Physics, 1998, 83(8): 4213-4221.

[39] Ellingson R J, Beard M C, Johnson J C, et al. Highly efficient multiple exciton generation in

colloidal PbSe and PbS quantum dots. Nano Letters, 2005, 5(5): 865 - 871.

[40] Yasuhiko T, Tadashi I, Tomoyoshi M, et al. Solar energy conversion using temperature-controlled carriers. 22nd European Photovoltaic Solar Energy Conference. Milan, 2007: 187.

[41] Shan W, Walukiewicz W, Ager J W, et al. Band anticrossing in GaInNAs alloys. Physical Review Letters, 1999, 82(6): 1221 - 1224.

[42] Hu L, Chen G. Analysis of optical absorption in silicon nanowire arrays for photovoltaic applications. Nano Letters, 2007, 7(11): 3249 - 3252.

[43] Muskens O L, Rivas J, Algra R E, et al. Design of light scattering in nanowire materials for photovoltaic applications. Nano Letters, 2008, 8(9): 2638 - 2642.

[44] Stelzner T, Pietsch M, Andrae G, et al. Silicon nanowire-based solar cells. Nanotechnology, 2008, 19(29): 2123 - 2131.

[45] Garnett E, Yang P D. Light trapping in silicon nanowire solar cells. Nano Letters, 2010, 10(3): 1082 - 1087.

[46] Kelzenberg M D, Boettcher S W, Petykiewicz J A, et al. Enhanced absorption and carrier collection in Si wire arrays for photovoltaic applications. Nature Materials, 2010, 9(3): 239 - 244.

[47] Cao L, White J S, Park J S, et al. Engineering light absorption in semiconductor nanowire devices. Nature Materials, 2009, 8(8): 643 - 647.

[48] Cao L, Fan P, Vasudev A P, et al. Semiconductor nanowire optical antenna solar absorbers. Nano Letters, 2010, 10(2): 439 - 445.

[49] Peng K Q, Xu Y, Wu Y, et al. Aligned single-crystalline Si nanowire arrays for photovoltaic applications. Small, 2005, 1(11): 1062 - 1067.

[50] Fang H, Li X, Song S, et al. Fabrication of slantingly-aligned silicon nanowire arrays for solar cell applications. Nanotechnology, 2008, 19(25): 711 - 717.

[51] Perraud S, Poncet S, Noel S, et al. Full process for integrating silicon nanowire arrays into solar cells. Solar Energy Materials and Solar Cells, 2009, 93(9): 1568 - 1571.

[52] Sivakov V, Andrae G, Gawlik A, et al. Silicon nanowire-based solar cells on glass: Synthesis, optical properties, and cell parameters. Nano Letters, 2009, 9(4): 1549 - 1554.

[53] Kayes B M, Atwater H A, Lewis N S. Comparison of the device physics principles of planar and radial p - n junction nanorod solar cells. Journal of Applied Physics, 2005, 97 (11): 114302 - 1 - 11.

[54] Garnett E, Yang P D. Silicon nanowire radial p - n junction solar cells. Journal of the American Chemical Society, 2008, 130(29): 9224 - 9225.

[55] Tian B, Zheng X, Kempa T J, et al. Coaxial silicon nanowires as solar cells and nanoelectronic power sources. Nature, 2007, 449(7164): 885 - 889.

[56] Kempa T J, Tian B, Kim D R, et al. Single and tandem axial p - i - n nanowire photovoltaic devices. Nano Letters, 2008, 8(10): 3456 - 3460.

[57] Izu M, Ellison T. Roll-to-roll manufacturing of amorphous silicon alloy solar cells with in situ cell performance diagnostics. Solar Energy Materials and Solar Cells, 2003, 78 (1 - 4):

613 - 626.

[58] Fortunato E, Brida D, Ferreira I, et al. Production and characterization of large area flexible thin film position sensitive detectors. Thin Solid Films, 2001, 383(1 - 2): 310 - 313.

[59] Pereira L, Brida D, Fortunato E, et al. a - Si : H interface optimisation for thin film position sensitive detectors produced on polymeric substrates. Journal of Non-Crystalline Solids, 2002, 299: 1289 - 1294.

[60] Miyasaka T, Ikegami M, Kijitori Y. Plastic dye-sensitized photovoltaic cells and modules based on low-temperature preparation of mesoscopic titania electrodes. Electrochemistry, 2007, 75(1): 2 - 12.

[61] Erickson K, Dalal V L. Growth of microcrystalline Si and (Si, Ge) on plastic substrates. Journal of Non-Crystalline Solids, 2000, 266: 685 - 688.

[62] Vijh A, Yang X, Du W, et al. Triple junction amorphous silicon-based flexible solar minimodule with integrated interconnects. Solar Energy Materials and Solar Cells, 2006, 90 (16): 2657 - 2664.

[63] Schubert M B, Werner J H. Flexible solar cells for clothing. Materials Today, 2006, 9(6): 42 - 50.

[64] Ichikawa Y, Yoshida T, Hama T, et al. Production technology for amorphous silicon-based flexible solar cells. Solar Energy Materials and Solar Cells, 2001, 66(1 - 4): 107 - 115.

[65] Soga T. Nanostructured materials for solar energy conversion. Amsterdam: Elsevier, 2006: 131 - 192.

第2章

太阳电池中的光学吸收增强

2.1 传统吸收增强理论

能源是人类文明发展的基石。创造一个更有效、更清洁的新能源体系是全人类的梦想。太阳能作为一种取之不尽、用之不竭的清洁能源受到人们的广泛关注。基于光伏效应、直接将太阳能转化为电能的太阳能电池成为新能源领域的研究热点。自从贝尔实验室的研究人员在20世纪50年代制备出首块单晶硅太阳能电池之后[1]，单晶硅太阳能电池的效率已经从6%提高到了20%以上[2]，占据了大部分市场份额。但是，受限于单晶硅材料本身高昂的价格，研究人员一直致力于寻找其替代品。随着新材料的不断涌现，太阳能电池的研究也在不断推陈出新，从非晶硅[3-5]、染料敏化[6-9]、量子点[10,11]、有机材料[12-14]，到近年来的钙钛矿材料[15]，太阳能电池得到了长足的发展。在太阳能电池研究领域，人们主要关注两大基本问题：① 提高太阳能电池的光电转换效率；② 发展大面积、低成本的制备工艺。无论是效率的提高，还是材料或制备工艺的成本降低，终极目标是实现器件长时间、高性能的稳定工作，提供更高的能量产出比。

太阳能光电转换的物理基础是光生伏特效应[16]，包括两个基本过程：① 半导体材料吸收太阳光子，产生光生电子-空穴对；② 光生电子、光生空穴被分离收集。因此，提高太阳能电池效率，在光学上要求提高太阳光谱的光吸收率，减少光学损失；在电学上要求减小电子-空穴对复合、提高收集率，减少电学损失。对于同一种半导体材料（光吸收系数一定），为了减少载流子复合概率同时降低材料成本，材料越薄越好，而这又显然不利于宽带的光吸收（在传统几何光学理论框架下）。因此，借助微结构光学设计降低太阳光的反射损失，同时利用其陷光效应增强太阳光在半导体材料中的等效吸收长度，为高效率、低成本太阳能电池的设计提供了一种全新的解决方案。

本节从统计的方法出发，假设光线具有遍历性，也就是说，在一个稳定的状态下，作一个瞬时的平均，使得光照强度分布与统计上的相位空间强度分布相一致。经过一定的推演，可以得到一个具有各种状态的光学介质，内部实际获得的光照强度是入射光强度的 n^2 倍。最后，运用传统吸收增强理论，对于一些实际情况进行了讨论。

2.1.1 统计力学原理

考虑一块各向异性光学薄膜，其反射率随着位置的变化而变化，如图 2.1 所示。将该光学介质置于外界温度为 T 的黑体辐射环境中，当介质中电磁辐射与黑体辐射达到平衡时，电磁场能量密度为

$$U = \frac{\hbar\,\omega}{\exp\left(\frac{\hbar\,\omega}{kT}\right)-1}\frac{2\mathrm{d}\Omega n^3\omega^2}{(2\pi)^3c^3}\mathrm{d}\omega \tag{2.1}$$

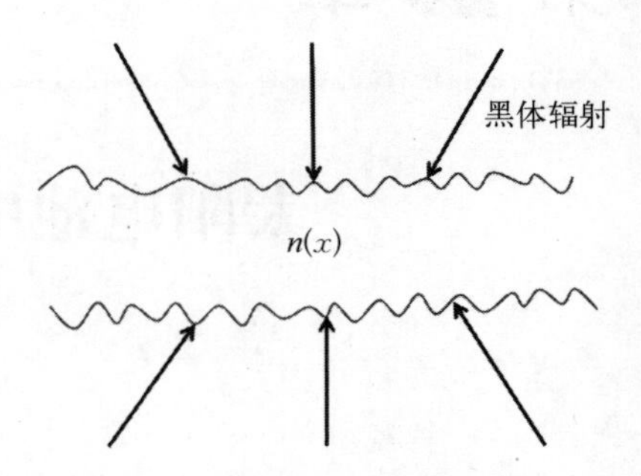

图 2.1 各向异性光学薄膜的黑体辐射示意图

相应的能量密度为式(2.1)乘以群速度，即

$$I \equiv Uv_{\mathrm{g}} = \frac{\hbar\,\omega}{\exp\left(\frac{\hbar\,\omega}{kT}\right)}\frac{2\mathrm{d}\Omega n^2\omega^2}{(2\pi)^3c^2}\mathrm{d}\omega \tag{2.2}$$

其中，式(2.2)区别于真空中黑体辐射强度在于其系数 n^2，因此介质中光的强度是外部黑体辐射强度的 n^2 倍，即

$$I_{\mathrm{int}}(\omega,\ x) = n^2(\omega,x)\,I_{\mathrm{ext}}(\omega,\ x) \tag{2.3}$$

由于介质中的状态数正比于 n^2，所以很容易可以得出系数 n^2，又由于均分定理，确保了内部与外部的状态数相等。

2.1.2 几何光学计算

当入射光波长比结构尺寸小得多时，几何光学近似成立。此种情况下，可假设内部角度的随机性，考虑输入辐射强度与输出辐射强度平衡，对于整个体积与面积进行积分即可计算几何光学情形下的光吸收增强因子[17,18]。

光路如图 2.2 所示，图中 I_{inc} 表示单位面积上入射光强度。其中，$T_{\mathrm{inc}}(\phi)$ 代表透过的光的百分比，$T_{\mathrm{inc}}(\phi)$ 为与 ϕ 相关的函数，由于

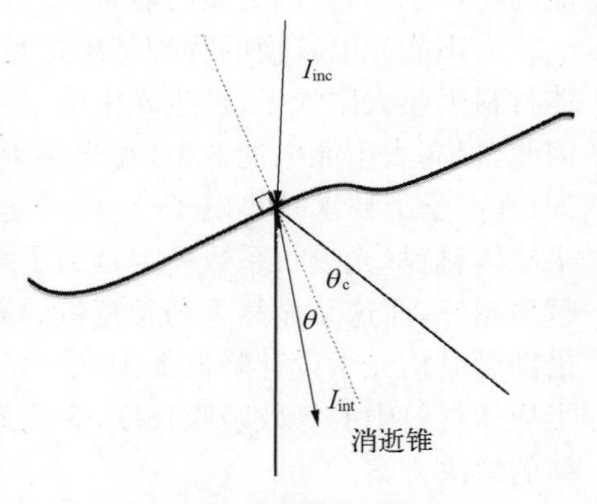

图 2.2 消逝锥示意图

反射光影响的随机性及纹理状表面的反射，所以不妨假设介质内部辐射是各向同性的，内部单位立体角的辐射强度为 B_{int}，则单位面积上内部的辐射密度为

$$I_{\text{int}} = \int B_{\text{int}} \cos\theta \, \mathrm{d}\omega \tag{2.4}$$

式中，$\cos\theta$ 代表由倾斜角的存在造成的面积元上辐射强度的减小，并且假定 I_{int} 是双向性的，而 I_{inc} 是单向性，于是可以得到

$$I_{\text{int}} = 4\pi \int_{2}^{\pi/2} B_{\text{int}} \cos\theta \sin\theta \, \mathrm{d}\theta = 2\pi B_{\text{int}} \tag{2.5}$$

而在单位面积元内，只有很小的一部分能量会消逝，由于消逝锥的立体角远小于 4πSr，所以消逝的强度为

$$I_{\text{esc}} = 4\pi \int_{0}^{\theta_c} \frac{I_{\text{int}}}{2\pi} T_{\text{esc}}(\theta) \cos\theta \sin\theta \, \mathrm{d}\theta \tag{2.6}$$

则有

$$I_{\text{esc}} = I_{\text{int}} \frac{\bar{T}_{\text{esc}}}{2n^2} \tag{2.7}$$

考虑输入辐射强度与输出辐射强度平衡，可得

$$T_{\text{inc}}(\phi) \, I_{\text{inc}} = I_{\text{int}} \frac{\bar{T}_{\text{esc}}}{2n^2} \tag{2.8}$$

因此可以得到介质内部总的辐射强度

$$I_{\text{int}} = \frac{2n^2 \, T_{\text{inc}}(\phi) \, I_{\text{inc}}}{\bar{T}_{\text{esc}}} \tag{2.9}$$

式(2.9)表明，如果介质内部传输系数 $T_{\text{inc}}(\phi)$ 超过介质外平均传输系数 $\bar{T}_{\text{esc}}$，介质内部辐射强度相比于入射强度有超过 $2n^2$ 的提高，由于时间反演不变性，所以有

$$T_{\text{inc}}(\phi) = T_{\text{esc}}(\theta) \tag{2.10}$$

如果入射光为各向同性，则有 $\bar{T}_{\text{inc}} = \bar{T}_{\text{esc}}$。从而确保对于黑体辐射，有增强系数为 $2n^2$，而对于平行的入射光，由于角度选择性会造成一定的光强损失，所以 $T_{\text{inc}}(\phi)/\bar{T}_{\text{esc}}$ 可能会略大于 1。这与几何光学中一般性的亮度理论是一致的。因而式(2.9)可以重新写为

$$I_{\text{int}} = 2n^2 \times I_{\text{inc}} \tag{2.11}$$

2.1.3 吸收增强

在半导体太阳能电池材料中，因为透明电极本身吸收与不完美的后表面发射层的影响，吸收不仅仅发生在半导体内部，也发生在其表面。下面考虑表面纹理化处理后的光学薄片中的体吸收和表面吸收。

假设 A_{inc} 为入射光表面积，则入射光强度为 $A_{inc} I_{inc} T_{inc}$，考虑折射与反射影响的随机性，假设光在介质中是各向同性的，因而有三个方面会造成光的损失。

(1) 光通过消逝锥以 $A_{esc} I_{int} \bar{T}_{esc}/2n^2$ 的比例消逝，其中 A_{esc} 表示光可以从表面逸出的面积，而与 A_{inc} 相比，两者不一定相等。

(2) 因为边界上不完全反射可能会造成光的吸收，

$$\int_0^{\pi/2} \eta A_{refl} I_{int} \cos\theta \sin\theta \mathrm{d}\theta = \frac{\eta A_{refl} I_{int}}{2} \tag{2.12}$$

式中，η 为边界上不完全反射导致的吸收所占比例，A_{refl} 表示不完全反射区域的面积。

(3) 在块体内部可能会有吸收，

$$\int \alpha \frac{I_{int}}{2\pi} \mathrm{d}V \mathrm{d}\Omega = \alpha l I_{int} A_{inc} \int_0^{\pi} \sin\theta \mathrm{d}\theta = 2\alpha l I_{int} A_{inc} \tag{2.13}$$

式中，$\mathrm{d}V$ 是块体体积，α 是吸收系数。考虑光的吸收与消逝相平衡，可得

$$A_{inc} T_{inc} I_{inc} = \frac{A_{inc} I_{int} \bar{T}_{esc}}{2n^2} + \frac{\eta A_{inc} I_{int}}{2} + 2\alpha l A_{inc} I_{int} \tag{2.14}$$

若将 I_{int} 视为未知，则式(2.14)可改写为

$$I_{int} = \frac{T_{inc} I_{inc}}{\frac{A_{esc} \bar{T}_{esc}}{2n^2 A_{inc}} + \frac{\eta A_{refl}}{2 A_{inc}} + 2\alpha l} \tag{2.15}$$

从而体吸收量可以重新写为

$$2\alpha l A_{inc} I_{int} = \frac{2\alpha l A_{inc} T_{inc} I_{inc}}{\frac{A_{esc} \bar{T}_{esc}}{2n^2 A_{inc}} + \frac{\eta A_{refl}}{2 A_{inc}} + 2\alpha l} \tag{2.16}$$

则可以得到被整个介质吸收光的比例为

$$f_{vol} = \frac{2\alpha l A_{inc} I_{int}}{A_{inc} T_{inc}} = \frac{2\alpha l A_{inc} T_{inc} I_{inc}}{\frac{A_{esc} \bar{T}_{esc}}{2n^2 A_{inc}} + \frac{\eta A_{refl}}{2 A_{inc}} + 2\alpha l} \tag{2.17}$$

而对于所有的光其吸收比例则还包括表面不完全反射的贡献：

$$f_{\text{tot}}=\frac{2\alpha l\ T_{\text{inc}}+\dfrac{\eta A_{\text{refl}}}{2\ A_{\text{inc}}}\ T_{\text{inc}}}{\dfrac{A_{\text{esc}}\ \bar{T}_{\text{esc}}}{2n^2\ A_{\text{inc}}}+\dfrac{\eta A_{\text{refl}}}{2\ A_{\text{inc}}}+2\alpha l} \tag{2.18}$$

由式(2.17)与式(2.18)可知，尽管对于较弱吸收的间接带隙半导体，无疑吸收也有较大提升，正如式(2.17)所示，体吸收可以变得非常强烈，甚至 αl 仅有 $1/4n^2$。

2.1.4 传统吸收增强理论应用实例

1. 纹理状硅片

具有陷光结构的太阳能电池无疑会使太阳能电池在保持较高效率的同时也能减小硅片的厚度。此外，由于增强效应的出现，电池对半导体材料本身的质量要求限制可以降低。但遗憾的是，目前很难有方法来具体计算增强的强度。

通过统计的经典光学理论，由于角度平均效应，吸收增强效应系数是强度增强系数的2倍，因而可以得到吸收的增强系数为 $4n^2$，其中，n 为光吸收介质的折射率。目前通过测量在积分球内晶片上反射光强度，已经有一些实验证实上述效应，实验装置如图2.3所示。抛光的一面面对着积分球，主要的思路是当背面既不是粗糙的表面也不是光滑的平面时，比较所有的反射率。但是另一方面，若背面为粗糙的表面，则硅内部角度随机化将会发生，利用式(2.17)与式(2.18)，由于硅前表面的菲涅耳透射率 T_{inc} 为0.68，并且入射光表面积 A_{inc} 与光可以从表面逸出的表面积 A_{esc} 与前表面积相等，所以有部分硅片边缘在积分球外，一部分在内部被捕获的光穿过圆柱形表面(边缘为积分球圆形开口)后逸出，该圆柱状表面可以视为面积 $A_{\text{refl}}=2\pi rl$ 的反射面，其中，r 为积分球圆形开口的半径，此时有

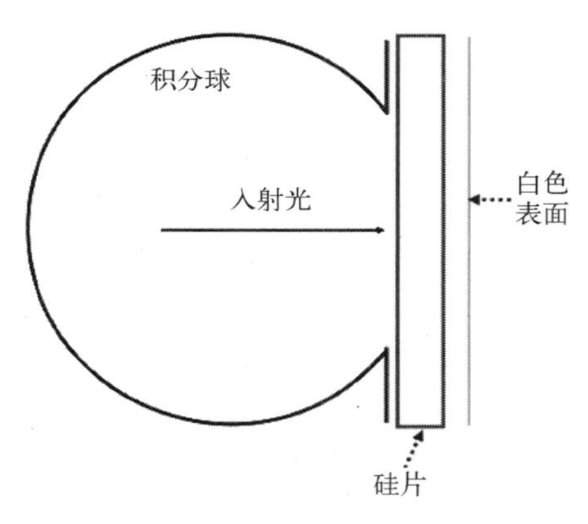

图2.3 积分球测量硅片反射强度原理示意图

$$\frac{A_{\text{refl}}}{A_{\text{inc}}}=\frac{2l}{r} \tag{2.19}$$

从而可以代入式(2.17)与式(2.18)计算。

2. 颗粒状硅片层

如图2.4所示，硅的颗粒镶嵌入透明的黏合剂中，在颗粒状硅片层结构中，当

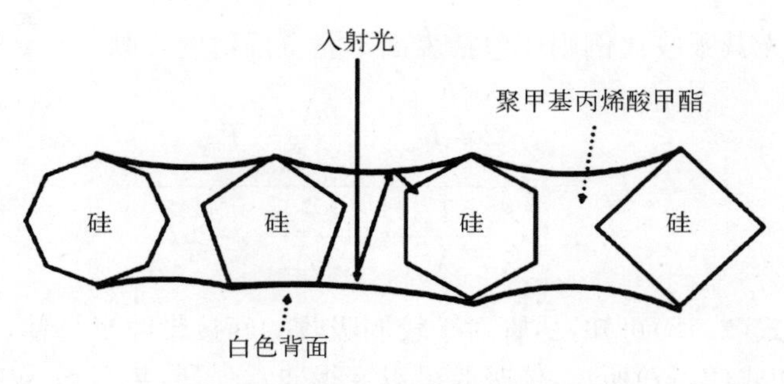

图 2.4 颗粒状硅片层结构示意图

光进入硅颗粒之间透明塑料中将不会浪费，最终将被捕获并进入硅颗粒中。不妨记入射光强度为 I_1，在硅颗粒中的光强度为 I_2，在塑料中光的强度为 I_3；空气与塑料之间的入射面积为 A_{13}，塑料与硅颗粒之间入射面积为 A_{23}；硅颗粒的折射率为 n_2，塑料颗粒折射率为 n_3；空气与硅颗粒界面平均透射率为 $\bar{T}_{13}$，塑料与硅颗粒界面平均透射率为 $\bar{T}_{23}$；并且假设背面是完全反射，根据能量守恒，可得

$$\frac{A_{23}\ \bar{T}_{23}\ I_2}{2\left(\dfrac{n_2}{n_3}\right)^2}+A_{13}\ T_{13}\ I_1=\left(\frac{A_{13}\ \bar{T}_{13}}{2n_3^2}+\frac{A_{23}\ \bar{T}_{23}}{2}\right)I_3 \tag{2.20}$$

式(2.20)左边第一项表示从硅颗粒进入塑料中的光强度，第二项表示入射光强度，等号右边两项分别表示从塑料中逸出进入空气与硅颗粒中的光强度，类似地，可以写出对于硅颗粒的光强度表达式，相比于式(2.20)等号右边多出的一项 $2\alpha l A_{12} I_2$ 表示硅颗粒中的吸收。

$$\frac{A_{23}\ \bar{T}_{23}\ I_3}{2}+A_{12}\ T_{12}\ I_1=\left[\frac{A_{12}\ \bar{T}_{12}}{2n_2^2}+\frac{A_{23}\ \bar{T}_{23}}{2\left(\dfrac{n_2}{n_3}\right)^2}+2\alpha l A_{12}\right]I_2 \tag{2.21}$$

2.2 微纳光学吸收增强理论

当结构尺寸达到与波长可比拟的量级，几何光学近似将不再成立，传统的光吸收增强理论也不能适用。近年来，研究人员基于微纳光子学理论设计了各种微纳光子结构以增强太阳能光吸收效率，进而提高太阳能电池光电转换效率。令人兴奋的是，基于微纳尺度的光学结构设计，人们可以实现超过传统几何光学近似下的吸收增强极限(Yablonovitch 极限)，这给超薄太阳能电池的发展注入了新的活力。

所谓陷光效应，是指在尽可能多地吸收光波前提下，电磁波与器件作用产生热载流子、电载流子或者激子的过程。无疑这样一种效应可以使得光的吸收率有较大的提高。因为当光进入一种结构中时，会产生多种模式，如辐射模式、波导模式、布洛赫模式、米氏模式及等离激元模式，所以不妨认为所谓陷光效应，就是在一种结构中利用光来获取上述模式中的一种或者多种，从而使得吸收率增强。要使得光达到实现上述模式中一种或者多种的目的，往往需要通过微结构的设计来具体实现。

2.2.1　微纳光子结构

1. 介电光子晶体

在固体物理中，当电子在周期性的势场中传播时，由于受到周期性势场的布拉格散射，会形成复杂的电子能带结构。电子能带与能带之间在一定的条件下存在带隙。电子的能量处在带隙中时，传播是禁止的。不仅电子体系如此，实际上任何波动行为在受到周期性的调制时都会出现类似的现象。1987年，Yablonovitch和John分别独立提出了光子晶体的概念[19,20]。如果将不同介电常数的介电材料排列成周期结构，电磁波在其中传播时由于受到布拉格散射的作用，会调制而形成能带结构，这种能带结构就称为光子能带。光子能带之间也可能出现带隙，即光子带隙。根据空间的周期性分布的不同，可以分为一维、二维和三维光子晶体。

光子晶体对光子的调控与半导体对电子的调控非常相似。原则上人们可以通过设计和制造光子晶体及其器件达到控制光子运动的目的，这使人们操纵和控制光子的梦想成为可能。

2. 等离激元金属纳米结构

当金属纳米颗粒的尺寸与光波波长相干，晶体周期性的边界条件破坏，致使光、电、磁、力学等特征显著变化，产生表面等离子体共振偏移等特征，因此纳米尺寸的金属在光电子器件中具有广阔的应用前景。其中，表面等离子体共振是一种存在于金属纳米结构中的独特物理现象，当入射光以临界角入射到两种不同折射率的介质界面(如玻璃表面的金或银镀层)时，可引起金属自由电子的共振，由于共振致使电子吸收了光能量，从而使反射光在一定角度内大大减弱。理解这个含义首先要引入另一个概念——表面等离激元波[21]。表面等离激元波是由在两种介电常数符号相反的介质(如可见光波段下的金属与电介质)分界面上的电荷密度波动而产生并传播的一种横磁波，如图2.5所示，其局限于界面，只沿界面方向传播，在界面法向上振幅呈指数衰减。当入射的光波

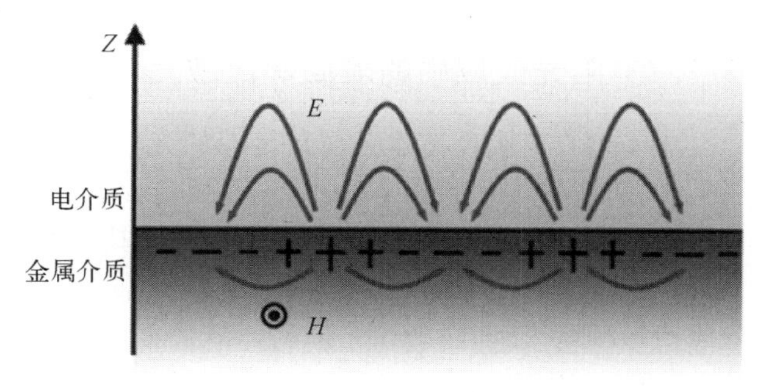

图2.5　金属-电介质界面上的表面等离激元

与表面等离激元波同时满足动量守恒和能量守恒时，将发生能量从空间体电磁波向表面等离激元波的共振转移，称为表面等离激元共振效应。若从色散曲线上看，就是要使代表体电磁波色散的直线与表面等离激元波的色散曲线相交，在交点处才能通过体电磁波与表面等离激元波共振，产生表面等离激元共振效应现象。

当光照射到纳米颗粒上时，由于颗粒的尺寸足够小，可以把入射光看作交变的电磁场。同时金属纳米颗粒中的价带电子受到光波电场分量的作用，颗粒体内的自由电子会出现局域密度起伏。由于电子之间的库仑作用力是长程力，电子分布的局域密度起伏将会引发整个电子系统沿电场方向的集体运动。这些自由电子作为整体（电子气）相对于正离子背景的运动因而受到颗粒边界的限域，最终导致正、负电荷中心分离。在这种情况下，整个金属纳米颗粒就类似于一个谐振子，自由电子与正离子之间的相互作用力，可以视为回复力。颗粒内的电子气将在某一个合适的频率附近形成振荡共振。这种限域在微粒体内的自由电子气在某一合适的频率处发生的密度共振与金属体内的等离子体振荡诱发机制类似，称为金属纳米颗粒表面等离子体振荡。金属纳米颗粒拥有固定的表面等离子体振荡频率，只有频率在其范围内的入射光才能激发表面等离子体振荡，表面等离子体振荡频率由颗粒的材质与几何参数决定。

与此同时，由于金属纳米颗粒的表面等离子体振荡局域在金属颗粒表面，只要入射光的频率符合其表面等离子体振荡频率，无论从任何方向入射都能够激发金属纳米颗粒的表面等离子体振荡。如果微粒体内的自由电子气在某一合适的频率处发生了表面等离子体激元共振，就会产生强烈的共振光吸收，出现吸收峰。表面等离子体振荡产生的同时会在颗粒附近产生强大的电场。如果金属纳米颗粒处于半导体的环境中，那么该电场可以有效地在其附近的半导体内激发激子。这种纳米颗粒在光照下的表面等离子体效应也可以看作由于入射光与金属纳米颗粒中的价带电子的强烈相互作用而被限制在了金属纳米颗粒附近。因此，通过调整金属颗粒的尺寸，可将其共振频率降至可见光范围，进而增加对光能的利用。

2.2.2 陷光效应中的表面等离激元现象

传统上，光伏吸收体必须有足够的光学厚度使得吸收体能够实现光的几乎完全吸收及光载流子的完全收集，但是实际情况下，很大一部分的太阳光辐射，尤其在 600～1 100 nm 的波长，其吸收率较低，其中原因在于：传统的晶体硅太阳能电池的厚度远大于 180～300 μm，但遗憾的是，对于所有收集的光载流子，高效率的太阳能电池必须拥有数倍于材料厚度的少数载流子的扩散长度。

然而，对于等离激元结构，在确保光学厚度为常数的情况下，可以有至少三种方法来降低吸收层的厚度，具体机制如下[22]。

(1) 金属的纳米颗粒可以作为亚波长的散射体将从太阳光中产生自由传播的平面波耦合并捕获至半导体薄膜,从而将光折叠至薄吸收体。

(2) 金属纳米颗粒可以作为亚波长天线,近场的等离激元可以耦合至半导体中,从而增强了有效吸收截面。

(3) 由于光伏吸收体背面的纹理状金属表面的存在,可以将太阳光耦合入由金属与半导体交界处支持的表面等离激元模式及半导体平板内的导模,所以光转化为半导体内的内载流子。上述三种吸收增强机制如图 2.6 所示,其中,图 2.6(a)为由太阳能电池表面金属颗粒散射造成的陷光效应,通过多重散射与大角度散射,光优先散射并捕获入半导体薄膜,使得电池中有效光学路程增加;图 2.6(b)为由嵌入半导体的金属颗粒激发的局域表面等离激元造成的陷光效应,激发的颗粒的近场效应造成在半导体中产生电子-空穴对;图 2.6(c)为在金属、半导体界面上激发的表面等离激元极化产生的陷光效应,波纹状的金属背面将光耦合入表面等离激元极化模或者光子模,并且在半导体层平面中传播。

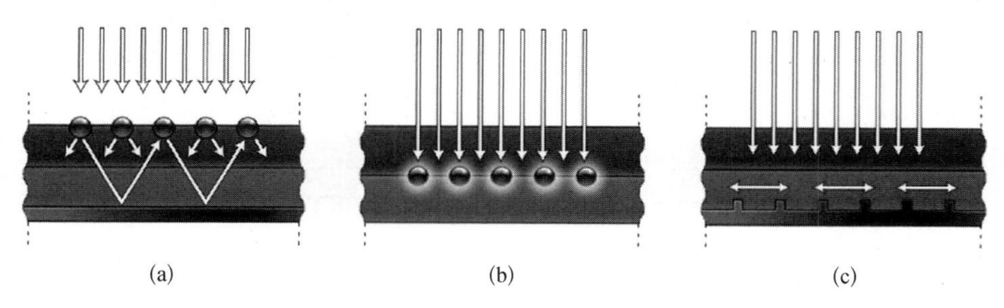

图 2.6 等离激元纳米结构的三种光吸收增强机制

除了建立在表面等离激元效应上的微纳吸收增强理论,对于具体的材料形状,接下来将作进一步的讨论。

2.2.3 块体材料中的陷光效应

为了讨论块体材料中的陷光效应,考虑一个周期结构长为 L,厚度为 d 的块体材料,其中,L 与 d 都远大于波长,而在这种情况下,共振情况可以近似地看作在块体材料中的平面消逝波,因此,对于每一种共振情况,其固有的消逝频率是与材料本身的吸收率是息息相关的,其具体数值为

$$\gamma = \alpha_0 \frac{c}{n} \tag{2.22}$$

式中,α_0 为材料本身的吸收率,而相应地在频率范围 $\omega \sim \omega + \delta\omega$ 共振模式数量为

$$M = \frac{8\pi n^3 \omega^2}{c^3}\left(\frac{L}{2\pi}\right)^2\left(\frac{d}{2\pi}\right)\delta\omega \tag{2.23}$$

2.2.4 表面等离激元效应在光伏中的应用

1. 薄膜太阳能电池中的陷光效应

通常情况下,光在嵌入各向同性的介质的金属颗粒中向前散射与向后散射是几乎对称的,但是当颗粒放置在靠近两种电介质之间时,光会优先向更大的介电常数一侧散射。散射光在电介质中会获得较大的角度扩展,从而使得光路长度增强,除此以外,当光以超过临界角的角度散射时,将会收集在太阳能电池中。若电池具有金属背面反射层,则此时从背面反射到表面的光将会和纳米颗粒耦合,部分将会以相同的机制再次反射到晶片。造成的结果是,入射光将在半导体薄膜中多次反射,从而增加有效光程。

尽管目前有许多实验结果证实了在薄膜太阳能电池中,金属纳米颗粒阵列的光散射增强了光电流与光谱响应,但是其背后的物理机理至今没有系统地研究。然而,最近的研究结果表明,金属颗粒的形状与大小是影响非耦合效率的主要因素,如图 2.7 所示,较小的颗粒,当其有效偶极矩接近半导体层时,由于近场耦合的作用,将较大一部分的入射光耦合到位于下部的半导体层。由于点偶极子非常靠近硅衬底,96%的入射光散射进入衬底,从而证实了颗粒散射技术的作用。

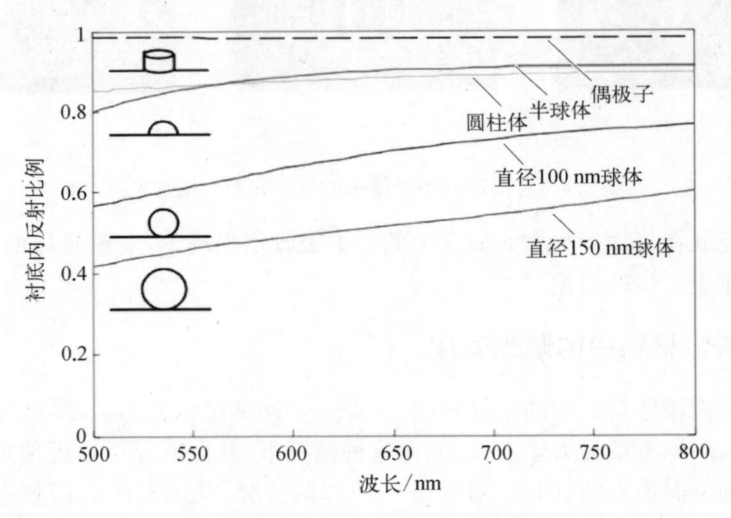

图 2.7 光散射入衬底内的比例[23]

在太阳能电池中利用等离激元陷光效应需要考虑并且平衡多项物理参数。首先,使用小颗粒可以实现前向散射的各向异性,但是过小的颗粒会面对欧姆损失,而且这种损失尺度与体积 v 相关,然而散射的尺度是与 v^2 相关的,所以使用更大尺度的颗粒有助于增加散射比例。举例而言,在空气中,一个直径为 150 nm 的银纳米颗粒具有 95%的反射率。有效散射截面可以随着颗粒与衬底距离增加而增大,尽管随着距离的增大,近场耦合效应将会减弱,但是这样可以避免入射场与反射场之间的相消干涉效应。此外，当频率超过等离激元共振频率时，法诺效应会造成散射光谱与非散射光谱的相消干涉，因此导致的是反射的增强而不是耦合增强。克服这种效应的方法是使用几何结构将颗粒放置于太阳能电池背面，从而蓝光与绿光可以被太阳能电池直接吸收，而吸收较弱的红光可以被金属颗粒加以散射并捕获。类似地，光可以与放置于太阳能电池表面的阵列状金属条发生耦合。其次，在设计合适的等离激元陷光阵列中，还必须考虑纳米颗粒之间的耦合情况、光栅散射效应与波导模式的耦合。

2. 颗粒等离激元的聚光效应

在薄膜太阳能电池中的等离激元共振激发另一种用途则是利用嵌入半导体材料的金属纳米颗粒较强的局域场增强效应来提高吸收率。此时对于入射光而言，纳米颗粒扮演了等效天线的角色，从而可以将入射的能量储存于局域表面等离激元模式中(图 2.8)对于直径较小的颗粒(5～20 nm)，由于反射率较低，这种效应尤为明显。当扩散长度距离很小及产生光载流子的区域非常接近收集区时，这样的等效天线尤其有用。但要使得这样的天线传输效应变得有效率，则半导体内的吸收比例需要大于等离激元消失时间的倒数(在10～50 fs)，否则吸收的能量将会随着在金属中的欧姆振荡而消失。如此较高的吸收比例在许多有机与非有机的直接带隙半导体中可以实现。

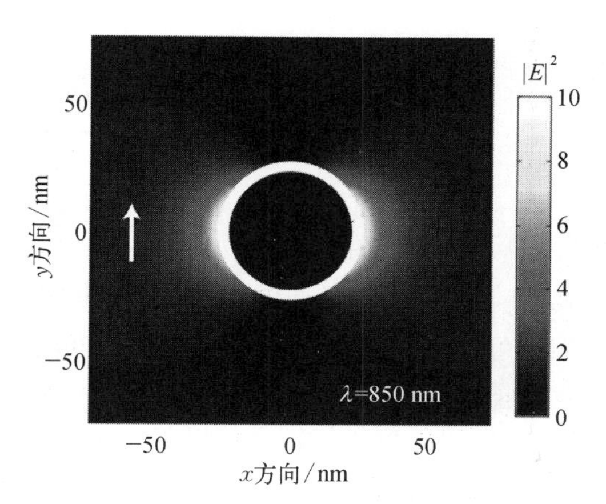

图 2.8　靠近表面的金属纳米颗粒展现出较强的近场增强效应

直径为 25 nm 的金颗粒嵌入折射率为 1.5(等离激元共振频率波长 500 nm)的介质中，入射光为波长 850 nm 的垂直偏振光，增强的电场强度由灰度比例尺表示[24]

对于这样一种效应，近些年有多项研究成果证实了近场耦合的等离激元将会产生增强的光电流，例如，在超薄有机太阳能电池表面涂上一层直径非常小的银纳米颗粒，其效率将有非常大的提高。除此以外，非有机太阳能电池由于近场效应，同样显示出光电流增强的结果，如镉铯/硅异质结结构，而将金属纳米颗粒嵌入硅同样表现出光的吸收率增强。最近，金属颗粒阵列中的等离激元耦合由于场增强作用从而与结中选择区域重叠。

3. 利用表面等离激元的陷光效应

在第三种陷光结构中，由于电磁波在金属背面连接层与半导体吸收层之间传播，光转变为表面等离激元模式(图 2.9)，而当接近等离激元振荡频率时，消逝的表面等离激元电磁场局限于尺度远小于波长的空间中，而在金属/半导体界面激发的表面等离激元可以有效在半导体层内捕获并引导光。在这种结构下，入射的太

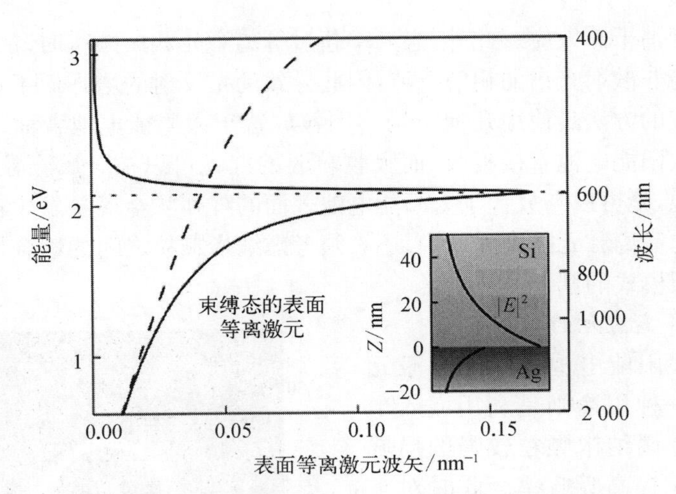

图 2.9 银/硅交界面表面等离激元的频率与波矢关系图[25]

虚线为光的色散曲线,插图为银/硅交界面表面等离激元模式轮廓示意图

阳光可以有效地调整至 90°,并且光可以沿着太阳能电池的侧向吸收,从而使得吸收的量级远大于光学的吸收波长。由于在太阳能电池设计中,金属接触层是标准装置,所以等离激元耦合可以很自然地集成。

当频率接近等离激元振荡频率(通常在 350～700 nm 波长内,取决于金属与电介质),表面等离激元将会面对较高的损失。例如,对于半无限银/二氧化硅结构,表面等离激元在 800～1 500 nm 波长内传播距离为 10～100 μm。通过使用薄膜金属结构,可以更好地设计等离激元的色散曲线。

如果在半导体内等离激元吸收强于金属中,等离激元耦合机制对于有效吸收光是有利的,如图 2.10 所示,该图展示了在银/铝与硅或者砷化镓相接结构中光的吸收比例,而其中小图则显示的是在波长为 850 nm 条件下,在硅/银界面的模场分布情况。从图中可以看出,从砷化镓/银的表面等离激元模式共振波长(600 nm)到砷化镓带隙(870 nm)的波长范围内,在砷化镓/银界面的表面等离激元吸收比例非常高。对于硅/银界面,由于直接带隙,导致在硅中光学吸收很弱,尽管在波长 700～1 150 nm,吸收依然强于在 1 μm 厚度的硅薄膜中的单向吸收,等离激元损失在整个波长范围内占主要地位。所以在这种情况下,使用薄金属层嵌入半导体的结构将会更有利,其原因是较小的模式与金属重叠导致等离激元吸收较小。图 2.10 同样展示了与银和铝相结合的有机半导体中的吸收,由于有机半导体有着高吸收率,所以吸收效率在低于 650 nm 的全波长内较高。此外,有机物较低的介电常数造成其模场分布与金属有一小重叠,并因此导致低的欧姆损失。

由于入射光与平面内表面等离激元动量失配,耦合光的微结构必须与金属/电介质表面合为一体。图 2.11 展示的是在银/硅界面脊状结构中,入射平面波散射到表面等离激元的全波动力学模拟(考虑内外耦合)。其中,硅层的厚度为200 nm,

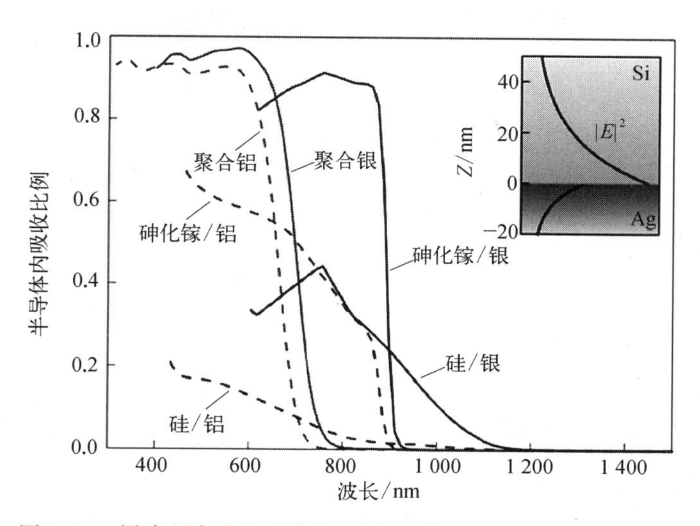

图 2.10 沿半无穷大的砷化镓、硅半导体及由混合聚合物构成的有机半导体层传播的表面等离激元中光的吸收比例[26]

插图表示的是接近表面的表面等离激元强度

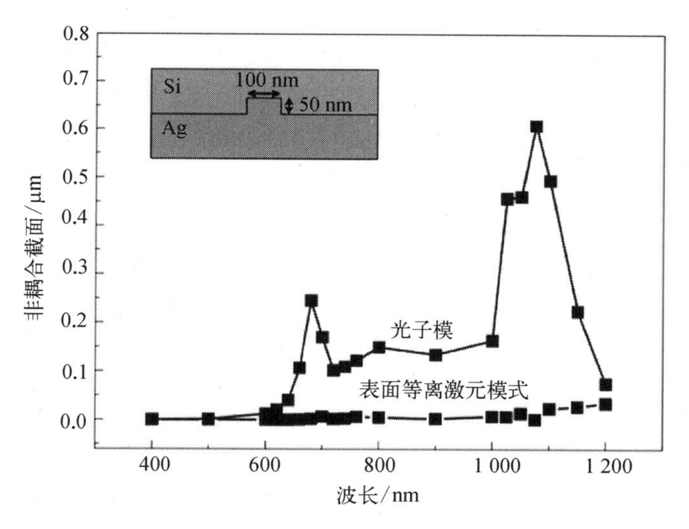

图 2.11 Ag/Si 界面的 SPP 和光波模的耦合截面的二维计算[27]

银的脊状结构为 50 nm 高。通过模拟，光耦合到表面等离激元模式就像光子模在硅的波导中传播一样，而且每一种模式的耦合强度可以通过调控散射器件的高度实现控制。由于入射的短波长光被硅层直接吸收，所以耦合入两种模式的光所占百分比随着波长的增加而增加。此外，当光波波长大于 800 nm 时，原本正常入射时不能被硅层有效吸收，却可以通过耦合到面内表面等离激元模式及光子模，从而被有效地吸收。图 2.11 为当极化方向与脊垂直的光垂直入射时的非耦合截面的大小，因而电池底面的散射结构作用、等离激元散射效应、会聚效应及耦合效应有效地综合到了一起。此外，对于任何太阳能电池，具有非平面的金属背底接触层，都会具有几何结构上的散射及更高强度的局域场，正如散射入光子模式及等离激元模式一样。

2.3 结构设计与制造工艺

2.3.1 第一代晶体硅

第一代硅基太阳能电池主要可以分为单晶硅电池、多晶硅电池与非晶硅电池。作为最早发展起来的太阳能电池，单晶硅太阳能电池其制作原料主要是单晶硅。其基本结构多为n^+-p型，即以p型单晶硅片为基片，其电阻率一般为1～3 Ω · cm，厚度一般为200～300 μm。由于单晶硅材料大多来自半导体工业退下的废次品，所以部分厂家采用的硅片厚度达到0.5～0.7mm，而这些硅片的质量也能完全满足太阳能电池的要求，用来制作太阳能电池也能得到良好的效果，通常能达15%以上的效率。单晶硅太阳能电池在硅太阳能电池中转换效率最高，成本相应也略高，多用于光伏电站尤其是通信电站，也用于航空器电源，或用于聚焦光伏发电系统。由于单晶硅的结晶非常完美，单晶硅太阳能电池的光学、电学和力学性能也均匀一致，电池的颜色多为深蓝色或黑色，特别适合切割成小片制作小型消费产品，如太阳能庭院灯等。

对于多晶硅太阳能电池，其基本结构都为n^+-p型，采用p型硅片为基片，电阻率为0.5～2 Ω · cm，厚度为220～300 μm。在制作多晶硅太阳能电池时，作为原料的高纯硅不是拉成单晶，而是熔化后浇铸成正方形的硅锭，然后切成薄片并进行太阳能电池片制作加工。由于多晶硅片由大量不同大小的结晶区域组成，所以多晶硅太阳能电池的表面不像单晶硅太阳能电池那样均匀一致，用肉眼即能容易辨认。多晶硅片本身由多个不同大小、不同取向的晶粒组成，在结晶区域（晶粒）里的光电转换机制与单晶硅太阳能电池完全相同，而在晶粒界面（晶界）处光电转换易受到干扰，因而多晶硅太阳能电池的光电转换效率相对于单晶硅太阳能电池要低一些，其商业化电池的效率多为13%～15%。

由于多晶硅薄膜电池所使用的硅远较单晶硅少，又无效率衰退问题，并且有可能在廉价衬底材料上制备，其成本远低于单晶硅电池，而效率高于非晶硅薄膜电池。所以，多晶硅薄膜电池在太阳能电池市场上占据重要的地位。本节就主要针对晶体硅电池表面绒面陷光结构及晶体硅电池主要构造作一个介绍。

1. *单晶硅绒面刻蚀的化学反应原理*

在较高的温度下，硅在碱性溶液中会发生如下的反应：

$$Si + 6OH^- = SiO_3^{2-} + 3H_2O + 4e^-$$

$$Si + 2OH^- + H_2O \longrightarrow SiO_3^{2-} + 2H_2\uparrow$$

$$4H^+ + 4e^- \longrightarrow 2H_2\uparrow$$

其总反应方程式为

$$Si + 2OH^- + H_2O \longrightarrow SiO_3^{2-} + 2H_2\uparrow$$

但是采用热的碱溶液来刻蚀硅片。由于各向异性作用，晶体硅不同晶面与碱反应的速度差别很大，一般将晶体硅(100)面与(111)面的刻蚀速率之比定义为各向异性因子。通过改变碱溶液的浓度和温度等参数可以调节各向异性因子。当其值为1时碱溶液对硅的各个晶向刻蚀速率相同，这种条件下用碱溶液对硅进行刻蚀可以得到平整光亮的表面，一般用来除去硅片表面的机械损伤。当其值为10时，可以刻蚀出高质量的金字塔绒面。

2. 碱溶液刻蚀法的影响因素

用碱溶液刻蚀法制备单晶硅绒面，反应过程和绒面的质量受很多因素影响，包括碱溶液浓度、反应温度、反应时间、表面活性剂等。

1）碱溶液浓度、反应温度和反应时间的影响

例如，硅的刻蚀速率随着氢氧化钾浓度的增加而升高，当浓度达到一定时又随浓度的增加而降低。图2.12为(100)面硅刻蚀速率随KOH浓度和温度的变化图，硅在KOH溶液中的刻蚀速率变化范围可以从30℃时的0.07 μm/min到85℃时的接近1.5 μm/min。当KOH溶液浓度达到一定时，腐蚀性过强，各向异性因子变弱，无法刻蚀出绒面结构。从图中也可以看出温度对刻蚀速率的影响，随着温度的增加刻蚀速率升高。

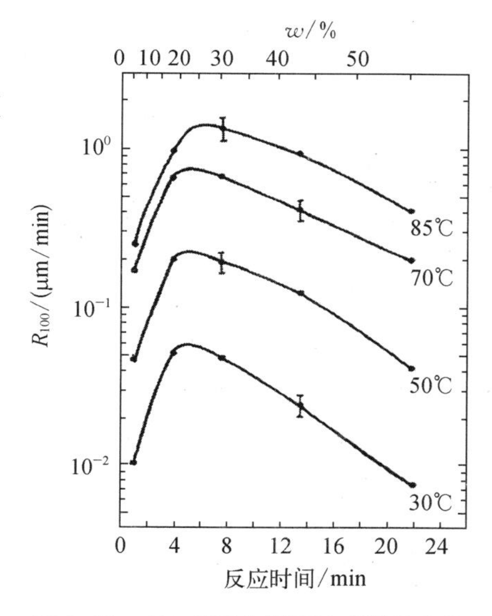

图2.12　(100)面硅刻蚀速率随KOH浓度和温度的变化图[28]

此外，从图中可以得出，温度对硅的各向异性刻蚀也有很大影响，而反应时间也是影响绒面的一个重要因素，时间过短只会出现微量的小金字塔结构散落在硅表面，如图2.13所示。随着时间的增长，金字塔结构会逐渐增多、长大，直至覆盖硅片表面。但当时间过长时，金字塔结构会出现堆叠变形现象，如图2.14所示，从而导致反射率的升高。

2）表面活性剂的影响

为了得到表面覆盖率高、分布均匀的绒面结构，在刻蚀过程中要加入表面活性剂，最为常用的是异丙醇和乙醇。异丙醇和乙醇的作用相同，表面活性剂在刻蚀液

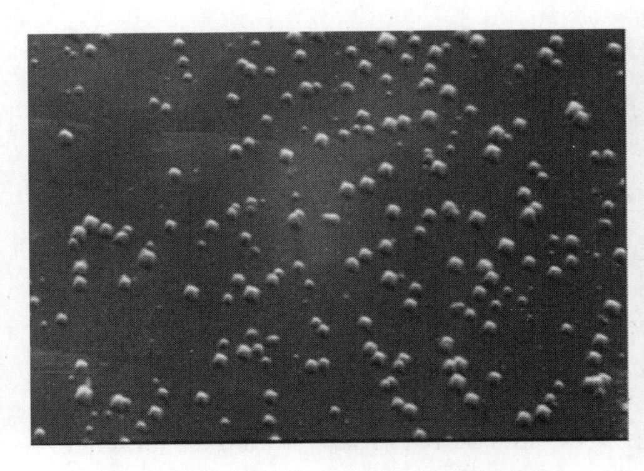

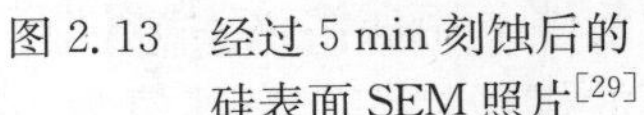

图 2.13　经过 5 min 刻蚀后的硅表面 SEM 照片[29]

图 2.14　经过 45 min 刻蚀后的硅表面 SEM 照片[29]

中主要起两点作用：一是帮助氢气泡的释放，即发泡作用。碱性溶液刻蚀单晶硅的过程中生成的氢气气泡会附着在硅片表面上，阻碍溶液与硅片的接触，从而阻碍反应的继续进行，使表面的金字塔结构不均匀，影响减反射效果。表面活性剂可以改变硅表面、碱溶液和氢气泡三者之间界面的应力，使氢气泡从水溶液中逸出而不是附着在硅表面。二是可以起到缓冲液的作用，减弱碱溶液对硅片的刻蚀速率，调节各向异性因子。此外，在氢氧化钾溶液中添加异丙醇会使对硅(111)、(110)和(100)面的刻蚀速率有不同程度的降低。

3) 其他因素

在较低温度下搅拌也可以显著地增加刻蚀速率，但在较高温度下溶液搅拌对刻蚀速率基本没有影响。

3. 太阳能电池片封装

1) 太阳能电池组件概述

由于太阳能电池片机械强度很小，很容易破碎。太阳能电池若是直接暴露于大气中，水分和一些气体会对电池片产生腐蚀和氧化，长时间后甚至会使电极生锈或脱落，而且还可能会受到酸雨、灰尘等的影响，这使得太阳能电池片需要与大气隔绝。所以当制作出太阳能电池后，其需要封装，不仅仅是提供一个物理与机械上的防护，更是提供一定程度的化学防护，从而延长太阳能电池的使用寿命。此外，单片太阳能电池片的工作电压只有 0.4～0.5 V，而且由于制作太阳能电池的硅片的尺寸通常是固定的，单个太阳能电池片的功率很小，远不能满足很多用电设备对电压、功率的要求，所以需要根据要求将一些太阳能电池片进行串、并联。因此，太阳能电池片需要封装成太阳能电池组件。

组件设计有多种方法，其设计如图 2.15 所示，但是提供一个刚性的结构层是极其重要的，该结构层可以位于组件背面或者正面，电池可以直接粘在并且密封在这一层密封胶中。对于结构层在背面的密封形式而言，背面结构层最常用的材料是经阳极氧化处理的铝板、陶瓷化的钢板、环氧树脂板或者窗玻璃，而对于结构层在正面的封装形式而言，则选择玻璃作为结构层是非常合适的，因为玻璃本身就具有优良的耐风雨性能、成本低及较佳的自净特性等优点。此外对于黏合剂，往往使用具有良好的紫外稳定性、较低的光吸收特性的硅树脂。在夹层的材料上，一般使用聚乙烯醇缩丁醛（PVB）和乙烯/醋酸乙烯酯共聚物（EVA）来作为相应夹层的材料。

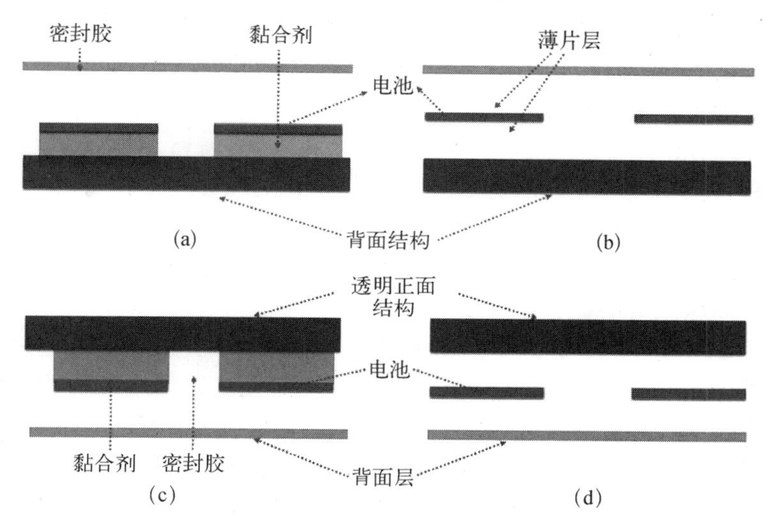

图 2.15 太阳电池封装形式示意图[16]

(a) 结构层在背面的封装形式；(b) 结构层在背面并且具有夹层的形式；
(c) 结构层在正面的封装形式；(d) 结构层在正面并且具有夹层的形式

对于结构层在背面的形式，顶层结构具有一定的自净能力，因而这一层通常选用含铁量较低的玻璃或者聚合物，目前防潮电池的生产，使得原本对于封装较高的要求有所降低，因而对于结构层在背面的太阳能电池来说，可以采用软硅树脂及一层较硬的硅树脂。对于结构层在正面的太阳能电池而言，往往用聚酯树脂或者聚氟乙烯作为背面层的材料。

除此以外，组件设计的另外一个重要的部分就是电池之间的互联条，出于备份考量，在实际中通常采用的是多重互联条，这种互联条增加了由腐蚀或者疲劳造成的互联失效及电池损坏的承受能力。此外由于温度膨胀及扭曲负荷不同，互联条产生周期性的应力，所以往往需要如图 2.16 所示的应力释放环。

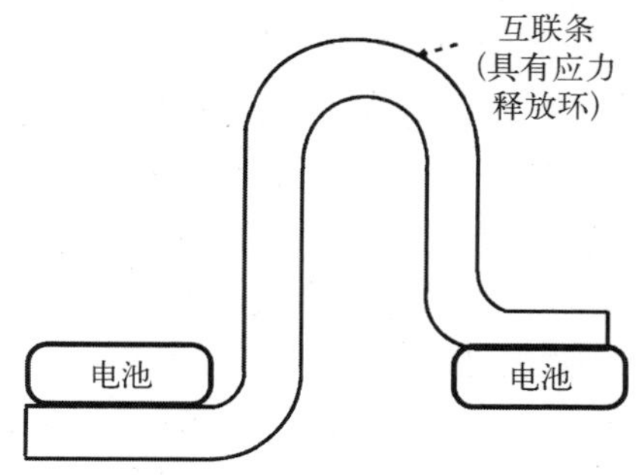

图 2.16 应力释放环示意图

太阳能电池组件的具体制造过程主要有以下步骤：激光划片⟶串焊（将电池片焊接成串）⟶手工焊（焊接汇流条）⟶层叠⟶中测⟶层压⟶固化⟶装边框、接线盒→终测。

2）组件的寿命

由于太阳能电池封装的寿命直接决定了太阳能电池系统的工作寿命，所以如何延长组件寿命非常关键，在实际情况中，主要有以下一些原因会导致组件的损坏：① 电极受到腐蚀；② 封装结构中层与层之间发生剥离；③ 密封材料变质；④ 组件上表面的灰尘堆积；⑤ 应力没有及时释放导致互联条的损坏。

但是目前随着组件设计的不断改进，组件寿命可以提高至20年以上，无疑对于太阳能电池系统工作寿命而言是一个福音。

3）组件电路

由于单个太阳能电池片的功率很小，远不能满足很多用电设备对电压、功率的要求，所以需要根据要求将一些太阳能电池片进行串、并联。但是由于单体电池本身特性的失配，组件的输出功率小于各电池最大输出功率总和，而这个损失在电池为串联输出时候最为明显。

为了降低上述影响，可以采用两种方法。一种为“串并联法”，即通过增加每个组件或分路的串联模块及并联电池串的数目，从而提高组件对于电池失配及电池破裂的冗余。另一种是采用旁路二极管的方法，即利用连接在组件中的一组或者多组串联模块两端的旁路二极管，当串联模块处于反向偏置时，旁路二极管为正向偏置，从而限制了模块中的功率损耗，为组件或者分支电路电流提供低阻通道。

4. 单晶硅绒面结构对电池影响

单晶硅片的制绒过程中，实际上单晶硅片的前后两个表面均形成了金字塔形状的绒面结构，而这样的绒面结构一方面能够显著降低其前表面的反射率，使更多的光子被电池吸收，另一方面，这种绒面结构也对电池背表面的钝化有一定的影响，主要有以下两个方面。

(1) 影响电池背面铝浆丝网印刷的均匀性。由于一般丝网印刷铝浆的厚度为30 μm左右，而金字塔结构的高度为10 μm左右，显然这将在一定程度上导致铝浆的均匀性下降，影响晶体硅太阳电池的光电性能。

(2) 较低的背面内反射率。尽管一般来说，光滑的表面具有更高的光反射率，晶体硅太阳电池背表面的内反射率越高，电池的性能就越好。这是因为晶体硅对长波长光子的吸收系数较低，这些光子中有相当比例未被电池一次吸收而到达背面，显然，高背面内反射率能够将这些光子高效率地反射、重新进入电池内部被二次吸收，提高电池的内量子效率；而低背面内反射率将导致许多光子的损失，从而使电池的内量子效率降低。随着晶体硅片厚度的进一步减小(目前晶体硅片的典型厚度为200 μm，为降低硅片成本，在近几年内将达到160 μm或更薄)，更多的光子不能被一次吸收而到达电池的背面，因此提高背面反射率显得尤为重要。

2.3.2 薄膜太阳能电池工艺

由于光伏能源市场的快速发展，如何降低光伏系统的成本一直是一个非常重要的问题，而硅基薄膜太阳能电池由于其材料丰富、无毒性、适合大面积制备、衬底选择多样性等特点，在降低成本方面有巨大潜力，已经成为薄膜太阳能电池主要发展方向。目前，硅基太阳能电池主要包括非晶硅太阳能电池、微晶硅太阳能电池、多晶硅太阳能电池及其的组合结构等。尤其是氢化非晶硅薄膜太阳能电池目前已经是最成功的商业化薄膜光伏技术，在光伏市场已经具有一定的占有率。但是，氢化非晶硅的电导率和光电特性会因为连续光照发生衰减现象。这种缺陷至今也没有得到非常有效的解决。

近些年来，为了进一步获得高效率、高稳定性的硅薄膜太阳能电池，微晶硅薄膜电池近年来受到广泛关注。由于使用微晶硅薄膜代替无定型硅作为吸收层制备的电池，在长期光照条件下没有发现光致衰减现象。微晶硅材料是由结晶硅颗粒镶嵌于非晶硅网络中组成的两相结构材料，相比于氢化非晶硅，微晶硅的光学性质更接近于晶体硅或多晶硅的性质。此外，微晶硅材料带隙宽度和晶体硅非常接近，然而其光学吸收却高过晶体硅 1 个数量级。由于有效的氢钝化处理，晶界处载流子复合得到明显抑制，对器件性能没有太大影响。本节就主要从非晶硅太阳能电池、薄膜微晶硅太阳能电池的角度介绍薄膜太阳能电池工艺的发展。

1. 非晶硅太阳能电池

1）非晶硅材料特征

非晶硅与晶体硅的根本区别在于其不具有长程有序性。其中无定形硅中每 1 个硅原子周围具有 4 个最近邻硅原子，而且大体上仍保持单晶硅中的四面体结构配位形式，只是键角和键长发生了一些变化，进而使得无定型硅失去长程有序性，形成了无规则的网格结构。无定型硅另一特征则是去亚稳定性，其自由能要比晶体硅的高。但是这种状态是不稳定的，如果受到热激活或其他外来因素作用，它的结构可能发生局部的变化，非晶硅可以部分实现连续的物性控制。当连续改变组成非晶硅的化学组分时，其电导率、禁带宽度等随之连续变化。

太阳能电池材料，其光学特征往往是考虑的主要因素。对于氢化无定形硅材料，其光学特征主要有以下特点。

(1) 弱吸收区。通常位于近红外区的低能吸收，对应电子在定域态之间的跃迁。例如，从费米能级附近的隙态向带尾态跃迁。相关的定域态态密度较小，因而吸收系数很小，这一部分的吸收又称为非本征吸收，其特点是吸收系数随光子的能量的减小趋于平缓。

(2) 指数吸收区。这个区域的吸收对应电子从价带边扩展态到导带尾定域态的跃迁，或者电子从价带尾定域态到导带边扩展态的跃迁。由于带尾定域态的态密度分布为指数型的，所以这一部分的能量变化虽然不大，但是吸收系数呈现指数型变化，变化范围跨越 2～3 个数量级。

(3) 本征吸收区。对应的是价带内部向导带内部的跃迁，吸收系数较大，随光子能量的变化具有幂指数特征，太阳电池主要是将可见光部分的光能转化成电能，而在这个范围内，氢化非定型硅的吸收系数比晶体硅高大约 1 个数量级，

2) 非晶硅太阳能电池结构

对于非晶硅薄膜太阳能电池，最常采用的是 p－i－n结构，而不是单晶硅太阳能电池的 p－n结构。其原因在于，轻掺杂的非晶硅的费米能级移动较小，如果用两边都是轻掺杂的或一边是轻掺杂的另一边用重掺杂的材料，则能带弯曲较小，电池的开路电压受到限制。若使用重掺杂材料，则会因为重掺杂非晶硅材料中缺陷态密度较高，少子寿命低，电池的性能会很差。因此，通常在两个重掺杂层中淀积一层未掺杂的非晶硅层作为有源集电区。另外，在氢化非晶硅材料中，载流子的扩散长度很短，扩散长度的限制将会很快复合而不能收集。根据氢化非晶硅的这一特点，要对光生载流子产生有效的收集，就要求在氢化非晶硅太阳电池中光入射的整个范围内尽量布满电场，因此就设计出带有本征层的 p－i－n 结构。

在 p－i－n 结构的电池中，由 p－i 结和 i－n 结形成的内建场几乎跨越整个本征层，该层中的光生载流子完全置于该电场中，一旦产生即可收集，从而可以明显地提高电池效率。显然，这同时也要求本征层有较高的光生载流子产生率、低缺陷态密度和合适的厚度，制备高质量的 i 层以及寻找合适的 i 层厚度是关键。不计入玻璃衬底，这种结构的电池厚度大约在 1 μm 以内。其具体结构示意图如图 2.17 所示。

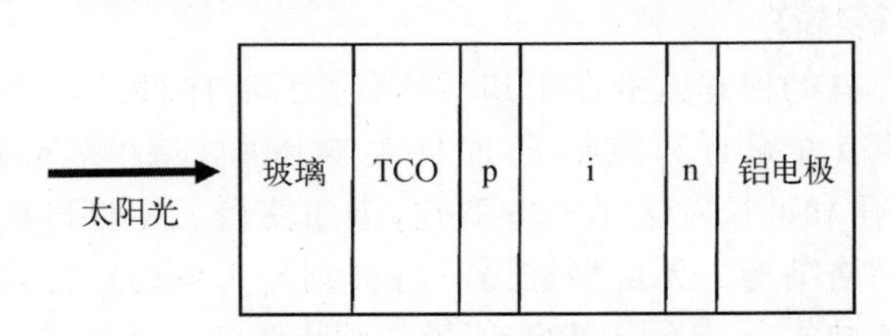

图 2.17　氢化无定型硅太阳能电池结构示意图

3) 非晶硅制备

氢化非晶硅薄膜太阳能电池的制备相对而言比较简单，可以利用 PECVD 系统采用射频等离子体增强型化学气相沉积法(RF－PECVD)制备。电池直接沉积在透明导电氧化物(TCO)玻璃上，其主要的制备流程如下。

(1) TCO 玻璃的清洗及装片。用酒精、丙酮和去离子水，并配以超声波清洗机去除 TCO 玻璃上的油污等有机物及正负离子，并用纯度 99.99％的高纯氮气吹干后，并进行适当的加热烘干，去除表面残留水分，然后将其传至反应腔室以进行 p 层的制备。

(2) p 层的制备。p 层是用辉光放电法分解 SiH_4 和 B_3H_6 的混合气体并通以高纯氢气稀释沉积而成，在沉积完 p 层后，停止通反应气体，利用机械泵和分子泵抽

完腔室内残留气体后并用氩气洗完反应腔室后进行 i 层的制备。

(3) i 层的制备。i 层是用辉光放电法分解 SiH_4，i 层沉积完毕之后，停止通反应气体，利用机械泵和分子泵抽完腔室内残留气体后，并用氩气清洗反应腔室。

(4) n 层的制备。在沉积完 n 层以后，抽完残留反应气体，并待电池冷却后即可从反应室放气取片，然后立即将电池样品放入蒸发机蒸镀电池的背电极——铝电极。

(5) 蒸镀铝电极。以 Al 膜作为电池的背电极，它直接蒸镀在电池的最后一层 n^+ 层上与其形成欧姆接触作为电池的负极。铝膜的蒸镀是在蒸发机上进行的，为了防止氧化，蒸铝过程需要在真空状态下进行。铝蒸镀完成后，待冷却后，为了让电池边缘 p-i-n 三层之间避免相互交叉连通，以铝薄膜为掩模对电池进行刻蚀。刻蚀完毕后就完成了一片 p-i-n 单结氢化非定型薄膜太阳能电池样品的制备。

2. 微晶硅薄膜太阳能电池

1) 微晶硅材料

微晶硅是一种微晶粒镶嵌于非晶硅基质中的两相结构材料。其晶粒尺寸一般在几十纳米到上百纳米。在晶粒的部分，硅原子的键合情况与单晶硅类似，由于混合相结构的存在，因而能表现出更好的材料特性。微晶硅材料的吸收系数高，其光学带隙在晶体硅的 1.12 eV～非晶硅的 2.4 eV，可将吸收的光谱扩展到红外部分，并且与非晶硅相比具有更好的稳定性，几乎不存在光致衰减效应。其电学的传输特性也比非晶硅较好，并且材料掺杂的效率高，是一种良好的半导体材料。

2) 微晶硅太阳能电池的结构

微晶硅太阳能电池发展至今，主要包括普通的 p-i-n 太阳能电池、异质结太阳能电池，以及叠层太阳能电池等。后面两种电池其他的衍生也是人们目前研究的热点。不过一般太阳能电池的结构主要由 p 层、i 层、n 层及透明导电膜与背反极组成。对于 p-i-n 型，一种是从玻璃衬底开始，以 p-i-n 结构顺序逐层沉积，而另一种是不锈钢衬底或柔性聚合物衬底等其他材料以 n-i-p 结构顺序逐层沉积。虽然整体的结构相同，但是工艺有极大的差异。

下面就以 p-i-n 结构为例，介绍微晶硅太阳能电池结构。

(1) p 层。微晶硅太阳能电池 p 层的主要功能是同 n 层一起建立电池的内电场，同时 p 层还是太阳能电池的窗口层。这需要有足够硼掺杂，而且厚度也要尽可能薄，以减少光的损失。需要较高的电导率，高的电导率可以降低电池内部的串联电阻，另外，在这种 p-i-n 型微晶硅电池中，p 层对在它上面沉积的 i 层起到籽晶层的作用。适当高的晶化率可以大大减小 p/i 界面的非晶孵化层厚度，从而增加电池的转换效率。

(2) i 层。本征层要尽可能多地吸收太阳光，从而使得太阳能电池板的利用率增高，微晶硅薄膜太阳电池的厚度一般在 1～3 μm。

(3) n 层。与 p 层一起构成电池的内建电场，沉积厚度在 40 nm 左右。

（4）背反射电极。背反射电极包括 Al 或 SnO_2/ZnO 等结构，ZnO 能够增强背反射电极的反射效果，金属电极（Al 膜）的面积决定了电池的面积。

3）微晶硅的制备

微晶硅的制备方法主要有化学气相沉积、磁控溅射、固相晶化，以及液相外延等方法。化学气相沉积的工艺又可分为射频化学气相沉积、甚高频化学气相沉积、热丝化学气相沉积，以及光诱导化学气相沉积等。其中射频化学气相沉积、甚高频化学气相沉积及热丝化学气相沉积为最常用的三种方法。

（1）射频等离子体化学气相沉积。射频等离子体化学气相沉积的设备主要由真空室、衬底加热系统、气路和气路控制系统、真空与检测系统、阳极、阴极及电源等辉光放电系统组成。其中加在两极板间的电源为射频电源。射频气相沉积的方法是人们早期研究微晶硅的主要手段，因而现在发展得十分成熟。不过这种方法在较低的硅烷浓度、沉积气压、功率的条件下，沉积的速度很慢，材料的性能也不理想。随着高压高功率的方法的提出，薄膜的沉积速率与质量有着较大的提高。不过这种方法也存在着较大的缺陷，例如，腔体内产生大量的粉尘使薄膜出现微空洞，同时增加了仪器的维护成本，并且反应过程需要消耗大量的气体，以及过高的功率损耗了大量的能量。

（2）甚高频化学气相沉积。甚高频等离子体辉光放电的方法与常规的射频等离子体辉光放电的方法的基本原理是相同的。在一般小面积沉积系统中，常用的也是平行板电极结构，不同的是激发的电源频率在超高频区。采用甚高频化学气相沉积方法制备微晶硅的过程中产生的离子能量低，这样可以减少高能粒子对薄膜表面的损伤，并且离子束流的浓度高，可以加快沉积高质量薄膜的速度。不过这种技术存在着驻波效应和损耗波效应，难以实现工业上大面积均匀性生产。

（3）热丝化学气相沉积。热丝化学气相沉积又称热丝催化法。具体工艺是在真空反应室中安装加热丝，使热丝的温度达到 1 800～2 000℃，气体分子碰到热丝后分解，分解的粒子通过扩散沉积到薄膜的表面。热丝分解的方法没有高能离子的轰击，因而容易生成优质的微晶硅，并且没有外加电场，设备简单，在制备的过程中容易降低成本。但是缺陷在于热丝也会存在自身的挥发，容易对沉积的薄膜造成污染，较高的衬底温度及加热温度，使薄膜中的氢的含量降低，从而造成薄膜中晶界表面得不到很好的钝化，使薄膜中的缺陷增加。

2.4 微纳结构增强工艺

2.4.1 引言

尽管如今太阳能电池已经得到了一定范围内的使用，但是囿于其性能及较高的成本，其更大规模的推广受到了一定的局限，因而对于下一代光伏器件，无论从性能的提升还是成本的降低，光子的控制都发挥着决定性的作用。因为通过光子的控制，不仅仅可以降低光学损失(包括在带隙附近的无效吸收及在交界面上的反射)，同时可以通过缩短载流子的收集长度来降低传输损失。此外通过在更薄的材料中实现有效的光吸收。因为可以极大地减少薄膜厚度，进而提高产量，扩展使用的材料范围和质量，所以光子控制设计对于降低制造成本极为关键。

理想的对于下一代太阳能电池中的光子操控设计，不仅仅要满足特征尺度在亚波长区域下的宽范围光谱，还要满足可以在大尺度范围实现。纳米结构，拥有与大部分可利用的太阳光谱波长相近的尺度，因而可以史无前例地操控光子流；纳米结构是非常具有前景的光子操控设计。近些年有许多基于光子操控设计的纳米结构被提出并被研究人员跟进。

2.4.2 纳米线与纳米锥制造工艺

随着近些年来纳米技术的飞速发展，有许多方法可以用于纳米结构的制造，例如，VLS方法用于纳米线合成中直径控制。然而控制纳米线之间的距离仍然是一件非常具有挑战性的事情。例如，溶液化学是一种可以选择的方法，但是同时控制纳米线间距与直径上存在局限，而电子束与光刻技术可以达到很高的精度，却囿于成本较高较难推广，而目前制造形态、直径与间距都控制良好的纳米结构的方法比较鲜见，其中将胶装纳米颗粒合成与制造技术相结合的工艺是目前为数不多实现以上目标的方法。

1. 制备方法

通过将超薄分子膜组装与反应离子刻蚀组装两种工艺相结合，研究者发展出了可以在大尺度范围内与低温工艺下来制造纳米结构，从而在数十纳米到微米级的范围内，提供了一种精确控制直径、间距与形状的方法。上述方法不仅仅可以用在硅材料上，还可以用于其他材料，具体过程如图2.18所示[30,31]。首先单分散的纳米颗粒在内部合成，使用LB组装方法将其布满在硅片表面，这些纳米颗粒用氨丙基三

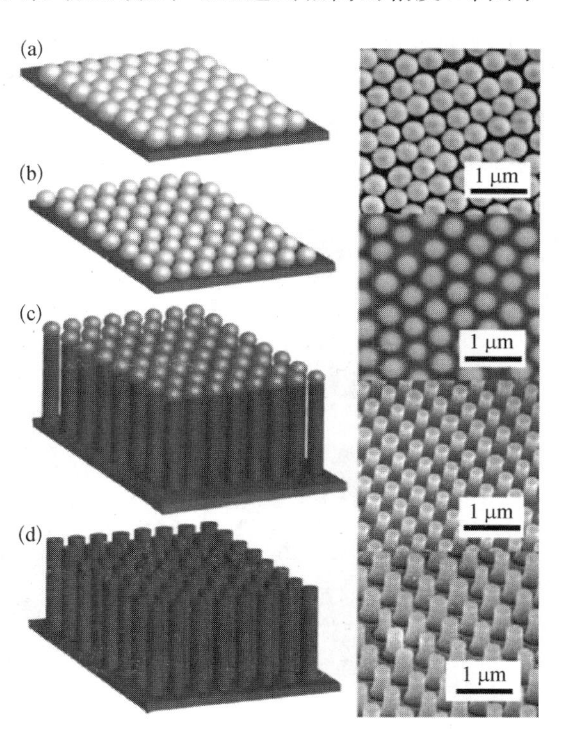

图2.18 纳米线制备过程

甲氧基硅烷加以修饰，以便于终止这些纳米颗粒带电氨基，避免聚合发生。其次纳米颗粒的直径与间距可以通过对二氧化硅有选择性的各向同性反应离子刻蚀的方法来有效地调控。此处反应离子刻蚀方法基于氟化技术，使用氧气与三氟甲烷的混合气体，类似地，硅纳米线与纳米锥的制造可以使用基于氯气的有选择性各向异性反应离子刻蚀的方法。这些纳米结构的直径与间距由最初的纳米颗粒的尺寸及二氧化硅与硅的刻蚀时间决定，最后如果需要的话，二氧化硅颗粒可以使用氢氟酸去除。

2. 纳米线与纳米锥的形貌控制

纳米线与纳米锥都可以通过反应离子刻蚀的条件控制来获得，而在纳米锥的形成背后则有多项机理。首先，氯与溴自由基在反应离子刻蚀过程中，从各个方向达到硅的表面，从而引起一些对于硅的各向同性刻蚀或是在可能的各向异性的过程中切断。其次，硅对于二氧化硅的刻蚀选择率大约是 26，因此当使用二氧化硅掩模时，由于掩模本身的腐蚀，侧面刻蚀的范围增加。最后，由于在柱状纳米线中，再沉积的比例由下而上递减，在刻蚀过程中，当被刻蚀的产物再沉积时，锥状的侧壁将会出现。

在阐明了形成机理后，这样一种切断的技术可以通过控制刻蚀条件来获得独特的尖锐纳米锥结构，这些纳米锥的纵横比及尖端的直径可以精确控制。首先，基于各向异性的反应离子刻蚀，硅纳米线可以通过氯气来合成，其次，C_2ClF_5/SF_6 可以用于预成型的纳米线进一步的各向同性刻蚀，从而可以对纳米线进行切削与尖锐化处理。图 2.19 正是展现了纳米线尖锐化处理的过程。在这个过程中，与纳米线锐化相伴而生的是二氧化硅球的收缩，而将各向异性与各向同性两种刻蚀方法结合在一起可以有效地将尖端的曲率半径降至 5 nm。

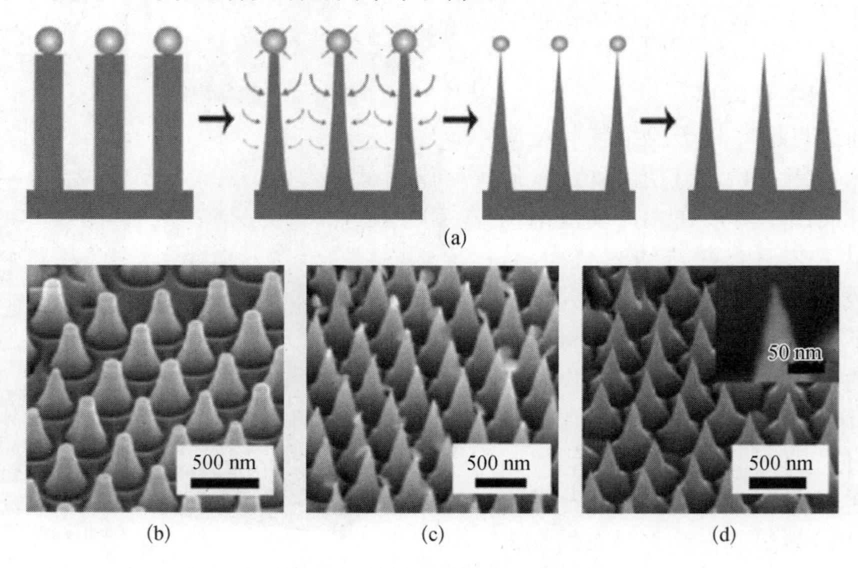

图 2.19 锐化处理过程示意图

3. 纳米线直径与间距控制

除了纳米线与纳米锥的形貌，纳米线的直径(D)与间距(S)同样可以合理地加以设计，由于邻近的两纳米结构之间的中心到中心距离为 $D+S$，二氧化硅纳米颗粒可以在初始时拥有 $D+S$ 的直径并且在之后被刻蚀到 $S/2$ 的直径大小。在合成过程中，初始状态的二氧化硅纳米球颗粒直径可以在 50 nm～1 μm 精确控制，反应离子刻蚀可以达到 10 nm 量级的精确控制，因而，可以实现在大范围上直径与间距的精确控制，例如，图 2.20 展现了 60～600 nm 直径的纳米线扫描电子显微镜照片，图 2.21 展现了纳米线间距在 50～400 nm 的电子显微镜照片。

(a) 60 nm　(b) 125 nm　(c) 300 nm　(d) 600 nm

图 2.20　具有相同直径纳米线阵列扫描电子显微镜照片

(a) 400 nm　(b) 350 nm　(c) 50 nm

图 2.21　不同间距的纳米线阵列电子显微镜照片

4. 大面积制备

对于上述合成过程，另一项重要的特征就是这项工艺可以应用于大面积制备，可以达到的尺度范围主要由二氧化硅颗粒覆盖范围所决定，而且通过一定的技术可以使单层的纳米颗粒密布硅片层表面，如图 2.22 所示，4 in(1 in=2.54 cm)的硅片上覆盖有均一的单层的二氧化硅纳米颗粒，而图中 4 个任意选择的位置显示了单层的纳米颗粒覆盖了整个硅片。

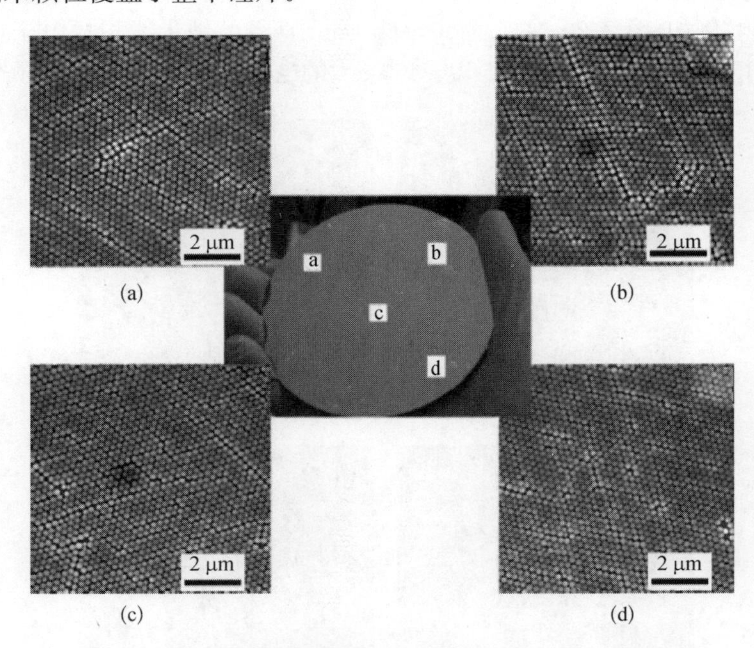

(a) (b) (c) (d)

图 2.22 表面布满二氧化硅纳米颗粒的 4 in 硅片照片
(a)～(d)分别表示该硅片表面具有单层二氧化硅纳米颗粒 4 个任意点

2.4.3 光子控制：抗反射处理

在 2.3 节中，根据传统的工艺，当光射入不同折射率的交界面时，有很大一部分光会发生反射。例如，如果对硅片不作任何处理，将会有大约 30%的光因为在空气与硅的交界面发生反射而损失。但是对硅片进行处理后，通过光路极大地延长，进而可以使得吸收有很大的提高，并且在 2.1 节传统吸收增强理论中，已经知道了吸收增强的倍数可以达到 $4n^2/\sin^2\theta$，然而，实际上，在很多下一代的太阳能电池中，活跃层甚至只有 1～2 μm，这就与可见光波长接近，因而在这样一种亚波长状态下光路的增加就不仅仅需要对于其中物理上的理解，更需要工艺上的发展。

1. 物理机理

目前，已经有许多利用纳米结构来实现抗反射的目标，其中一个令人瞩目的实例便是等离激元太阳能电池。例如，银这样的贵金属纳米颗粒阵列，在许多器件中使用,使得带隙边缘吸收有明显的增强,在这些研究中,得出的主要机理是这些纳米颗粒与等离激元中存在较大的振荡散射截面。然而,由于这些纳米颗粒在表面顶部,一部分短波长的光在振荡频率附近既没有散射也没有吸收,从而造成了浪费。

此外,基于精确的纳米结构设计的光子晶体则是另外一种被寄予厚望的方法,然而,这样一种设计最终能否投入实际应用还取决于是否能够有可用的技术来实现这些光子晶体结构。

2. 典型减反结构设计1:纳米圆顶结构

基于以上制造过程,可以得到一种全新的纳米圆顶太阳能电池。从底部衬底开始,通过主动吸收层,直至顶部的透明连接层,它们在每一部分上都具有周期性的结构。如图2.23所示,这些器件利用诸多纳米光子学效应,从而在宽谱线范围内有效地降低反射和提升吸收。

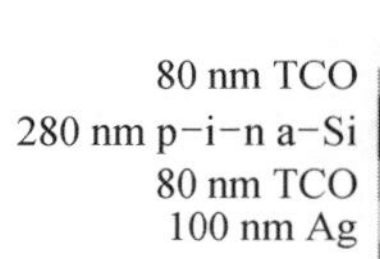

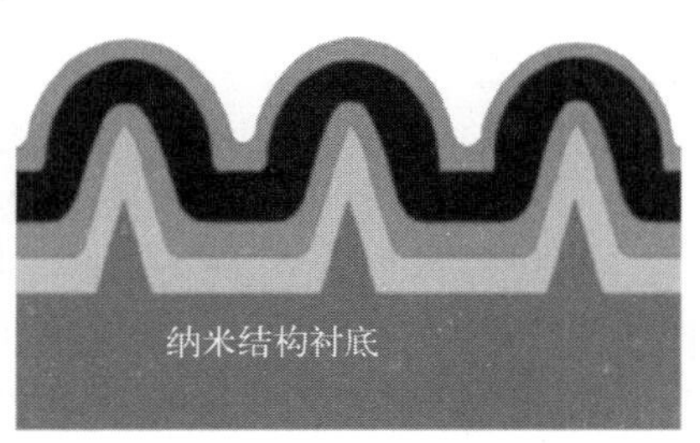

图2.23 纳米圆顶太阳能电池示意图[32]

为了验证这样一种效应,研究人员选择a-Si:H太阳能电池来验证纳米圆顶电池的优点。

作为产量第二大的太阳能电池,a-Si:H具有许多独一无二的优势,首先它基于数量丰富并且无毒的材料,其次这种电池可以在较低温度下用电镀过程进行制造。更为重要的是,a-Si:H可以有效地吸收太阳光,其吸收深度大约只有1 μm,与晶体硅电池相比,厚度有数百倍的降低,然而a-Si:H中的载流子具有较差的输运性质,尤其对于短距载流子的扩散距离只有300 nm。除此之外,由于光浸润作用的影响,也就是所谓的Stabler-Wronski效应。在a-Si:H太阳能电池中,将会有10%~30%的效率衰减。但是这效应在较薄的薄膜中要减轻许多。

如图2.24所示,在纳米圆顶结构中心是一个纳米锥衬底,纳米锥玻璃或者石英的衬底由Langmuir-Blodgett装配方法,通过反应离子刻蚀来使得单分散的二氧化硅纳米颗粒形成密堆积,而纳米锥基本直径及纳米锥之间距离可以在100~1 000 nm内加以精确控制,而该尺度与太阳光光谱中波长直接相关。一个典型的单个p-i-n结纳米圆顶结构的a-Si:H太阳能电池沉积在纳米锥衬底表面。太阳能电池层由作为背面反射体100 nm厚的银、作为底部与正面电极的80 nm厚的透明导电氧化物组成,而最终的a-Si:H薄膜层厚度为280 nm。而在沉积之后,尽管纳米锥变为纳米圆顶结构(图2.25),但是纳米锥模式大量地转移至顶层。

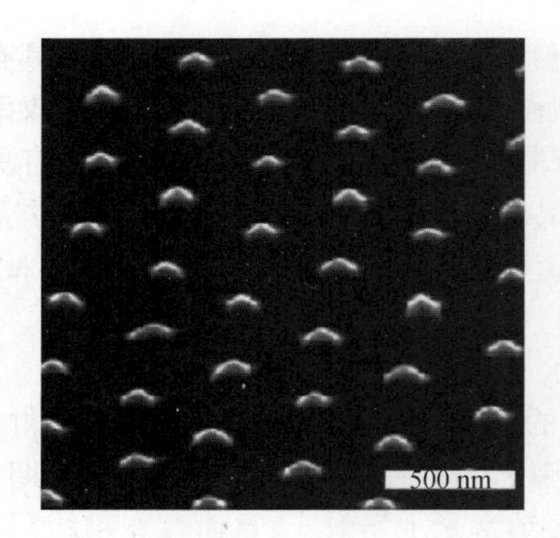

图 2.24 纳米圆顶结构的 a-Si∶H 的太阳能电池

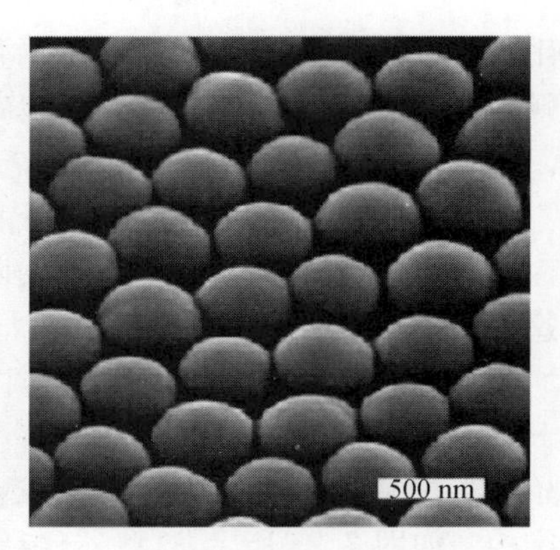

图 2.25 在纳米锥上沉积了多层材料后的 a-Si∶H 纳米圆顶结构太阳能电池[32]

纳米结构底层的这种纳米圆顶结构独一无二的特征是可以进行周期性纳米尺度的调节。因为这样一种结构，纳米圆顶太阳能电池同时具有抗反射与陷光的效应。为了证实这样一个效应的存在，研究人员测量了在较宽波长范围(400～800 nm)下的吸收，而这个波长范围覆盖了对于 a-Si∶H 有用的大部分太阳光，值得一提的是，由于 a-Si∶H 具有较长的带尾，具有 1.75 eV 的能隙。此处为作一对比，对具有相同器件结构与厚度的平面状 a-Si∶H 薄膜太阳能电池作同样的测量。两者相比较之后所得到结果如图 2.26 所示。

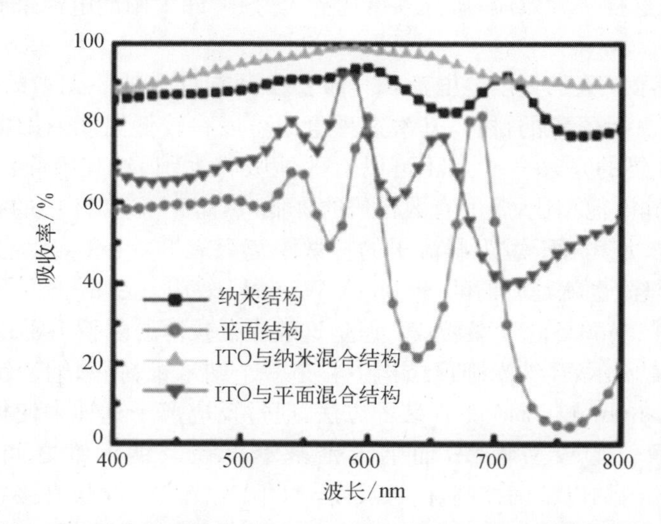

图2.26 未镀有 ITO 的纳米圆顶结构、镀有 ITO 的纳米圆顶结构、镀有 ITO 的平面结构及镀有 ITO 的平面结构的吸收率[32]

如图 2.26 所示，在全波长范围内，无论是否镀上 ITO，纳米圆顶结构器件展现出相较于平面结构器件大得多的吸收率，从图中结果可以得出，顶端具有 TCO 层的纳米圆顶结构展现了高达94%的吸收率，尤其高于吸收率仅有65%的顶端具有TCO层的平面结构。顶部具有TCO的纳米圆顶结构与平面结构的器件的吸收率优于顶部不具有TCO结构的器件，这是因为相比于a-Si∶H层，TCO层具有更低的反射率，所以具有TCO层的样品具有更低的反射率。但是，纳米圆顶结构带来的增强效应却远不及TCO对平面结构带来的显著的吸收率增强效应，从而有力地证实了就算TCO层不存在，相较于平面结构，纳米圆顶结构依然具有非常良好的抗反射效应。

这样一种吸收的增强正是来源于对于反射的抑制及光程的增强，这两种效应往往耦合在一起，因而要将两种增强的效应分离是比较困难的，尤其在短波长区域，有着非常显著的抗反射效应。在a-Si∶H太阳能电池中，当波长区域在500 nm以下时，此时的吸收深度小于a-Si∶H层的厚度，因而所有的光损失都可以归结于光的反射作用，正如图2.26所示，当不存在TCO覆盖的情况下，纳米圆顶结构的吸收总是高于85%，相应的平面结构却是低于60%，当覆盖上TCO层后，纳米圆顶结构的吸收率增加至88%以上，而平面结构增加至65%以上。这样一种抗反射效应的产生原因在于纳米圆顶锥状的结构所带来的更好的有效反射率。

此外对于光路增加的效应则更多地出现在长波长的范围内，在该范围内，光的吸收率较低，在这种情况下，对于a-Si∶H平面结构的薄膜太阳能电池，当波长大于550 nm时，在平面结构器件中将会发生振荡干涉，然而此时纳米圆顶结构器件中依然展现出宽谱的吸收率。发生在该器件中的振荡干涉效应为法布罗-白洛干涉效应，该效应来源于未被a-Si∶H吸收的长波长的光与从器件顶部反射的光发生干涉，但是对于纳米圆顶结构器件，这样一种干涉效应将极大地削弱，因而就只有很少一部分的光由于银层的反射而逸失。这样一种干涉削弱的现象则证明了陷光效应的发生。

在纳米圆顶结构中，光程有着显著增加是由于位于底部的银层纳米尺度的调控，进而将光耦合入平面内，从而提供了另一种陷光机制。将其与等离激元太阳能电池对比，纳米结构的银背底反射层对于纳米圆顶结构电池无疑是一个更好的选择，其主要优势体现在：长波长的光被修饰过的银背底强散射后，当单次通过吸收体到达银薄膜前的过程中发生吸收，短波长的光吸收却没有受到影响。与基于表面纹理化尺度远大于光波长来提高光吸收率的朗伯散射机制相比，这样一种纳米结构器件对于仅有亚微米厚度的吸收层的太阳能电池来说更具备可行性。

3. 典型减反结构设计2：背部纳米结构

对于太阳能电池背部结构的处理同样在提升太阳能电池的吸收效率方面至关重要，而太阳能电池背面介电的纳米结构可以作为高性能的光反射层。例如，组成白色涂料遮光剂的高折射率的介电TiO_2纳米颗粒可以组成性能优越、宽频段的背面反射层，进而在不需要金属背面反射层额外作用的情况下可以将光重新分配至波导共振模式。这样一种材料是廉价的，易于获得的，并且也是环境友好的。若要实现更为精确的波长范围内的吸收，介电光子晶体在确保高反射率的前提下实现这个目标，而且当介电光子晶体作为串联电池中的中间反射层，它们的光谱选择性可以用于精确地平衡来源于子室中的电流。

通过对于特定形状与尺寸的纳米结构的调控，散射光在散射角与偏振方向上的调控达到一个新的高度。如今用于优化光吸收增强的多种介电纳米结构中形状、尺寸、间距所对应的设计方式逐渐浮出水面。对于超薄的晶体硅太阳能电池，相应系统化的微纳光子学模拟用于实现其正面与背面的纳米结构满足吸收增强的要求，如图 2.27 所示，实现高效率的光吸收可以通过在正面使用高深宽比（厚度大约 500 nm）的纳米结构阵列，而在背面使用低深宽比的纳米结构阵列来实现波导振荡耦合，而在该设计下，最优化的结构间距是与目标的光吸收增强波长接近：对于薄膜硅电池，纳米圆顶结构的最优的结构间隙周期大约在 1 000 nm，而其中原因是波长范围在 800～1 000 nm 对于光吸收增强效应非常重要，而这个波长范围也恰好接近硅的带隙。

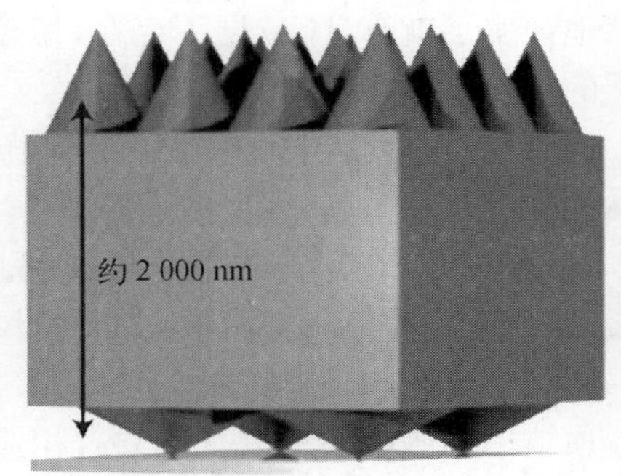

图 2.27　超薄薄膜太阳能电池示意图[33]

通过构造在光学尺度上较厚但是在物理尺度上较薄的光伏吸收层对于高效率的光伏器件设计将会带来革命性的影响。对于基本机理的了解及一般的工艺过程对有效的光子操纵是至关重要的，而在这两方面每一点的进步都将带来下一代太阳能电池发展的成功。第一代晶体硅电池在生产过程中，其中有多道工序耗资与耗能都较大，导致太阳能电池成本居高不下，限制了其发展。硅系列太阳能电池中，非晶硅在可见光范围内具有比较高的吸收系数，并且具有广泛的材料来源，可实现大面积薄膜沉积，有效降低了生产成本，因而以非晶硅薄膜电池为代表的第二代薄膜太阳能电池应运而生。对于非晶硅薄膜太阳能，其效率的提高依然具有一定的局限，如何进一步提升太阳能电池的吸收成为新的研究热点，随着微纳工艺的发展，通过纳米尺度的表面加工，形成表面的微纳结构，可以使得太阳能电池吸收率有进一步的提升。

传统吸收理论及传统太阳能电池的研究对于太阳能电池中的热力学机制了解及陷光层的设计有着巨大的影响。从统计上的几何光学出发，可以得到在太阳能电池中，对于各向同性的入射模式下，最大可实现的吸收也就是 Yablonovitch 极限为 $4n^2$，n 表示的是吸收半导体材料中的折射率。但是对于目前方兴未艾的纳米尺度上的光子结构，通过几何光学建立起的光学模型不再适用，因而需要通过波动光学的观点建立起全新的模型，从而探究新的吸收极限。

以纳米圆顶为代表的新型纳米结构不仅有效地抑制了反射，自然而然也提升了吸收率，而且这样一种结构不仅仅不会囿于特定的材料，而且对于特定类型的太阳能电池，其形貌、直径及纳米圆顶结构的间距也能精确地控制，基于以上思路与工艺所得到的太阳能电池相较于平面结构的太阳能电池，效率有25%的提升。通过光在金属纳米颗粒阵列中共振散射及会聚效应，进而实现陷光效应，或将光耦合成表面等离激元模式和波导模，光在半导体层表面传播。这两种方法都可以使得光达成上述目的，而通过这两种方法也可以使得较薄的光伏吸收层可以吸收全范围的太阳光光谱。

因此先进的光子操控对于发展下一代光伏器件至关重要，为了实现高效率、低成本及太瓦级别的应用，具有独一无二的尺度与几何结构的纳米结构设计注定在亚波长领域会发挥决定性的作用。飞速发展的纳米技术则为调控纳米结构、实现纳米结构设计提供了技术支持。

参考文献

[1] Daryl M, Fuller C S, Pearson G L. A new silicon p - n junction photocell for converting solar radiation into electrical power. Journal of Applied Physics, 1954, 25(6): 676 - 677.

[2] Green M A, Emery K. Solar cell efficiency tables (version 13). Progressin Photovoltics: Research and Application, 1999, 7: 31 - 37.

[3] Carlson D E, Wronski C R. Amorphous silicon solar cell. Applied Physics Letters, 1976, 28: 671 - 673.

[4] Guha S, Yang S, Glattfelder S. Proc. 2nd World Conference on Photovoltaic Solar EnergyConversion. Vienna, 1998: 3609.

[5] Tawada Y, Yamagishi H. Proceedings of the Technical Digest on International PVSEC - 11. Tokyo: Tokyo University of Agriculture and Technology, 1999: 53.

[6] O'regan B, Grätzel M. A low-cost, high-efficiency solar cell based on dye-sensitized colloidal TiO_2 films. Nature, 1991, 353(6346): 737 - 740.

[7] Bach U, Lupo D, Comte P, et al. Solid-state dye-sensitized mesoporous TiO_2 solar cells with high photon-to-electron conversion efficiencies. Nature, 1998, 395(6702): 583 - 585.

[8] Law M, Greene L E, Johnson J C, et al. Nanowire dye-sensitized solar cells. Nature Materials, 2005, 4(6): 455 - 459.

[9] Hagfeldt A, Boschloo G, Sun L, et al. Dye-sensitized solar cells. Chemical Reviews, 2010, 110(11): 6595 - 6663.

[10] Robel I, Subramanian V, Kuno M, et al. Quantum dot solar cells. Harvesting light energy with CdSe nanocrystals molecularly linked to mesoscopic TiO_2 films. Journal of the American Chemical Society, 2006, 128(7): 2385 - 2393.

[11] Kamat P V. Quantum dot solar cells. Semiconductor nanocrystals as light harvesters. Journal of Physical Chemistry, 2008, 112(48): 18737 - 18753.

[12] Huynh W U, Dittmer J J, Alivisatos A P. Hybrid nanorod-polymer solar cells. Science,

2002, 295(5564): 2425 - 2427.

[13] Li G, Shrotriya V, Huang J, et al. High-efficiency solution processable polymer photovoltaic cells by self-organization of polymer blends. Nature Materials, 2005, 4(11): 864 - 868.

[14] Li G, Zhu R, Yang Y. Polymer solar cells. Nature Photonics, 2012, 6(3): 153 - 161.

[15] Burschka J, Pellet N, Moon S J, et al. Sequential deposition as a route to high-performance perovskite-sensitized solar cells. Nature, 2013, 499(7458): 316 - 319.

[16] Green M A. Solar cells: Operating principles, technology, and system applications. United States: Prentice-Hall Inc. Englewood Cliffs, NJ. 1982.

[17] Yablonovitch E, Cody G D. Intensity enhancement in textured optical sheets for solar cells. IEEE Transactions on Electron Devices, 1982, 29(12): 300 - 305.

[18] Deckman H W, Roxlo C B, Yablonovitch E. Maximum statistical increase of optical absorption in textured semiconductor films. Optics Letters, 1983, 8(9): 491 - 493.

[19] Yablonovitch E. Inhibited spontaneous emission in solid-state physics and electronics. Physical Review Letters, 1987, 58: 2059.

[20] John S. Strong localization of photons in certain disordered dielectric superlattices. Physical Review Letters, 1987, 58(23): 2486 - 2489.

[21] Raether H. Surface Plasmons on Smooth Surfaces. Berlin: Springer Berlin Heidelberg, 1988.

[22] Atwater H A, Polman A. Plasmonics for improved photovoltaic devices. Nature Materials, 2010, 9(3): 205 - 213.

[23] Catchpole K R, Polman A. Design principles for particle plasmon enhancedsolar cells. Applied Physics Letters, 2008, 93(19): 191113 - 1 - 3.

[24] Kim S S, Na S I, Jo J, et al. Plasmon enhanced performance of organic solar cells using electrodeposited Ag nanoparticles. Applied Physics Letters, 2008, 93(7): 073307 - 1 - 3.

[25] Berini P. Plasmon-polariton waves guided by thin lossy metal films of finite width: Bound modes of a symmetric structures. Physics Review B, 2000, 611(15): 10484 - 10503.

[26] Slooff L H, Veenstra S C, Kroon J M, et al. Determining the internal quantum efficiency of highly efficientpolymer solar cells through optical modeling. Applied Physics Letters, 2007, 90(14): 143506 - 1 - 3.

[27] Ferry V E, Sweatlock L A, Pacifii D, et al. Plasmonicnanostructure design for efficient light coupling into solar cells. Nano Letters, 2008, 8(12): 4391 - 4397.

[28] Glembocki O J, Palik E D, de Guel G R, et al. Hydration model for the molarity dependence of the etch rate of Si in aqueous alkali hydroxides. Journal of The Electrochemical Society, 1991, 138(4): 1055 - 1063.

[29] Singh P K, Kumar R, Lal M, et al. Effectiveness of anisotropic etching of silicon in aqueous alkaline solutions. Solar Energy Materials and Solar Cells, 2001, 70(1): 103 - 113.

[30] Hsu C M, Conor S T, Tang M X. Wafer-scale silicon nanopillars and nanocones by Langmuir-Blodgett assembly and etching. Applied Physics Letters, 2008, 93(13): 133109 - 1 - 3.

[31] Zhu J, Yu Z, Burkhard G F, et al. Optical absorption enhancement in amorphous silicon nanowire and nanocone arrays. Nano Letters, 2008, 9(1): 279 - 282.
[32] Zhu J, Hsu C M, Yu Z, et al. Nanodome solar cells with efficient light management and self cleaning. Nano Letters, 2010, 10(10): 1979 - 1984.
[33] Wang K X, Yu Z, Liu V, et al. Absorption enhancement inultrathin crystalline silicon solar cells with antireflection and light-trappingnanocone gratings. Nano Letters, 2012, 12(3): 1616 - 1619.

第 3 章

纳米硅量子点的可控制备与特性

3.1 纳米硅量子点的基本性质

随着半导体工艺技术和材料制备技术的不断进步和发展，人们已经可以制备出尺寸在亚微米、深亚微米乃至纳米量级的结构和材料。一般，纳米材料指的是在某一维度上尺寸在 100 nm 以下的材料，包括一维、二维和三维纳米材料。当材料的尺寸小于或者可以与其激子的玻尔半径相比拟时，其会显示出与量子力学效应相关的性质，此时，材料也可称为纳米量子材料。硅量子点就是指在三维空间中材料尺寸都小于玻尔半径的硅颗粒，而这一尺寸一般在 10 nm 左右，故此称其为纳米硅量子点。纳米硅量子点具有许多其他单晶材料所没有的新颖的物理性质，包括力学、电学、磁学和光学性质等，也使其在许多器件上，特别是在新一代的太阳电池器件上，有着潜在的应用前景。为此，如何获得满足器件要求的纳米硅量子点，并对其物理性质进行深入而系统的研究，就成为首先需要解决的问题。也正因为如此，对纳米硅量子点材料制备技术、性能研究及相应的器件结构设计与制作技术的研究不仅在基础研究方面，同时在应用方面都具有重要的意义和价值，也引起世界各国的许多研究小组的研究兴趣[1-6]。

半导体单晶硅材料的导带的能量极值点位于〈100〉方向的布里渊区中心到布里渊边界的 0.85 倍处，价带的能量极值点在布里渊区中心 Γ 点，导带和价带的能量极值点不在 k 空间的同一点处，是间接能隙半导体材料，在室温下半导体单晶硅的禁带宽度是 1.12 eV。这种能带结构使得单晶硅材料，不仅具有很小的辐射复合概率，其吸收系数也相对较低。随着半导体微纳加工技术的不断发展，人们已经可以利用半导体工艺技术制备出低维量子结构材料，包括二维(量子阱)、一维(量子线)和零维(量子点)材料，对于这些低维半导体材料，其中电子的运动至少在某一维度上是受限的，因此会呈现出与体材料所不同的与尺寸相关的新颖物理特性。利用在纳米尺度上调控材料结构所获得的新效应和新现象，有可能设计和制备出许多基于低维纳米结构的高性能纳米电子和光电子功能器件。

3.1.1　能带结构

正如前面所说，硅量子点是在三维空间电子都受到限制的一个体系，其尺寸应该在几个纳米左右，相对于单晶体硅材料，其能带结构也发生了明显的变化。

根据量子力学原理，对于如图3.1所示的孤立的纳米硅量子点，考虑三维无限深势垒模型，其导带电子的薛定谔方程可写为

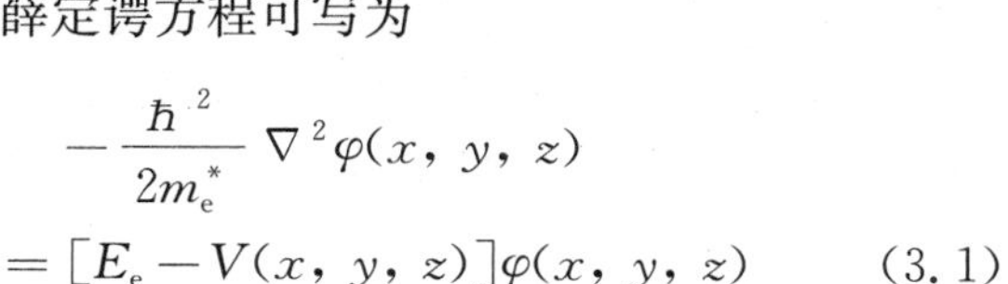

$$-\frac{\hbar^2}{2m_e^*}\nabla^2\varphi(x,\ y,\ z) = [E_e - V(x,\ y,\ z)]\varphi(x,\ y,\ z) \tag{3.1}$$

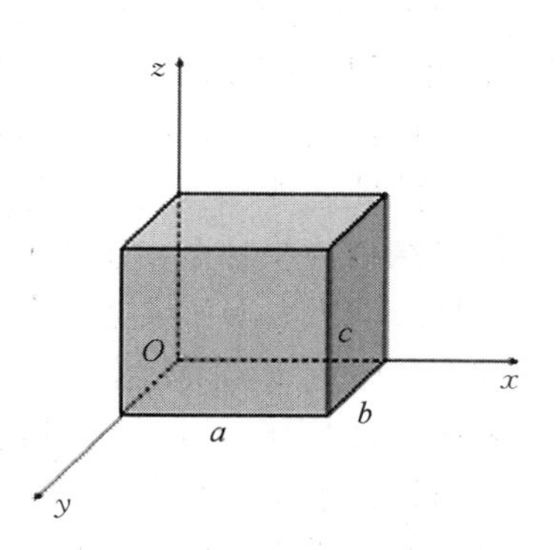

图3.1　长方体形状的单个量子点示意图

式中，m_e^* 为电子的有效质量；$\varphi(x,\ y,\ z)$为电子三维空间的波函数；E_e 为电子能量本征值；$V(x,\ y,\ z)$为三维空间的势能函数。势能具有如下的形式

$$V(x,\ y,\ z) = \begin{cases} 0, & \text{当}\ 0 < x < a\ \text{且}\ 0 < y < b\ \text{且}\ 0 < z < c\ \text{时} \\ \infty, & \text{其他情形} \end{cases} \tag{3.2}$$

求解式(3.1)和式(3.2)可得到相应的电子能量本征值 E_e，其满足

$$E_e = \frac{\pi^2\hbar^2}{2m_e^*}\left[\left(\frac{n_x}{a}\right)^2 + \left(\frac{n_y}{b}\right)^2 + \left(\frac{n_z}{c}\right)^2\right] \tag{3.3}$$

式中，n_x、n_y和n_z取正整数1, 2, 3, …。考虑导带底的能量位置为 E_c，式(3.3)可以写成

$$E_e = E_c + \frac{\pi^2\hbar^2}{2m_e^*}\left[\left(\frac{n_x}{a}\right)^2 + \left(\frac{n_y}{b}\right)^2 + \left(\frac{n_z}{c}\right)^2\right] \tag{3.4}$$

如果考虑直径为 d(或半径为 R)的球形的纳米硅量子点，其电子的能量本征值满足

$$E_e^n = E_c + \Delta E_e^n$$

$$\Delta E_e^n = \frac{\pi^2\hbar^2}{m_e^* d^2}n^2 = \frac{\pi^2\hbar^2}{2m_e^* R^2}n^2,\ n = 1,\ 2,\ 3,\ \cdots \tag{3.5}$$

对于价带的空穴也可以作同样的分析。这表明对于纳米硅量子点材料，其电子和空穴的能量只能取一系列分立的能量值，而不像体硅材料那样可以取准连续的能量值。同时，纳米硅量子点的导带电子的能量最低值相对于体硅材料的导带底 E_c 有所提高，类似地，价带空穴的能量最低值相对于体材料的价带顶也向下移动，因

而半导体纳米硅量子点的禁带宽度比相应体硅材料的带隙要有所展宽，且展宽的大小ΔE正比于量子点直径d平方的倒数，即$\Delta E \propto d^{-2}$。说明随着量子点尺寸的减小，电子和空穴运动受到的限制越强，能级分立就越大，禁带宽度也逐渐变宽，这就给人们提供了一条通过控制材料的尺寸来调控其能带结构的有效途径。

除此之外，纳米硅量子点能带结构的变化还表现在其对体硅材料的间接能隙能带结构的改变上。在纳米硅量子点中，电子在实空间受到的限制使其位置不确定性Δx变小，因而根据海森堡测不准原理，其准动量的不确定性Δk就增大。这意味着导带电子和价带空穴的波函数在k空间会展宽，量子点的尺寸越小，这种展宽就越大，因而电子和空穴的波函数在k空间就有可能产生交叠。这种波函数的交叠可以使纳米硅量子点产生类直接带隙能带结构材料那样的跃迁特征，因此使得纳米硅量子点的光吸收和光发射与体硅材料具有不同的特性，也使得其在硅基光电器件方面有着潜在的应用前景。

量子限制效应也使得对纳米硅量子点材料而言，其态密度的分布也与体硅材料不一样。图3.2给出了单晶体硅材料和纳米硅量子点材料的态密度随能量的变化示意图。态密度$N(E)$定义为单位体积在能量为$E \sim E+\Delta E$单位能量间隔内的能量状态数密度。对于体硅材料，其与$E^{1/2}$成正比，即随着能量的增加，态密度也随之增加。但对于纳米硅量子点，其态密度满足以下关系

$$N(E) = \delta(E - E_n) \tag{3.6}$$

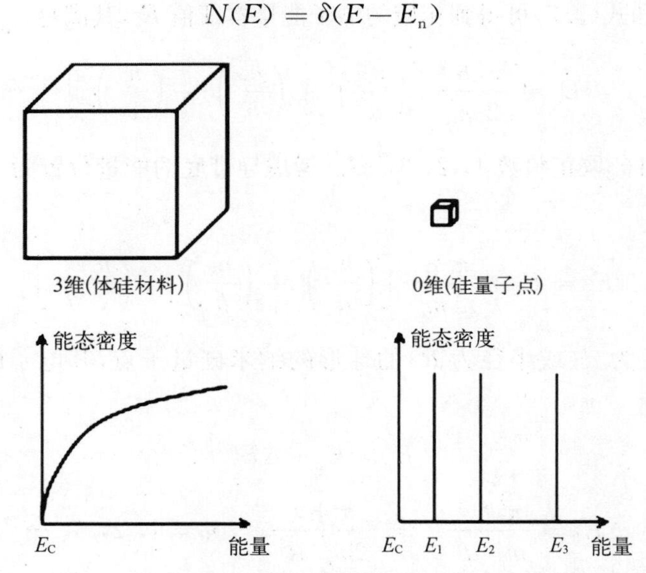

图3.2 体硅材料和硅量子点的能态密度示意图[7]

即态密度$N(E)$是δ函数，在式(3.5)确定的分立的能量本征值E_n处态密度呈现出一系列的尖峰状分布。这种态密度分布特征使得量子点具有独特的光吸收和光发射特点，其对于发展基于纳米硅量子点的光电子器件有着重要的作用。需要指出

的是，由于一般纳米硅量子点材料在制备时，不可避免地会存在着尺寸分布，同时，单个量子点光谱也有量子展宽特性，故此，实际情况下，纳米硅量子点材料的态密度的 δ 函数特征会在一定程度上抹平。

最后，对于纳米硅量子点材料，还有一个不可忽视的特点，就是其具有很大的表面效应的影响。对于一个半径为 r 的球形物体，其体积为 $V = 4\pi r^3/3$，而其表面积 $S = 4\pi r^2$，所以表体比 $S/V \propto 1/r$。量子点的尺寸越小，其表体比就越大，因此，量子点的表面状态就会对其性质产生极大的影响，会带来许多表面效应。例如，纳米硅量子点具有较大的比表面积，因此，相应地就具有较多的表面原子数，这会导致表面原子的配位不足，使得不饱和键及悬挂键增多。在这种情况下，表面原子会非常不稳定，很容易与其他原子结合，即表面效应将引起纳米硅量子点具有较大的表面能和较高的活性。这就带来两方面的影响，一方面，如果需要研究量子点的量子效应或利用量子限制效应，就要求对量子点的表面进行很好的钝化，使得表面态不至于影响量子点本身的性质。另一方面，人们也可以通过对量子点的表面修饰等来调控量子点的性质，甚至包括调控其能带结构。2012 年，荷兰 van der Waals-Zeeman 研究所的 Dohnalova 等在研究利用湿化学法制备的胶体纳米硅量子点时发现，与一般氢或者氧表面钝化时的情形不同，在使用 CH_3—钝化量子点表面后，其光致发光的峰位和寿命等特性均表现出了直接带隙的特征，而通过紧束缚近似理论模型计算的结果也表明，在碳原子钝化表面后，量子点在 k 空间中电子和空穴的波函数有直接的交叠，而如果纳米硅量子点的表面是被氧钝化的时候，则电子和空穴的波函数不存在交叠，因此他们认为通过选择表面修饰原子能够有效地改变纳米硅量子点的能带结构[8,9]。

对于设计和制作一个半导体器件而言，如何实现对半导体材料的掺杂以控制其导电类型和载流子浓度是一个基本课题，这对于晶体硅材料来说已不是问题。但当材料尺寸进入纳米尺度时，如何实现对纳米硅量子点掺杂是个在理论上和实验上都需要深入理解和探索的课题。在理论上，由于量子限制效应，随着量子点尺寸的减小，杂质的离化能会增加，所形成的杂质能级在禁带中的位置也会越来越深，同时，半导体量子点有所谓的“自纯化”现象，即倾向于将杂质排除出量子点，这导致杂质在量子点中的掺杂效果和对材料的性质的影响将和在体硅材料中有很大不同[10-13]。已有的理论研究表明，对于氢表面钝化的硅量子点材料，掺入的杂质磷(P)原子可能位于量子点内部，而硼(B)原子则倾向于留在量子点表面[12]。另外，许多小组也开始在实验上研究如何实现对纳米硅量子点的掺杂及对掺杂后纳米硅的结构和光电行为的研究，特别是掺杂纳米硅在太阳能电池上的应用[14-17]。2008 年，德国 Walter Schottky 研究所的 Stutzmann 小组研究了气相生长的 P 掺杂纳米硅材料的电学输运性质，发现 P 可以作为施主杂质掺杂进去，而且对材料的电导特性有很大影响[15]。Pi 等在实验上制备了 P 和 B 掺杂的纳米硅，并对形成后的材料进行了湿法腐蚀，对比腐蚀前后的结果，他们发现 P 在腐蚀后浓度明显下降(约

80%)，而 B 却变化不大，他们认为这反映了 B 倾向于掺入量子点内部而 P 却主要位于量子点表面，这与先前的理论计算截然相反[16]。最近的理论计算认为是在氧表面钝化的量子点中，P 和 B 的掺杂行为与氢表面钝化的纳米硅量子点不一样造成的[10]。

3.1.2 光学性质

正是由于纳米硅量子点具有与体硅材料所不同的能带结构特点，其呈现出独特的光学性质，特别是显示出与量子点尺寸相关的光吸收和光发射特性。在 3.1.1 节提到，对于纳米硅量子点，其禁带宽度会随着量子点尺寸变小而逐渐展宽，与此相对应，量子点的本征吸收光谱也会随之向短波长侧(高能量处)移动，显示出量子尺寸效应。图 3.3 是尺寸约为 2 nm 的纳米硅量子点/二氧化硅多层膜材料的光吸收系数谱。首先用紫外-可见-近红外分光光度计对纳米硅量子点样品在 300～1 000 nm 的波长内测试了相应的透射反射光谱，根据测到的透射谱和反射谱结果，由式 $T=(1-R)^2 e^{-\alpha d}$ 来计算出样品的吸收系数 α(式中，T 是透射率，R 是反射率，d 为样品的吸收厚度)。可以看到纳米硅量子点的吸收系数在波长小于 500 nm 时才有明显的增加，相对于体硅材料有明显的蓝移。表明其本征吸收发生在可见光波段，而不是体硅的近红外波段。根据计算出的吸收系数 α，根据式(3.7)所给出的 Tauc 公式可以得到样品的光学带隙为

$$(\alpha h\nu)^{1/2}=B(h\nu-E_g) \tag{3.7}$$

式中，α 为样品的吸收系数；$h\nu$ 为光子能量；B 为与材料的性质相关；E_g 为样品的光学带隙。图 3.3 的插图就给出了相应样品的 $(\alpha h\nu)^{1/2}-h\nu$ 关系图，由此计算得到的

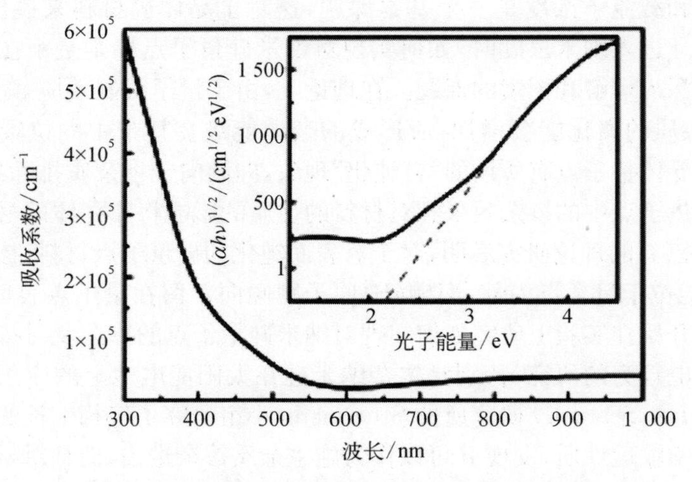

图 3.3 纳米硅量子点样品的光吸收系数曲线

插图是样品的 $(\alpha h\nu)^{1/2}-h\nu$ 关系图

样品的光学带隙在 2.2 eV 左右，比单晶体硅的带隙 1.12 eV 要大 1 个电子伏特左右，这反映了纳米硅晶粒的量子尺寸效应所导致的光学带隙展宽现象。同时，不同尺寸的纳米硅量子点的吸收区域主要都在可见光波段，并且随着量子点尺寸的增大，样品的光吸收边逐步向长波长方向移动。

同样地，对于纳米硅量子点/碳化硅多层结构，也有类似的结果。纳米硅量子点/非晶碳化硅多层结构材料一般是通过热退火非晶硅/非晶碳化硅多层膜材料来获得的(具体可参见 3.3 节)。通过控制原始非晶硅层的厚度可以来控制最终形成的纳米硅量子点的尺寸，而控制热退火的温度可以获得不同密度和晶化质量的纳米硅量子点材料。图 3.4 给出了具有不同尺寸的纳米硅量子点/碳化硅多层结构材料的光吸收系数谱，可以看到，对于在相同退火温度下制备得到的具有不同量子点尺寸的纳米硅量子点/碳化硅多层结构材料，样品对于波长小于 500 nm 的光都有很好地吸收，光吸收系数大于 $10^4 cm^{-1}$。随着量子点尺寸的减小，光吸收谱线向短波方向移动，反映了由于量子点尺寸的增大，量子限制效应引起的材料禁带宽度增大的现象。研究同时发现，在不同温度下退火后得到的纳米硅量子点/碳化硅多层膜的光吸收谱是不同的。一般较高温度(如 1 000℃)退火的样品比较低温度(如 800～900℃)下退火样品的吸收要高，这可以归因为更高的退火温度使得形成的纳米硅量子点更多，密度更高。因此，就有可能利用不同尺寸和密度的量子点来匹配太阳光谱，以拓宽电池的光谱响应范围，增强材料的光吸收。

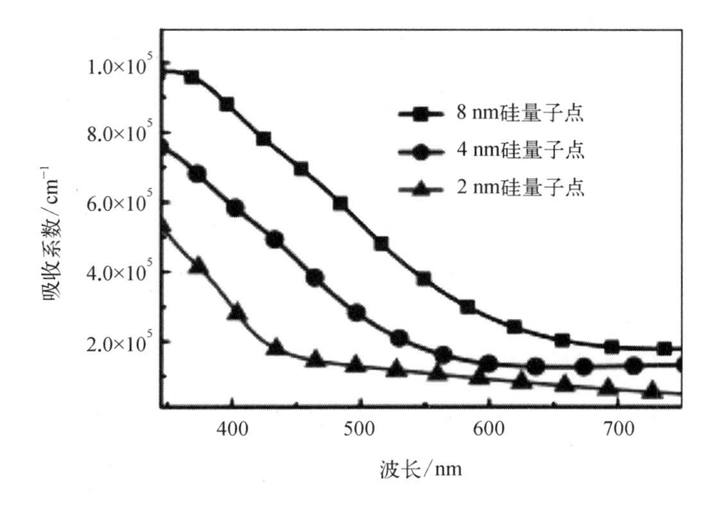

图 3.4 在相同温度下退火形成的具有不同尺寸的硅量子点/碳化硅多层膜的吸收系数谱

对纳米硅量子点的光致发光和电致发光性质的研究也引起人们极大的兴趣，这是因为发展硅基发光材料和实现硅基发光器件对于实现硅基单片光电集成有很大的意义，同时，发光硅量子点在生物等方面也有很好的应用前景。对硅材料发光特性的研究很早就开始了，但直到多孔硅的发光研究报道后才引起全世界持续的关注[18]。1992年，南京大学陈坤基等报道了利用激光诱导晶化形成的纳米硅量子点/非晶氮化硅多层膜材料的光致发光的实验结果，观测到了室温下来源于纳米硅量子点的可见光发射现象，并认为量子尺寸效应在其中起到关键作用[1]。随后，人们对镶嵌于二氧化硅薄膜中的纳米硅量子点的发光特性进行了深入而广泛的研究，至今仍是一个值得讨论的课题。Brus小组对利用高温分解硅烷得到的氧化纳米硅量子点的光致发光现象及其相应机制进行了探讨，他们认为量子限制效应在纳米硅量子点的发光过程中起到关键作用[19,20]。与此同时，也有不少研究组认为纳米硅量子点的表面态在发光过程中也是必须要考虑的因素。图3.5是不同尺寸的纳米硅量子点/二氧化硅多层结构材料在室温下的光致发光谱，激发光是波长为325 nm的氦-镉激光。可以看到，随着量子点尺寸的减小，发光峰的位置基本没有变化，但其发光强度有明显提高。其激发-复合过程被解释为，在紫外线激发下，纳米硅量子点中的价带电子吸收光子能量激发到导带，随后很快弛豫到纳米硅-二氧化硅的界面区域，而辐射复合是通过界面态发光中心(一般认为是Si═O键)进行的，因此，激发光谱显示出量子尺寸效应，而发射光谱则表现得与尺寸无关[21,22]。

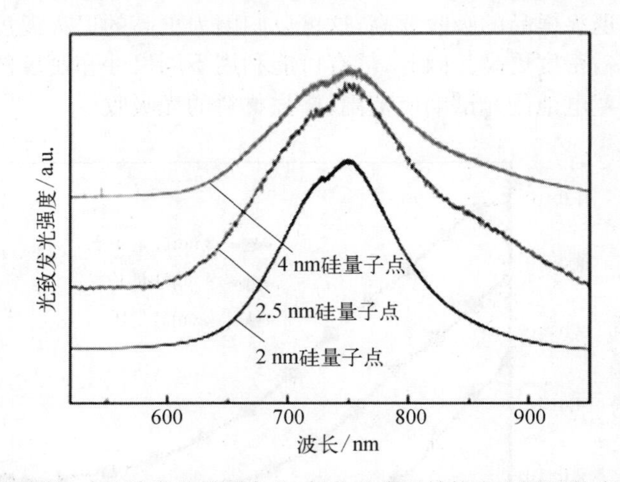

图3.5　不同尺寸的纳米硅量子点/二氧化硅多层结构在室温下的光致发光谱

量子限制效应和表面效应的竞争关系使得纳米硅量子点的发光研究结果显示出复杂的行为。有研究表明，对于大尺寸的纳米硅量子点，量子尺寸效应主导其发光特性，但对于小尺寸的纳米硅量子点，表面效应将起主要作用[23]。为了得到高效的纳米硅量子点发光，就需要对其表面进行很好的钝化。确实，有小组采用二氧化碳激光器热分解硅烷产生纳米硅颗粒，再通过化学混合腐蚀液来刻蚀得到的纳米硅以减小其尺寸和钝化其表面。这样得到的纳米硅颗粒可以发出明亮的可见光，且发光波长随尺寸可调[24]。最近，有研究者利用时间分辨荧光光谱对纳米硅量子点的发光特性进行了研究，他们发现SiO_2基质中的纳米硅在蓝光波段的寿命在微秒量级，这一快态 PL 常被认为来源于与氧相关的表面态；而红光波段的寿命在毫秒量级，这一慢态 PL 才与纳米硅本身的量子限制效应相关[25,26]。

除了纳米硅量子点/二氧化硅体系，对纳米硅量子点/碳化硅和纳米硅量子点/氮化硅体系的光致发光行为的研究也有许多报道。与纳米硅量子点/二氧化硅体系不同的是，对其他两种体系的研究一般可以观测到发光峰随量子点尺寸变化的实验现象，而其发光机制也归结为量子限制效应[3,27]。P 和 B 掺杂对于纳米硅量子点的发光行为也有很大影响，日本的 Fujii 小组发现 P 掺杂和 B 掺杂对量子点的发光的影响是不同的，而通过 P 和 B 的共掺，量子点的发光强度一定程度下可以增强[28,29]。此外，通过掺杂，纳米硅量子点的非线性光学系数也有明显增加[30]。南京大学小组在 P 掺杂的纳米硅量子点材料中观测到了一个低于带隙的近红外光发射信号，其峰位位于 1.3 μm 左右[31]，日本的 Fujii 小组在 2011 年也报道了在纳米硅量子点中由 B 掺杂引起的近红外光发射的结果[32]。以前对纳米硅量子点的发光主要集中在可见光波段，很少有报道在近红外波段的发光研究，而这一波段又是光互连所需光源的理想波段，因此有着很重要的研究意义和价值。总之，在纳米硅量子点中引入杂质导致了许多新的现象，但仍有许多基本的物理问题和技术问题需要解决和探索，包括如何有效地实现对纳米硅量子点的可控掺杂、掺杂后杂质的位置与作用、掺杂对纳米硅量子点的光电性质及相关物理过程的影响，特别是对发光、载流子输运和非线性光学性质的影响等问题，而对这些问题的深入研究又会给人们调控纳米硅量子点的结构和性能增加一个新途径和手段，也可以为设计和制作基于纳米硅量子点的新器件提供坚实的基础。

在光致发光研究的基础上，人们也非常关注发展纳米硅基电致发光器件。特别是利用微纳加工技术，设计和制作基于纳米硅量子点的电致发光器件，研究器件性能，提高器件发光效率等也是国际上关注的前沿课题，其中蕴含了包括材料、工艺和器件结构等方面的诸多科学问题。图 3.6 给出了一种最简单的基于纳米硅量子点多层结构的电致发光原型器件的结构示意图，其是在沉积在单晶硅衬底上的纳米硅量子点薄膜材料上和单晶硅衬底背面分别蒸镀电极构成的，一般在硅衬底背面蒸镀金属铝，在样品上表面蒸镀圆盘状的氧化铟锡(ITO)透明导电电极或半透明的金电极。

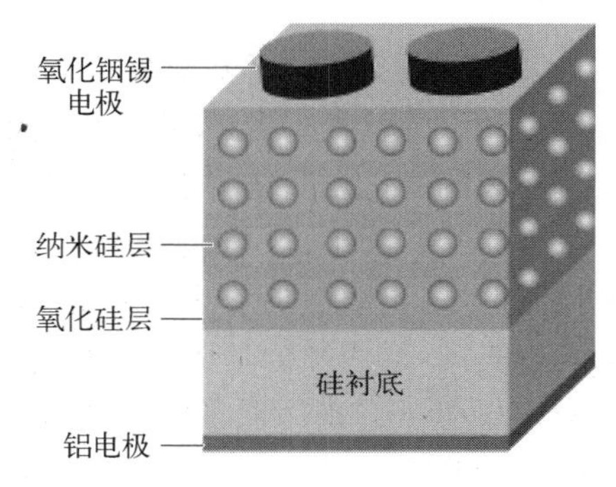

图 3.6　纳米硅量子点电致发光原型器件的结构示意图

在室温下可以观测到基于纳米硅量子点的电致发光器件的电致发光信号。图 3.7 给出了基于纳米硅量子点/二氧化硅多层结构的电致发光测试结果，在施加合适的外加偏压或注入电流的情况下，可以观测到可见波段的一个较宽的电致发光谱，峰位约在 900 nm，与光致发光结果基本相同，可以认为它们有着共同的起源。对器件特性的研究表明，当外加偏压较小时，载流子的输运主要通过直接隧穿过程进行，当外加偏压增大到一定程度时，主导载流子输运过程的主要是 Fowler-Nordheim 隧穿机制。也有小组认为在 Si/SiO_2 多层膜结构中，即使外加偏压较大的时候，电致发光仍是来源于双极（电子和空穴）同时通过直接隧穿的复合[33]。除此之外，被电场加速具有较高动能的电子在纳米硅量子点中会通过碰撞离化产生电子-空穴对，这些电子-空穴对的辐射复合也会产生电致发光，但这种过程导致的电致发光效率较低。

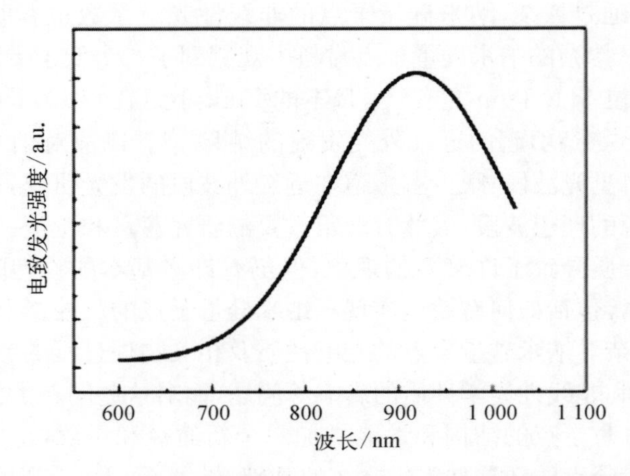

图 3.7　基于纳米硅量子点/二氧化硅多层结构的电致发光谱

也有报道研究了基于纳米硅量子点/二氧化硅多层结构的电致发光器件在交流驱动下的发光行为，发现器件的电致发光强度和发光峰中心位置会随测试的交流频率的变化而变化。当频率逐渐增加时，发光峰的中心位置先蓝移，然后又逐渐红移回去。对于这一频率变化过程中发光峰位的变化，认为可能是存在两种发光机制的原因，即在纳米硅量子点内及与纳米硅量子点/二氧化硅界面态相关的两种发光机制，这两种机制在不同的频率下所起作用的变化导致了电致发光峰位随频率的移动[34]。电致发光的强度随着频率的增大会减弱的现象是因为频率增高时，载流子的隧穿将会滞后于电压的变化，这样电子和空穴相遇的可能性就会降低，即先注入纳米硅的载流子（电子或空穴）还没来得及与后注入的载流子（空穴或电子）复合就会在反向电场下抽取出来，从而导致光强逐渐减弱。Walters 等也从实验上发现存在着导致电致发光光强最大的频率，约为 10 kHz，他们认为这正好对应于第一种载流子进入中性纳米硅的时间尺度（约 50 μs）[35]。

除了纳米硅/二氧化硅体系，也有研究纳米硅/碳化硅体系的电致发光的报道。这是因为，在纳米硅/二氧化硅体系中，一方面，其发光性质受到硅量子点和 SiO_2 之间的界面态的影响很大，使得体系的发光通常被钉扎在某个波长，发光波长不能随着量子点大小的改变而改变。同时，由于硅量子点与二氧化硅的导带和价带之间存在较大的能带偏移，这样，基于纳米硅/二氧化硅体系的电致发光器件就需要较大的开启电压，同时也导致了载流子的注入效率不高，影响了器件的性能。为了减少 SiO_2 的高势垒对器件特性的影响，降低器件开启和工作电压，提高发光效率，就需要选择较好的介质势垒层。非晶碳化硅(SiC)薄膜是一种宽带隙半导体材料，由于其带隙较宽且带隙可以通过组分调节进行调控，制备方法简单又能与硅平面工艺有良好的兼容性等一系列优点，近来引起了人们的重视。

图 3.8 给出了实验测得的纳米硅量子点/碳化硅体系的电致发光峰位随尺寸的变化关系。同样可以看到，随着量子点尺寸的变小，电致发光峰逐渐蓝移。这一实验结果和在纳米硅/二氧化硅多层结构中观测到的有所不同。由图 3.8 还可以看到，电致发光的峰位随尺寸变化的实验结果和通常使用的无限深势垒模型(图 3.8 中实线)有较大的差距。考虑纳米硅和碳化硅介质有较小的导带和价带势垒，如图 3.8 中的插图所示，纳米硅量子点和碳化硅的导带与价带的偏移量分别只有 0.4 eV 和 0.8 eV，远小于纳米硅量子点和二氧化硅介质的导带与价带偏移量。因此在式(3.5)无限深势阱模型的基础上，提出了改进的有限深势垒模型来进一步修正理论计算结果，即考虑有限深势阱的能带展宽为[36]

$$\Delta E_{\mathrm{e,\,h\,reduced}} = \frac{\Delta E_{\mathrm{e,\,h}}}{\left(1+\dfrac{2\hbar}{R\sqrt{2m^*_{\mathrm{e,\,h}}V_{\mathrm{e,\,h}}}}\right)^2} \tag{3.8}$$

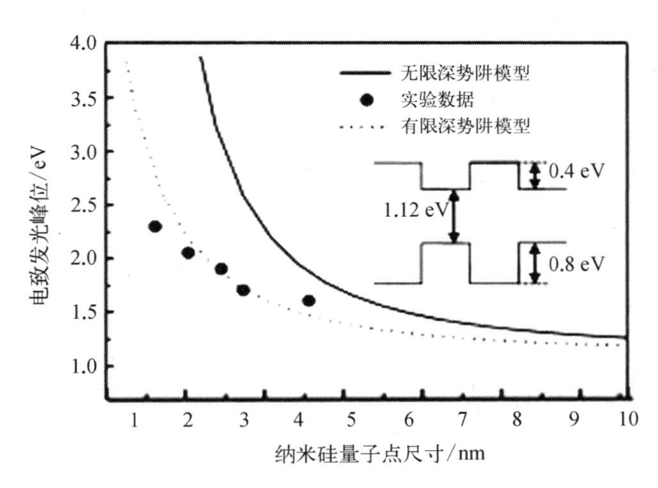

图 3.8　纳米硅量子点/碳化硅体系的电致发光峰位随尺寸的变化关系

式中，$\Delta E_{\mathrm{e,\,h}}$是无限深势垒模型的结果，这样纳米硅的带隙就在体硅带隙 1.12 eV 的基础上加入了有限深势阱的能带展宽，而更精确的计算还需要进一步考虑激子的库仑作用(与半径 R 成反比)和极化作用(常数)，其表达式可以写为[36]

$$E_g(R) = 1.12 + \Delta E_{e,\ h.\ reduced} - \frac{0.4512}{R} - 0.003\,394(\text{eV}) \tag{3.9}$$

式中,第三项代表着激子的库仑作用导致的能带的变化,第四项是极化作用的影响。根据以上公式拟合所得到的计算值(图 3.8 中虚线)与实验结果(图 3.8 中实心点)可以很好地符合,这也进一步说明了量子限制效应在纳米硅量子点/碳化硅体系中起到的重要作用[36]。

纳米硅量子点还具有与体硅材料所不同的非线性光学特性。半导体材料的非线性光学特性在许多光学器件中都有其应用,如光开关、光调制器等。然而,由于硅材料是立方对称结构,不具有二阶的非线性光学特性,其三阶非线性光学系数也较弱。但近几年的研究表明,纳米硅量子点材料却具有较明显的非线性光学响应,可以发展新型的硅基光学器件用于光电集成。例如,2012 年,Sirleto 等将镶嵌于 SiO_2 薄膜中的纳米硅材料作为实现拉曼增益的物质,在波长为 1 427 nm 的连续激光泵浦下,测得了 nc - Si 薄膜的拉曼增益系数为 438 cm/MW,比体硅材料大 4 个数量级[37]。也有小组报道了利用纳米硅基材料的光克尔效应,即利用光电场直接引起的折射率变化的效应,来制备高质量的硅基光调制器。在实验中是用等离子增强型化学气相沉积(PECVD)技术制备了纳米硅/二氧化硅材料,将其作为工作介质,代替先前使用的体硅材料,制备成了一个纳米硅基槽形波导结构。在波长为 1 557.5 nm,功率为 100 mW 的激光泵浦下,实现了 10 ps 的调制速率,同时测得纳米硅/二氧化硅材料的非线性折射率系数(克尔系数)为 $4\times10^{-13}\,cm^2/W$,这是体硅材料($4\times10^{-14}\,cm^2/W$)的 10 倍[38]。此外,由于克尔效应的响应速度要快于由单光子或双光子吸收产生的自由载流子速度,所以将纳米硅材料作为工作介质,既可以降低功耗,又可以提高调制速度。

利用 Z-扫描技术也可以来研究纳米硅量子点材料的非线性光学性质,其具有装置简单、灵敏度高及测试方便、可以判定非线性光学系数正负的优点。在测试时,由激光器发出的单模高斯光束被分束器分成了两束激光。一束被凸透镜会聚后入射到待测样品上,另一束光作为参考光。样品放置可精确控制移动距离的移动平台上,可以在光束的焦点附近移动,实验中测试样品在焦点附近不同位置时其透过率特性。当放在远场的光阑完全打开时(开孔),探测到的是样品的非线性吸收部分,当光阑部分关闭时(闭孔),测得的数据既包括非线性吸收又包含非线性折射。将闭孔得到的数据与开孔测试的数据进行处理,便可以得到样品的由折射率变化所引起的透过率变化曲线。对于纳米硅量子点/二氧化硅多层膜样品,在波长为 $\lambda=800$ nm,脉宽为 50 fs,频率是 1 kHz 的钛宝石锁模激光器的激发下,发现样品的开孔透过率曲线在焦点处呈现一个“谷”的反饱和吸收特性,而闭孔透过率曲线则呈现先“峰”后“谷”的自散焦特性。利用实验结果可以来计算样品的非线性光学系数,得到的纳米硅量子点的非线性光学折射率系数 $n_2=-1.5\times10^{-12}\,cm$[39,40]。这与 Vijayalakshmi 等报道数值基本相符，他们用离子注入和热退火的方法制备了镶嵌在 SiO_2 中的纳米硅薄膜，发现样品在激发波长为 800 nm，脉宽为 150 fs，光强约为 10^{11} W/cm^2 的激光激发下，其 n_2 约为 -10^{-12} cm^2/W[41]。但计算得到的非线性光学吸收系数为 $\beta=1.1\times10^{-7}$ cm/W，比通常人们认为的纳米硅材料在飞秒激光激发下，由于双光子吸收所产生的非线性光学系数明显增大。在前面分析中提到，纳米硅量子点/二氧化硅材料由于纳米硅的界面态的作用，会出现位于峰位在 800～900 nm 的光致发光信号，所以在纳米硅量子点/二氧化硅多层结构样品中，也有可能价带电子先吸收一个光子到达界面态，之后再吸收一个光子跃迁到导带的这样两步吸收过程产生自由载流子，经过与纳米硅界面态相关的两步吸收过程可以产生较大的非线性光学响应，并且呈现反饱和吸收特性，而非线性吸收所产生的自由载流子的散射效应导致样品呈现出自聚焦特性。

3.1.3 电学性质

1. 库仑阻塞效应

库仑阻塞效应描述的是在量子点结构中电荷的量子化隧穿现象。量子点的电容 C_{dot} 与尺寸成正比，以球形量子点为例，

$$C_{\mathrm{dot}} = 4\pi\varepsilon_0\varepsilon_r R \tag{3.10}$$

式中，R 为球半径。对应的单电子充电能(charging energy)为

$$E_C = \frac{e^2}{2C_{\mathrm{dot}}} \tag{3.11}$$

当量子点尺寸足够小时，在其中增减一个电子所需的能量就可能超过热运动能 $k_B T$（玻尔兹曼常量与温度的乘积），这时能够观察到电子在量子点中的量子化隧穿行为，称为库仑阻塞效应，这一效应通常在低温下更为显著。基于库仑阻塞效应，可以制备单电子晶体管，如图 3.9 所示，典型的单电子晶体管使用量子点代替传统晶体管源漏间的沟道结构，量子点与源漏间形成隧穿结，与栅极间形成栅电容，实现低功耗的单电子逻辑和存储器件[42]。

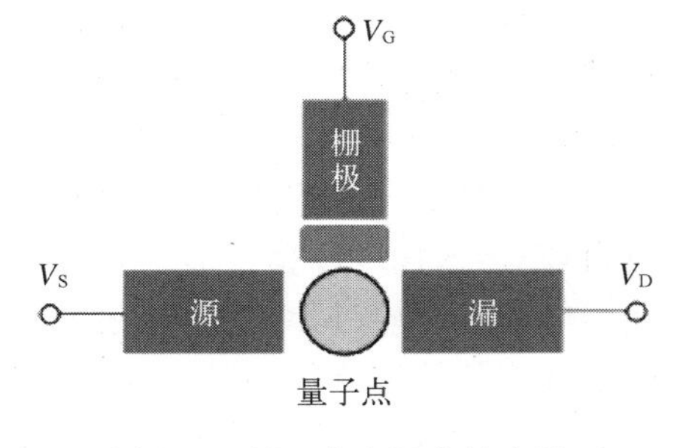

图 3.9 基于库仑阻塞效应的单电子晶体管示意图

实验中也观察到纳米硅的库仑阻塞现象。1995 年，Leobandung 等基于光刻工艺制备了纳米硅量子点晶体管，量子点尺寸约为 20 nm，他们在 100 K 下观测到了漏电流随栅电压的振荡，认为这与电子在量子点中的能量量子化及库仑阻塞效应有关[43]。1999 年，Kim 等利用低压化学气相沉积(LPCVD)制备了纳米硅浮栅

结构存储器件，纳米硅尺寸在 4.5 nm 左右，并首次在室温下观测到了纳米硅量子点中的库仑阻塞效应，当静态栅电压逐渐增加时，饱和漏电流表现出单电子注入的特性[44]。2006 年，Cho 等利用电子束蒸发和 PECVD 制备了 Al/SiN(10 nm)/Al 的金属/绝缘层/金属(MIM)结构，SiN 绝缘层中镶嵌有平均尺寸为 3.7 nm 的纳米硅晶粒，在室温电流-电压($I-V$)测试中观察到了台阶电流现象，而微分电导峰间距对应的能量与估算的库仑阻塞能大小一致，因此认为其中的隧穿与库仑阻塞效应有关[42]。2012 年，南京大学小组利用 PECVD 制备了 SiO_2(25 nm)/nc-Si(3.5 nm)/SiO_2(3 nm)/p-Si 衬底浮栅结构，在室温转移特性测试中观测到了漏电流的振荡现象，并认为是受到了库仑阻塞效应和量子化能级的影响[45]。由此可见库仑阻塞效应是影响纳米硅量子点电荷输运的一个重要因素。

2. *载流子隧穿和微带*

一般而言，纳米硅/二氧化硅体系中载流子的传输主要有直接隧穿[46]、Frankel-Nordheim(FN)隧穿[47]和 Poole-Frenkel(PF)隧穿[48]三种。当所加偏压比较小时，载流子面对的是薄的矩形二氧化硅势垒，进行直接隧穿，此时电流密度 J_D 与电场强度 E 呈指数关系，因此作出 $\ln(J_D)-E$ 的图像，如果在低场时是一条直线，就说明载流子的输运主要是直接隧穿。当所加偏压较大时，载流子面对的二氧化硅势垒是三角形的，进行 FN 隧穿，此时电流密度 J_{FN} 正比于 $E^2\exp(-1/E)$，作出 $\ln(J_{FN}/E^2)-1/E$ 的图像，在电场较高时是一条直线就表示载流子的输运以 FN 隧穿为主。同样在电场较大的情况下，如果介质层中有可以捕获载流子的缺陷，传输的载流子被缺陷捕获后，在电场的作用下可以在缺陷之间跳跃或者直接进入硅的导带中，载流子输运通过 PF 隧穿，此时电流密度 J_{PF} 正比于 $E\exp(E^{1/2})$，作出 $\ln(J_{PF}/E)-E^{1/2}$ 的图像，如果是一条直线则是 PF 隧穿。除了一般意义上位于二氧化硅介质层中的缺陷，也有人报道过富硅二氧化硅中纳米硅量子点相当于“缺陷”可以俘获电子，在电场的作用下再隧穿过较薄的二氧化硅进入另一个硅量子点“缺陷”。

根据量子力学的知识，纳米硅量子点中载流子的波函数在进入绝缘层势垒中时，将随透入深度以指数形式衰减，载流子的输运只能以隧穿的方式进行，如前所述。但是，在绝缘层势垒厚度很小，并且纳米硅是高密度有序排列的情况下，纳米硅中载流子的波函数将不再局限在单个量子点中，而是会发生横向的耦合和延展，如图 3.10 所示。就像单个原子的分立能级在组成晶体时会扩展为能带一样，高密度有序排列的纳米硅量子点中将形成微带，这就更有利于载流子的输运。除此之外，利用量子点的微带结构还可以制备中间带太阳能电池。Samukawa 等提出了如图 3.11 所示的纳米硅/碳化硅中间带太阳能电池的结构及其能带结构示意图，在 p-i-n 型碳化硅太阳能电池的基础上，在中性层中加入有序密排的纳米硅量子点结构，量子点微带在碳化硅的带隙中将形成一条延展的中间带，这样，两个能量低于碳化硅带隙的光子也可以通过中间带被吸收，产生光生载流子，这就能极大提高电池的转换效率，理论上这一电池结构的效率可以达到 50%[49]。

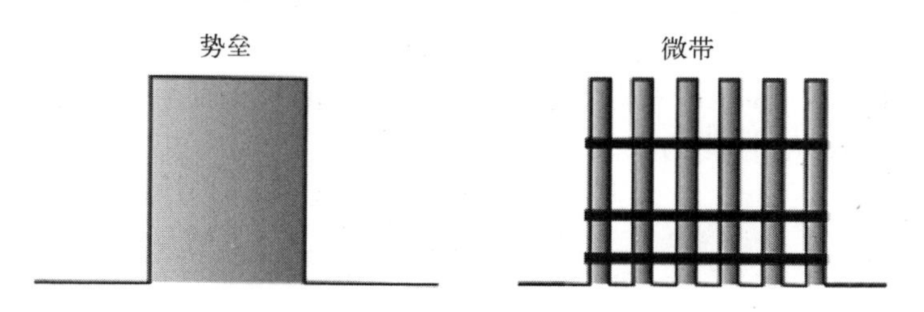

图 3.10　绝缘层势垒与量子点微带的形成示意图

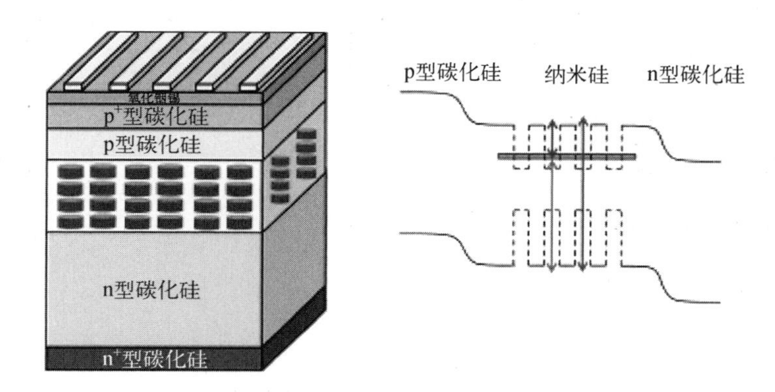

图 3.11　纳米硅量子点/碳化硅中间带太阳能电池的结构示意图与相应的能带结构示意图[49]

3. 电荷存储

为了进一步研究在纳米硅量子点中载流子的注入和输运机制，特别是在纳米尺度范围内的物理过程。南京大学小组发展了一种利用原子力显微镜(AFM)和开尔文力显微镜(KFM)的联合测试方法，通过对纳米硅薄膜的形貌及表面电势的变化定量研究纳米硅中载流子的注入电荷面密度。下面以碳化硅/纳米硅/碳化硅三明治浮栅结构样品为例说明这个过程。为了能够利用 KFM 原位地研究样品中的电荷注入特性，需要利用 AFM 导电探针首先实现电荷的注入。电荷注入过程中的系统设置情况如图 3.12 所示，在洁净干燥的空气氛围下，使样品衬底接地，同时给表面镀有 Pt - Ir 合金的导电探针外加一定的直流偏压进行扫描。探针以轻敲模式扫描样品表面 500 nm×500 nm 的区域，同时给导电探针(镀有铂铱合金)±3 V 的偏压。之后将 AFM 转换为 KPFM 模式，探测样品由于电荷注入而导致表面电势的变化。样品与 KFM 测试系统如图 3.13(a)所示，导电探针上施加直流与交流混合电压，反馈电路使探针停止振动，即消

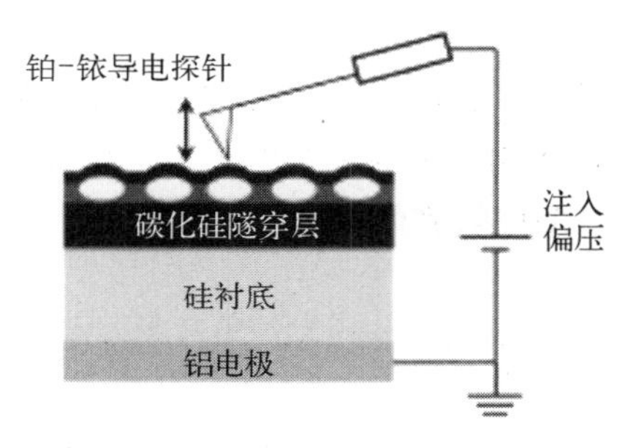

图 3.12　样品结构与电荷注入过程中的实验系统的设置情况

除探针受到静电力分量,最后输出接触功函数差或表面电势图像。图 3.13(b)显示了纳米硅中注入电荷后,三明治结构样品的表面能带将发生弯曲,这一表面电压信号(SP)将被 KFM 探测出来。

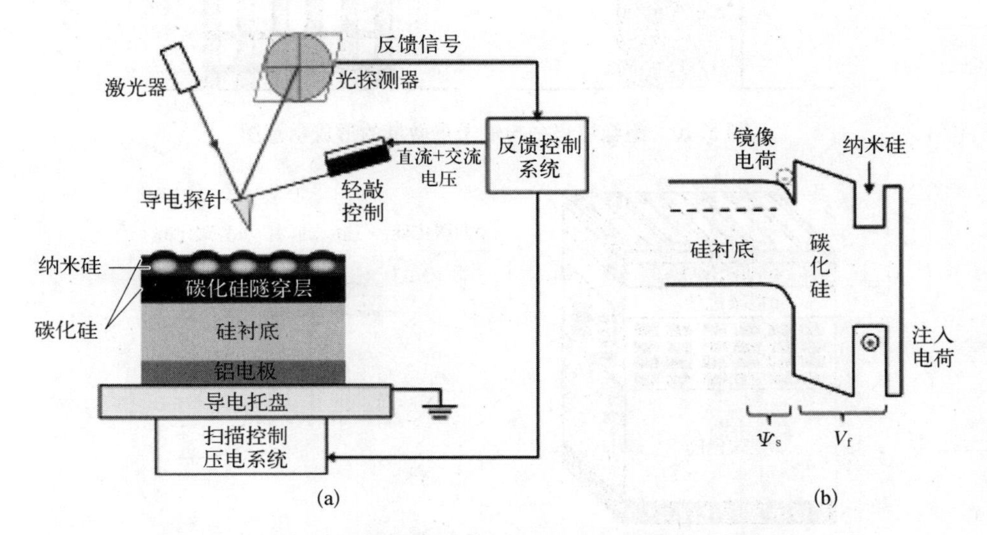

图 3.13　纳米硅基三明治结构样品与 KFM 测试系统示意图(a)和电荷注入纳米硅后导致表面电势变化的能带图(b)

为了从 KFM 信号中定量地获取注入电荷面密度的信息,根据图 3.13(b)可以将表面电压分解为浮栅电压和衬底电压两部分,即

$$\mathrm{SP} = V_f + \Psi_s \tag{3.12}$$

式中,V_f为浮栅电压;Ψ_s为镜像电荷引起的衬底能带弯曲。对于顶端控制层较薄的情形,浮栅电压 V_f与存储电荷面密度 σ 的关系可用平行板电容模型得到[50]

$$V_f = \sigma\left(\frac{d_{nc}}{2\,\varepsilon_{Si}} + \frac{d_{tn}}{\varepsilon_{SiC}}\right) \tag{3.13}$$

式中,d_{nc}和 d_{tn}为纳米硅层和 SiC 隧穿层厚度;ε_{Si}和 ε_{SiC}为 Si 和 SiC 的介电常数。衬底中由镜像电荷引起的表面电压 Ψ_s可以通过一维泊松方程精确描述,对于 n 型和 p 型硅衬底的表达式分别如下[51]

$$\text{n-Si:}\ \sigma_{im} = \mp\frac{\sqrt{2}\,\varepsilon_{Si}}{\beta L_{Dn}}\left\{[\exp(\beta\Psi_s) - \beta\Psi_s - 1] + \frac{p_{n0}}{n_{n0}}[\exp(-\beta\Psi_s) + \beta\Psi_s - 1]\right\}^{1/2}$$

$$\text{p-Si:}\ \sigma_{im} = \mp\frac{\sqrt{2}\,\varepsilon_{Si}}{\beta L_{Dp}}\left\{[\exp(-\beta\Psi_s) + \beta\Psi_s - 1] + \frac{n_{p0}}{p_{p0}}[\exp(\beta\Psi_s) - \beta\Psi_s - 1]\right\}^{1/2} \tag{3.14}$$

式中，σ_{im}为硅衬底中镜像空间电荷的面密度，等于$-\sigma$；n_{n0}（或n_{p0}）和p_{n0}（或p_{p0}）为n-Si衬底（或p-Si衬底）中平衡态电子和空穴的浓度；$\beta = q/(k_B T)$（q为单位电荷，k_B为玻尔兹曼常量，T为温度）；$L_{Dn} = (\varepsilon_{Si}/qn_{n0}\beta)^{1/2}$和$L_{Dp} = (\varepsilon_{Si}/qp_{p0}\beta)^{1/2}$为n-Si衬底中电子和p-Si衬底中空穴的非本征德拜长度（extrinsic Debye length）。式中“$\mp$”符号的确定与Ψ_s的正负相关，当且仅当$\Psi_s < 0$时取负号，而当$\Psi_s > 0$时取正号。

这样式(3.13)和式(3.14)就分别建立了浮栅电压V_f和衬底电压Ψ_s与注入电荷面密度σ之间的关系，代入式(3.12)就可以得到浮栅结构中电荷面密度σ与总的表面电压SP之间的普适关系，原则上对于任意存储介质和绝缘材料构成的浮栅结构均适用。但这一关系式是一个超越方程，无法用解析的显函数来表达，因此需要通过数值计算来定量求解。但定性地来看，纳米硅中存储空穴时表面电势信号为正值而存储电子时表面电势为负值。

图3.14显示了理论计算得到的KFM表面电势信号与注入电荷面密度之间的关系曲线（以n-Si衬底为例），不同曲线代表n-Si衬底电阻率不同，计算时纳米硅层厚度d_{nc}取为4 nm，SiC隧穿层厚度d_{tn}为10 nm（注：对于p-Si衬底的样品结构也有相类似的结果）。从图中可以看出，对于电阻率小于0.1 Ω·cm的重掺杂n-Si衬底样品（衬底掺杂浓度大于10^{17} cm^{-3}），衬底的作用与金属类似，表面电势SP与注入电荷呈现线性关系；而当衬底为轻掺杂时，表面电压与注入电荷之间则不再具有对称的关系，而是呈现类似于MOS电容的关系。

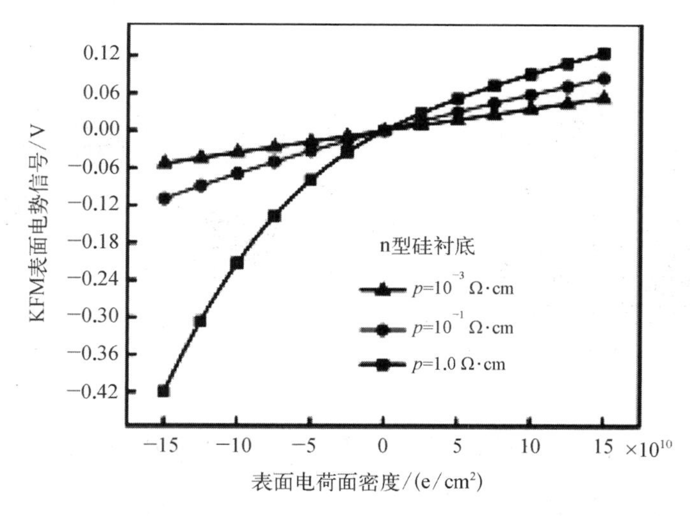

图3.14　理论计算得到的KFM表面电势信号与注入电荷面密度之间的关系

不同曲线代表了不同掺杂浓度的Si衬底样品（以n-Si衬底为例）

KFM定量分析模型构建完成后，可以将其用于分析纳米硅基三明治结构样品的实验结果。图3.15(a)和图3.15(b)显示了两种n-Si衬底样品在-3 V偏压注入电荷后表面电势的三维图像，电荷注入区域大小均为 500 nm×500 nm，注入扫描时间约 4 min。图中显示在相同条件的电子注入之后，重掺杂 n-Si 衬底（电阻率约 $10^{-3}\,\Omega\cdot cm$）中的表面电势变化约 30 mV，而轻掺杂 n-Si 衬底（电阻率 1.7～3.2 Ω·cm）的表面电势变化则有约 120 mV。

根据 KFM 定量分析模型对此实验结果进行 Matlab 数值计算，图 3.15(c)和图 3.15(d)即为从图 3.15(a)和图 3.15(b)的 KFM 表面电势信号中提取出的注入电荷面密度（绝对值）分布信息。两种情况下得到的注入电荷面密度分别为 $-5.7\times10^{10}\,e/cm^2$ 和 $-5.2\times10^{10}\,e/cm^2$（负号表示负电荷），考虑样品中纳米硅颗粒的面密度 $5.5\times10^{10}\,cm^{-2}$，即在上述注入条件下，平均约有 1 个电子注入 1 个纳米硅量子点中，这可能是由于库仑阻塞效应的作用。

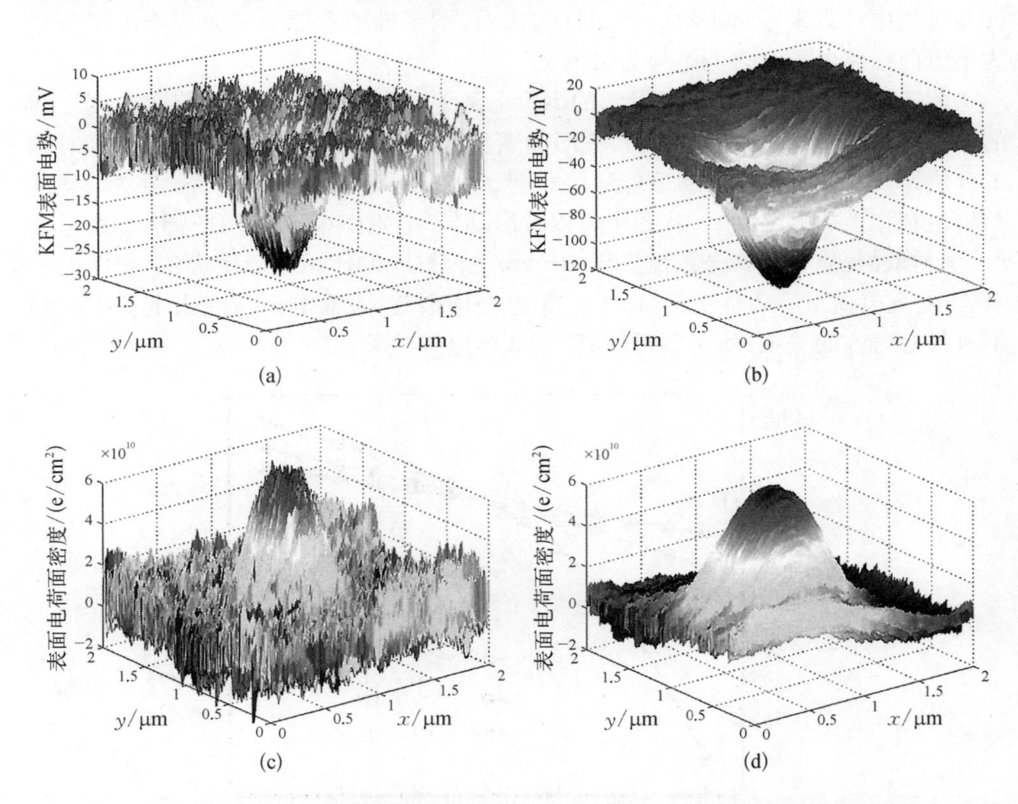

图 3.15　−3 V 偏压注入下的样品的 KFM 电势三维图(a)(b)和计算得到的电荷面密度三维分布图(c)(d)

其中(a)和(c)样品的 n-Si 衬底电阻率约 0.001 Ω·cm，而(b)和(d)样品 n-Si 衬底电阻率在 1 Ω·cm 量级

图 3.16 给出了外加±3 V 偏压后的表面电势图和注入电荷密度随时间变化的数值模拟结果。由图 3.16 的结果可知，① 在对称的注入偏压下，注入空穴的数目多于注入的电子数目。这可以解释如下：在碳化硅/纳米硅/碳化硅势阱中，空

穴的势垒高度大于电子的势垒高度，这样空穴就比电子有更多的能级和更深的势垒，因此空穴的存储数目和存储时间都要大于电子；② 随着时间的变化，表面电荷没有发生扩散，因此纳米硅是横向彼此隔离的而没有波函数的交叠。研究工作说明利用 KFM 可以定量研究纳米硅中微观区域中电荷存储的性质，并且所使用的方法可以拓展到其他材料和结构的研究中。

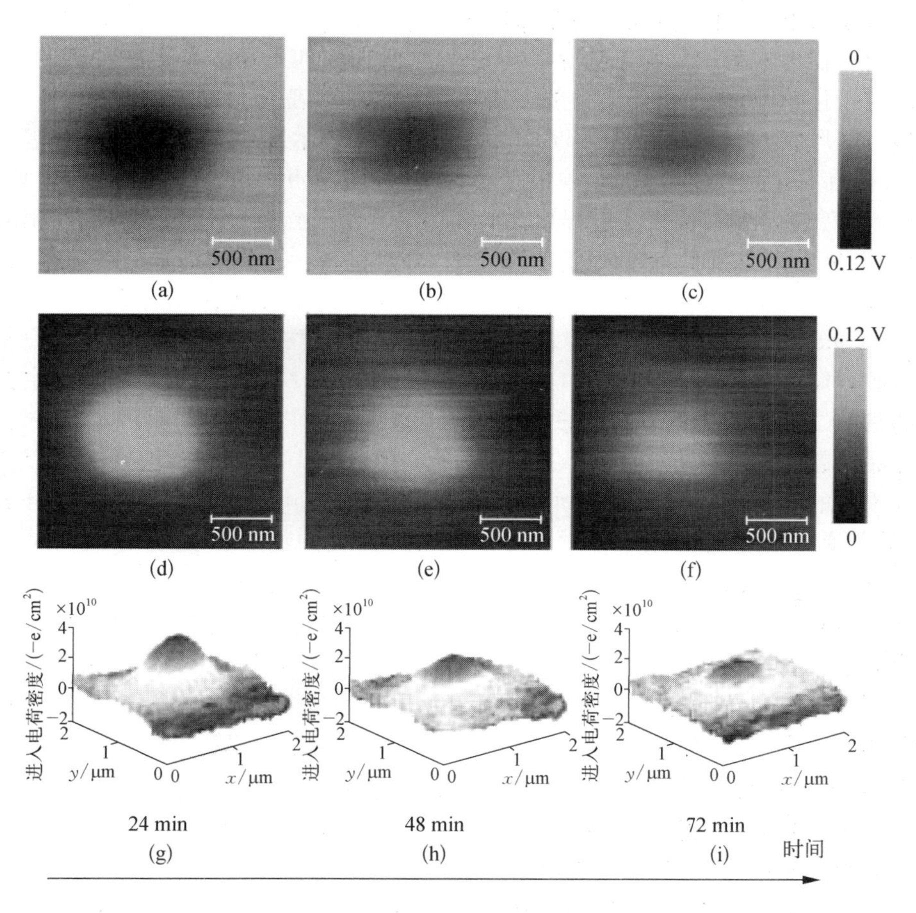

图 3.16　外加±3 V 偏压后的表面电势图和注入电荷密度的数值模拟结果

3.2　纳米硅量子点的可控制备

由于纳米硅量子点具有与体硅材料不同的新颖的特性，因此可以发展出许多新型的基于纳米硅材料的电子或光电子器件，如新一代的高效低成本的全硅基太阳能电池。作为基础，就需要能够制备出符合器件要求的纳米硅量子点材料。一般来说,这些要求包括① 纳米硅量子点的尺寸可控,分布均匀;② 获得的纳米硅量子点具有较高的密度;③ 量子点表面态应该被很好钝化;④ 制备工艺简单可靠,并与当前微电子工艺相兼容。为此,就需要探索纳米硅量子点的可控制备技术和途径。

3.2.1 纳米硅量子点制备方法概述

迄今为止,已有许多技术和方法用来制备和获得纳米硅量子点材料。一种比较常用的技术方案就是首先获得富硅的硅化物薄膜,如富硅二氧化硅、富硅氮化硅或富硅碳化硅等,再通过热退火的方法得到镶嵌在硅基化合物中的纳米硅量子点材料。其形成过程可以由图 3.17 中的过程示意地表示出来,即对富硅材料进行热退火时,在一定温度的作用下,膜中富余的硅原子会析出成核,然后经过聚集结晶、Ostwald 熟化及聚结长大等过程最终形成纳米硅量子点颗粒[52,53]。通过控制薄膜的组分,热退火的温度、时间及退火气氛等,可以控制所得到的纳米硅颗粒的尺寸、密度等。

Iacona 等用 SiH_4 和 N_2O 作为反应气体,在 300℃生长温度下,用 PECVD 制备了富硅 SiO_x,通过改变生长时 N_2O/SiH_4 气体比 γ,从 $\gamma=6$ 增加到 15,发现生长出来的富硅二氧化硅薄膜中氧的原子组分比从 47%增加到 58%[54]。随后将制备出的样品在超纯的氮气气氛中退火 1 h,退火温度在 1 000~1 300℃,发现可以得到尺寸不同的纳米硅薄膜。从平面透射显微镜的结果可以看到,对于同一组分的样品,随着退火温度从 1 100℃增加到 1 300℃,形成的纳米硅晶粒的平均尺寸从 1.0 nm 增加到 2.1 nm;而在 1 250℃的退火温度下,随着膜中氧含量的增加,形成的纳米硅晶粒的尺寸逐渐减小。这说明确实可以通过控制退火温度和富硅二氧化硅膜的组分来实现了纳米硅尺寸的可控生长。同样,利用富硅氮化硅或者富硅碳化硅薄膜也可以得到纳米硅材料。浙江大学的研究小组用氮气稀释的 SiH_4 和 NH_3 作为反应气体,在 PECVD 系统中生长了富硅氮化硅薄膜,经过 1 h 1 100℃退火后得到了纳米硅颗粒[55]。他们利用拉曼散射技术观测了具有不同硅氮比的薄膜在退火后的拉曼散射谱的变化,发现随着膜中硅含量的增加,拉曼散射峰位逐渐向高波数方向移动,说明形成的纳米硅颗粒尺寸在增大。但对于膜中硅含量较少的薄膜,1 100℃的退火不仅形成的纳米硅颗粒尺寸较小,而且透射电子显微镜的研究结果表明其并没有完全晶化。南京大学的研究小组采用 SiH_4 和 CH_4 气源在 PECVD 系统中制备了富硅碳化硅薄膜,通过控制薄膜的碳硅比和退火温度,形成了平均尺寸在 1.4~4.2 nm 变化的纳米硅量子点,并在此基础上实现了电致发光器件[36]。利用磁控溅射技术也可以来获得富硅的化合物薄膜,再通过热退火获得晶化纳米硅材料。Perez-Wurfl 等用 Si 靶与 SiO_2 靶共溅射的方法制备了富硅二氧化硅薄膜及相应的多层结构,他们通过控制溅射硅靶时所加的功率大小来获得不同的硅氧组分比,然后在氮气保护下经 1 100℃ 1 h 的退火后形成了纳米硅晶粒[56]。

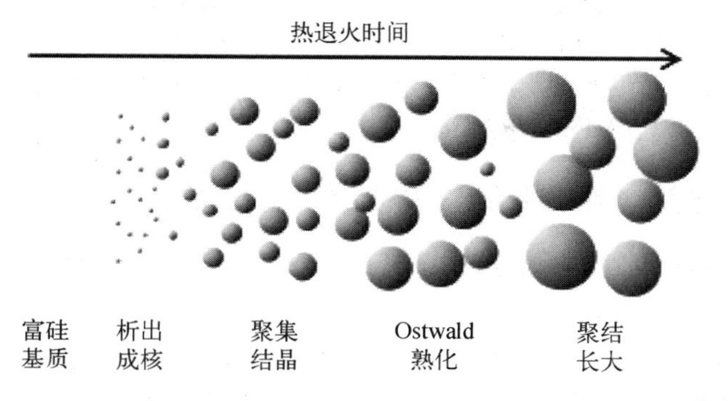

图 3.17　富硅二氧化硅膜中热退火形成纳米硅的过程示意图[53]

除了利用化学气相沉积或者磁控溅射技术直接制备富硅化合物的方法，利用对具有标准化学配比的二氧化硅膜，包括 Si 衬底表面上的热生长 SiO_2 层，通过离子注入再结合高温热退火技术也可以获得纳米硅材料。它的主要工艺特点是，只要精密控制 Si 离子的注入剂量、注入能量与退火温度，便分别可以控制膜层中的 Si 原子含量、注入深度及粒径尺寸等。Pavesi 等采用负 Si 离子注入的方法，选择 80 keV 注入能量，$1\times10^{17}\,cm^{-2}$ 的注入剂量和 1 100℃退火温度的工艺条件，在超高纯石英和热生长 SiO_2 层中实现了晶粒尺寸约为 3 nm 的 Si 纳米膜层[57]。

在低压化学气相沉积系统中，以衬底表面上具有一定能量的价键结合状态作为反应活性位置或优先成核中心，进而提供生长前驱体在该生长点上形成纳米硅量子点也是有效的制备方法之一。日本的 Miyazaki 小组在清洁的单晶硅衬底上，首先热氧化一层 2.3～2.5 nm 的二氧化硅膜，然后在 0.1%氢氟酸中浸 60 s 以在表面形成 Si—OH 键，然后采用低压化学气相沉积技术，通入硅烷气体，在反应腔衬底温度为 560～700℃的情况下，在处理过的衬底上获得了纳米硅量子点。他们利用傅里叶变换红外衰减全反射谱发现处理过的生长表面几乎都被 Si—OH 键覆盖，而 Si—OH 键的增加会使得形成的纳米硅颗粒尺寸减小，密度增加，达到 $10^{11}\,cm^{-2}$。同时，他们也研究了纳米硅的形成机制发现，在没有处理过的二氧化硅膜上，形成纳米硅的激活能为 4.8 eV，而经过处理后，这一能量下降到 1.75 eV[58]。也有小组报道了利用硅烷直接在微波等离子体中离解或者热离解，然后将离解后在气相中产生的纳米硅颗粒通过收缩-放大的喷嘴淀积在衬底材料上，并且可以通过氧化的方法进一步控制纳米硅颗粒的大小[59]。

为了制备有序的纳米硅材料，可以利用一些图形结构衬底等来限制纳米硅生长的区域。例如，可以利用电子束刻蚀技术在生长衬底表面上制备出有序分布的掩模窗口，然后在窗口部位生长纳米硅材料。Kusumi 等就先在单晶硅表面形成一定厚度的二氧化硅超薄层，然后用电子束辐照技术，将部分二氧化硅刻蚀掉，形成一定的图形结构，随后在超真空薄膜制备系统中，制备出有序生长的纳米锗或硅量子点[60]。台湾大学的林恭如小组则报道了利用多孔阳极氧化铝(AAO)模板，在等离子体增强型化学气相沉积系统中制备了富硅二氧化硅薄膜，经高温退火处理制备得到了镶嵌在二氧化硅基质中的纳米硅颗粒，通过 AAO 模板的限制作用，可以使制备出的纳米硅尺寸分布更为均匀[61]。

3.2.2 纳米硅量子点的限制性晶化原理与技术

为了更好地控制制备出的纳米硅量子点的尺寸，获得高密度的尺寸可控的纳米硅材料，南京大学陈坤基小组 1992 年提出了异质结界面纵向限制性晶化原理[1]。其构想是首先形成基于超薄非晶 Si 膜的多层结构，然后通过热退火或者激光诱导晶化等后处理技术，使得包含在多层膜结构中的非晶 Si 膜晶化，通过晶化过程中，超薄非晶 Si 膜与相邻介质层的界面限制纳米硅晶粒的尺寸。其过程示意如图 3.18 所示，在制备出非晶硅/二氧化硅（或氮化硅、碳化硅等）多层膜结构的基础上，控制多层膜中各子层厚度，特别是非晶硅子层的厚度，结合后处理晶化过程来获得尺寸可控的纳米 Si 量子点多层结构。由于二氧化硅等介质材料一般具有很好的热稳定性，在非晶硅的晶化温度下基本仍保持其非晶特性，故此受到的影响较小。在激光晶化时，由于非晶硅和介质层对相应激光波长的吸收系数差几个数量级，所以激光能量也主要被非晶硅层吸收使其晶化形成纳米晶颗粒。

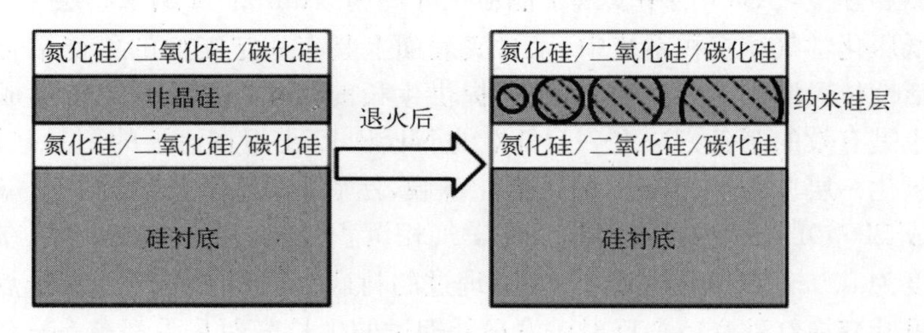

图 3.18 利用介质层纵向限制性晶化制备纳米硅量子点的示意图[1]

实验发现，通过超薄非晶 Si 膜多层膜结构，利用异质结界面纵向限制晶化原理，确实可以可控地制备出纳米硅量子点多层结构，而且通过调节非晶硅子层的厚度可以获得具有不同尺寸的晶化纳米硅材料。这是因为在薄膜的生长方向上，由于非晶硅与相应介质层材料的界面能不同，非晶硅子层中的 Si 在晶化成核长大的过程中，会在界面处受到阻碍，在到达界面时停止生长，即使进一步提高后处理的时间或者晶化温度，在生长方向上纳米硅的尺寸也基本不会增加，只会在横向上有所生长，但由于界面能的作用，纳米硅倾向于形成球形或者椭球形。所以利用半导体的多层膜结构，通过调控生长的超薄膜的厚度及后处理（包括热退火和激光退火）的参数，可以获得高密度、尺寸可控的纳米硅量子点材料[2,62,63]。利用分子动力学手段可以对激光晶化的动力学过程进行研究，包括在不同激光能量密度辐照下或者改变非晶硅层的厚度的情况下非晶硅层中硅晶粒的成核、成长及最终形成纳米硅晶粒的过程。在具体模拟研究这一晶化过程时，可以将激光对薄膜的作用处理为薄膜的温度场变化的方法，利用实验数据与 Tersoff 势函数的性质设置适合的温度演化，模拟得到在非晶氮化硅衬底上的超薄非晶硅膜在激光辐照后形成纳米硅颗粒的晶化过程[64]。模拟的结果表明，在激光照射几纳秒后会随机在非晶硅薄膜中形成一些晶核，随后，这些晶核中的一部分会逐渐长大，一部分在随机热运动的作用下消失，也有一些新的晶核在此过程中产生。通过计算发现在成核生长的过程中，硅原子的平均势能是单调下降的，这说明晶粒可以随着晶化的进行继续长大，此时，晶核在横向或纵向上的生长速率均相近。直到晶粒长大到在纵向上到达硅层与介质层的界面时，其生长受到了界面的限制，也有可能晶粒在横向上与邻近的晶粒相接，相应方向也会停止生长，这样最终可以得到分布均匀的纳米硅晶粒。因此，在合适的激光能量处理下，可以使超薄非晶硅膜发生晶化，通过成核与生长两种机制形成面密度达到约 $10^{12}\,cm^{-2}$ 的纳米硅材料。

分子动力学的模拟结果还表明，对于厚度较大的(＞10 nm)的非晶硅膜，在激光辐照时薄膜内不同深度的地方均有晶核产生，这反映了随着膜厚的增加，晶粒尺寸受到的限制会有所减弱，即随着膜厚的增加，薄膜纵向上也可能有晶粒的分布，从而导致了尺寸大小的分布变得较宽，但对于厚度较薄的非晶硅层，基本形成的是单层的纳米硅晶粒。异质结界面纵向限制性晶化原理和技术对制备小尺寸(＜10 nm)的纳米硅材料控制的效果更为明显。

在实验上，对不同厚度的非晶硅薄膜的激光晶化的表征结果也证明了限制性晶化原理和技术的可行性。图 3.19 是制备出的非晶氮化硅/非晶硅/非晶氮化硅的三明治结构样品，其中底层的非晶氮化硅厚度是 30 nm，而非晶硅层的厚度从 4 nm 变化到 30 nm。利用波长为 248 nm，KrF 准分子脉冲激光器对制备出的具有不同厚度的三明治结构样品进行激光晶化处理。发现在激光能量密度高到一定程度时，在拉曼散射谱中观测到了与晶化硅相联系的拉曼散射峰，说明非晶硅层在激光辐照下开始晶化。图 3.19 给出了具有不同非晶硅层厚度样品在激光晶化后的剖面透射电子显微镜照片，从图中可以看出晶化后，在原来的非晶硅层中确实出现了纳米硅晶粒，特别是在图 3.19(a)中，可以清晰地看到形成的晶粒的尺寸明显地受到界面的限制，其大小在 4 nm 左右，和非晶硅膜的厚度基本相当。但当非晶硅层的厚度增加到 30 nm 时，形成的纳米硅晶粒就不再是单层分布了，而是在生长方向上有一定分布，其大小已基本不受界面的控制[图 3.19(b)]。对于非晶硅膜厚度为 15 nm 的样品[图 3.19(c)]，则似乎正好在临界状态，尺寸与厚度基本相当，但已有一些小的晶粒出现在界面附近，造成尺寸分布的弥散[63]。

由于利用基于非晶硅薄膜的多层结构，通过限制性晶化技术，可以很好地控制最终形成的纳米硅的尺寸，所以这一方法被许多小组所采用。同时，利用各种薄膜制备技术，如电子束蒸发、化学气相沉积、反应磁控溅射及脉冲激光淀积等，也都可以制备出结构可控、界面清晰的非晶硅基三明治或多层膜结构（如非晶硅/二氧化

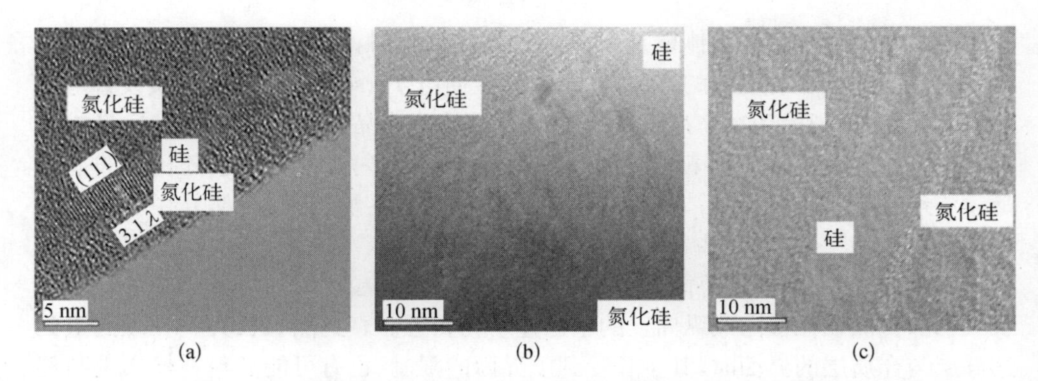

图 3.19 激光晶化非晶氮化硅/非晶硅/非晶氮化硅后的剖面透射电子显微镜(TEM)图像

(a) 非晶硅层厚度为 4 nm;(b) 非晶硅层厚度为 30 nm;(c) 非晶硅层厚度为 15 nm

硅、非晶硅/氮化硅及非晶硅/碳化硅多层膜等),再结合常规的热退火或激光退火晶化技术,可以使得超薄非晶硅层从非晶相向纳米晶相转化,获得尺寸可控的纳米硅量子点[27,65]。

3.2.3 纳米硅/二氧化硅多层结构的制备

为了获得尺寸可控的纳米硅/二氧化硅多层结构,首先在 PECVD 系统中制备周期性的非晶硅/二氧化硅多层结构。图 3.20 示意地给出了整个制备过程,首先在 PECVD 生长腔中通入一定流量的硅烷,通过分解硅烷获得非晶硅层。然后将硅烷流量控制器的开关关闭,待系统达到预期的真空度后,再通入氧气对非晶硅层进行等离子体原位氧化,形成二氧化硅层,非晶硅层和二氧化硅层的厚度由生长时间控制。如此不断变换生长非晶硅层和二氧化硅层就可以得到多层结构。一般在样品制备时,淀积衬底温度保持在 250℃,射频源功率为 50 W,硅烷和氧气的流量分别根据系统情况在几到几十个标准体积流量单位(sccm)。

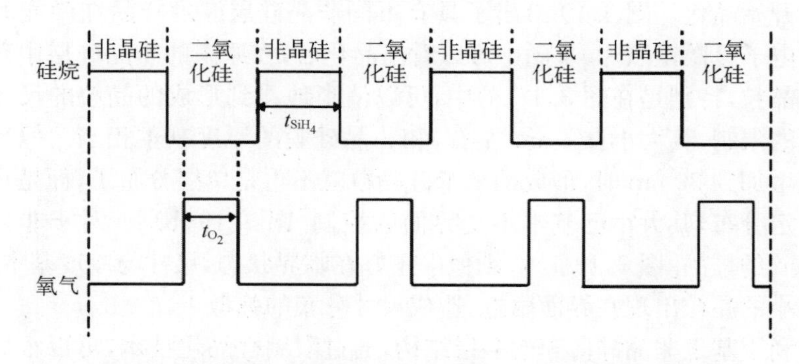

图 3.20 非晶硅/二氧化硅多层结构样品的制备流程示意图

由于样品中含有氢元素,首先在 450℃氮气中脱氢,使氢气缓慢放出,以防止在高温退火时 Si—H 键断裂而有大量氢气快速冒出破坏薄膜结构,然后同样在氮气的保护中在1 000℃高温下退火以结晶形成纳米硅颗粒。在硅层两侧二氧化硅的限制下，纳米硅的尺寸约和硅层厚度相等，这样通过调节硅层的厚度即可控制纳米硅的尺寸。图3.21是制备出的纳米硅/二氧化硅多层结构样品高分辨透射电子显微镜照片，可以看到即使在1 000℃中退火1 h后，样品仍然保持了良好的层状结构，硅层(灰色)和二氧化硅层(白色)清晰可辨，多层结构样品的硅层和二氧化硅层厚度分别为3 nm和2.5 nm，这与根据单层膜的生长速率所预期的厚度基本一致，而形成的纳米硅对应的尺寸略小于硅层厚度，这表明了确实可以通过这样的生长方法得到厚度可控，周期良好的多层膜结构，经过限制性晶化后可以得到尺寸可控的纳米硅量子点。同时，通过硅基多层结构的限制性晶化技术得到的纳米硅材料，不仅所形成的纳米硅量子点的尺寸可以得到控制，同时在纵向上纳米硅之间的间距也可以通过控制介质层的厚度加以调控，这对于设计基于纳米硅量子点的纳电子和光电子器件，控制其中的载流子注入与输运特性起着非常重要的作用。

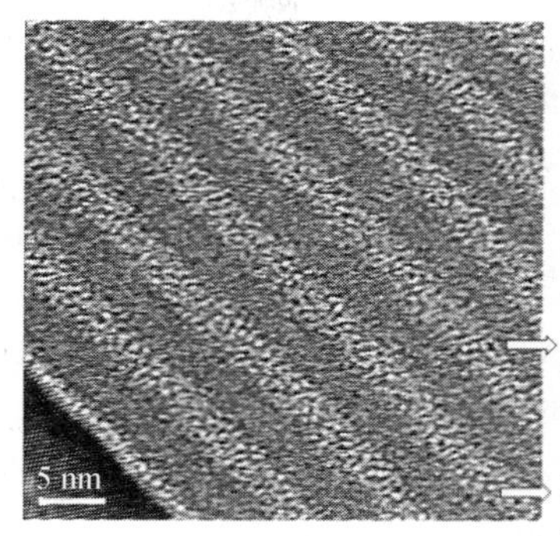

图3.21　激光晶化后的硅量子点/二氧化硅多层膜结构的剖面透射电镜(TEM)图像

对于制备出的非晶Si和超薄二氧化硅膜构成的多层结构，除了利用热退火的方法得到纳米硅晶粒，利用激光诱导晶化也是一个很好的技术途径。在具体实验中，可以在沉积得到a-Si：H/SiO_2的多层膜样品后，利用KrF准分子脉冲激光(波长为248 nm、脉冲宽度为30 ns)，通过调节辐照时的激光能量密度，仅用单个脉冲对多层结构样品进行晶化处理。在晶化后，可以通过拉曼散射谱来检测在不同的激光辐照能量晶化后样品结构的变化，实验中发现，存在一个合适的激光能量晶化阈值，当激光能量超过这一阈值时，非晶硅子层可以发生晶化，出现与晶化Si的横向光学模相对应的拉曼散射峰，表明非晶硅层发生了晶化，形成了纳米硅颗粒。随着激光能量密度的增大，与晶化硅相对应的拉曼散射峰的强度逐渐增大，表明薄膜中的晶化程度加深，晶化比逐渐增大。图3.22给出的是激光晶化形成的纳米硅/二氧化硅多层结构的剖面透射电子显微镜图像，可以看到，在晶化后周期性层状结构依然得到很好地保持，所形成的量子点尺寸可以小到1.8 nm，而超薄二氧化硅的厚度约为2.2 nm。

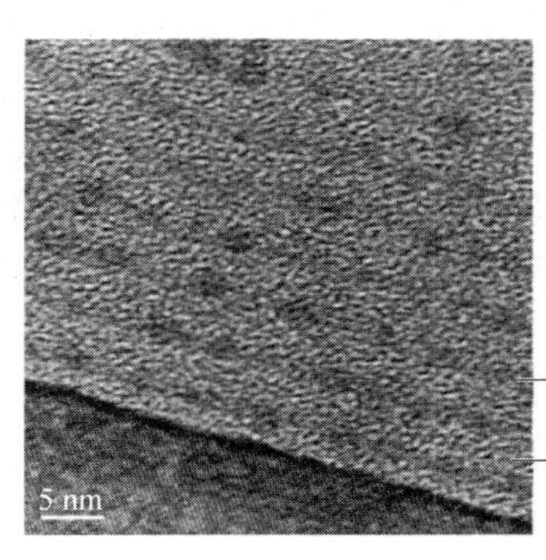

图3.22　纳米硅/二氧化硅多层结构的剖面透射电子显微镜图像

也有小组发展了这一技术,采用了两步退火来更好地控制形成的纳米硅晶粒。例如,美国罗彻斯特大学的 Tsybeskov 等报道了采用 PECVD 技术制备了 20 个周期的 a-Si/SiO_2多层膜,再通过热退火技术获得了纳米 Si 量子点[66]。他们的热退火技术与常规热退火不同的是,样品先经历了在 600～1 000℃,40～60 s 的快速热退火,然后再在 1 050℃下退火 15 min。利用这种两步退火方法,他们获得了尺寸可控、形状基本都是球形的纳米硅量子点。两步热退火的优势在于,快速热退火时纳米硅成核,可获得高密度,而接下来的准静态热退火使得硅核长大和自净化。德国的研究小组则采用亚氧化硅/二氧化硅多层结构代替了非晶硅/二氧化硅多层膜来制备镶嵌在二氧化硅中的纳米硅多层结构材料。他们在氧气氛下,采用反应蒸发亚氧化硅粉末的方法制备亚氧化硅/二氧化硅多层结构,而通过改变亚氧化硅层中的氧硅(O/Si)比值,在高温退火后可以获得尺寸可控、密度可控、空间位置可控的纳米硅量子点,制备出的量子点表现出了很好的量子限制效应,观测到了室温下的较强的可见光发射现象[2]。

利用限制性晶化原理和技术还可以来制备掺杂的纳米硅/二氧化硅多层材料。在制备过程中,仍采用平板电容型射频等离子体增强型化学气相沉积(PECVD)作为生长系统,反应气源采用硅烷(SiH_4)与磷烷(PH_3)(或硼烷 B_2H_6)的混合气体,制备掺杂的氢化非晶硅薄膜,再同样以氧气(O_2)作为气源,使掺杂的氢化非晶硅薄膜表面等离子体原位氧化,生成非晶二氧化硅薄膜;重复以上步骤进行周期性交替淀积,制备所需周期数的掺杂氢化非晶硅/二氧化硅多层膜材料。随后进行激光诱导或热退火晶化处理获得掺杂的纳米硅基多层结构。这一技术可以在获得纳米硅薄膜的同时,实现对纳米晶粒的掺杂和对掺杂原子的激活,改善薄膜的光电学性质。

3.2.4 纳米硅/非晶氮化硅和纳米硅/非晶碳化硅多层结构的制备

与制备纳米硅/二氧化硅类似,同样的技术和方法也可以用来制备纳米硅/非晶氮化硅多层结构,即在制备非晶硅/非晶氮化硅多层结构的基础上,结合激光或热退火晶化技术获得尺寸可控的纳米硅量子点多层结构材料。陈坤基等首先将此技术运用到纳米硅量子点的制备上。他们在常规等离子体增强型化学气相沉积系统中,通过交替生长非晶硅和非晶氮化硅层,获得了多层膜结构。制备时,用纯硅烷作为反应气体沉积非晶硅子层,其厚度为 4～20 nm。沉积非晶氮化硅子层时,则通入硅烷和氨气的混合气体,其氨气/硅烷气体比为 3.6,通过控制沉积时间使得非晶氮化硅层的厚度保持在 6 nm。在制备出非晶硅/非晶氮化硅多层结构后,利用 Ar^+ 激光以 4.5 cm/s 的速度对原始沉积的样品进行扫描辐照晶化。通过剖面透射电子显微镜结果的验证,证明激光辐照后非晶硅子层晶化形成了纳米硅量子点。图 3.23 是原始沉积的非晶硅/非晶氮化硅多层结构、激光扫描晶化后的样品及作为参考的单晶硅样品的拉曼散射谱测试结果,在谱中原始沉积的多层结构样品只显示出一个较为弥散的峰，中心位于 480 cm^{-1}，说明此时沉积的硅层是非晶态的；在激光辐照后，出现了一个位于 511 cm^{-1}的较为尖锐的拉曼峰，说明非晶硅层已晶化。但相对于单晶硅的拉曼峰，晶化多层结构样品的峰位偏向低波数方向，这说明形成的晶化颗粒尺寸较小，根据声子限制模型，由所测试到的峰位的偏移量可以估算出形成的晶化颗粒尺寸大小在 3.5 nm[1]。在激光晶化后形成的纳米硅/非晶氮化硅多层膜样品中观测到了室温下的可见光发射，发光峰位在 2.1 eV，其发光来源归结为所形成的纳米硅量子点的量子限制效应。

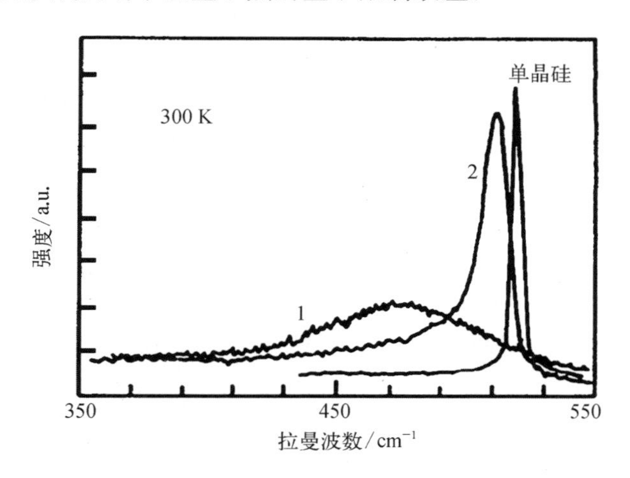

图 3.23 原始沉积的非晶硅/非晶氮化硅多层结构、激光扫描晶化后的样品及作为参考的单晶硅样品的拉曼散射谱

随后，他们又发展了 KrF 准分子脉冲激光晶化技术，对具有不同非晶硅子层厚度的非晶硅/非晶氮化硅多层结构进行激光诱导晶化，获得了具有不同尺寸的纳米硅量子点多层结构材料，从实验上观测到了晶化后纳米硅量子点多层结构材料的电致发光现象。同时发现，随着纳米硅量子点尺寸的减小，电致发光峰位也相应地蓝移，并且发光强度有所增加，这就进一步证明了量子限制效应在纳米硅量子点/非晶氮化硅多层结构中的可见光发射过程中起到了主要作用[67]。

氢化非晶碳化硅(a－SiC：H)薄膜也是常用的宽带隙非晶态半导体材料之一，在太阳能电池等光电器件上有着重要的应用价值。例如，a－SiC：H 是 p－i－n 结构非晶硅薄膜太阳电池较为理想的窗口材料[68]；相比于二氧化硅和氮化硅等材料，SiC 禁带宽度较低、电导率较大、热稳定性好，因此也很适合作为新一代量子点叠层太阳能电池的介质势垒层。一般制备 a－SiC：H 薄膜是以甲烷(CH_4)和硅烷(SiH_4)为气源，在常规的射频等离子增强型化学气相沉积(RF－PECVD) 系统中沉积而成的。通过控制沉积温度、射频功率和生长气源比例，可以得到具有不同结构与性能的氢化非晶碳化硅(a－SiC：H)薄膜[69-71]，特别是针对其在硅基太阳能电池中的应用，制备出带隙适宜并且具有良好室温光暗电导比的非晶碳化硅薄膜材料[72]。实验中在不同的甲烷/硅烷气体比的条件下制备出的非晶碳化硅薄膜的带隙可以在一个很宽的范围内变化。在制备出具有良好特性的非晶碳化硅薄膜材料的基础上,可以同样采用非晶硅膜和非晶碳化硅膜交替生长的技术,在单晶硅和石英玻璃等衬底上制备出非晶硅/非晶碳化硅周期性多层结构,然后再经过高温热退火处理获得纳米硅量子点、非晶碳化硅多层结构。

图 3.24 是制备纳米硅量子点/碳化硅多层结构材料的流程示意图。样品在功率源频率为 13.56 MHz 的射频等离子体增强型化学气相沉积(RF-PECVD)系统中制备,在薄膜淀积之前首先通入 20 sccm 的氢气预处理 5 min,接下来,将 RF-PECVD 反应腔抽至系统的极限真空,通入甲烷和硅烷的混合气体作为反应气体,制备氢化非晶碳化硅(a-SiC:H)子层;氢化非晶碳化硅薄膜淀积完成后,通入反应气体硅烷(SiH_4),淀积氢化非晶硅(a-Si:H)子层。上述两个过程交替进行可以制备出 a-Si:H/a-SiC 周期性多层膜结构。为保证界面清晰,在上述过程交替时,系统先抽至极限真空,再进行下一个过程,制备中控制沉积时间来控制薄膜厚度,通过调整周期数来获得具有不同总厚度的多层结构样品。图 3.25 为制备出的未退火 a-Si:H/a-SiC 周期性多层膜样品的剖面 TEM 图像,可以看到非晶硅和非晶碳化硅膜交替的周期性多层结构,界面平整、清晰。从 TEM 图像中可以测得非晶硅和非晶碳化硅子层的厚度分别为 4.2 nm 和 3.9 nm,与设计厚度(4 nm 和 4 nm)吻合得较好,说明利用这种制备技术可以有很好的控制。

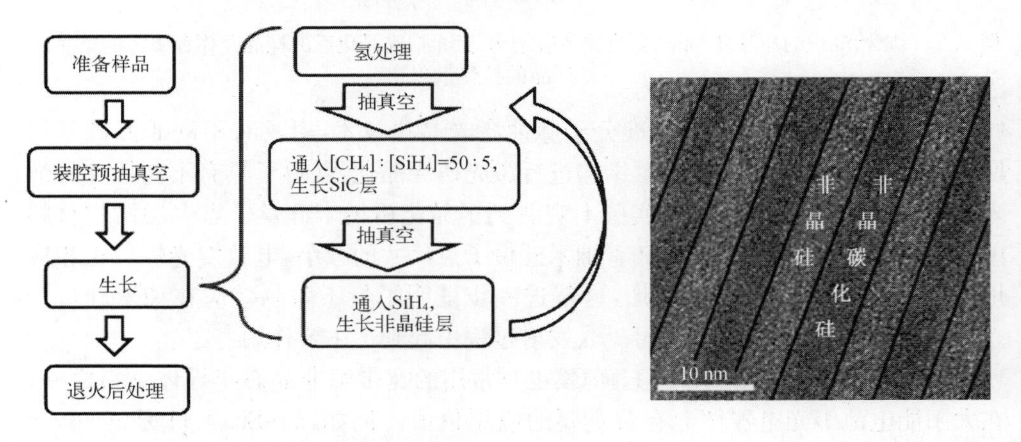

图 3.24 纳米硅量子点/碳化硅多层结构材料的制备流程示意图

图 3.25 Si(4 nm)/SiC(4 nm)多层结构原始样品剖面 TEM 图

在生长制备出 a-Si:H/SiC 周期性多层结构样品后,首先进行恒温脱氢退火后处理,使多层薄膜中所含有的氢原子可以平稳脱出薄膜,防止多层薄膜在后续的高温退火中破裂。脱氢处理温度为 450℃,恒温处理时间 1 h。然后对经过脱氢处理的样品进行高温(>800℃)热退火处理,脱氢和退火过程均在高纯氮气氛围下进行。由于限制性晶化原理,在退火过程中,在非晶硅(a-Si)子层中硅可以成核并慢慢结晶，在合适的退火条件下，由于受两边碳化硅层限制可以得到尺寸可控的纳米硅量子点，并最终获得硅量子点/非晶碳化硅周期性多层结构。

图 3.26 是非晶 Si(4 nm)/非晶 SiC(2 nm)多层结构在不同温度下退火前后的拉曼散射谱。从图中可以看出，未退火的样品只在 480 cm^{-1} 处出现了一个比较宽的峰，对应于非晶硅的光学横向振动模式(TO 振动模式)；900℃下退火后，样品的拉曼散射谱中出现了 520 cm^{-1} 处的尖峰，对应于晶体硅的 TO 振动模式。说明经过热退火后非晶硅确实发生了晶化。退火温度升高后，晶化峰变得更强，但峰位基本变化很小，说明退火温度升高可以促进非晶硅的晶化，1 000℃退火后得到了更高密度的硅量子点。

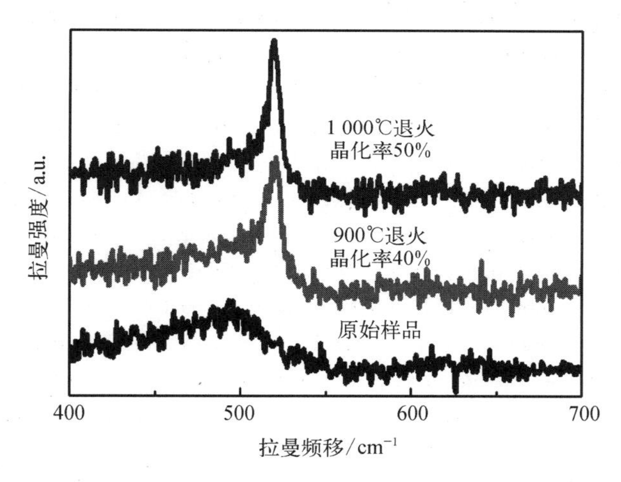

图 3.26 Si(4 nm)/SiC(2 nm)多层结构退火前后拉曼散射谱

纳米硅量子点作为一种新型的低维半导体材料，具有很多独特的物理性质，特别是与尺寸相关的电学、光学性质，以及由于其具有的较大的表体比所带来的明显的表面效应。利用这些性质可以发展出许多新颖的纳电子和光电子器件，包括新一代的硅基太阳电池器件。更为重要的是，有比较成熟的硅基微电子工艺技术作为保障，利用纳米硅量子点材料制作相应器件具有得天独厚的优势。虽然目前对纳米硅量子点材料的可控制备技术已有很多探索，对纳米硅量子点的物理性质及其器件应用也有很多研究，但要将其真正应用到实际器件中，仍有许多关键技术需要去突破，包括定域生长量子点、尺寸均匀性的提高、表面改性的探索、有效掺杂的实现等。随着半导体工艺技术的不断发展、纳米科学和技术的不断进步及对纳米器件的理解的不断深入，相信以上的一些问题都会逐渐解决，使得基于纳米硅量子点材料的器件的性能不断提高和完善。

参考文献

[1] Chen K, Huang X, Xu J, et al. Visible photoluminescence in crystallized amorphous Si：

H/SiN_x ∶ H multiquantum-well structures. Applied Physics Letters, 1992, 61(17): 2069 - 2071.
[2] Heitmann J, Müller F, Zacharias M, et al. Silicon nanocrystals: Size matters. Advanced Materials, 2005, 17(7): 795 - 803.
[3] Kim T W, Cho C H, Kim B H, et al. Quantum confinement effect in crystalline silicon quantum dots in silicon nitride grown using SiH_4 and NH_3. Applied Physics Letters, 2006, 88(12): 123102 - 1 - 3.
[4] Zacharias M, Bläsing J, Christen J, et al. Ge nanocrystals with a sharp size distribution: A detailed study of the crystallization of a - $Si_{1-x}O_xGe_y$ alloy films. Journal Of Non-crystalline Solids, 1996, 198 - 200(2): 919 - 922.
[5] Lockwood D J, Lu Z H, Baribeau J M. Quantum confined luminescence in Si/SiO_2 superlattices. Physical Review Letters, 1996, 76(3): 539 - 541.
[6] Rogers J K, Seiferth F, Vaez-Iravani M. Near field probe microscopy of porous silicon: Observation of spectral shifts in photoluminescence of small particles. Applied Physics Letters, 1995, 66(24): 3260 - 3262.
[7] 施敏. 半导体器件物理. 西安：西安交通大学出版社，2008：46 - 47.
[8] Dohnalova K, Gregorkiewicz T, Kusova K. Silicon quantum dots: Surface matters. Journal of Physics: Condensed Matter, 2014, 26(17): 173201.
[9] Dohnalová K, Poddubny A N, Prokofiev A A, et al. Surface brightens up Si quantum dots: Direct bandgap-like size-tunable emission. Light: Science & Applications, 2013, 2(1): e47.
[10] Ma J, Wei S H, Neale N R, et al. Effect of surface passivation on dopant distribution in Si quantum dots: The case of B and P doping. Applied Physics Letters, 2011, 98(17): 173103 - 1 - 3.
[11] Dalpian G, Chelikowsky J. Self-purification in semiconductor nanocrystals. Physical Review Letters, 2006, 96(22): 226802 - 1 - 4.
[12] Chan T L, Kwak H, Eom J H, et al. Self-purification in Si nanocrystals: An energetics study. Physical Review B, 2010, 82(13): 2431 - 2443.
[13] Xu Q, Luo J W, Li S S, et al. Chemical trends of defect formation in Si quantum dots: The case of group - III and group - V dopants. Physical Review B, 2007, 75(23): 235304.
[14] Hao X J, Cho E C, Flynn C, et al. Synthesis and characterization of boron-doped Si quantum dots for all - Si quantum dot tandem solar cells. Solar Energy Materials and Solar Cells, 2009, 93(2): 273 - 279.
[15] Stegner A, Pereira R, Klein K, et al. Electronic transport in phosphorus-doped silicon nanocrystal networks. Physical Review Letters, 2008, 100(2): 026803 - 1 - 4.
[16] Pi X D, Gresback R, Liptak R W, et al. Doping efficiency, dopant location, and oxidation of Si nanocrystals. Applied Physics Letters, 2008, 92(12): 123102 - 1 - 3.
[17] Conibeer G, Green M A, König D, et al. Silicon quantum dot based solar cells: Addressing the issues of doping, voltage and current transport. Progress in Photovoltaics: Research and Applications, 2011, 19(7): 813 - 824.
[18] Canham L T. Silicon quantum wire array fabrication by electrochemical and chemical

dissolution of wafers. Applied Physics Letters, 1990, 57(10): 1046 - 1048.

[19] Wilson W L, Szajowski P F, Brus L E. Quantum confinement in size-selected, surface-oxidized silicon nanocrystals. Science, 1993, 262(5137): 1242 - 1244.

[20] Brus L E. Electron-electron and electron-hole interactions in small semiconductor crystallites: The size dependence of the lowest excited electronic state. The Journal of Chemical Physics, 1984, 80(9): 4403 - 4409.

[21] Qin G G, Li Y J. Photoluminescence mechanism model for oxidized porous silicon and nanoscale-silicon-particle-embedded silicon oxide. Physical Review B, 2003, 68(8): 14 - 22.

[22] Wang X X, Zhang J G, Ding L, et al. Origin and evolution of photoluminescence from Si nanocrystals embedded in a SiO_2 matrix. Physical Review B, 2005, 72(19): 195313 - 1 - 6.

[23] Takeoka S, Fujii M, Hayashi S. Size-dependent photoluminescence from surface-oxidized Si nanocrystals in a weak confinement regime. Physical Review B, 2000, 62 (62): 16820 - 16825.

[24] Li X, He Y, Talukdar S S, et al. Process for preparing macroscopic quantities of brightly photoluminescent silicon nanoparticles with emission spanning the visible spectrum. Langmuir, 2003, 19(20): 8490 - 8496.

[25] de Boer W D, Timmerman D, Dohnalova K, et al. Red spectral shift and enhanced quantum efficiency in phonon-free photoluminescence from silicon nanocrystals. Nature Nanotechnology, 2010, 5(12): 878 - 884.

[26] Ondic L, Kusova K, Ziegler M, et al. A complex study of the fast blue luminescence of oxidized silicon nanocrystals: The role of the core. Nanoscale, 2014, 6(7): 3837 - 3845.

[27] Kurokawa Y, Tomita S, Miyajima S, et al. Photoluminescence from silicon quantum dots in si quantum dots/amorphous SiC superlattice. Japanese Journal of Applied Physics, 2007, 46 (46): L833 - L835.

[28] Fujii M, Yamaguchi Y, Takase Y, et al. Control of photoluminescence properties of Si nanocrystals by simultaneously doping n-and p-type impurities. Applied Physics Letters, 2004, 85(7): 1158 - 1160.

[29] Fukuda M, Fujii M, Sugimoto H, et al. Surfactant-free solution-dispersible Si nanocrystals surface modification by impurity control. Optics Letters, 2011, 36(20): 4026 - 4028.

[30] Ito M, Imakita K, Fujii M, et al. Nonlinear optical properties of phosphorus-doped silicon nanocrystals/nanoclusters. Journal of Physics D: Applied Physics, 2010, 43(50): 505101 - 1 - 5.

[31] Sun H C, Xu J, Liu Y, et al. Subband light emission from phosphorous-doped amorphous Si/SiO_2 multilayers at room temperature. Chinese Physics Letters, 2011, 28 (6): 67802 - 67805.

[32] Sugimoto H, Fujii M, Fukuda M, et al. Acceptor-related low-energy photoluminescence from boron-doped Si nanocrystals. Journal of Applied Physics, 2011, 110(6): 63528 -1 - 6.

[33] Marconi A, Anopchenko A, Wang M, et al. High power efficiency in Si - nc/SiO_2 multilayer light emitting devices by bipolar direct tunneling. Applied Physics Letters, 2009, 94(22): 221110 - 1 - 3.

[34] Mu W W, Zhang P, Xu J, et al. Direct-current and alternating-current driving Si quantum dots-based light emitting device. IEEE Journal of Selected Topics in Quantum Electronics, 2014, 20(4): 8200106.

[35] Walters R J, Carreras J, Tao F, et al. Silicon nanocrystal field-effect light-emitting devices. IEEE Journal of Selected Topics in Quantum Electronics, 2006, 12(6): 1647 - 1656.

[36] Rui Y, Li S, Xu J, et al. Size-dependent electroluminescence from Si quantum dots embedded in amorphous SiC matrix. Journal of Applied Physics, 2011, 110(6): 64322 - 1 - 6.

[37] Sirleto L, Ferrara M A, Nikitin T, et al. Giant Raman gain in silicon nanocrystals. Nature Communications, 2012, 3(6): 1220 - 1 - 5.

[38] Martinez A, Blasco J, Sanchis P, et al. Ultrafast all-optical switching in a silicon-nanocrystal-based silicon slot waveguide at telecom wavelengths. Nano Letters, 2010, 10(4): 1506 - 1511.

[39] Zhang P, Zhang X, Lu P, et al. Interface state-related linear and nonlinear optical properties of nanocrystalline Si/SiO_2 multilayers. Applied Surface Science, 2014, 292(1): 262 - 266.

[40] Zhang P, Zhang X, Xu J, et al. Tunable nonlinear optical properties in nanocrystalline Si/SiO_2 multilayers under femtosecond excitation. Nanoscale Research Letters, 2014, 9(1): 28 - 1 - 6.

[41] Vijayalakshmi S, Grebel H, Yaglioglu G, et al. Nonlinear optical response of Si nanostructures in a silica matrix. Journal of Applied Physics, 2000, 88(11): 6418 - 6422.

[42] Cho C H, Kim B H, Park S J. Room-temperature Coulomb blockade effect in silicon quantum dots in silicon nitride films. Applied Physics Letters, 2006, 89(1): 013116 - 1 - 3.

[43] Leobandung E, Guo L, Wang Y, et al. Observation of quantum effects and Coulomb blockade in silicon quantum-dot transistors at temperatures over 100 K. Applied Physics Letters, 1995, 67(7): 938 - 940.

[44] Kim I, Han S, Han K, et al. Room temperature single electron effects in a Si nano-crystal memory. IEEE Electron Device Letters, 1999, 20(12): 630 - 631.

[45] Qian X Y, Chen K J, Wang Y F, et al. The role of nitridation of nc - Si dots for improving performance of nc - Si nonvolatile memory. Journal of Non-crystalline Solids, 2012, 358(17): 2344 - 2347.

[46] Nagano S, Tsukiji M, Ando K, et al. Mechanism of leakage current through the nanoscale SiO_2 layer. Journal of Applied Physics, 1994, 75(5): 3530 - 3535.

[47] Lenzlinger M. Fowler-nordheim tunneling into thermally grown SiO_2. Journal of Applied Physics, 1969, 40(1): 278 - 283.

[48] Frenkel J. On pre-breakdown phenomena in insulators and electronic semi-conductors. Physical Review, 1938, 54(18): 647 - 648.

[49] Hu W, Igarashi M, Lee M Y, et al. Realistic quantum design of silicon quantum dot intermediate band solar cells. Nanotechnology, 2013, 24(26): 3239 - 3246.

[50] Paydavosi S, Aidala K E, Brown P R, et al. Detection of charge storage on molecular thin

films of tris (8 - hydroxyquinoline) aluminum (Alq3) by Kelvin force microscopy: A candidate system for high storage capacity memory cells. Nano Letters, 2012, 12(3): 1260 - 1264.

[51] Xu J, Xu J, Zhang P, et al. Nanoscale quantification of charge injection and transportation process in Si - nanocrystal based sandwiched structure. Nanoscale, 2013, 5 (20): 9971 - 9977.

[52] Fernandez B G, López M, García C, et al. Influence of average size and interface passivation on the spectral emission of Si nanocrystals embedded in SiO_2. Journal of Applied Physics, 2002, 91(2): 798 - 807.

[53] Yu D, Lee S, Hwang G S. On the origin of Si nanocrystal formation in a Si suboxide matrix. Journal of Applied Physics, 2007, 102(8): 84309 - 1 - 6.

[54] Iacona F, Franzò G, Spinella C. Correlation between luminescence and structural properties of Si nanocrystals. Journal of Applied Physics, 2000, 87(3): 1295 - 1303.

[55] Wang M, Li D, Yuan Z, et al. Photoluminescence of Si-rich silicon nitride: Defect-related states and silicon nanoclusters. Applied Physics Letters, 2007, 90(90): 131903 - 1 - 3.

[56] Perez-Wurfl I, Hao X, Gentle A, et al. Si nanocrystal p - i - n diodes fabricated on quartz substrates for third generation solar cell applications. Applied Physics Letters, 2009, 95(15): 153506.

[57] Pavesi L, Negro L D, Mazzoleni C, et al. Optical gain in silicon nanocrystals. Nature, 2000, 17(1 - 2): 41 - 44.

[58] Miyazaki S, Hamamoto Y, Yoshida E, et al. Control of self-assembling formation of nanometer silicon dots by low pressure chemical vapor deposition. Thin Solid Films, 2007, 65(369): 55 - 59.

[59] Hirasawa M, Orii T, Seto T. Size-dependent crystallization of Si nanoparticles. Applied Physics Letters, 2006, 88(9): 93119 - 1 - 3.

[60] Kusumi Y, Fujita K, Ichikawa M. Current-voltage characteristics of the partially Ga-terminated Si (111) surface studied by scanning tunneling microscopy. Journal of Applied Physics, 1998, 83(11): 5890 - 5895.

[61] Pai Y H, Lin G R. Spatially confined synthesis of SiO_x nano-rod with size-controlled Si quantum dots in nano-porous anodic aluminum oxide membrane. Optics Express, 2011, 19(2): 896 - 905.

[62] Wang M, Chen K, He L, et al. Green electro-and photoluminescence from nanocrystalline Si film prepared by continuous wave Ar^+ laser annealing of heavily phosphorus doped hydrogenated amorphous silicon film. Applied Physics Letters, 1998, 73(1): 105 - 107.

[63] Cen Z H, Chen T P, Ding L, et al. Strong violet and green-yellow electroluminescence from silicon nitride thin films multiply implanted with Si ions. Applied Physics Letters, 2009, 94(4): 41102 - 1 - 3.

[64] Chen G, Xu J, Xu W, et al. Dynamical process of KrF pulsed excimer laser crystallization of ultrathin amorphous silicon films to form Si nano-dots. Journal of Applied Physics, 2012, 111(9): 94320 - 1 - 5.

[65] Wang T, Wei D Y, Sun H C, et al. Electrically driven luminescence of nanocrystalline Si/SiO_2 multilayers on various substrates. Physica E: Low-dimensional Systems and Nanostructures, 2009, 41(6): 923 - 926.

[66] Zacharias M, Bläsing J, Veit P, et al. Thermal crystallization of amorphous Si/SiO_2 superlattices. Applied Physics Letters, 1999, 74(18): 2614 - 2616.

[67] Wang M, Huang X, Xu J, et al. Observation of the size-dependent blueshifted electroluminescence from nanocrystalline Si fabricated by KrF excimer laser annealing of hydrogenated amorphous silicon/amorphous - SiN_x : H superlattices. Applied Physics Letters, 1998, 72(6): 722 - 724.

[68] Ambrosone G, Coscia U, Lettieri S, et al. Hydrogenated amorphous silicon carbon alloys for solar cells. Thin Solid Films, 2002, 403 - 404: 349 - 353.

[69] Wang L, Xu J, Ma T, et al. The influence of the growth conditions on the structural and optical properties of hydrogenated amorphous silicon carbide thin films. Journal of Alloys And Compounds, 1999, 290(1 - 2): 273 - 278.

[70] Xu J, Yang L, Rui Y, et al. Photoluminescence characteristics from amorphous SiC thin films with various structures deposited at low temperature. Solid State Communications, 2005, 133(9): 565 - 568.

[71] Xu J, Mei J, Rui Y, et al. UV and blue light emission from SiC nanoclusters in annealed amorphous SiC alloys. Journal of Non-Crystalline Solids, 2006, 352(9 - 20): 1398 - 1401.

[72] Li S, Rui Y, Cao Y, et al. Annealing effect on optical and electronic properties of silicon rich amorphous silicon-carbide films. Frontiers of Optoelectronics, 2012, 5(1): 107 - 111.

第 4 章

化学合成方法制备硅量子点及相关光电材料

4.1 化学合成量子点的历史与现状

纳米尺度(1～100 nm)的材料或结构介于原子、分子向宏观物质过渡的范围内,基本涵盖了传统化学合成和电子工业中光刻技术所涉及或达到的尺度范围。从纳米尺度的上下两端出发制备纳米材料,分别称为"自上而下"(top-down)和"自下而上"(bottom-up)的制备策略。"自上而下"的策略包括利用光、电子束或 X 射线刻蚀来制备纳米结构,以及利用各种方法如结合扫描隧道显微镜(STM)、原子力显微镜(AFM)和近场光学显微镜(NFOM)对纳米结构进行操纵与表征,这类技术存在的主要限制之一在于它们并不适合进行材料的大量制备。虽然粉碎、球磨等"自上而下"的方法能够大量制备材料粉体,但难以达到对材料尺度和形貌较为精确和良好的控制。因此,"自下而上"的策略(主要指化学合成方法)以其从分子反应出发的特征,可以大批量制备纳米材料并能够实现对材料尺寸、形貌、结构、成分、表面、物理化学性质等特性进行调控,因此具有其他方法难以超越的优点和不可替代性。

量子点(quantum dot, QD)是纳米材料中非常重要的一类材料。在重点介绍硅量子点之前,有必要明确几个基本概念和名词之间的联系和区别,即纳米颗粒(nanoparticle)、纳米晶(nanocrystal)、量子点和纳米团簇(nanocluster)。纳米颗粒是一个内容涵盖较为广泛的名词,它指任何尺度在纳米量级(通常为 1～100 nm)的颗粒状材料,对其成分没有限制,可以是有机、无机或杂化材料,其形状可以多种多样,如球形、立方体、不规则形貌等,但如果三个维度之间的差异比较大或者需要强调其形貌特征,往往会用更加反映形貌特征的词如纳米立方体、纳米棒、纳米片等来描述,而对于有维度远超过 100 nm 的材料,如直径几至几十纳米、长几百纳米或更长的纳米线,已失去了颗粒的特征而不将其称为纳米颗粒。如果构成纳米颗粒的材料是晶体,则称为纳米晶。半导体纳米颗粒,如果其尺寸在维度上小于其玻尔激子直径，将会表现出明显的量子限域效应（也称为量子限制效应，quantum confinement effect），半导体能级将随着尺寸的减小而增大，称为量子点。玻尔激子半径 α_B 可表示为[1]

$$\alpha_B = \frac{\hbar^2 \varepsilon}{e^2}\left(\frac{1}{m_e} + \frac{1}{m_h}\right) \tag{4.1}$$

式中，ε 为材料的介电常数，e 为电子电荷，$\hbar$ 为约化普朗克常量，m_e 和 m_h 分别为电子和空穴的有效质量。量子点的能级 E_d 用有效质量近似（EMA, effective mass approximation）模型表示为[2-5]

$$E_d = E_g + \frac{\hbar^2 \pi^2}{2R^2}\left(\frac{1}{m_e} + \frac{1}{m_h}\right) - \frac{1.786\, e^2}{4\pi\varepsilon R} - 0.248\, E^*_{Ry} \tag{4.2}$$

式中，E_g 为该材料在宏观尺度下的能隙，R 为量子点半径。右边第二项对应量子限域效应；第三项为电子和空穴的静电力引起的能量降低；E^*_{Ry} 为与空间效应有关的有效 Rydberg 能，通常可忽略，只对介电常数小的半导体有影响，其值为

$$E^*_{Ry} = \frac{e^4}{2\varepsilon^2 \hbar^2\left(\frac{1}{m_e} + \frac{1}{m_h}\right)} \tag{4.3}$$

量子点的概念中有两点需要注意，一是同一尺寸不同材料的半导体纳米晶，对激子直径较大的材料而言是量子点时，对激子直径较小的材料可能就不是量子点，例如，CdSe 的玻尔激子直径为 6 nm 而 InAs 的玻尔激子直径为 74 nm，因此说 1～10 nm的半导体纳米晶都是量子点或者＞10 nm 的半导体纳米晶不是量子点都是不正确的；二是量子点一定是纳米颗粒，但不一定是纳米晶，因为某些非晶半导体纳米材料也可以是量子点，如非晶硅（a-Si）量子点。团簇通常指由几个至上千个原子、分子或离子通过物理或化学结合力组成相对稳定的聚集体，其物理和化学性质随所含原子数目的变化而变化。尺度在 1～100 nm 的团簇也常常被称为纳米团簇，可视为纳米材料或纳米颗粒，半导体团簇也可以是量子点；但不同于一般的纳米材料，纳米团簇具备分子的某些特征，往往在组成和结构上具有确定性，如确定的原子数和构型，因此纳米团簇可看作特殊的分子。

近 30 年来，人们对纳米材料，特别是具有光电功能的量子点材料的化学合成研究热度持续不减，发展了为数众多的化学合成策略和方法。早期化学合成的量子点多为Ⅱ-ⅥA族半导体。1982 年前后，出现了制备 CdS 胶体纳米颗粒的技术[6,7]，同一时期，Ekimov、Efros 和 Brus 先后发表了将有效质量近似描述的量子效应用于理解化学合成的量子点特性[2-5,8-10]，标志着量子点在化学合成和理论上正式进入人们的视野。在化学合成量子点的早期，人们就意识到需要对量子点表

面进行修饰以提高其在溶剂中的分散性。1989年Bawendi等发现采用反胶束法制备的半导体纳米材料经过热处理后可分散于Lewis碱溶剂中,如三烷基膦或三烷基氧化膦[11]。这一处理方案由Murray等在20世纪90年代逐步发展成为一类经典的制备高质量纳米晶的方法(至今仍为最有效的制备方法之一),即采用硅烷化氧硫族化合物和烷基金属化合物,将其在极性Lewis碱的热液中进行反应,极性Lewis碱既作为溶剂又是表面修饰剂,最典型的是三烷基氧化膦,如三辛基氧化膦(TOPO)[12]。在90年代后期,量子点的化学合成得到了进一步的发展并逐步成熟,如以十八烯(ODE)为溶剂的合成体系,以烷基胺类、烷基羧酸及硫醇作为溶剂或表面配体的反应体系,各种更稳定、便宜、低毒性前驱体的使用,等等。彭笑刚等的合成工作对这些新的技术和合成方法不断完善,起到了重要的推动作用[13-15]。进入21世纪后,在第一个十年中,量子点在材料种类、形貌控制、性质调控,特别是能级调控等方面得到了爆发式发展,也不断有新的化学合成策略涌现,代表性的如李亚栋课题组提出的液相-固相-溶液(liquid-solid-solution, LSS)相转移与分离合成策略[16]。2010年之后,这些典型的合成方法已经为很多研究者所掌握,基于量子点化学合成的相关的研究进入以应用、器件为导向的发展阶段,如生物标记、电致发光器件、太阳能电池、储能、光学元器件、传感、催化、检测等领域。

4.2 硅量子点的化学合成技术

硅是间接带隙半导体,通常情况下硅的块体材料是不发光的;而当硅纳米晶的尺寸小于10 nm时(硅的玻尔激子半径约为5 nm),量子效应使硅纳米晶的光学跃迁接近允许过程,荧光强度大大增强,大大拓展了硅材料的应用空间。

如上所述,Ⅱ-ⅥA族、Ⅲ-ⅤA族及ZnO等半导体量子点的化学合成经过1982～1990年的发展,已经为人们所知晓。正是在这个时间节点上,化学合成硅量子点的研究开始进入人们的视线,虽然“自上而下”通过化学腐蚀硅基片制备具有纳米级孔隙的多孔硅早在1956年就已被报道[17],但人们并不清楚这些多孔硅中存在着纳米级的硅量子点。合成硅量子点的概念其标志性的源头之一可追溯至Canham于1990年报道了具有室温下光致发光现象的多孔硅[18],这篇报道确信多孔硅其荧光来自硅纳米结构的量子限域效应;同一时期,Furukawa和Mijasato报道了氢等离子体溅射制备具有红色荧光的2～5 nm的硅量子点[19,20]。此后,各具特色的合成方法成功开发出来。受硅量子点尺寸和表面状态调控的紫外(300 nm)～近红外(1 060 nm)波段的荧光已见诸报道。由量子尺寸限制效应及表面效应带来的硅量子点的荧光特性,使其在能源[21]、信息[22,23]和生物(如荧光标记及药物载体)[24-26]等领域具有广阔的应用前景。

按硅量子点的化学制备方法的特点，可以归类为以下五条合成路线：① 液相还原方法，② 电化学法，③ 硅烷热分解法，④ 高温固相法，⑤ 其他方法。

4.2.1 液相还原法

1992年，时任IBM公司Watson研究中心研究员的Heath在*Science*上最早报道了可以通过化学液相合成的方法制备硅纳米晶[27]。合成采用金属钠在非极性溶剂(戊烷或正己烷)中还原$SiCl_4$和$RSiCl_3$(R＝H或辛基)，在氩气保护、高温(385℃)、高压(＞100个大气压)下反应3～7 d。当R＝H时，产物为5～3 μm的六角形硅单晶；而当R为辛基时，得到尺寸为5.5 nm±2.5 nm的六角形硅纳米晶。反应方程式为

$$SiCl_4 + RSiCl_3 + Na \longrightarrow Si + NaCl \tag{4.4}$$

虽然没有报道荧光或能级数据，但5.5 nm±2.5 nm的大小已落在了硅量子点的特征尺寸范围内。该工作为后来的硅量子点化学液相合成指出了明了方向：首先，“自下而上”的通过化学液相法合成硅量子点是可行的；其次，硅量子点合成在化学上涉及硅的化学还原；可以通过前驱体分子的结构来调控硅量子点的尺寸；最后，在较温和的条件下液相合成硅量子点将成为研究的重点方向之一。

遵循上述思路，在此后的10年间，多种液相还原法制备硅量子点的方法开发出来，主要包括用钠、萘基钠、Zintl盐(NaSi、KSi或Mg_2Si)或氢化铝锂($LiAlH_4$)等作为还原剂，以$SiCl_4$、R取代的硅烷或正硅酸乙酯(TEOS)等前驱体作为硅源，并且反应条件更加温和。下面分别对这些方法进行介绍。

在Heath的工作之后，Bley和Kauzlarich于1996年在合成上取得了重要的突破[28]。他们采用Zintl盐与$SiCl_4$反应成功制备了尺寸为1.5～2 nm的硅纳量子点，反应方程式为

$$4n\text{KSi} + n\text{Si Cl}_4 \longrightarrow \text{Si}_{\text{nanoparticles}} + 4n\text{KCl} \tag{4.5}$$

该反应的一个特点是采用了一种Zintl盐即KSi作为还原剂，硅量子点的产率约为8%。此后不久，其他Zintl盐如NaSi或Mg_2Si也被证实可以在类似的反应体系和条件下合成硅量子点[29,30]。

受Zintl盐与$SiCl_4$反应合成硅量子点的启发，2003年和2009年，Pettigrew等和Lin等分别发现可以不用$SiCl_4$，而直接用Zintl盐作为硅的全部来源，用卤素作为氧化剂合成硅量子点[31,32]，合成的硅量子点的大小为4.8 nm，产率可达41.8%。除了溴还可以用溴化铵(NH_4Br)与Zintl盐反应制备硅量子点(约4 nm)，其在氯仿中具有良好的分散性[33-35]。

然而，上述这些基于Zintl盐的硅量子点合成策略具有一个前提条件，就是首

先要制备获得相应的Zintl盐，而这个制备过程仍然需要在高温下进行。例如，KSi的制备就需要将过量金属钾与硅在650℃反应3 d，然后在275℃真空升华除去多余的金属钾；制备Mg_2Si则需要将镁与硅置于750℃下反应3 d[36]。

从合成反应条件更易于实施的角度出发，探索更加温和的硅量子点的液相制备方法从未停止过。1998年Dhas等就报道了以TEOS代替$SiCl_4$，以金属钠为还原剂，在超声条件下合成硅量子点[37]。其原理是，在超声能量足够高时，其作用的液体介质中会产生"空化"现象，即液体中的微小气泡核在超声场的作用下急剧膨胀、崩溃闭合。在空化泡崩溃的瞬间，释放出高密度的能量，在空化泡周围极小空间内产生热点(hot spot)，其瞬时温度达约5 000 K、压力高达1 800 atm(1 atm=1.013 25×10^5 Pa)，以及超过10^{10} K/s的冷却速度，而其周围液体温度几乎不变。这就使得能够避免采用宏观的极端条件(如高温高压)来合成硅量子点。反应在氮气干燥手套箱中进行，将TEOS和金属钠置于无水甲苯中，降温至−70℃，超声空化作用使钠与TEOS发生反应为

$$Si(OC_2H_5)_4 + 4\,Na_{colloid} \longrightarrow Si_{q\text{-}paticles} + 4NaOC_2H_5 \tag{4.6}$$

得到灰黑色硅量子点产物的X射线粉末衍射谱图(XRD)只显示出硅的(111)峰，说明存在大量的表面缺陷。该方法虽然能够获得尺寸为2～5 nm、产率高达70%±5%的硅量子点，但团聚现象较严重。

为克服由于钠在反应溶剂中的溶解度低，从而需要加热或者附加超声条件等问题，Baldwin等于2002年在钠还原$SiCl_4$制备硅的反应体系中引入了萘[38]。先使钠与萘在乙二醇二甲醚溶剂中反应生成可溶的萘基钠，再将此溶液快速注入$SiCl_4$的乙二醇二甲醚溶液，以萘基钠作为还原剂还原$SiCl_4$，在常温下成功合成了硅量子点(5.2 nm)。反应机理如下

$$4SiCl_4 + Na_{naphthalide} \xrightarrow{glyme} Si_{nanoparticles}(Cl)_n + 15NaCl \tag{4.7}$$

除了Zintl盐和钠，Wilcoxon等于1999年首次采用化学合成中常用的$LiAlH_4$作为还原剂，还原$SiCl_4$制备硅量子点[39]。反应体系为反向胶束体系。将SiX_4(X=Cl，Br或I)溶于亲水性溶剂作为胶束的内部溶液，由于SiX_4完全不溶于以辛烷或癸烷为代表的油相介质，所以硅量子点的形核与生长限制在胶束内部，即1～10 nm的有限空间内。将浓度为1 mol/L的无水$LiAlH_4$的四氢呋喃溶液注入反向胶束溶剂，硅被还原，并产生大量H_2。硅量子点的尺寸(1.8～10 nm)可以通过反向胶束的尺寸来调控。该方法克服了Zintl盐的高温合成问题以及金属钠还原TEOS的团聚问题，在后续的研究中多次被其他研究者采用或借鉴[40-45]。但Wilcoxon等于2007年刊文指出，该反应的过程中可能会产生大量的SiH_4，从而带来安全上的问题，因此必须慎重[46]。

4.2.2 电化学法

不同于使用还原剂的液相法制备硅量子点，另一条思路从制备多孔硅的电化学腐蚀法发展而来。1990 年，Canham 报道了电化学法制备具有室温下光致发光现象的多孔硅，其荧光来源于多孔硅中的硅量子点[18]。此后，研究者对如何将电化学方法用于制备能分散于溶液硅量子点进行了大量的探索。

1992 年，Heinrich 等进行了从发光多孔硅中分离硅纳米晶的初步尝试，他们对电化学腐蚀法制备的多孔硅进行了超声处理，得到了可分散于二氯甲烷、乙腈、甲醇、甲苯或水的从几纳米至几微米的硅颗粒[47]，荧光 650～750 nm。为克服电化学法制备的硅纳米晶的尺寸分布和团聚问题，Therrien 等进行了一系列尝试。2000 年，他们通过电化学法在 H_2O_2＋HF 体系中制备多孔硅，将获得的多孔硅在丙酮溶液中超声破碎，得到硅纳米晶的悬浊液，经沉降得到发黄色荧光的沉淀，以及发蓝色荧光的稳定的溶液。对溶液的表征表明，其荧光来源于分散于其中的尺寸为 1 nm 的硅量子点[48]。2002 年，他们改进了对产物的处理方法[49]，即用 HF 进行后处理，再通过离心和凝胶渗透色谱法对产物进行尺寸分离，最终得到了尺寸为1 nm，1.67 nm，2.15 nm，2.9 nm 和 3.7 nm 的硅量子点，这些量子点在溶液中分散良好，荧光随尺寸增加从蓝色渐变为红色。

虽然 Therrien 等的硅量子点合成策略取得了成功，但在后期需要对硅量子点进行尺寸分离，这增加了操作步骤及难度，且不易对硅量子点的大小实现精确控制。2007 年，李述汤课题组在这一挑战上取得了突破[50]，其中的关键技术在于向电化学法制备硅量子点的电解液体系中加入了一定量的杂多酸(polyoxometalates, POM)，得到了分散性良好、尺寸非常均一的硅量子点(约 1 nm，约 2 nm，约 3 nm 和约 4 nm)。杂多酸是由杂原子(如 P、Si 等)和多原子(如 Mo、W、V 等)按一定的结构通过氧原子配位桥联组成的一类多酸，具有很高的催化活性，它不但具有酸性，而且具有氧化还原性。反应以石墨作阳极，n 型或 p 型硅基片作阴极，电解液为乙醇和氢氟酸的混合溶液，以 H_2O_2/POM(HPOM)为催化剂进行电化学腐蚀。硅量子点的尺寸通过电流密度来调控，电流密度越高，得到的硅量子点越小：1～5 mA/cm^2，5～8 mA/cm^2，8～12 mA/cm^2，15～20 mA/cm^2 的电流密度对应于获得尺寸高度均一的约 4 nm，约 3 nm，约 2 nm，约 1 nm 的硅量子点(分别有 90%，85%，75%和 65%的量子点分布于 1±0.1，2±0.1，3±0.2 和 4±0.2 的区间)，因此不需要后续的尺寸分离步骤。除了通过电流密度，还可以对硅量子点进行可控氧化来调控硅量子点的尺寸[51]。例如，将电化学法制备的约 3 nm 硅量子点分散于 100 ml 乙醇与 3～8 ml 30% H_2O_2 的混合溶液并回流处理，在不同的回流时间点(0.5～24 h)取样，经 0.45 μm 滤膜过滤，透明滤液中即含有 Si/SiO_xH_y 核壳结构的量子点，回流时间越长，硅量子点核的尺寸就越小，发光蓝移(图 4.1)。在室温条件下保存 20 d，其荧光也不发生变化。

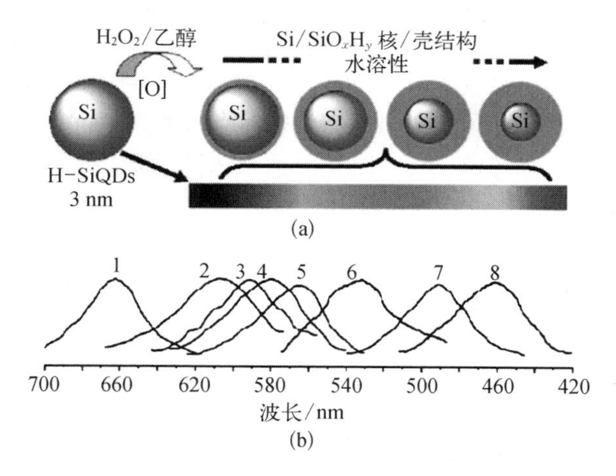

图 4.1　H_2O_2/乙醇体系氧化氢修饰的硅量子点示意图(a)和溶液的荧光光谱(b)[51]

4.2.3　硅烷热分解法

4.2.1 节和 4.2.2 节介绍的硅量子点的制备方法中，作为反应物的硅源均为液态或固态。在半导体工业中，在常温常压下为气体的硅烷是应用最广泛的硅源之一。硅烷即硅与氢的化合物，是一系列化合物的总称，包括甲硅烷(SiH_4)、乙硅烷(Si_2H_6)等硅氢化合物。一般把甲硅烷简称为硅烷。以硅烷作为反应气源(SiH_4 在常压下的沸点为−111.9℃)，可用于制造高纯度的多晶硅、单晶硅、微晶硅、非晶硅、氮化硅等材料，广泛应用于微电子、光电子工业。硅烷在高温下热解制备晶体硅的反应可表示为

$$SiH_4 \longrightarrow Si_s + H_2 \tag{4.8}$$

对该热解反应进行设计和调控，成为制备硅量子点的一类方法。按照加热方式的不同，主要有直接加热热解、激光热解、等离子热解等技术。

早在 1976 年，Murthy 等就报道了在 H_2 中，0.2%的 SiH_4 在 1 100℃热分解，可以制备 30～80 nm 的硅纳米晶[52]。1993～1994 年，Brus 等改进了反应装置和热解反应的条件，制备得到了 2～8 nm 的硅量子点[53-56]。反应采用乙硅烷为硅源，载气为 He 气，乙硅烷含量为$(3\sim30)\times10^{-6}$。反应气体在 850～1 050℃的反应室中反应 60 ms 后，由 He - O_2 混合气体稀释终止反应并防止团聚。随后，流经 700℃的氧化反应室反应 20 ms，使得硅量子点的表面包覆了一层 1～2 nm 厚的氧化硅层。最后含有产物的气体在乙二醇溶液中鼓泡，使硅量子点分散于乙二醇溶液。通过反应流速调控硅量子点的大小，例如，1，2，6 sccm 的流速对应制备平均粒径为 3.2 nm，4.2 nm，6.5 nm 的硅量子点，其荧光峰分别位于 660 nm，770 nm，970 nm。所得的硅量子点乙二醇溶液经酸性条件下(pH=1，H_2SO_4)回流处理，可消除量子点表面未完全氧化带来的缺陷，使荧光量子产率进一步提高。

除了常规的加热法,激光器的发展与应用带来了一种可控的加热技术。早在1979年前后,Cannon等便使用CO_2激光加热硅烷(Ar为载气),成功获得了几纳米至100 nm的硅纳米晶[57,58]。虽然通过激光功率、反应气体流速等可以对产物的尺寸进行调控,但尺寸分布仍然很宽,以几十纳米的硅纳米晶为主,且没有荧光性质。1997年前后,Ehbrecht等成功对激光热解硅烷制备的硅纳量子点进行了实时的尺寸分离[59-61]。其分离原理是,由于激光采用脉冲模式,硅量子点气溶胶在载气中也呈脉冲式分布。因为不同大小的硅量子点飞行速度与尺寸相关,所以他们在制备装置上加上了一个转速与激光脉冲同步的转盘狭缝分离器,分离得到了一系列平均尺寸在2.5～7 nm可调的硅量子点,其相应的光谱位于700～830 nm可调。

在此之后,激光热解法制备硅量子点被更多的课题组所掌握,并在技术上有不同程度的改进。其中,Ledoux等发现对激光热解制备的硅量子点表面进行氧化处理后,其荧光得到了大幅提高,其中约3.5 nm的硅量子点荧光量子产率达18%[62-64]。Swihart等通过对实验装置的改进、反应气体成分的设计(SiH_4+SF_6+H_2+He)和采用CO_2高功率连续激光(60 W)实现了硅量子点的大量合成[24,65-67]。可通过调控反应气体组分对硅纳米晶的平均尺寸在5～20 nm内进行调控,对平均直径为5 nm硅量子点,制备速率达到20～200 mg/h。他们指出,若将该技术结合现有更强的已商业化的激光器,制备速率还可提升2个数量级。用HF/HNO_3混合溶液对得到的硅量子点进行腐蚀处理,可得到荧光在450～900 nm内连续可调的硅量子点,在水、甲醇、1,4-丁二醇、1,2-丙二醇、丙三醇等溶剂中分散良好。其中,HNO_3起着对硅量子点表面进行氧化的作用,而HF随即将生成的硅的氧化物溶去,因此可通过控制反应时间来控制硅量子点的大小。通过快速热氧化策略,还可以得到发光在420 nm的硅量子点。

等离子体热解法是另一种制备硅量子点的方法。这项技术用于制备硅量子点的早期,一般采用的是热等离子体。但热等离子体热解技术制备的硅纳米晶存在尺寸分布较宽、产物团聚等不足之处。对此,Kortshagen、Swihart及Wiggers等做了大量的研究,他们成功地将低温等离子体技术用于制备硅量子点。低温等离子体是部分电离的气体,它的特点是电离电子的温度高达2×10^4～5×10^4 K(2～5 eV),而与之共存的气态原子或离子则保持接近室温的温度。2004年,Wiggers等利用微波低温等离子体制备了6～11 nm的硅纳米晶[68]。等离子体中的自由电子和离子在硅量子点表面的复合对硅量子点的加热效应使其温度远高于环境温度,从而使硅量子点在几个毫秒内就能够生成并长大到设计尺寸。低温等离子体所提供的反应环境有效抑制了硅量子点的团聚,对硅量子点尺寸的控制也大大提高。暴露于空气中几分钟后,由于硅量子点表面态的氧化钝化,可获得较强的荧光并可以分散于甲醇溶液。2007年,Kortshagen及其合作者在低温等离子体制备硅量子点的设备上串接了第二个低温等离子体腔体,在第一个低温等离子区域生成的硅量子点在第二个区域与配体分子的气体反应，使配体修饰到硅量子点的表面（图 4.2）[69]。如此获得的硅量子点直接就具备了易于分散于溶剂性质，不需要后续的液相化学修饰处理。2009 年，Swihart 等实现了微波低温等离子体高速制备硅量子点的技术，制备速率达 0.1～10 g/h[70]。除了 SiH_4，近年来更便宜、更安全的 $SiCl_4$ 也用于低温等离子体制备硅纳米晶（尺寸 3.4～8 nm 可控，荧光 650～900 nm 可调）[71]。

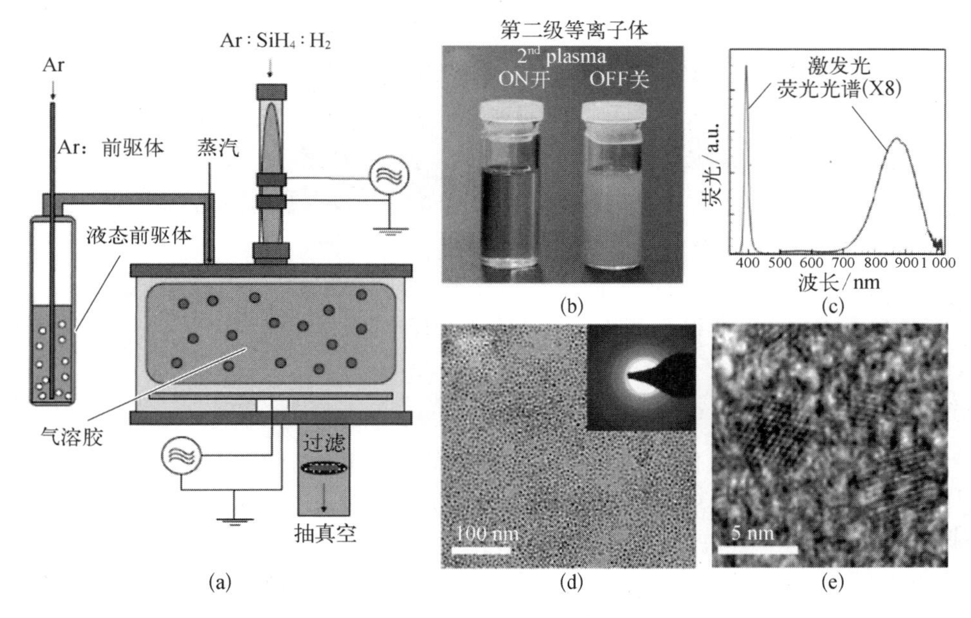

图 4.2 双等离子腔体设备合成硅量子点示意图(a)；修饰烷基前后在甲苯中分散性的对比(b)；荧光光谱(c)；硅量子点的 TEM(d)和 HRTEM(e)图片[69]

前面介绍了通过硅烷，如甲硅烷（SiH_4）、乙硅烷（Si_2H_6）等在气态下的热分解来制备硅量子点，反应条件可以是加热、激光、等离子体等条件；常温下呈液态的硅烷，如三硅烷（Si_3H_8）也能够作为硅源。2008 年以来，Korgel 课题组对 Si_3H_8 在液相中热解制备硅量子点开展了一系列研究工作。在液相法制备半导体纳米晶的方法中，有一类称为“溶液-液相-固相”（solution-liquid-solid, SLS）的纳米晶生长机制。它通常以金属纳米晶（Au、Ag、Bi 等）为催化剂，也称为“种子”（seed），在适当的反应条件下，纳米晶产物依附在该催化剂/种子上形核生长。该策略也用于制备硅纳米晶。将 Si_3H_8 溶于高沸点的二十八烷（沸点 423℃）或三十烷（沸点 430℃），与 Au 纳米晶混合作为反应溶液，在 363℃下进行反应。通过对反应条件的调控，可以实现对硅纳米晶形貌的调控，如颗粒状、纳米线或纳米棒[72-75]。2013 年，他们以 8 nm 的 Sn 纳米晶作为种子溶于十二胺，注入 410℃的 Si_3H_8 三十烷溶液中，反应 1 min 即获得了直径 3～4 nm、长度 10～20 nm 的弯曲棒状硅纳米晶，如

图 4.3 所示。经 HF/HCl 腐蚀、十八烯表面修饰后在 725 nm 处表现出量子点荧光特性[76]。

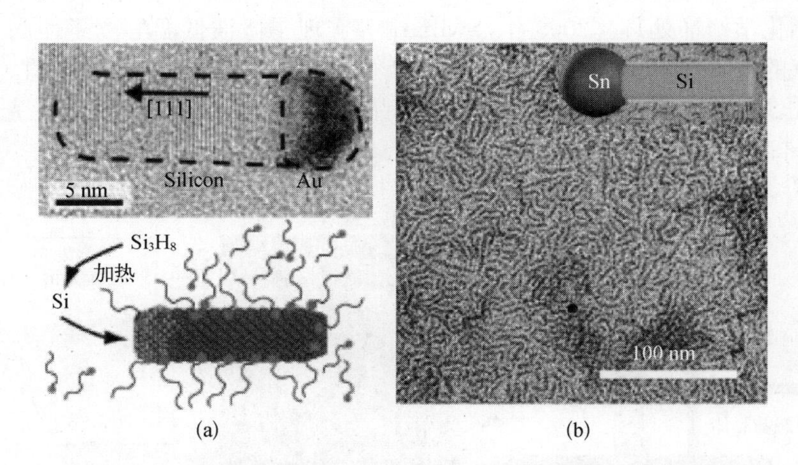

图 4.3　以 Au 纳米晶作种子，催化 Si_3H_8 制备的硅纳米棒(a)[73]；以 Sn 纳米晶作种子，催化 Si_3H_8 制备的弯曲硅纳米棒量子点(b)[76]

4.2.4　高温固相法

20 世纪 90 年代，人们就已经知道对富硅的二氧化硅在特定气氛下（如 Ar 气或 $H_2/N_2=6/94$）进行高温热处理，能够制备获得包覆在二氧化硅中的硅量子点。但这类方法存在不少问题，例如，对一氧化硅(SiO)确切的组分、结构和纯度一直以来还没有统一的认识，往往是随着制备条件的不同而不同；对于化学式为“SiO_x”材料的定义不甚清晰，通常将“SiO_x”看作一种动力学稳定的无定形材料。这些不确定性阻碍了深入研究其化学反应过程及制备的相应硅量子点的性质。

2003 年，Bettotti 等以三乙氧基硅烷[$H—Si(OCH_2CH_3)_3$]为原料，用溶胶凝胶法制备了硅氧烷凝胶（其红外光谱与氢倍半硅氧烷 HSQ 一致），然后在 1 000～1 200℃的Ar 气氛下热解得到了硅量子点，量子点的尺寸(3.0～4.4 nm)和荧光(600～800 nm)通过反应温度调控[77]。2006 年，Veinot 等从分子结构和热解机理等角度出发，提出倍半硅氧烷（分子式为 $RSiO_{1.5}$，R 为 H 即是氢倍半硅氧烷 HSQ，R 还可以是烷基、硅烷或芳香基团等）可以作为制备硅量子点的前驱体[78]。HSQ 在还原性气氛($4\%H_2-96\%N_2$)900～1 100℃下反应生成硅量子点和 SiO_2，在常温下经 HF 腐蚀释放出硅量子点。除了通过反应温度和腐蚀的时间可调控量子点的大小和光谱(550～750 nm)，还可以通过前驱体组成，如以聚倍半硅氧烷 $(HSiO_{1.5})_n(CH_3SiO_{1.5})_m(m \ll n,\ m+n=1)$ 凝胶共聚物中的甲基含量来调控量子点的大小[图 4.4(a)]及荧光性质[79]。

此后，Ozin、Korgel 及 Veinot 课题组对用该方法制备尺寸在更大范围、形貌更加精确可控的硅量子点、光谱性质、应用研究做了深入研究。例如，Hessel 等对在更高温度下(1 100～1 400℃)用 HSQ 制备硅量子点进行了研究，获得了平均尺寸在 3.1～12.8 nm 可调的硅量子点[图 4.4(b)]，相应的荧光光谱范围扩展到 1 064 nm(1 350℃下制备的 12.8 nm±2.1 nm 硅量子点)[80]。Yang 等则对 HSQ 在 1 100～1 400℃下更长反应时间(1～36 h)对其尺寸形貌的影响进行了研究，制备了尺寸在 8～15 nm 可控的立方块状硅量子点[81]。Mastronardi 等采用超速离心或多次尺寸选择性离心[图 4.4(c)和图 4.4(d)]的方法对用聚倍半硅氧烷 $(HSiO_{1.5})_n$ 制备的硅量子点进行了精细的尺寸分离，得到了尺寸分布更加均一的硅量子点(多分散指数 PDI 为 1.04～1.06)，已可看作单分散硅量子点[82-84]。

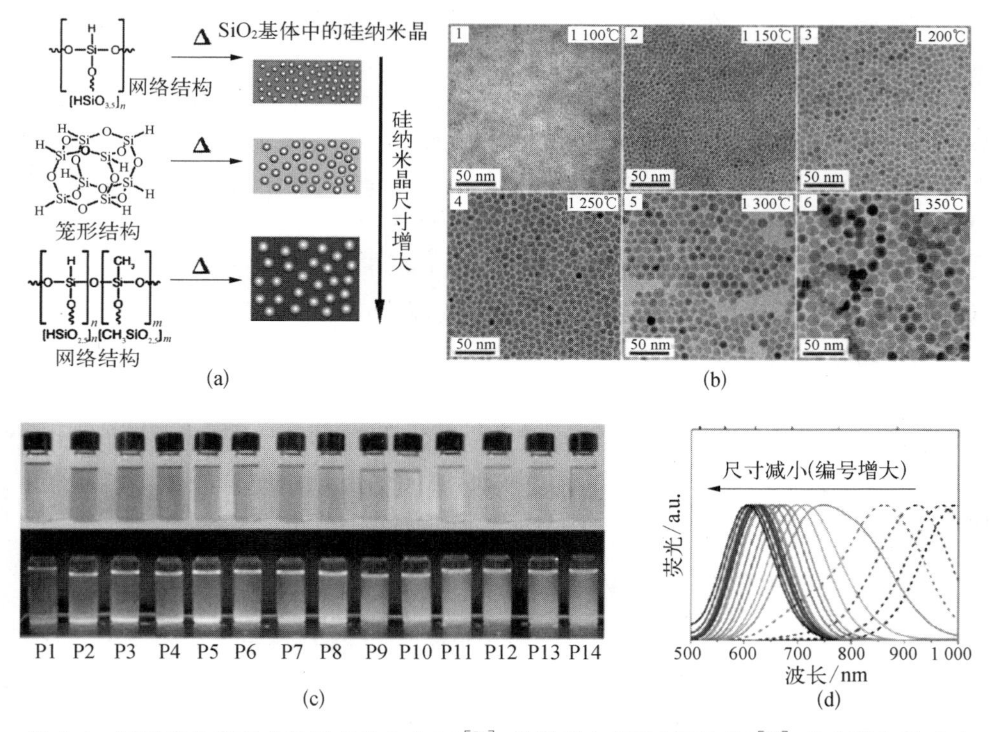

图 4.4 同反应条件下硅量子点的大小(a)[79]；硅量子点 TEM 图片(b)[80]；分离的各尺寸硅量子点在 365 nm 紫外线激发下的荧光(c)，及其荧光光谱(d)[83]

4.2.5 其他合成制备技术

除了 4.2.1 节～4.2.4 节所介绍的制备方法，其他用于硅量子点合成制备的技术还包括超临界法、微波液相还原法、电化学还原法、激光烧蚀法等。

超临界法[85,86]：Holmes 等将二苯基硅烷溶于正辛醇和正己烷，在超临界条件下(500℃，3.45×10^7 Pa)反应得到了硅量子点，荧光量子产率高达 23%。其尺寸分布为 1.5～4 nm，通过选择性沉淀法可分离得到尺寸为 1.5 nm(荧光约 410 nm)

和 2.5～4.0 nm(荧光约 510 nm)的组分。

微波液相还原法[87]：2013 年，Zhong 等以(3-氨基丙基)三甲氧基硅烷为硅源，溶于枸橼酸钠水溶液，微波加热至 160℃反应 15 min，制备得到了约 2.2 nm 的硅量子点。在微波条件下枸橼酸钠起还原剂的作用。该硅量子点在水中的分散性很好，无需后处理，且有较强的蓝色荧光可用于细胞成像。

电化学还原法：电化学还原法具有一些特殊的优点，例如，不需要还原剂，能够通过对电流电压的控制达到对反应及产物调控的目的。2009 年，Reipa 等报道了一种超声辅助电化学液相还原法制备硅量子点[88]。这种方法兼有电化学法和液相还原法的特征。他们在无水四氢呋喃溶液中电化学还原辛基三氯化硅，制备的同时施加超声，使产物分散于液相而不致覆盖钝化电极，制备了分散性良好的硅量子点，虽然尺寸分布相对较宽，但大部分尺寸在 4.5 nm 左右，发蓝色荧光。

激光烧蚀法：前面重点介绍的方法中，电化学腐蚀法虽然腐蚀过程可以看作分子层次上的化学反应过程，但由于是将宏观的晶硅作为制备硅量子点的硅源，所以可以看作“自上而下”的制备方法；激光(脉冲)烧蚀法是另一种制备硅量子点的“自上而下”的方法，其基本原理是用激光对靶材烧蚀，产生脱离靶材的纳米颗粒。1994 年，Werwa 等通过激光烧蚀技术在低压(10^{-8} Torr，1 Torr＝1.33×10^{2} Pa) He 气条件下制备得到了 2～3 nm 的硅量子点，发约 650 nm 荧光[89]。此后，该方法被越来越多的人掌握，并且硅量子点的尺寸(3～6 nm)、荧光(690～930 nm)调控技术[90]、尺寸分离技术(2～10 nm)也得到了发展[91]。除了在气相条件下制备，激光烧蚀法也用于在液相环境下制备硅量子点。虽然激光烧蚀法除了对激光器有要求，所制备硅量子点的产量通常也不高，但也具有液体溶剂、保护配体分子可以根据需要选择的优点，因此可以一步合成表面修饰好的硅量子点[92-94]。

4.2.6 硅量子点与硅纳米材料

作为硅量子点合成方法的小结，需要指出的是，上述硅量子点的合成方法各有特色，没有绝对的优劣之分，需根据研究或应用的目的选择适当的合成策略。因为硅量子点指的是具有量子限域效应的硅纳米颗粒，其尺寸基本上限制在 10 nm 以下。对于特征尺寸在 10～100 nm 的硅纳米材料，虽然一般不表现出量子限域效应，但其仍然可以具有多孔性、大的比表面积、更加丰富的形貌和结构、半导体特性等特点。这些性质也都非常具有应用价值，其合成方法也更加多样化，如 Mg 蒸汽还原法[95-97]、Lin 等 2015 年报道的熔盐还原法[98]等。如何对现有技术进行改进、将新的合成制备技术，甚至是不同领域的技术方法应用于硅量子点或硅纳米材料的可控制备，以及对硅纳米材料的性质与应用研究，不仅仅是化学、材料、物理工作者需要考虑的问题，更需要不同学科科研人员之间的密切合作、经验技术的相互借鉴。

4.3　硅量子点的表面修饰与物性

4.3.1　量子点表面修饰的目的

纳米尺度下的半导体，特别是尺寸小于其玻尔激子直径的量子点，包括硅量子点，其性质不仅仅与尺寸有关，还与其边界条件，即表面状态有关。其物理本质在于量子点的四个重要特性(尺寸效应、量子限域效应、量子隧道效应和表面效应)都与量子点的尺寸和表面密切相关。

如果把量子点颗粒看作从宏观材料中切割而来，那么组成材料的化学键在量子点的表面的连续性将会终止，这些原化学键断裂的位置，就有可能形成所谓的“悬挂键”，具有非常高的化学活性。量子点尺寸越小，表面原子所占的比例越大，在1～10 nm量级上其比例基本与内部原子所占比例相当。这些表面的悬挂键或活性/缺陷位点容易与环境中的其他原子或分子键合，形成新的表面物种。这些原子或分子通常也称为“配体”(ligand)。所以除非在一些特殊情况下，如需要研究没有吸附或键合任何外部原子或分子的“干净”的量子点，在大多数情况下，量子点表面都存在着化学物种或配体，这是影响量子点的性质的至关重要的因素之一。因此利用这个特性，可以有针对性地对量子点表面进行化学修饰。

对量子点进行表面修饰，通常以改善或调控以下性质为目的：① 在量子点表面修饰亲水或亲油的配体，提高量子点在不同溶剂中的分散性，如在水相或油相介质中的分散性；② 调节量子点间的作用力，如静电力、范德华力等，这对量子点的组装有重要意义；③ 通过表面配体与纳米颗粒表面的配位键合作用，钝化消除表面的缺陷态，达到提高本征荧光量子产率、减小或消除缺陷态发光的目的；④ 与③相反，还可以通过表面修饰引入特定的发射荧光的表面态，达到对荧光波长的调控；⑤ 量子点表面的功能配体分子修饰，如光电功能配体分子、生物功能配体分子、手性配体分子等；⑥ 对量子点进行包覆修饰处理可以在一定程度上隔绝环境对量子点的影响，如防止化学腐蚀、荧光猝灭等，所采用的材料可以是配体分子，也可以是无机化合物、形成核壳结构的量子点等；⑦ 形成特殊能级结构的核壳结构的量子点。这些量子点表面的修饰目的对硅量子点同样适用，例如，通常Si—H修饰的硅量子点其荧光量子产率不超过10%，而用烷基修饰之后可增强至40%～60%。

虽然硅量子点的大小、表面修饰与其物性(本章节主要讨论荧光特性)之间的关系密不可分，但为了读者对硅量子点的表面修饰、荧光特性有一个相对独立、完整的认识，下面分别对这两方面进行介绍。对前者重点介绍硅量子点表面修饰的目的、方法、化学机理；后者侧重于介绍尺寸与表面对硅量子点物性的影响及其物理机理。

4.3.2 硅量子点的表面修饰方法

对硅表面的化学修饰进行深入研究始于20世纪80年代，90年代后得到了迅速发展，在时间上早于硅量子点的大量、可控合成技术的出现，因此，这些研究的主要对象是单晶硅和多孔硅的表面。单晶硅或多孔硅表面修饰有机分子的方法主要有引发剂、热或紫外线引发的硅烷化反应，烷基或芳基碳负离子与硅卤键的反应、电化学嫁接及等离子体技术等。有关这些方法的详细研究内容，读者可以参考相关综述文献[99]～[102]及其引文。虽然硅量子点的尺度、合成方法与表面特性等与宏观晶体硅或多孔硅有所不同，但用于修饰单晶硅或多孔硅方法为进行硅量子点表面的修饰提供了思路和借鉴。

在技术上，既可以根据需要在量子点合成之后进一步进行表面化学修饰，也可以在合成过程中就完成表面修饰，甚至可以通过反应前驱体的设计，使前驱体中的配体基团保留下来成为量子点表面配体。

参与硅量子点表面修饰的分子或原子，按照与硅原子成键的原子不同，可以分为两类：一类是单原子配体如Si—X(X为卤素原子)和Si—H；另一类是非单原子配体如Si—C—R、Si—N—R、Si—O—R和Si—S—R(R为功能基团)。单原子配体既可以是对硅量子点的处理过程中修饰上去的，例如，用含HF、HCl或HBr的溶液处理硅量子点时引入Si—F、Si—Cl、Si—Br和Si—H；也可以是反应前驱体引入，如用$SiCl_4$引入Si—Cl；$LiAlH_4$、HSQ或硅烷制备硅量子点引入Si—H。同样，非单原子配体也既可以通过后续对硅量子点的处理修饰上去，如前面提到的氢化硅烷化反应；也可以通过反应前驱体引入，例如，以TEOS为反应物制备表面为Si—O—C_2H_5的硅量子点。图4.5列举了一些主要的硅量子点表面配体修饰的路径。

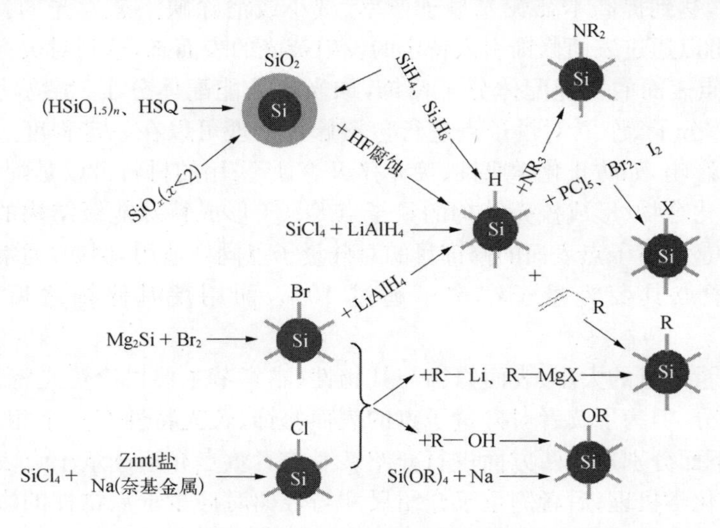

图4.5 典型的硅量子点表面配体的修饰策略和路径

4.3.3　硅量子点的荧光特性

硅晶(金刚石结构)是间接带隙半导体，自由电子倾向于处于能量-波矢空间中 X 方向的谷底，而空穴位于 Γ 方向的价带顶。对于较大的硅量子点，电子与空穴的辐射复合必须借助声子以满足动量守恒定律；对于小的硅量子点，无声子参与的条件下辐射跃迁也有可能发生。由于硅量子点制备方法以及后处理过程的不同，其表面状态也不尽相同，其辐射跃迁机制也随之变化，目前没有一个系统统一的模型能够描述所有情况，需要具体情况具体分析。随着人们对合成的硅量子点的物理、化学性质的研究不断深入，对其荧光特性的规律也不断有所发现。本书尝试对硅量子点的荧光特性研究和认识作一个简单的综述，并把近几年来一些有趣的最新结果介绍给读者。

纵观各种方法制备的硅量子点，其荧光大致落在两个波长区间内：300～550 nm 和 550～1 050 nm。前者主要是紫外-蓝光，后者为黄-红-近红外光。发 300～550 nm 荧光的硅量子点通常通过液相还原法制备；而发 550～1 050 nm 荧光的硅量子点一般由硅烷热分解、高温固相法或电化学腐蚀法制得。值得注意的是，虽然相同制备方法合成的硅量子点，其荧光波长一般随尺寸的增大而红移，与量子限域效应相吻合；但是，不同方法制备的硅量子点，发短波长荧光的硅量子点尺寸不一定比发长波长荧光的硅量子点的小。因此，通过硅量子点的大小分类硅量子点是不行的，受制备方法与荧光波长的关系启发，提出依据荧光波长范围来分类，其合理性得到了实验的进一步支持：研究发现硅量子点在这两个波长范围内的荧光寿命有显著差异，长波长荧光寿命在微秒量级，与间接带隙量子点荧光寿命吻合，而短波长荧光寿命在纳秒量级[103,104]，显示出不一样的物理机制。下面对硅量子点的荧光性质及机制按以上两个荧光波长范围分别介绍一些典型的例子。

1. 发黄-红-近红外荧光的硅量子点

1) 硅量子点黄-红-近红外荧光的发光机制

1993～1994 年，Brus 等研究了硅烷热分解法制备的硅量子点荧光[53-56]，这些硅量子点尺寸为 3～8 nm，外表有一层 1.2 nm 厚的氧化物层。在 300 K 时，荧光量子产率(QY)约为 5%，而在低温下，量子产率升高至约 50%。研究发现，硅量子点荧光随尺寸的增大而红移(600～900 nm)，证实了量子限域效应；同时，由于硅量子点表层的氧化钝化，其光谱表现出向长波长方向移动、更高的量子产率以及更低辐射跃迁速率。630 nm 荧光的平均寿命从 50 μs(293 K)升高至 2.5 ms(20 K)。他们建立了一个简单的模型来进行解释

$$\mathrm{QY}=\frac{k_{\mathrm{r}}}{k_{\mathrm{r}}+k_{\mathrm{nr}}} \tag{4.9}$$

式中，k_{r} 为辐射跃迁速率；k_{nr} 为非辐射跃迁速率，实测荧光寿命表示为

$$\tau_{\mathrm{meas}}=\frac{1}{k_{\mathrm{r}}+k_{\mathrm{nr}}} \tag{4.10}$$

在低于 50 K 的低温下，硅量子点的荧光强度几乎不变，而寿命则随温度的降低继续增大。因此可以推断，辐射跃迁机制在低温下占据了主导，而非辐射跃迁起次要作用。他们认为非辐射跃迁来源于硅量子点的晶格缺陷。

2006 年，Jurbergs 等用氢化硅烷化反应在等离子体热解法制备的硅量子点表面修饰了烷基，发现其荧光量子产率随硅量子点尺寸从 2.6 nm 到 3.9 nm 增大而增加，从 1.8%（荧光 693 nm）增加到 62%±11%（荧光 789 nm）[105]。其后 Kortshagen 和 Ozin 课题组的研究也都证实了类似的硅量子点荧光量子产率与尺寸的关系[83,106]。2012 年，Ozin 等用聚倍半硅氧烷热解法制备了硅量子点，通过多步尺寸选择离心的方法获得了一系列平均尺寸为 1～2 nm 的丙基苯修饰的硅量子点，对应的荧光波长为 600～700 nm，荧光寿命 20～60 μs，与早先的报道基本一致[54,107]；测得荧光量子产率随尺寸增大从 5%增加到 37%。由于低温下（<30K）缺陷态的“冻结效应”，辐射跃迁寿命（τ_r）与低温荧光寿命相当，因此根据测得的低温荧光寿命数据，设 τ_r 为 160 μs，τ_r 与辐射跃迁速率（k_r）的关系为

$$\tau_r = \frac{1}{k_r} \tag{4.11}$$

非辐射跃迁寿命（τ_{nr}）与非辐射跃迁速率（k_{nr}）的关系为

$$\tau_{nr} = \frac{1}{k_{nr}} \tag{4.12}$$

根据式（4.11）和式（4.12），由荧光寿命可以计算得到对应的理论荧光量子产率，与实测值高度吻合。由实测的荧光量子产率和荧光寿命，还可以算出 τ_r、k_r、τ_{nr} 和 k_{nr}，如图 4.6 所示。

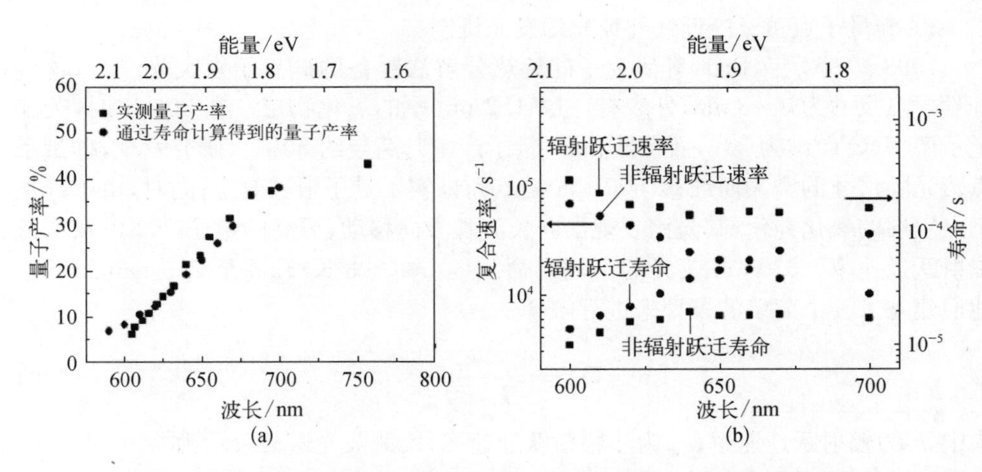

图 4.6 硅量子点荧光波长与量子产率关系图(a)和硅量子点荧光波长与辐射跃迁速率/寿命、非辐射跃迁速率/寿命关系图(b)[83]

从图中可以看出，对于最小的硅量子点(尺寸约1 nm，量子产率约5%，荧光600 nm)，k_{nr}比k_r高1个数量级以上；而对相对较大的硅量子点(尺寸约2 nm，量子产率约37%，荧光700 nm)，k_{nr}与k_r相当。这说明非辐射跃迁过程随尺寸的减小逐步占据了主要位置。可造成非辐射跃迁的因素如下：① 结构上的表面缺陷，对应能级上的陷阱/表面态；② 振动弛豫；③ 硅量子点从晶体结构向非晶结构的转变。由于荧光量子寿命在低温下迅速增大，而低温能导致因素①和②引起的非辐射跃迁减弱，因此是最有可能的因素。又由于随硅量子点尺寸的减小，比表面增大，表面缺陷增加，同时更容易被氧化而引入与氧化物相关的缺陷，造成了尺寸越小荧光量子产率越低。因素②与表面修饰分子密切相关，随量子点尺寸的减小，表面修饰分子如Si—C和C—C的振动模式与Si—Si的振动模式的重合增加，从而提供了额外的非辐射弛豫通道；Korgel等的研究表明，硅的拉曼活性模随硅量子点尺寸的减小而变化的趋势随其表面修饰不同而不同[108]，烷基修饰的硅量子点拉曼活性模随尺寸减小发生了明显的红移和非对称展宽，而SiO_2包覆的硅量子点拉曼活性模几乎未发生红移。Maier-Flaig等考察了烷基修饰的不同大小的硅量子点其荧光波长随温度降低的变化[109]。结果表明随温度的降低(室温至7 K)，荧光寿命增长(从几十微秒增长至几百微秒)，荧光峰均发生了蓝移。根据Varshni公式，半导体能隙与温度的关系为

$$E_G(T) = E_G(T = 0\mathrm{K}) - \frac{\alpha T^2}{T + \beta} \tag{4.13}$$

式中，常数$a=7.02\times10^{-4}$ eV/K；$b=1\,108$ K。较大硅量子点(2.2 nm)的实测数据与该公式吻合得很好；超小硅量子点(<1.5 nm)的实测数据只在<150 K下与公式吻合，而在>150 K下其能隙随温度升高减小(表现为荧光红移)比理论值高出很多，同时伴随着光谱变宽。因此，超小的硅量子点在低温下的荧光(570 nm)是与尺寸相关的本征发光，而在室温的红色荧光(630 nm)推测为激子被缺陷态俘获后的发光。

Korgel等研究了平均尺寸在2.7～11.8 nm可调控的硅量子点，同样是采用聚倍半硅氧烷热分解法制备、表面烷基修饰[80]。与超小尺度1～2 nm硅量子点类似，它们也表现出量子限域效应，随尺寸的增加荧光在718～1 064 nm可调。然而，其荧光量子产率随尺寸的增加而单调下降，从8%降低至0.4%，这与超小尺度下(1～2 nm或2.6～3.9 nm)硅量子点截然相反。对于最大的11.8 nm的硅量子点，其荧光峰在约1 150 nm处有一个较陡的下降，对应硅量子点的长波长发光极限，接近于硅的能隙。虽然他们没有报道荧光寿命的数据，但荧光量子产率的下降应该与尺寸增大，量子限域效应减弱，从而导致其表现出间接带隙半导体特性有关。

2015年的最新研究结果显示，2～7 nm的硅量子点荧光(740～900 nm)的量

子产率随尺寸的增加呈现出先增后减的变化规律[110]，其峰值在 3.7～3.9 nm 处，由此统一了上述硅量子点在小尺度与较大尺度下荧光量子产率的变化规律。

2）关于硅量子点的斯托克斯位移

荧光波长在 600 nm 以上的硅量子点，通常其荧光光谱与激发光谱之间的间隔距离较宽，即斯托克斯位移很大，对 12 nm 的硅量子点甚至高达约 500 nm。这实际上是由硅量子点的带边态密度非常小所导致，表现为硅量子点的吸收截面积随波长的变化（增加）降低好几个数量级[111]。虽然从激发光谱可以看出量子限域效应引起的蓝移，但难以获得其准确的带边位置。因此，常常用荧光峰的位置表示硅量子点的能隙。硅量子点的摩尔消光系数（ε）随尺寸的减小而减小，在激发光谱较强 400 nm 处，3 nm 的硅量子点为 3×10^4 mol/(L・cm)，而 12 nm 的硅量子点为 1×10^6 mol/(L・cm)；在波长较长的 650 nm 处，分别为 4×10^2 mol/(L・cm) 和 2×10^5 mol/(L・cm)。较大的硅量子点摩尔消光系数已经与典型的直接带隙半导体如 CdX(X=S, Se, Te) 的摩尔消光系数[2×10^5～5×10^5 mol/(L・cm)]相当，在相关应用领域具备了竞争力。

借助扫描隧道显微镜（STM），2013 年 Wolf 等研究了烷基修饰的不同尺寸硅量子点（3 nm，5 nm，8.5 nm）的态密度谱图（density of states, DOS），克服了激发光谱或吸收光谱难以确定带边位置的局限性[112]。结果清晰地显示出量子限域效应引起的尺寸对能隙大小的调控，测得的能隙与荧光峰位确定的数值吻合得很好。

3）表面修饰对硅量子点荧光的调控

虽然硅量子点的荧光已经被证实与量子限域效应有关，并且通过适当的表面修饰可以增加荧光量子产率，但观察到的荧光具体产生机制在学术界仍存在多种观点。Godefroo 等在低温下（85 K）采用强脉冲磁场（50 T）研究了表面包覆 SiO_2 的硅量子点在氢钝化处理（H_2 气氛 400℃处理）前后的发光机制[113]。虽然经氢钝化后的硅量子点荧光强度增大了 1 倍左右，但发光峰的形状和位置（770 nm）都没有变化，那么是否其发光机制是一样的呢？根据在 0～50 T 外加磁场下硅量子点发光峰位置的变化，可以推出氢钝化前主要是局域态荧光，即缺陷态荧光，硅量子点的本征发光只占很小的比例；氢钝化后为硅量子点的本征发光（可推出波函数分布宽度为约 4.9 nm，与硅量子点尺寸约 3 nm 相当）；经紫外线照射后恢复为局域态荧光（图 4.7）。另一个例子是 Wolkin 等发现氢钝化的多孔硅暴露于空气几分钟之后，蓝色荧光（400 nm）就发生了红移（至 600 nm），他们认为是 Si＝O 键的形成成为俘获激子的陷阱（缺陷态）所致[114]。即使是烷基修饰的硅量子点，其表面一般也难以完全消除 Si—O 等可能引入缺陷态的化学物种，外加磁场不失为一种研究发光机制有效的研究手段。

2009 年，Swihart 等发现，不同尺寸的氢修饰的硅量子点通过氢化硅烷化反应修饰上相同的烷基之后，其波长的变化趋势不一样[70]。发黄绿光（560～580 nm）的硅量子点表面修饰烷基后光谱红移 15～40 nm，发橙色光，且尺寸越大的红移越

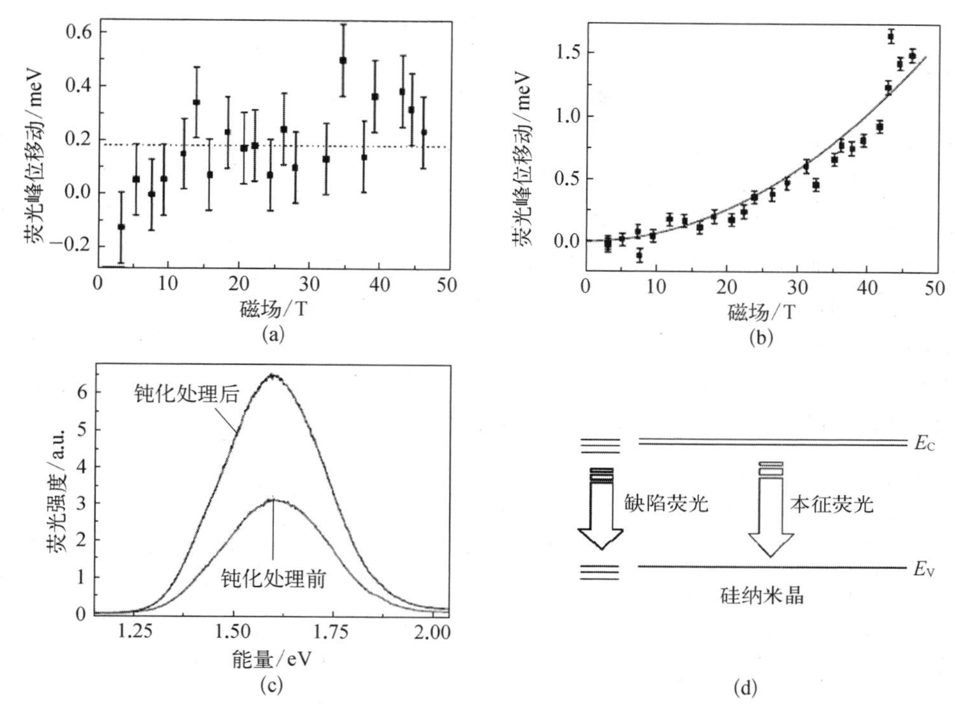

图 4.7　85 K 下磁场对钝化前(a)和氢钝化处理后(b)硅量子点荧光峰位置的影响；钝化前后荧光的变化(c)；缺陷发光和本证发光两种机制(d)[113]

大；而发红光(640～730 nm)的硅量子点表面修饰后光谱蓝移 20～80 nm，发橙红色光，且尺寸越大的蓝移越大。计算表明，氢修饰的硅团簇(Si_{20}，Si_{29}，Si_{66}，Si_{142})配体替换成烷基后，能隙减小[115]，这可能与波函数扩散至配体分子层有关，与观测到的前者一致；然而却无法解释修饰烷基后的蓝移，这可能与硅表面化学有关，因为修饰了不同链长的烷基后蓝移程度不一样。蓝移也有可能与硅量子点的尺寸分布及硅量子点之间的能量传递有关[116,117]，因为氢修饰的硅量子点在溶液中团聚严重，使能量从高到低(从小尺寸硅量子点向大尺寸硅量子点)的转移成为可能，而修饰烷基后分散性大大提高，量子点间间距增大，在一定程度上抑制了能量转移。

值得注意的是，硅表面的修饰机理有时候还与硅量子点的尺寸有关。例如，修饰硅量子点常用的氢化硅烷化反应，在加热条件下的反应机理是自由基反应；在光照条件下的反应是受激子调控的反应。硅量子点的激子能量与量子限域效应即量子点尺寸相联系，因此，小尺寸的硅量子点的反应速率要远远高于尺寸较大的硅量子点[118]。

配体分子具有高度的可设计性，这为从配体分子结构的角度出发调控硅量子点荧光提供了思路。例如，2014 年 Rinck 等用含杂原子的烯丙基苯基硫醚代替烯丙苯修饰硅量子点，荧光量子产率得到了大幅提高，特别是峰值在约 706 nm 的荧光，量子产率提高了 20%，达 51.5%。他们认为是由于烯丙基苯基硫醚中的 C—S 键振动频率低于烯丙苯中的 C—C 键振动，因而抑制了非辐射振动弛豫[119]。

硅量子点表面对水、氧高度化学敏感，因此认识环境中的水、氧对硅量子点的荧光产生的影响十分重要。2015 年，Ozin 等报道了环境中的水、氧是如何分别或协同与不同尺寸(1.5～3 nm，荧光 660～610 nm)的硅量子点发生化学反应，进而影响其荧光量子产率的[120]。在干燥 Ar 环境下，所有尺寸的硅量子点荧光量子产率只略有下降；在干燥 O_2 和潮湿 O_2 两种环境下，荧光量子产率随尺寸的增加显著降低，并且前者比后者的降低略多一些；在潮湿的 Ar 条件下，所有硅量子点的荧光量子产率略有上升(1%～5%)。干燥 Ar 条件下只是样品中残留的 O_2 造成的影响，O_2 使硅量子点表面发生了不可逆的氧化；H_2O 的吸附钝化了硅量子点表面的缺陷或悬挂键，同时存在 O_2 的条件下，吸附的 H_2O 部分阻止了 O_2 与硅量子点表面的反应。

由于较大硅量子点的辐射跃迁需要声子的参与，而其表面的修饰无疑会对量子点体系声子模式产生影响[121]，进而影响荧光光谱的宽度。Sychugov 等发现，在常温下，烷基修饰的硅量子点荧光光谱最宽；表面包覆较厚 SiO_2 壳的硅量子点荧光光谱宽度居中；而用倍半硅氧烷热解得到的硅量子点，若不进行腐蚀提取处理，则可看作表面只有很薄一层氧钝化层的结构，其荧光光谱最窄可达约 5 nm，如图 4.8 所示[122]。这种超窄的荧光光谱在荧光标记或白光器件的应用中很有意义。

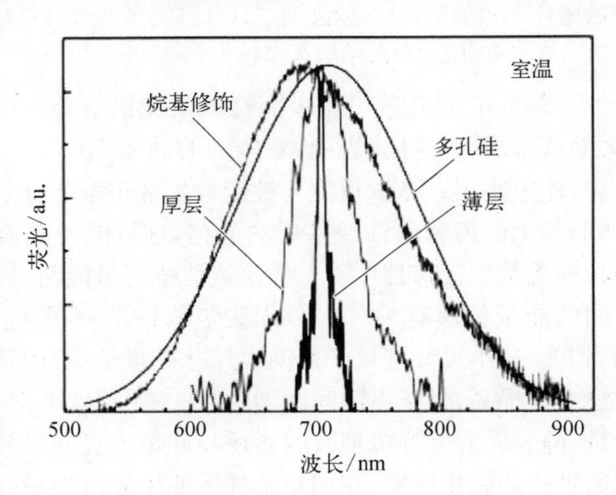

图 4.8 室温下多孔硅荧光光谱、烷基修饰硅量子点荧光光谱、单个较厚 SiO_2 壳层包覆的硅量子点荧光光谱，以及显示出超窄光谱特性的单个表面薄层氧钝化硅量子点荧光光谱[122]

2. 发紫外-蓝色荧光的硅量子点

1) 硅量子点紫外-蓝色荧光的发光机制

从制备方法上看，发紫外-蓝色荧光的硅量子点通常是通过液相还原法合成的，如基于 Zintl 盐的硅量子点合成、基于 $SiCl_4$ 的液相还原合成、超临界法、微波液相还原法、电化学还原法等。蓝色荧光在多孔硅中也有发现[114]。

对硅量子点的紫外-蓝色荧光的发光机制目前存在着许多观点，主要包括认为是量子限域效应下的硅发光，表面态/缺陷态发光，或者与硅量子效应相关的表面态/缺陷态发光。由于只有当硅量子尺寸小于 2 nm 时，量子限域效应才有可能使它发紫外-蓝色荧光[40,42,123,124]，而实际是在不少情况下紫外-蓝色荧光的硅量子点尺寸往往大于 2 nm，并且既有荧光随量子点尺寸与表面修饰不同而变化的报道，也有不随尺寸变化的例子，因此目前的主流观点是不论量子限域效应有没有起作用，必然都是与表面态/缺陷态相关的荧光。

2003 年，Brus 等通过理论模拟计算，预测超小的氢修饰的硅量子点（1. 1～1. 4 nm）会以直接带隙跃迁的方式发蓝光[125]。2003 年，Swihart 等对橙色荧光的硅量子点进行快速热氧化处理，获得了蓝色荧光的硅量子点[65]。Kang 等对电化学腐蚀法制备的硅量子点（约 3 nm）进行氧化处理，使氧化层不断增厚而硅核不断减小，成功地将硅量子点的红色荧光（约 660 nm）连续调至蓝色荧光（约 450 nm）[51]，他们确信该蓝色荧光来源于硅核（1. 2 nm），因为即使用 HF 对其进行腐蚀以消除氧化物，其荧光峰位也几乎没有产生变化。2010 年，Shirahata 等首次实现了对硅量子点荧光在紫外-蓝光范围的连续调控[126]，而之前人们只获得了硅量子点包含紫外线区的宽带发光[39,94]或一定波长的紫外发光[30,41]。制备方法是用联苯钠在存在表面活性剂的体系中还原 $SiCl_4$，通过调节表面活性剂与 $SiCl_4$ 的含量与比例来控制硅量子点的大小，表面以烷氧基修饰。硅量子点的荧光波长在 300～450 nm 随尺寸的增大（1. 8～4. 1 nm）而增加，类似于量子限域效应在起作用，具体机制有待进一步研究（如通过荧光寿命、外加磁场等方法）。

另一些研究则显示，硅量子点的紫外-蓝色荧光也可能来自缺陷态。例如，Zhu 等研究了分散于 SiO_2 中的硅纳米晶，发现蓝色荧光的强度随退火温度的提高而提高（600～1 100℃），但荧光峰的位置没有变化[127]；Kim 等发现对发蓝色荧光的多孔硅进行氧化处理，不能改变荧光峰的位置[103]；Wiggers 等在研究微波等离子体热解硅烷法制备的硅量子点时发现，HF 处理过的发红光的硅量子点的氧化对其荧光的影响，在红光蓝移（与文献[51]一致，主要由量子限域效应引起）的同时，450 nm 处的蓝光峰不断增强但不改变位置[128]；Kortshagen 等也发现氧化硅量子点可得到发蓝色荧光的硅量子点，但荧光波长（410 nm）不随氧化时间的延长而改变[106]。因此，他们都推测荧光来自硅量子点表面或 Si/SiO_2 界面的缺陷中心。Chen 和 Yang 等认为蓝光机制是，光激发硅量子点核产生的激子被表面氧化物缺陷态俘获后，一部分以辐射跃迁的形式发出蓝光[32,129]。事实上，SiO_2 激子被缺陷俘获后发蓝光的现象很早就为人所知[130]。

2013 年，Veinot 等发现，将氢修饰的发红光的量子点暴露于微量含氮化合物如四辛基溴化铵（TOAB）或溴化铵（NH_4Br）环境时：若同时暴露于空气，则红色荧光消失，发蓝色荧光，蓝色荧光寿命为 2. 06 ns，荧光波长随激发波长的变化而变化;若隔绝空气,则红色荧光猝灭且无蓝色荧光[104]。他们认为硅量子点的蓝色荧光的机制与表面 Si—N 相关的缺陷有关,同时也与氧有关;烯丙基胺修饰的硅量子点其蓝色荧光波长与量子点大小(3~9 nm)或能隙大小无关[131],采用扫描隧道显微镜对溴化铵和烯丙基胺修饰的硅量子点的研究也证实了这一点[112],同时还发现其费米能级向下移动,类似于 p 型掺杂,表明这与配体偶极矩,以及配体与硅量子点间的电子转移有关。

2) 表面修饰对硅量子点荧光的调控

早在 2003 年,Kauzlarich 等就发现,用 Mg_2Si 为硅源制备的相同大小(4.5 nm)的硅量子点其蓝色荧光与表面修饰分子有关,表面修饰烷基时荧光为 440 nm,修饰烷基-烷氧基时为 390 nm[31]。后来,人们又知道了氨基修饰可使发红光的硅量子点发蓝光,其光谱与量子点尺寸无关。那么,能不能通过配体的选择和设计,实现硅量子点可见全色光谱的调控呢? 自 2014 年以来,Dasog 与 Veinot 等在这个挑战上取得了突破性进展。对相同大小的硅量子点(3~4 nm)分别修饰十二胺、缩醛、二苯胺、三辛基氧化膦(TOPO)、十二烷基(在空气环境下修饰)或十二烷基(在惰性气体保护下修饰),其荧光分别为蓝色、蓝绿色、绿色、黄色、橙色或红色[132]。除了这些较为复杂的表面配体,简单的卤素配体也能够调控硅量子点荧光,约3 nm 的硅量子点修饰了 Cl、I 或 Br 配体原子后,其荧光分别呈蓝色、橙色或红色(图 4.9)[133]。荧光寿命的测试显示,蓝色荧光的寿命为 6.1 ns,且荧光随激发波长的增加而红移,这可能来源于类似表面氮氧缺陷态的氯氧缺陷态发光,也与一些在含氯体系中合成的硅量子点荧光一致[30,38,134];橙色荧光的寿命为 5.4 ns,同样为缺陷态荧光,但荧光不随激发波长的变化而移动;而 Br 修饰的硅量子点红色荧光寿命长达 13 μs,与前面讨论的基于量子点能级的发光一致。

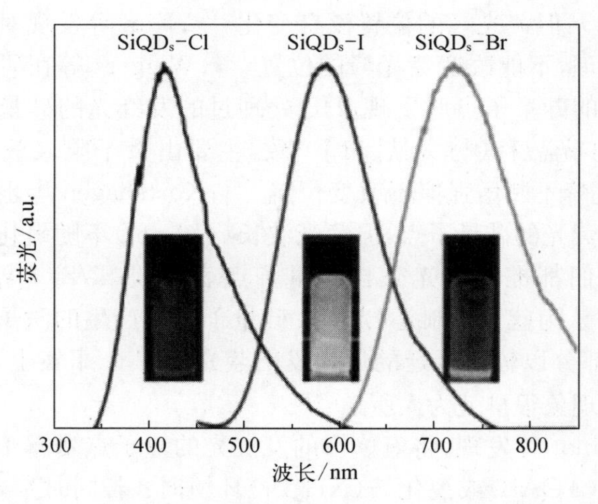

图 4.9 相同大小的硅量子点(约 3 nm)表面修饰 Cl、I 和 Br 的荧光光谱和照片[133]

4.3.4 硅量子点表面的光电功能分子修饰

硅量子点表面的分子修饰对其性质，特别是荧光性质的调控有着重要意义。已有的报道多是研究配体分子对硅量子点分散性和荧光的影响，除了将生物功能分子连接到硅量子点表面以用于生物荧光标记[24-26,87,135]，很少涉及修饰配体本身的性质。硅量子点另一具有重大应用潜力的方向是光电功能领域，如发光器件。例如，Maier-Flaig 及其合作者将聚倍半硅氧烷热解制备的硅量子点作为电致发光器件的发光层材料，通过调控硅量子点的大小获得了多种电致发光颜色(红、橙、黄)的器件[136,137]，器件结构和电致发光光谱如图 4.10(a)和图 4.10(b)所示。其中红光器件的外部量子效率高达 1.1%，并且启动电压很低(2.0 V)。Liu 等报道将 3～5 nm 的硅纳米晶用于制备有机-无机杂化太阳能电池[21,139]，在 AM1.5 光照下效率达 1.15%，填充因子 0.46，开路电压 0.75 V，器件结构和 $J-V$ 曲线如图 4.10(c)和图 4.10(d)所示。

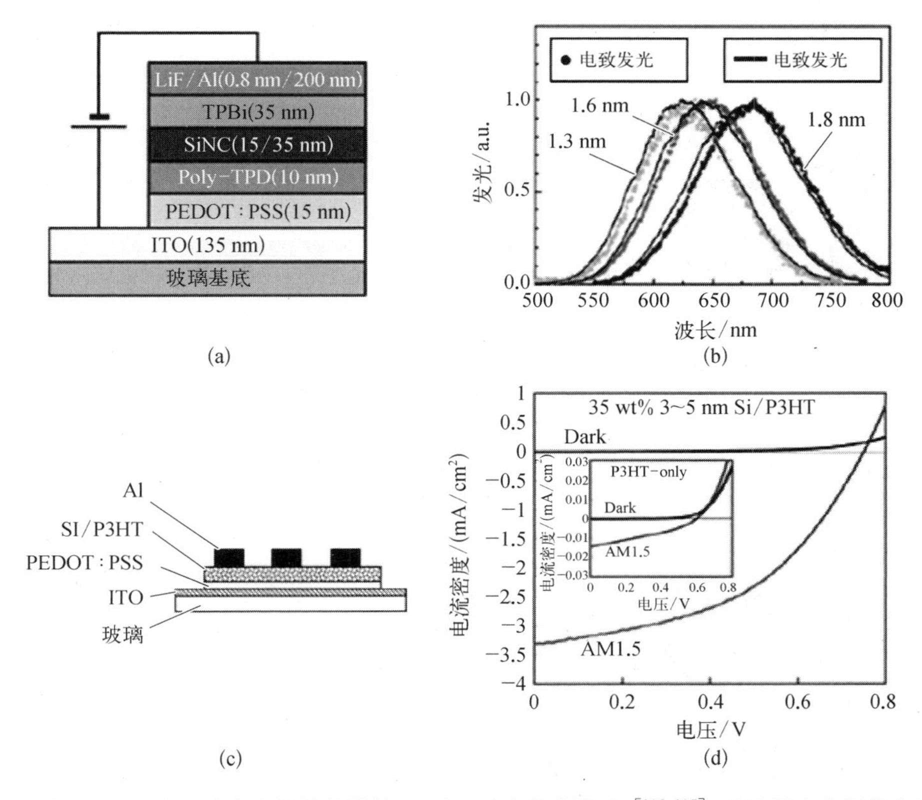

图 4.10 硅量子点电致发光器件的结构(a)及电致发光光谱(b)[136,137]；硅量子点太阳能电池器件的结构(c)及 AM1.5 光照下的 $J-V$ 曲线(d)[21]

如果能够将光电功能分子修饰到硅量子点的表面，就有可能使这类有机-无机杂化材料兼具硅量子点和配体的性质和功能，通过能级设计和调控，还可以获得丰富的耦合性质，这对硅量子点在光电功能器件中的应用就显得非常有意义。近两年来，本书课题组在光电功能分子修饰硅量子点方向上开展了一些初步工作，通过氢化硅烷化反应，已成功地将多种共轭体系小分子(如噻吩、喹啉、蒽、咔唑、联苯等)修饰到硅量子点的表面并研究了其光电特性(图 4.11)[140,141]。20 世纪 60 年代，Pope 等首次报道了蒽单晶的电致发光现象[142,143]，作为有机电致发光器件(OLED)发展史上的开端。随着理论和技术的进步，基于蒽衍生物的高效 OLED 近年来不断见于报道[144-146]。将这样一个明星分子蒽的衍生物 9-乙烯基蒽，通过氢化硅烷化反应，修饰到了硅量子点的表面。有趣的是，与前面介绍的各种硅量子点修饰的结果不同，9-乙烯基蒽修饰的硅量子点(5.4 nm)显示出独特的位于 431 nm 和824 nm 的双荧光峰。824 nm 的荧光来源于硅量子点的能级发光，由量子限域效应调控；431 nm 的峰由于其激发光谱与 9-乙烯基蒽的激发光谱基本重合，应是蒽基团的荧光，但荧光蓝移了约 20 nm，荧光寿命(7.35 ns)与 9-乙烯基蒽(5.53 ns)和蒽(5.32 ns)相比也有所增加，其荧光性质的差异可能和配体分子结

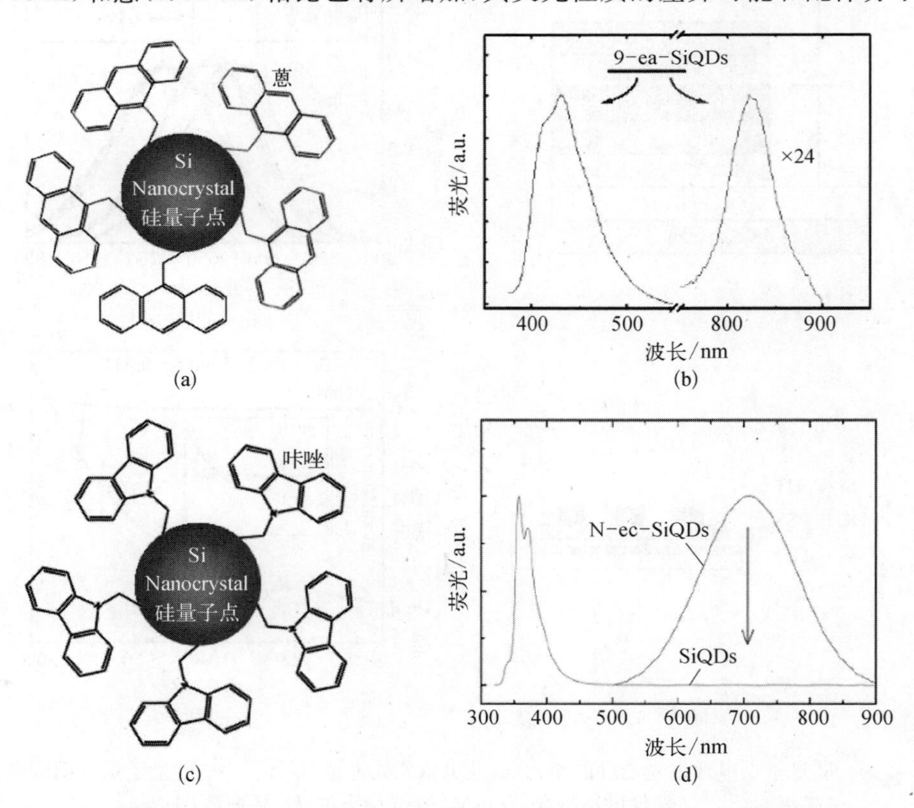

图 4.11 蒽基团修饰的硅量子点示意图(a)与荧光光谱(b)；咔唑基团修饰的硅量子点示意图(c)与荧光光谱(d)[140,141]

构、配体与硅量子点及硅量子点的表面态相互作用有关。该修饰策略为合成多荧光发射峰的硅量子点提供了一个思路，即发射峰的组合可通过硅量子点的大小和荧光配体的选择来进行调控。实际上，由于不同光电功能分子在几何、化学和能级结构上的差异，不同配体与硅量子点的相互作用也会有所不同，导致荧光现象的不同。例如，将空穴传输分子咔唑基团修饰到硅量子点(3.1 nm)表面，发现导致了硅量子点本征荧光(710 nm)的猝灭，同时咔唑的荧光发生了10 nm的蓝移。与9-乙烯基蒽修饰不同，其配体荧光寿命(1.4 ns)相比修饰前的自由配体荧光寿命(3.2 ns)大大减小，并且激发光谱变得更宽。推测其光谱变化的机理与配体分子和硅量子点发生较强的耦合作用有关。

除了氢化硅烷化反应，还有另一种策略可以将配体分子直接以Si—C键的形式修饰到硅量子点表面：采用有机锂化合物LiR直接与氢修饰的硅量子点在常温下反应，反应将会打开Si—Si键，将Li和R以Si—Li和Si—R的形式修饰到硅量子点表面，随后用HCl处理可除去硅表面的Li而代之以Si—H。Rieger等成功地用该方法将烷基噻吩、苯乙炔等光电功能分子修饰到了硅量子点的表面[147]。

4.3.5 基于硅量子点的核壳结构量子点

具有核壳结构的量子点是指以量子点为核，在表面生长覆盖一个壳层的结构。根据核和壳的能级相对位置，借用半导体物理中异质结(heterojunction)的概念，一般可分为type-Ⅰ和type-Ⅱ两种结构[148]。type-Ⅰ结构通常指壳的导带高于核的导带、壳的价带低于核的价带，典型的type-Ⅰ核壳结构量子点有CdSe/CdS、CdTe/CdS、InP/CdS等；壳的导带低于核的导带、壳的价带高于核的价带的量子点结构通常称为反type-Ⅰ结构，如ZnSe/InP、CdS/CdSe等。type-Ⅱ结构指壳的导带高于核的导带、壳的价带也高于核的价带的结构，或者壳的导带低于核的导带、壳的价带也低于核的价带的结构，典型的type-Ⅱ核壳结构量子点有CdTe/CdSe、CdSe/ZnTe、CdS/ZnSe等。广义上看量子点表面的修饰配体也可以看作一个分子壳层。

Si/SiO_2是典型的type-Ⅰ结构的硅量子点，Si量子点的导带和价带均落在SiO_2的能隙之中。但除此之外，不像Ⅱ-Ⅵ族或Ⅲ-Ⅴ族半导体量子点有大量的两类核壳结构的例子，除，Si/SiO_2，鲜有其他type-Ⅰ或type-Ⅱ核壳结构的硅量子见诸报道。近两年本书课题组在制备新的基于硅的核壳结构量子点方面开展了一些探索性的工作，取得了一些初步成果。例如，采用“连续离子层吸附反应”(successive ion layer adhesion and reaction, SILAR)技术[149,150]首次制备获得了Si/CdS量子点。在反应溶液中先将S吸附键合到硅量子点的表面，然后加入Cd前驱体，使它与硅表面的S反应生成一层原子层厚度量级的CdS壳层，通过控制重复加S和Cd前驱体的次数，得到了一系列CdS壳层厚度的Si/CdS量子点。CdS的导带和价带分别低于硅量子点的导带和价带，因此形成的是type-Ⅱ型的量子点。对Si/CdS量子点的研究发现，Si的荧光(630 nm)在包覆了CdS壳层后发生了猝灭，而随 CdS 厚度的不同表现出受量子限域效应调控的 CdS 带边发射及与 CdS 和核壳界面相关缺陷发光，显示出双发生峰的特征，如图 4.12 所示[151]。经与相同尺寸的 CdS 量子点(约 4.5 nm)比较，Si/CdS 量子点中 CdS 壳的带边发射荧光寿命和缺陷态荧光寿命分别为 9.5 ns 和 288.6 ns，远低于纯 CdS 量子点的带边与缺陷态荧光寿命 70.2 ns 和 949.7 ns。没有观察到 type－Ⅱ荧光，即 CdS 导带向 Si 价带的辐射跃迁。荧光寿命的缩短及无 type－Ⅱ荧光都可能与 Si 和 CdS 的界面有关。导电性方面，随 CdS 壳层的增厚，电导率增加，趋近于同尺寸的 CdS 量子点，且导电性受温度、气氛(空气气氛或真空)条件影响很大。一方面，说明在硅量子点的实际应用中环境的影响不可忽视，另一方面，这个特性或许可用于传感领域[152,153]。这项工作可扩展到制备多种多样的基于硅的核壳结构量子点，具有广阔的应用空间。

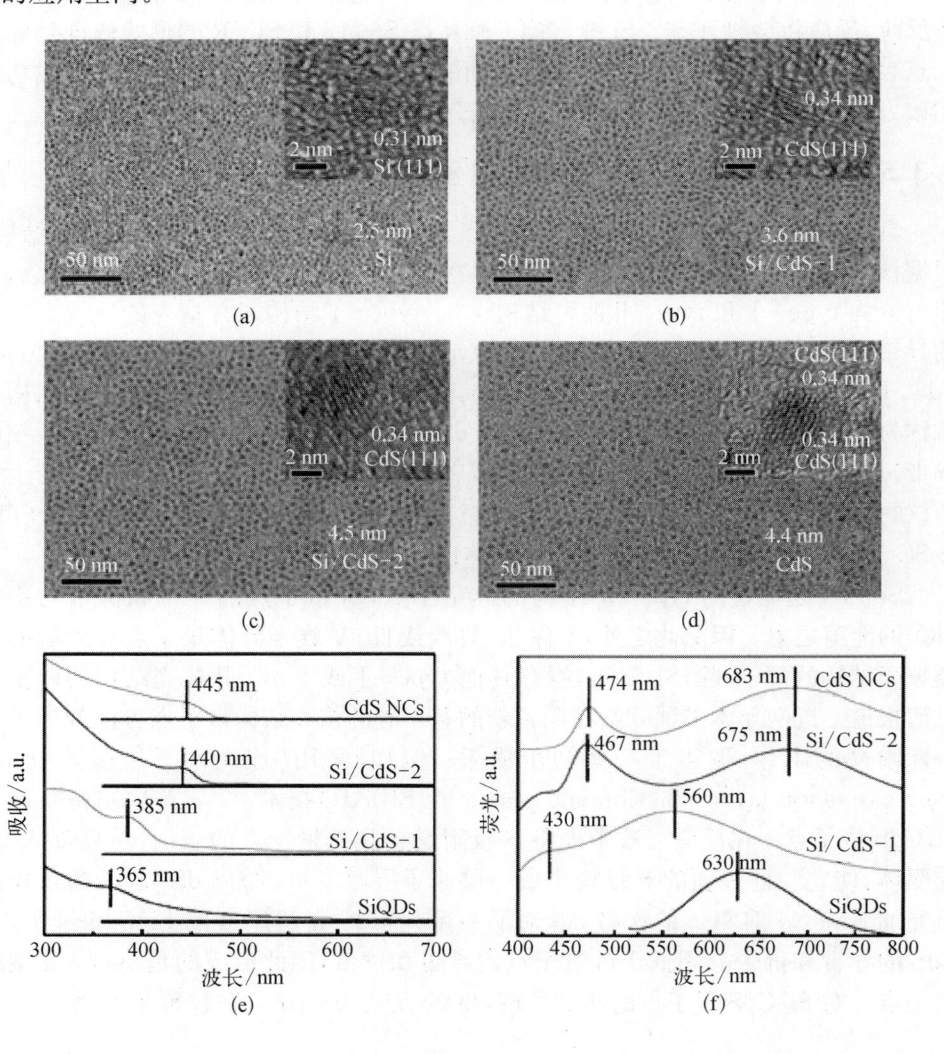

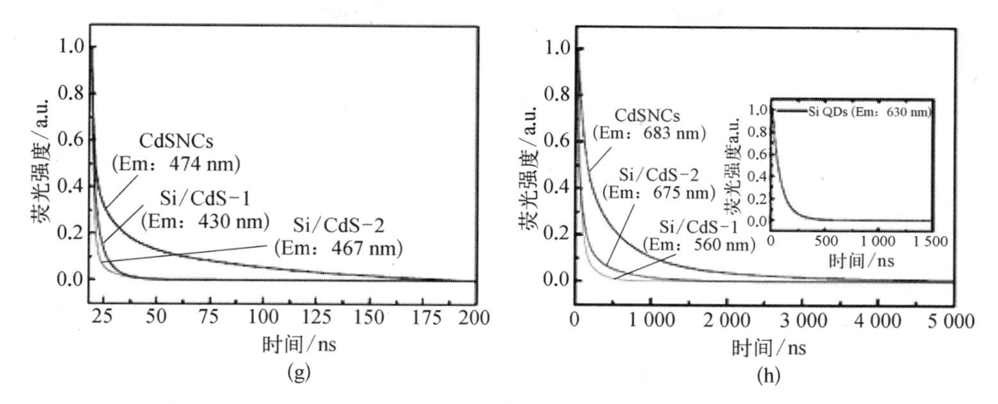

图4.12　Si量子点的TEM/HRTEM(a)，核壳结构Si/CdS量子点的TEM/HRTEM(b)，核壳结构Si/CdS量子点的TEM/HRTEM(c)，CdS量子点的TEM/HRTEM(d)；吸收光谱(e)，荧光光谱(f)，CdS与Si/CdS量子点的CdS本征发光荧光寿命(g)，CdS与Si/CdS量子点缺陷发光荧光寿命、Si量子点荧光寿命(h)

硅量子点的荧光波长、量子产率、荧光寿命、发光机制与硅量子点的尺寸、缺陷/表面态、物质结构(晶体、无定形)、空间结构(如Sn－Si火柴头结构、Si/SiO_2核壳结构)、能级结构(如type－Ⅰ、type－Ⅱ结构)、修饰原子/分子、环境(溶液或固态)、聚集状态等因素休戚相关，常常是多个因素同时起作用，影响硅量子点的性质，往往不能套用一个理论(如量子限域效应)来解释。不同文献中的制备、测量、表征所采用的方法细节也常常不一样。因此对硅量子点性质的研究、涉及机制的探讨及对文献的阅读比较需要仔细、谨慎。随着高质量硅量子点制备技术的不断完善及对硅量子点性质认识的不断深入，下一阶段的研究重点之一是基于硅量子点的功能材料体系及其应用性研究，特别是本书介绍的硅基纳米光电及能源材料与器件应用。由于硅基纳米材料的应用领域广泛，学科和技术交叉已经成为开展相关科研的基础，本章并没有深入讨论与硅量子点相关的具体的实验细节和科学问题，意在向广大读者呈现一个较为全面的研究概貌，以期抛砖引玉，能够为读者提供参考、借鉴和启发。

参考文献

[1] Wang Y, Herron N. Nanometer-sized semiconductor clusters: Materials synthesis, quantum size effects, and photophysical properties. The Journal of Chemical Physics, 1991, 95(2): 525－532.

[2] Efros Al L, Efros A L. Pioneering Effort I. Soviet Physics: Semiconductors, 1982, 16: 772.

[3] Ekimov A I, Onushchenko A A. Size quantization of the electron energy spectrum in a microscopic semiconductor crystal. Jounal of Experimental and Theoretical Physics Letters, 1984, 40(8): 1136－1139.

[4] Brus L E. Electron-electron and electron-hole interactions in small semiconductor crystallites: the size dependence of the lowest excited electronic state. The Journal of Chemical Physics, 1984, 80(9): 4403 - 4407.

[5] Kayanuma Y. Quantum-size effects of interacting electrons and holes in semiconductor microcrystals with spherical shape. Physical Review B, 1988, 38(14): 9797 - 9805.

[6] Kalyanasundaram K, Borgarello E, Duonghong D, et al. Cleavage of water by visible-light irradiation of colloidal CdS solutions: Inhibition of photocorrosion by RuO_2. Angewandte Chemie International Edition, 1981, 20(111): 987 - 988.

[7] Rossetti R, Brus L. Electron-hole recombination emission as a probe of surface chemistry in aqueous cadmium sulfide colloids. The Journal of Chemical Physics, 1982, 86: 4470 - 4472.

[8] Ekimov A I, Efros A L, Onushchenko A A. Quantum size effect in semiconductor microcrystals. Solid State Communications, 1985, 56(11): 921 - 924.

[9] Brus L E. A simple model for the ionization potential, electron affinity, and aqueous redox potentials of small semiconductor crystallites. The Journal of Chemical Physics, 1983, 79(11): 5566 - 5571.

[10] Ekimov A I, Onushchenko A A. Quantum-size effects in optical spectra of semiconductor micro-crystals. Soviet Physics: Semiconductors, 1982, 16: 775 - 778.

[11] Bawendi M G, Kortan A R, Steigerwald M L, et al. X - ray structural characterization of larger CdSe semiconductor clusters. The Journal of Chemical Physics, 1989, 91(11): 7282 - 7290.

[12] Murray C B, Norris D J, Bawendi M G. Synthesis and characterization of nearly monodisperse CdE (E = sulfur, selenium, tellurium) semiconductor nanocrystallites. Journal of the American Chemical Society, 1993, 115(19): 8706 - 8715.

[13] Peng X G, Schlamp M C, Kadavanich A V, et al. Epitaxial growth of highly luminescent CdSe/CdS core/shell nanocrystals with photostability and electronic accessibility. Journal of the American Chemical Society, 1997, 119(30): 7019 - 7029.

[14] Peng X G, Wickham J, Alivisatos A P. Kinetics of II - VI and III - V Colloidal semiconductor nanocrystal growth: "focusing" of size distributions. Journal of the American Chemical Society, 1998, 120: 5343 - 5344.

[15] Peng X G, Manna L, Yang W D, et al. Shape control of CdSe nanocrystals. Nature, 2000, 404(6773): 59 - 61.

[16] Wang X, Zhuang J, Peng Q, et al. A general strategy for nanocrystal synthesis. Nature, 2005, 437(7055): 121 - 124.

[17] Uhlir A. Electrolytic shaping of germanium and silicon. Bell System Technical Journal, 1956, 35(2): 333 - 347.

[18] Canham L T. Silicon quantum wire array fabrication by electrochemical and chemical dissolution of wafers. Applied Physics Letters, 1990, 57(10): 1046 - 1048.

[19] Furukawa S, Mijasato T. Three-dimensional quantum well effects in ultrafine silicon particles. Japanese Journal of Applied Physics, 1988, 27(11): L2207 - L2209.

[20] Furukawa S, Mijasato T. Quantum size effects on the optical and electrical properties of

microcrystalline Si : H. Superlattice and Microstructrue, 1989, 5(3): 317 - 320.

[21] Liu C Y, Holman Z C, Kortshagen U R. Hybrid solar cells from P_3 HT and silicon nanocrystals. Nano Letters, 2009, 9(1): 449 - 452.

[22] Puzzo D P, HendersonE J, Helander M G, et al. Visible colloidal nanocrystal silicon light-emitting diode. Nano Letters, 2011, 11(11): 1585 - 1590.

[23] Cheng K Y, Anthony R, Kortshagen U R, et al. High-efficiency silicon nanocrystal light-emitting devices. Nano Letters, 2011, 11(5): 1952 - 1956.

[24] Erogbogbo F, Yong K T, Roy I, et al. In vivo targeted cancer imaging, sentinel lymph node mapping and multi-channel imaging with biocompatible silicon nanocrystals. ACS Nano, 2011, 5(1): 413 - 423.

[25] He Y, Kang Z H, LiQ S, et al. Ultrastable, highly fluorescent, and water-dispersed silicon-based nanospheres as cellular probes. Angewandte Chemie International Edition, 2009, 48(1): 128 - 132.

[26] Park J H, Gu L, Maltzahn G, et al. Biodegradable luminescent porous silicon nanoparticles for in vivo applications. Nature Matererials, 2009, 8(4): 331 - 336.

[27] Heath J R. A Liquid-solution-phase synthesis of crystalline silicon. Science, 1992, 258 (5085): 1131 - 1133.

[28] Bley R A, Kauzlarich S M. A low-temperature solution phase route for the synthesis of silicon nanoclusters. Journal of the American Chemical Society, 1996, 118 (49): 12461 - 12462.

[29] Mayeri D, Phillips B L, Augustine M P, et al. NMR Study of the synthesis of alkyl-terminated silicon nanoparticles from the reaction of $SiCl_4$ with the zintl salt, NaSi. Chemistry of Materials, 2001, 13(3): 765 - 770.

[30] Yang C S, Bley R A, Kauzlarich S M, et al. Synthesis of alkyl-terminated silicon nanoclusters by a solution route. Journal of the American Chemical Society, 1999, 121(22): 5191 - 5195.

[31] Pettigrew K A, Liu Q, Power P P, et al. Solution synthesis of alkyl-and alkyl/alkoxy-Capped silicon nanoparticles via oxidation of Mg_2Si. Chemistry of Materials, 2003, 15(15): 4005 - 4011.

[32] Lin S W, Chen D H. Synthesis of water-sduble blue photoluminescent silicon nanocrystals with oxide surface passivation. Small, 2009, 5: 72 - 76.

[33] McMillan P F, Gryko J, Bull C, et al. Amorphous and nanocrystalline luminescent Si and Ge obtained via a solid-state chemical metathesis synthesis route. Journal of Solid State Chemistry, 2005, 178(3): 937 - 949.

[34] Neiner D, Chiu H W, Kauzlarich S M. Low-temperature solution route to macroscopic amounts of hydrogen terminated silicon nanoparticles. Journal of the American Chemical Society, 2006, 128(34): 11016 - 11017.

[35] Zhang X M, Neiner D, Wang S Z, et al. A new solution route to hydrogen-terminated silicon nanoparticles: Synthesis, functionalization and water stability. Nanotechnology, 2007, 18(9): 3799 - 3802.

[36] Li G H, Gill H S, Varin R A. Magnesium silicide intermetallic alloys. Physical Metallurgy and Materials Science, 1993, 24(11): 2383 - 2391.

[37] Dhas N A, Raj C P, Gedanken A. Preparation of luminescent silicon nanoparticles: Anovel sonochemical approach. Chemistry of Materials, 1998, 10(11): 3278 - 3281.

[38] Baldwin R K, Pettigrew K A, Ratai E, et al. Solution reduction synthesis of surface stabilized silicon nanoparticles. Chemical Communications, 2002, 8(17): 1822 - 1823.

[39] Wilcoxon J P, Samara G A, Provencio P N. Optical and electronic properties of Si nanoclusters synthesized in inverse micelles. Physical Review B, 1999, 60 (60): 2704 - 2714.

[40] Warner J H, Hoshino A, Yamamoto K, et al. Water-soluble photoluminescent silicon quantum dots. Angewandte Chemie International Edition, 2005, 44(29): 4550 - 4554.

[41] Tilley R D, Warner J H, Yamamoto K, et al. Micro-emulsion synthesis of monodisperse surface stabilized silicon nanocrystals. Chemical Communications, 2005, 14 (14): 1833 - 1835.

[42] Tilley R D, Yamamoto K. The microemulsion synthesis of hydrophobic and hydrophilic silicon nanocrystals. Advanced Materials, 2006, 18(15): 2053 - 2056.

[43] Rosso-Vasic M, Spruijt E, van Lagen B, et al. Alkyl-functionalized oxide-free silicon nanoparticles: Synthesis and optical properties. American Economic Review, 2009, 5(23): 1835 - 1841.

[44] Wang J, Sun S Q, Peng F, et al. Efficient one-pot synthesis of highly photoluminescent alkyl-functionalised silicon nanocrystals. Chemical Communications, 2011, 47 (17): 4941 - 4943.

[45] Wang J, Sun S Q. Synthesis of hexagonal silicon nanocrystals under ambient condition. Scientia Sinica (Physica, Mechanica & Astronomica), 2011, 41(9): 1041 - 1045.

[46] Wilcoxon J P, Samara G A, Provencio P N. Optical and electronic properties of Si nanoclusters synthesized in inverse micelles. Physical Review B, 1999, 60 (60): 2704 - 2714.

[47] Heinrich J L, Curtis C L, Credo G M, et al. Luminescent colloidal silicon suspensions from porous silicon. Science, 1992, 255(5040): 66 - 68.

[48] Akcakir O, Therrien J, Belomoin G, et al. Detection of luminescent single ultrasmall silicon nanoparticles using fluctuation correlation spectroscopy. Applied Physics Letters, 2000, 76 (14): 1857 - 1859.

[49] Belomoin G, Therrien J, Smith A, et al. Observation of a magic discrete family of ultrabright Si nanoparticles. Applied Physics Letters, 2002, 80(5): 841 - 843.

[50] Kang Z H, Tsang C H A, Zhang Z D, et al. A polyoxometalate-assisted electrochemical method for silicon nanostructures preparation: from quantum dots to nanowires. Journal of the American Chemical Society, 2007, 129(17): 5326 - 5327.

[51] Kang Z H, Liu Y, Tsang C H A, et al. Water-soluble silicon quantum dots with wavelength-tunable photoluminescence. Advanced Materials, 2009, 21(6): 661 - 664.

[52] Murthy T U M S, Miyamoto N, Shimbo M, et al J. Gas-phase nucleation during the

thermal decomposition of silane in hydrogen. Journal of Crystal Growth, 1976, 33(1): 1-7.

[53] Littau K A, Szajowski P J, Muller A J, et al. A luminescent silicon nanocrystal colloid via a high-temperature aerosol reaction. The Journal of Chemical Physics, 1993, 97(6): 1224-1230.

[54] Wilson W L, Szajowski P J, Brus L E. Quantum confinement in size-selected, surface-oxidized silicon nanocrystals. Science, 1993, 262(5137): 1242-1244.

[55] Schuppler S, Friedman S L, Marcus M A, et al. Dimensions of luminescent oxidized and porous silicon structures. Physical Review Letters, 1994, 72(16): 2648-2650.

[56] Brus L E. Luminescence of silicon materials: chains, sheets, nanocrystals, nanowires, microcrystals, and porous silicon. The Journal of Chemical Physics, 1994, 98(14): 3575-3581.

[57] Cannon W R, Danforth S C, Flint J H, et al. Synthesis of Si and Si_3N_4 powders from laser-heated gas-phase reactants. American Ceramic Society Bulletin, 1979, 58: 337-337.

[58] Cannon W R, Danforth S C, Flint J H, et al. Sinterable ceramic powders from laser-driven reactions: i, process description and modeling. Journal of the American Chemical Society, 1982, 65(7): 324-330.

[59] Ehbrecht M, Kohn B, Huisken F, et al. Photoluminescence and resonant raman spectra of silicon films produced by size-selected cluster beam deposition. Physical Review B, 1997, 56(11): 6958-6964.

[60] Ehbrecht M, Ferkel H, Huisken F. Generation, analysis, and deposition of silicon nanocrystals up to 10 nm in diameter. Zeitschrift fur Physik D Atoms, Molecules and Clusters, 1997, 40(1): 88-92.

[61] Ehbrecht M, Huisken F. Gas-phase characterization of silicon nanoclusters produced by laser pyrolysis of silane. Physical Review B, 1999, 59(59): 2975-2985.

[62] Ledoux G, Guillois O, Porterat D, et al. Photoluminescence properties of silicon nanocrystals as a function of their size. Physical Review B, 2000, 62(62): 15942-15951.

[63] Ledoux G, Gong J, Huisken F. Effect of passivation and aging on the photoluminescence of silicon nanocrystals. Applied Physics Letters, 2001, 79(24): 4028-4030.

[64] Ledoux G, Gong J, Huisken F, et al. Photoluminescence of size-separated silicon nanocrystals: confirmation of quantum confinement. Applied Physics Letters, 2002, 80(25): 4834-4836.

[65] Li X G, He Y Q, Talukdar S S, et al. Process for preparing macroscopic quantities of brightly photoluminescent silicon nanoparticles with emission spanning the visible spectrum. Langmuir, 2003, 19(20): 8490-8496.

[66] Li X G, He Y Q, Swihart M T. Surface functionalization of silicon nanoparticles produced by laser-driven pyrolysis of silane followed by HF-HNO_3 etching. Langmuir, 2004, 20(11): 4720-4727.

[67] Li X, He S S, Talukdar S S, et al. Preparation of luminescent silicon nanoparticles by photothermal aerosol synthesis followed by acid etching. Phase Transition, 2004, 77(1):

131 - 137.
[68] Knipping J, Wiggers H, Rellinghaus B, et al. Synthesis of high purity silicon nanoparticles in a low pressure microwave reactor. Nanoscienceand Nanotechnology, 2004, 4(8): 1039 - 1044.
[69] Mangolini L, Kortshagen U. Plasma-assisted synthesis of silicon nanocrystal inks. Advanced Materials, 2007, 19(18): 2513 - 2519.
[70] Gupta A, Swihart M T, Wiggers H. Luminescent colloidal dispersion of silicon quantum dots from microwave plasma synthesis: exploring the photoluminescence behavior across the visible spectrum. Advanced Functional Materials, 2009, 19(15): 696 - 703.
[71] Gresback R, Nozaki T, Okazaki K. Synthesis and oxidation of luminescent silicon nanocrystals from silicon tetrachloride by very high frequency nonthermal plasma. Nanotechnology, 2011, 22(30): 305605 - 305611.
[72] Heitsch A T, Fanfair D D, Tuan H Y, et al. Solution-liquid-solid (SLS) growth of silicon nanowires. Journal of the American Chemical Society, 2008, 130(6): 5436 - 5437.
[73] Heitsch A T, Hessel C M, Akhavan V A, et al. Colloidal silicon nanorod synthesis. Nano Letters, 2009, 9(8): 3042 - 3047.
[74] Hessel C M, Heitsch A T, Korgel B A. Gold seed removal from the tips of silicon nanorods. Nano Letters, 2010, 10(10): 176 - 180.
[75] Lu X T, Korgel B A. A single-step reaction for silicon and germanium nanorods. Chemistry - A European Journal, 2014, 20(20): 5874 - 5879.
[76] Lu X T, Hessel C M, Yu Y X, et al. Colloidal luminescent silicon nanorods. Nano Letters, 2013, 13(7): 3101 - 3105.
[77] Soraru G D, Modena S, Bettotti P, et al. Si nanocrystals obtained through polymer pyrolysis. Applied Physics Letters, 2003, 83(4): 749 - 751.
[78] Hessel C M, Henderson E J, Veinot J G C. Hydrogen silsesquioxane: A molecular precursor for nanocrystalline Si - SiO_2 composites and freestanding hydride-surface-terminated silicon nanoparticles. Chemistry of Materials, 2006, 18: 6139 - 6146.
[79] Henderson E J, Kelly J A, Veinot J G C. Influence of $HSiO_{1.5}$ sol-gel polymer structure and composition on the size and luminescent properties of silicon nanocrystals. Chemistry of Materials, 2009, 21(22): 5426 - 5434.
[80] Hessel C M, Reid D, Panthani M G, et al. Synthesis of ligand-stabilized silicon nanocrystals with size-dependent photoluminescence spanning visible to near-infrared wavelengths. Chemistry of Materials, 2012, 24(2): 393 - 401.
[81] Yang Z Y, Dobbie A R, Cui K, et al. A convenient method for preparing alkyl-functionalized silicon nanocubes. Journal of the American Chemical Society, 2012, 134(34): 13958 - 13961.
[82] Mastronardi M L, Hennrich F, Henderson E J, et al. Preparation of monodisperse silicon nanocrystals using density gradient ultracentrifugation. Journal of the American Chemical Society, 2011, 133(31): 11928 - 11931.
[83] Mastronardi M L, Maier-Flaig F, Faulkner D, et al. Size-dependent absolute quantum

yields for size-separated colloidally-stable silicon nanocrystals. Nano Letters, 2012, 12(1): 337 - 342.

[84] Locritani M, Yu Y X, Bergamini G, et al. Silicon nanocrystals functionalized with pyrene units: efficient light-harvesting antennae with bright near-infrared emission. Journal of Physical Chemistry Letters, 2014, 5(19): 3325 - 3329.

[85] Holmes J D, Ziegler K J, Doty R C, et al. Highly luminescent silicon nanocrystals with discrete optical transitions. Journal of the American Chemical Society, 2001, 123(16): 3743 - 3748.

[86] English D S, Pell L E, Yu Z H, et al. Size tunable visible luminescence from individual organic monolayer stabilized silicon nanocrystal quantum dots. Nano Letters, 2002, 2(7): 681 - 685.

[87] Zhong Y L, Peng F, Bao F, et al. Large-scale aqueous synthesis of fluorescent and biocompatible silicon nanoparticles and their use as highly photostable biological probes. Journal of the American Chemical Society, 2013, 135(22): 8350 - 8356.

[88] Choi J, Wang N S, Reipa V. Electrochemical reduction synthesis of photoluminescent silicon nanocrystals. Langmuir, 2009, 25(12): 7097 - 7102.

[89] Werwa E, Seraphin A A, Chiu L A, et al. Synthesis and processing of silicon nanocrystallites using a pulsed laser ablation supersonic expansion method. Applied Physics Letters, 1994, 64(14): 1821 - 1823.

[90] Orii T, Hirasawa M, Seto T. Tunable, narrow-band light emission from size-selected Si nanoparticles produced by pulsed-laser ablation. Applied Physics Letters, 2003, 83(16): 3395 - 3397.

[91] Camata R P, Atwater H A, Vahala K J, et al. Size classification of silicon nanocrystals. Applied Physics Letters, 1996, 68(22): 3162 - 3164.

[92] Alkis S, Okyay A K, Ortaç B. Post-treatment of silicon nanocrystals produced by ultra-short pulsed laser ablation in liquid: Toward blue luminescent nanocrystal generation. The Journal of Physical Chemistry C, 2012, 116: 3432 - 3436.

[93] Intartaglia R, Barchanski A, Bagga K, et al. Bioconjugated silicon quantum dots from one-step green synthesis. Nanoscale, 2012, 4(4): 1271 - 1274.

[94] Shirahata N, Linford M R, Furumi S, et al. Laser-derived one-pot synthesis of silicon nanocrystals terminated with organic monolayers. Chemical Communications, 2009, 31(31): 4684 - 4686.

[95] Bao Z H, Weatherspoon M R, Shian S, et al. Chemical reduction of three-dimensional silica micro-assemblies into microporous silicon replicas. Nature, 2007, 446(7132): 172 - 175.

[96] Richman E K, Kang C B, BrezesinskiT, et al. Ordered mesoporous silicon through magnesium reduction of polymer templated silica thin films. Nano Letters, 2008, 8(9): 3075 - 3079.

[97] Liu M P, Li C H, Du H B, et al. Facile preparation of silicon hollow spheres and their use in electrochemical capacitive energy storage. Chemical Communications, 2012, 48(41): 4950 - 4952.

[98] Lin N, Han Y, Wang L B, et al. Preparation of nanocrystalline silicon from $SiCl_4$ at 200℃ in molten salt for high-performance anodes for lithium ion batteries. Angewandte Chemie International Edition, 2015, 54(12): 3822 - 3825.

[99] Buriak J M. Organometallic chemistry on silicon and germanium surfaces. Chemical Reviews, 2002, 102(5): 1271 - 1308.

[100] Yao H P, Dai Y J, Feng J C, et al. Organic molecules grafted silicon surface through wet chemistry method. Progress in Chemistry, 2006, 18(9): 1143 - 1149.

[101] Waltenburg H N, Yates J T. Surface chemistry of silicon. Chemical Reviews, 1995, 95(5): 1589 - 1673.

[102] Tao F, Xu G Q. Attachment chemistry of organic molecules on Si(111)-7×7. Accounts of Chemical Research, 2004, 37(11): 882 - 893.

[103] Kim Y S, Suh K Y, Yoon H, et al. Stable blue photoluminescence from porous silicon. Journal of The Electrochemical Society, 2002, 149(1): C50 - C51.

[104] Dasog M, Yang Z, Regli S, et al. Chemical insight into the origin of red and blue photoluminescence arising from freestanding silicon nanocrystals. ACS Nano, 2013, 7(3): 2676 - 2685.

[105] Jurbergs D, Rogojina E, Mangolini L, et al. Silicon nanocrystals with ensemble quantum yields exceeding 60%. Applied Physics Letters, 2006, 88(23): 233116 - 1 - 3.

[106] Pi X D, Liptak R W, Nowak J D, et al. Air-stable full-visible-spectrum emission from silicon nanocrystals synthesized by an all-gas-phase plasma approach. Nanotechnology, 2008, 19: 245603.

[107] Garcia C, Garrido B, Pellegrino P, et al. Size dependence of lifetime and absorption cross section of Si nanocrystals embedded in SiO_2. Applied Physics Letters, 2003, 82(10): 1595 -1597.

[108] Hessel C M, Wei J W, Reid D, et al. Raman spectroscopy of oxide-embedded and ligand-stabilized silicon nanocrystals. Journal of Physical Chemistry Letters, 2012, 3(9): 1089 -1093.

[109] Maier-Flaig F, Henderson E J, Valouch S, et al. Photophysics of organically-capped silicon nanocrystals-a closer look into silicon nanocrystal luminescence using low temperature transient spectroscopy. Chemical Physics, 2012, 405(405): 175 - 180.

[110] Sun W, Qian C X, Wang L W, et al. Switching-on quantum size effects in silicon nanocrystals. Advanced Materials, 2015, 27(4): 746 - 749.

[111] Kovalev D, Diener J, Heckler H, et al. Optical absorption cross sections of Si nanocrystals. Physical Review B, 2000, 61(7): 4485 - 4487.

[112] Wolf O, Dasog M, Yang Z, et al. Doping and quantum confinement effects in single si nanocrystals observed by scanning tunneling spectroscopy. Nano Letters, 2013, 13(6): 2516 - 2521.

[113] Godefroo S, Hayne M, Jivanescu M, et al. Classification and control of the origin of photoluminescence from Si nanocrystals. Nature Nanotechnology, 2008, 3(3): 174 - 178.

[114] Wolkin M V, Jorne J, Fauchet P M, et al. Electronic states and luminescence in porous

silicon quantum dots: The role of oxygen. Physical Review Letters, 1999, 82(1): 197 - 200.

[115] Reboredo F A, Galli G. Theory of alkyl-terminated silicon quantum dots. The Journal of Physical Chemistry B, 2005, 109(3): 1072 - 1078.

[116] Lockwood R, Hryciw A, Meldrum A. Nonresonant carrier tunneling in arrays of silicon nanocrystals. Applied Physics Letters, 2006, 89(89): 263112 - 1 - 3.

[117] Priolo F, Franzò G, Pacifici D, et al. Role of the energy transfer in the optical properties of undoped and Er-doped interacting Si nanocrystals. Journal of Applied Physics, 2001, 89(1): 264 - 272.

[118] Kelly J A, Shukaliak A M, Fleischauer M D, et al. Size-dependent reactivity in hydrosilylation of silicon nanocrystals. Journal of the American Chemical Society, 2011, 133(24): 9564 - 9571.

[119] Rinck J, Schray D, Kübel C, et al. Size-dependent oxidation of monodisperse silicon nanocrystals with allylphenylsulfide surfaces. Small, 2015, 11(3): 335 - 340.

[120] Mastronardi M L, Chen K K, Liao K, et al. Size-dependent chemical reactivity of silicon nanocrystals with water and oxygen. The Journal of Physical Chemistry C, 2015, 119(1): 826 - 834.

[121] Martin J, Cichos F, Huisken F, et al. Electron-phonon coupling and localization of excitons in single silicon nanocrystals. Nano Letters, 2008, 8(2): 656 - 660.

[122] Sychugov I, Fucikova A, Pevere F, et al. Ultranarrow luminescence linewidth of silicon nanocrystals and influence of matrix. ACS Photonics, 2014, 1(10): 998 - 1005.

[123] Sato S, Swihart M T. Propionic-acid-terminated silicon nanoparticles: Synthesis and optical characterization. Chemistry of Materials, 2006, 18(17): 4083 - 4088.

[124] Li Z F, Ruckenstein E. Water-soluble poly (acrylic acid) grafted luminescent silicon nanoparticles and their use as fluorescent biological staining labels. Nano Letters, 2004, 4(8): 1463 - 1467.

[125] Zhou Z Y, Brus L, Friesner R. Electronic structure and luminescence of 1. 1 - and 1. 4 - nm silicon nanocrystals: Oxide shell versus hydrogen passivation. Nano Letters, 2003, 3(2): 163 - 167.

[126] Shirahata N, Hasegawa T, Sakka Y, et al. Size-tunable uv-luminescent silicon nanocrystals. Small, 2010, 6(8): 915 - 921.

[127] Zhu M, Chen G, Chen P. Green/blue light emission and chemical feature of nanocrystalline silicon embedded in silicon-oxide thin film. Applied Physics A, 1997, 65(2): 195 - 198.

[128] Gupta A, Wiggers H. Freestanding silicon quantum dots: origin of red and blue luminescence. Nanotechnology, 2011, 22(5): 55707 - 55711.

[129] Yang S K, Li W Z, Cao B Q, et al. Origin of blue emission from silicon nanoparticles: direct transition and interface recombination. The Journal of Physical Chemistry C, 2011, 115(43): 21056 - 21062.

[130] Itoh C, Tanimura K, Itoh N, et al. Threshold energy for photogeneration of selftrapped excitons in SiO_2. Physical Review B, 1989, 39(15): 11183 - 11186.

[131] Dasog M, Veinot J G C. Size independent blue luminescence in nitrogen passivated silicon nanocrystals. Physica Status Solidi A, 2012, 209(10): 1844 - 1846.

[132] Dasog M, De los Reyes G B, Titova L V, et al. Size vs surface: tuning the photoluminescence of freestanding silicon nanocrystals across the visible spectrum via surface groups. ACS Nano, 2014, 8(9): 9636 - 9648.

[133] Dasog M, Bader K, Veinot J G C. Influence of halides on the optical properties of silicon quantum dots. Chemical Materials, 2015, 27: 1153 - 1156.

[134] Zou J, Baldwin R K, Pettigrew K A, et al. Solution synthesis of ultrastable luminescent siloxane-coated silicon nanoparticles. Nano Letters, 2004, 4(7): 1181 - 1186.

[135] Zhai Y, Dasog M, Snitynsky R B, et al. Water-soluble photoluminescent D-mannose and L-alanine functionalized silicon nanocrystals and their application to cancer cell imaging. Journal of Materials Chemistry B, 2014, 2(47): 8427 - 8433.

[136] Maier-Flaig F, Rinck J, Stephan M, et al. Lemmer u. multicolor silicon light-emitting diodes (SiLEDs). Nano Letters, 2013, 13(2): 475 - 480.

[137] Maier-Flaig F, Kübel C, Rinck J, et al. Looking inside a working SiLED. Nano Letters, 2013, 13(8): 3539 - 3545.

[138] Mastronardi M L, Henderson E J, Puzzo D P, et al. Silicon nanocrystal OLEDs: Effect of organic capping group on performance. Small, 2012, 8(23): 3647 - 3654.

[139] Singh V, Yu Y X, Sun Q C, et al. Pseudo-direct bandgap transitions in silicon nanocrystals: Effects on optoelectronics and thermoelectrics. Nanoscale, 2014, 6(24): 14643 - 14647.

[140] Wang G, Ji J W, Xu X X. Dual-emission of silicon quantum dots modified by 9 - ethylanthracene. Journal of Materials Chemistry C, 2014, 2(11): 1977 - 1981.

[141] Ji J W, Wang G, You X Z, et al. Functionalized silicon quantum dots by n-vinylcarbazole: Synthesis and spectroscopic properties. Nanoscale Research Letters, 2014, 9(1): 1 - 7.

[142] Kallmann H, Pope M. Positive hole injection into organic crystals. The Journal of Chemical Physics, 1960, 32(1): 300 - 301.

[143] Pope M, Kallmann H P, Magnante P. Electroluminescence in organic crystals. The Journal of Chemical Physics, 1963, 38(8): 2042 - 2043.

[144] Lyu Y, Kwak J, Kwon O, et al. Silicon-cored anthracene derivatives as host materials for highly efficient blue organic light-emitting devices. Advanced Materials, 2008, 20(14): 2720 - 2729.

[145] Gong M, Lee H, Jeon Y. Highly efficient blue OLED based on 9 - anthracene-spirobenzofluorene derivatives as hostmaterials. Journal of Materials Chemistry, 2010, 20(47): 10735 - 10746.

[146] Cho I, Kim S H, Kim J H, et al. Highly efficient and stable deep-blue emitting anthracene-derived molecular glass for versatile types of non-doped OLED applications. Journal of Materials Chemistry, 2012, 22(1): 123 - 129.

[147] Hölein I M D, Angı A, Sinelnikov R, et al. Functionalization of hydride-terminated photoluminescent silicon nanocrystals with organolithium reagents. Chemistry - A

European Journal, 2015, 21(7): 2755 - 2758.

[148] Kim S, Fisher B, Eisler H J, et al. Type - II quantum dots: CdTe/CdSe(core/shell) and CdSe/ZnTe (core/shell) heterostructures. Journal of the American Chemical Society, 2003, 125(38): 11466 - 11467.

[149] Li J J, Wang Y A, Guo W Z, et al. Large-scale synthesis of nearly monodisperse CdSe/CdS core/shell nanocrystals using air-stable reagents via successive ion layer adsorption and reaction. Journal of the American Chemical Society, 2003, 125(41): 12567 - 12575.

[150] Xie R G, Kolb U, Li J, et al. Synthesis and characterization of highly luminescent CdSe - Core CdS/Zn0. 5Cd0. 5S/ZnS multishell nanocrystals. Journal of the American Chemical Society, 2005, 36(36): 7480 - 7488.

[151] Wang G, Ji J W, Li C D, et al. Type - II core-shell Si - CdS nanocrystals: synthesis and spectroscopic and electrical properties. Chemical Communications, 2014, 50 (80): 11922 - 11925.

[152] Lockwood R, Yang Z Y, Sammynaiken R, et al. Light-Induced evolution of silicon quantum dot surface chemistry-implications for photoluminescence, sensing, and reactivity. Chemistry of Materials, 2014, 26: 5467 - 5474.

[153] Gonzalez C M, Iqbal M, Dasog M, et al. Detection of high-energy compounds using photoluminescent silicon nanocrystal paper based sensors. Nanoscale, 2014, 6 (5): 2608 - 2612.

第 5 章

纳米硅量子点在太阳电池器件中的应用

5.1 Shockley-Queisser 极限

作为未来希望能大规模使用的太阳能电池，首要一条就是组成其材料的元素应该是非常丰富的。半导体硅材料，在这一点上，具有其他材料所无法比拟的优势，它在地壳中的含量约为 27%，居于第二位，仅次于氧元素。此外，硅材料本身无毒无害，对环境是友好的，而基于硅材料的器件制作工艺也已相当成熟，因此，半导体硅是价廉物美的首选太阳能电池基质材料，硅基太阳能电池已成为当前和未来发展的主流。目前，基于单晶硅和多晶硅的太阳能电池已占据市场份额的 90%。实验室研制的 Si 单晶太阳能电池的转换效率已达到 25%[1]。从技术角度看，自 1953 年，Bell 实验室报道了世界上第一个单晶硅太阳能电池以来，太阳能电池经历了从第一代基于单晶硅晶片和半导体微加工技术的太阳能电池，到第二代基于多晶硅(微晶硅)、非晶硅等材料并与薄膜技术相结合的太阳能电池。目前硅基太阳能电池的最大问题仍是其效率-成本问题，薄膜太阳能电池虽然成本较第一代太阳能电池有明显下降，但也同时牺牲了电池的光电转换效率。因此，发展高效率、低成本的第三代硅基太阳能电池已成为目前人们所关注的前沿研究课题之一。

正如第 1 章所说，作为单结的单晶硅太阳电池，其效率存在一个极限，即 Shockley 和 Queisser 最早所分析指出的，单 p－n 结的单晶硅太阳能电池的理论上的最高转换效率，大约为 30%，这称为 Shockley-Queisser 极限[2]。Si 单晶太阳电池转换效率的理论极限是由于电池对太阳光辐射的非全谱响应造成的。长于 Si 吸收限(1 100 nm)的光未能被材料充分吸收利用，构成透射损失；而短波长的紫外线虽然可以被 Si 吸收，但它激发的过热的光生载流子弛豫(弛豫时间在皮秒量级)到带底时，其动能大部分转化为热能，造成热损失。此外，短波光的吸收层又很靠近表面，即使是弛豫到带底的载流子也大部分被界面态复合，因此太阳辐射的短波光也未能为电池充分利用。这样，能量低于材料带隙的长波长光子和能量较高的短波长光子均不能有效地利用,其有效响应光谱主要在500～1 000 nm,从而导致电池的能量转换效率无法进一步提高[3]。

为了突破Shockley-Queisser极限,问题的关键就是在Si基质材料上研究出能对长波长和短波长的光均产生有效响应的新结构、新材料。通过对当前正在迅猛发展的纳米技术、能带工程和掺杂工程的巧妙运用,有望对实现高效率、低成本硅基太阳能电池产生重大突破,其中之一就是通过调控半导体的能带结构,增加具有不同带隙的材料数目以匹配太阳光谱,即构建叠层太阳能电池是解决上述能量损失的有效方法,这在Ⅲ-Ⅴ族半导体太阳能电池中已得到验证。但对于单晶硅和多晶硅薄膜,尚无法获得叠层太阳能电池,非晶半导体虽然可以形成叠层太阳能电池,但由于存在着光致衰退现象及无序结构导致的电池转换效率低等问题,非晶半导体太阳能电池的发展受到阻碍。

近几年来,随着纳米材料制备技术和纳米科学的发展,纳米硅量子点材料逐渐引起了人们的重视。采用纳米硅量子点材料,可以利用量子尺寸效应,通过控制量子点的尺寸以调节量子点的禁带宽度,得到比单晶硅带隙大的可控宽带隙的纳米硅薄膜,有利于提高近紫外-可见光波段的光学吸收,实现宽光谱的吸收增强,因此设计和制备基于半导体硅基纳米材料与结构的宽光谱吸收的太阳能电池已成为目前研究和发展的重要方向之一[4]。

5.2 基于纳米硅量子点材料的宽光谱太阳电池研究

5.2.1 基于纳米硅量子点的叠层太阳电池

正如前面所说,由于太阳光光谱的能量分布较宽,任意一种单一带隙的半导体材料只能吸收其中能量比其光学带隙大的光子。太阳光中能量较小的光子无法被材料有效吸收,将透过电池被背电极金属吸收,转变成热能;而高能光子超出禁带宽度的多余能量,则在光生载流子的能量弛豫过程中,通过热释作用传给电池材料本身的晶格原子,使材料发热。这些能量损失导致单结晶体硅太阳能电池最高的转换效率理论极限值只有大约30%。太阳能电池的发展进程表明,研发由一系列具有不同带隙的材料组合形成的叠层电池,用不同禁带宽度的半导体材料与这些部分形成最好的匹配,按照禁带宽度从大到小的顺序从外向里叠合起来,使得波长最短的光被最外边的宽带隙材料吸收,波长较长的光透过后被窄带隙材料吸收,从而最大限度地将光能转变为电能[5,6]。这样可以极大地提高太阳能电池的能量转换效率,这也是太阳能电池发展的主要方向之一。这一叠层电池的概念在多元化合物电池(如GaInP/GaAs/Ge三结电池)和非晶硅电池(如a-Si/poly-Si电池)中已有应用实例[7,8]。

对于忽略串并联电阻等影响的单结太阳理想电池[9]，电流密度-电压关系满足下式

$$V=\frac{kT}{q}\ln\left(\frac{J_{sc}-J}{J_0}+1\right) \tag{5.1}$$

式中，J_{sc}为短路电流密度；J_0为反向饱和电流密度。叠层电池工作时，电流处处相等，所以有电压$V=V_1+V_2+\cdots+V_n$。对于多结太阳电池，短路电流满足以下关系

$$\ln\left(\frac{J_{sc1}-J}{J_{01}}+1\right)+\ln\left(\frac{J_{sc2}-J}{J_{02}}+1\right)+\cdots+\ln\left(\frac{J_{scn}-J}{J_{0n}}+1\right)=0 \tag{5.2}$$

如果假设各个子电池的J_0远小于J_{sc}，就可以估算出多结太阳电池的短路电流密度依赖于子电池短路电流密度的最小值。

在计算多结叠层太阳电池的光电转换效率时，需要考虑串联电阻R_s和旁路电阻R_{sh}对电池参数的影响，还需要考虑各子层材料的禁带宽度及吸收系数。李友杰[10]对双结和三结叠层电池超越方程进行了求解，结果表明，对于较大旁路电阻的顶电池，叠层电池可以获得较大填充因子和较高的转换效率；而对于顶电池旁路电阻较小的情况，虽然短路电流密度较高，但填充因子的减小导致了叠层电池光电转换效率的降低。司俊丽[11]利用 Matlab 进行仿真，研究叠层太阳电池光电转换效率与子层禁带宽度的关系。由仿真结果可以看出，叠层太阳电池的光电转换效率相比传统的单结电池有了很大的提高。

对于硅叠层太阳能电池而言，纳米硅量子点超晶格结构是一种能较好地调节禁带宽度、实现光谱匹配的材料，利用它可以形成全硅基叠层电池(all - Si tandem solar cells)，在更宽的波长范围内有效地利用太阳光谱。为此，对纳米硅量子点太阳电池结构的设计就显得尤为重要。对于纳米硅材料在太阳电池器件中的应用，很早就有人开始了探索，但真正将其作为新一代高效率、低成本太阳电池进行研究则是从近期才开始的。关于纳米硅量子点太阳电池研究，报道最多的是澳大利亚新南威尔士大学的 Green 课题组。自 2002 年提出了第三代太阳能电池的概念后，他们设计了一种基于纳米硅量子点材料的叠层太阳能电池结构，图 5.1 为其中二结和三结电池的结构示意图[3]。在只考虑辐射复合和俄歇复合的情况下，计算出二结和三结的叠层电池的能量转换效率理论上可以分别达到 42.5%和47.5%，超过了 Shockley-Queisser 极限。为了实现最优的能量转换效率，Meillaud 等研究了全硅基叠层电池之间最匹配的禁带宽度[12]。假设叠层电池满足以下两个条件：① 各子电池之间电流匹配，不存在电流损失；② 上层电池透射的光全部被底电池吸收。结果表明，对于以单晶硅电池为底电池的双结叠层电池，顶层p - n结的禁带宽度应控制在 1.7 eV 以下；对于以单晶硅电池为底电池的三结叠层电池，顶层和

中间层的禁带宽度控制在 1.5 eV 和 2.0 eV 时，它们和太阳光谱可以很好地匹配，从而有效充分地吸收具有不同能量的光子，而电池的光电转换效率也达到最佳值。

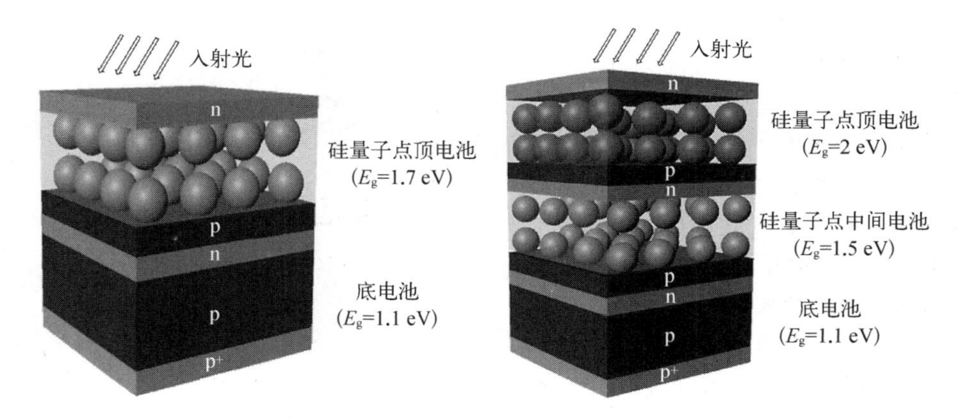

图 5.1　以单晶硅电池为底电池的硅量子点双结(a)和三结(b)叠层太阳电池结构示意图[3]

成功实现基于纳米硅量子点材料的叠层太阳电池的最大挑战是需要获得足够高的载流子迁移率和尽可能大的电导率。这就要求量子点间距和母体基质带隙要足够小，以便量子点波函数发生重叠，形成子带以利于载流子的输运和收集；同时，要求叠层电池每个单元存在有效的内建电场使光生载流子分离。实验中通常采用硼、磷原子作为掺杂材料形成 p-n 结。但对纳米硅量子点进行掺杂存在两个问题：一是理论上纳米硅量子点掺杂的形成能要高于体硅，即意味着杂质很难在小尺寸的纳米硅量子点中形成有效掺杂[13]；二是当纳米硅量子点尺寸不断减小时，表(界)面面积和体积的比例随着晶粒尺寸减小而显著增大，可能导致杂质原子从量子点内部扩散出去[14]。最后，由于硅量子点叠层太阳能电池的串联 p-n 结之间存在一个反向结，所以在设计硅量子点叠层太阳能电池时需要考虑在子电池间形成有效的隧道结以克服其反向势垒的作用。

5.2.2　纳米硅量子点异质结结构电池

为了利用纳米硅量子点来拓宽硅基太阳电池的响应光谱，提高电池的转换效率，第一步就是来研究基于纳米硅量子点的异质结结构电池的制备与特性。近年来，国外著名的太阳能电池研究机构，如美国新能源实验室(NREL)、澳大利亚新南威尔士大学及欧洲和日本的许多高校和研究单位都开展了这方面的研究工作。国内中国科学院半导体研究所、南京大学、上海交通大学、南开大学等单位也开展了纳米硅太阳能电池的研究工作。

2009 年，澳大利亚新南威尔士大学的 Cho 等采用共溅射技术，用硅(Si)靶、二氧化硅(SiO_2)靶和五氧化二磷(P_2O_5)靶制备了掺磷的富硅氧化硅(SiO_x)薄膜，而用二氧化硅靶制备二氧化硅薄膜。他们采用交替制备的技术在 p 型 Si 衬底上获得了 15 或 25 个周期的 SiO_x/SiO_2 多层膜材料。然后在氮气气氛保护下进行热退火处理,退火温度为 1 100℃,退火时间为 1.5 h。通过热退火使掺磷的富硅氧化硅层晶化形成纳米硅量子点。最后蒸镀金属电极后形成纳米硅量子点(n 型)/单晶硅(p 型)的异质结构电池。图 5.2 给出了电池的结构示意图。利用 X 射线光电子能谱确定在掺磷的富硅氧化硅膜中磷的浓度为 0.23 at%。透射电子显微镜的表征结果说明二氧化硅的层厚为 2 nm,而掺磷的富硅氧化硅层的厚度为 3~8 nm 不等,以获得不同尺寸的纳米硅量子点[15]。

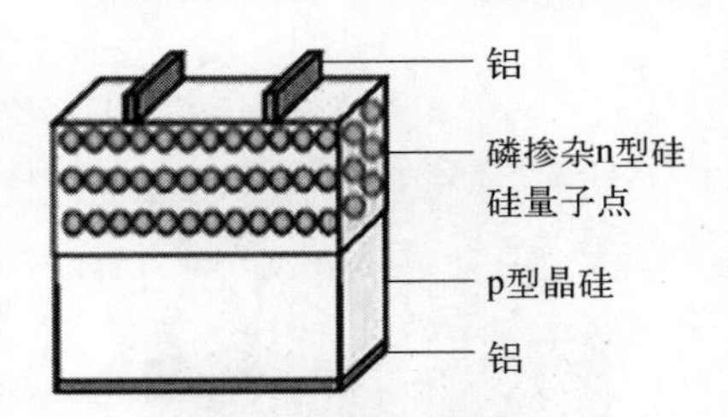

图 5.2 纳米硅量子点/单晶硅电池结构示意图

在一个太阳的标准辐照条件下(AM1.5 G),对制备出来的纳米硅量子点/单晶硅异质结构电池的特性进行了测试表征。图 5.3 是对应的具有不同尺寸纳米硅量子点的电池的内量子效率(IQE)结果。可以看出,随着量子点尺寸的逐渐减小,太阳电池的内量子效率谱在可见光部分的响应逐步增强,这可能是由小尺寸量子点的吸收更强所导致的。在制备的电池器件中,尺寸为 3 nm 的量子点的电池获得了最好的性能,开路电压约为 556 mV,短路电流密度为 29.8 mA/cm^2,填充因子是 63.83%,能量转换效率是 10.58%,电池在短波长的近紫外-可见光波段的光谱响应特性也明显比其他电池要好。

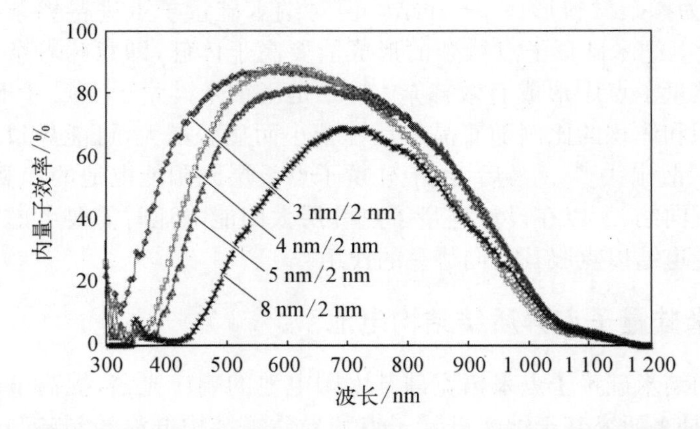

图 5.3 不同尺寸纳米硅量子点电池的吸收谱和电池的内量子效率测试结果[15]

此外,实验中也发现,多层膜结构中的二氧化硅层的厚度也起到非常重要的作用,当二氧化硅层的膜厚大于 2 nm 时,器件无法观测到明显的光伏特性。由于在一个球形量子点中,电子的波函数随 $\exp(-r/L_d)/r$ 而衰减,其中 r 是离开量子点中心的距离,衰减长度 L_d 和包裹量子点的介质膜(这里是二氧化硅)之间的势垒高度有关,当二氧化硅厚度太大时,波函数被局限在某一个量子点中,而没有和邻近的量子点产生波函数交叠，因此，载流子无法有效地隧穿过介质层形成足够大的电流密度。只有当二氧化硅膜厚度小于或等于 2 nm 时，相邻的量子点之间波函数产生交叠，形成子带，这样才有利于载流子的输运和收集，获得可测量的光伏效应[16]。除了通过磷掺杂制备 n 型纳米硅量子点异质结电池，也有小组报道了硼掺杂的 p 型纳米硅量子点和 n 型单晶硅构成的异质结电池。其采用的仍然是磁控溅射技术来制备掺硼富硅氧化硅/二氧化硅多层结构，两层的层厚均为 2 nm，然后结合热退火技术(1 100℃，20 min，氮气气氛保护)形成纳米硅量子点多层结构材料。制备出的太阳电池器件在 AM1.5 G 的模拟太阳光辐照下，显示出较好的电流-电压特性，但报道中没有给出器件的内(外)量子效率的测试结果[17]。

利用微纳陷光结构来获得良好的减反效果应用于新型太阳电池上是当前一个非常引人注目的研究课题。对于纳米硅量子点电池，也有报道表明结合纳米陷光结构可以进一步减少光学反射损失，有效地增强电池的光吸收，进而提高电池性能。图 5.4 是分别生长在平整硅衬底和纳米图形衬底上的纳米硅量子点/二氧化硅多层膜的剖面电子显微镜图像。其中图 5.4(a)是生长在平整单晶硅衬底上的纳米硅量子点/二氧化硅多层结构，可以看到其周期性结构保持得很好，由图 5.4(b)的高分辨透射电子显微镜图像可以看到多层结构中，纳米硅量子点的尺寸约为 4 nm，二氧化硅层的厚度是 2.3 nm。图 5.4(c)和图 5.4(d)是制备在纳米图形结构衬底上的纳米硅量子点/二氧化硅多层膜的透射电子显微镜观测结果。所用的

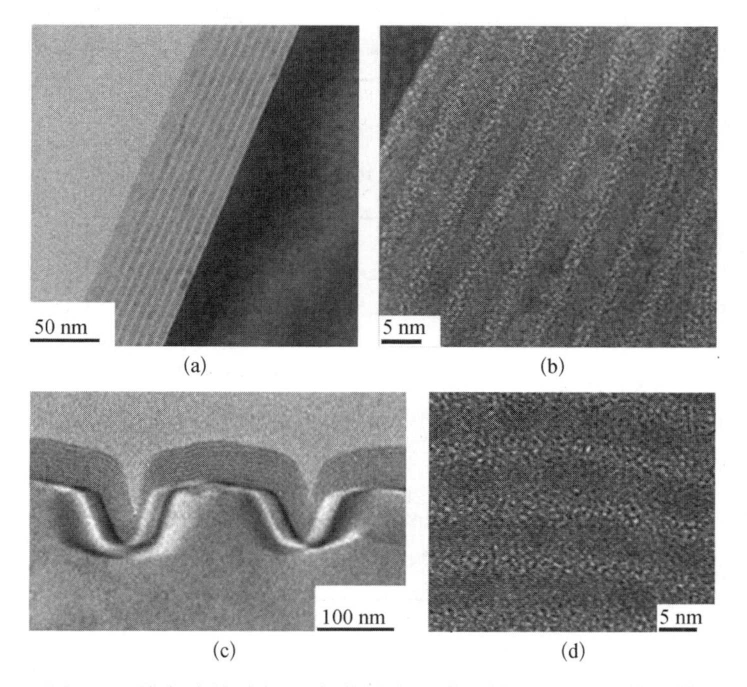

图 5.4 纳米硅量子点/二氧化硅多层膜的剖面电子显微镜图像

纳米图形结构是利用纳米小球掩蔽刻蚀技术制备的。具体方法是在单晶硅片上利用自组装技术形成单层聚苯乙烯(PS)小球有序阵列,并以纳米小球(直径 150～350 nm)阵列为掩模对硅片进行反应离子刻蚀,将图形转移到硅衬底来最终获得硅基亚波长的纳米图形结构,此结构的周期及纵横比等可以通过控制 PS 小球的直径和刻蚀时间等参数进行调节[18,19]。

由图 5.4(c)和(d)的结果可以看到,由于 CVD 的共形生长特点,即使在图形衬底上,周期性的层状结构也得到很好地保持。这种结构可以具有很好的光学减反和光吸收增强的效果。图 5.5 是平整单晶硅衬底、纳米图形衬底和在图形衬底上生长有纳米硅量子点/二氧化硅多层膜的样品的反射率谱,图 5.6 是对应的吸收谱。可以看到,在整个光谱范围内,材料的反射率都有明显的减小。对于平整硅衬

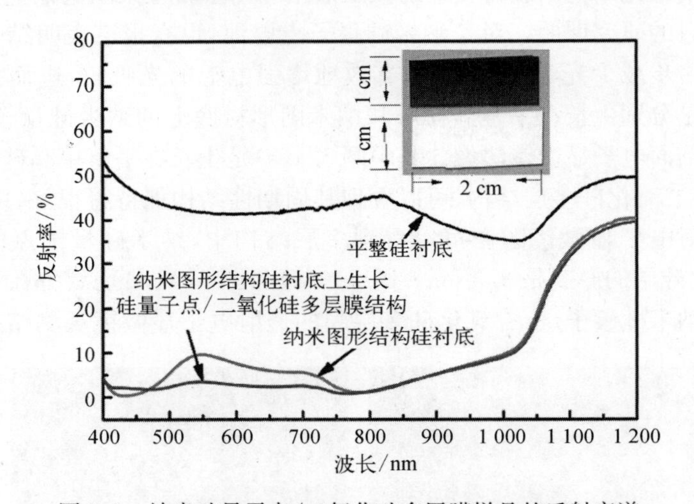

图 5.5　纳米硅量子点/二氧化硅多层膜样品的反射率谱

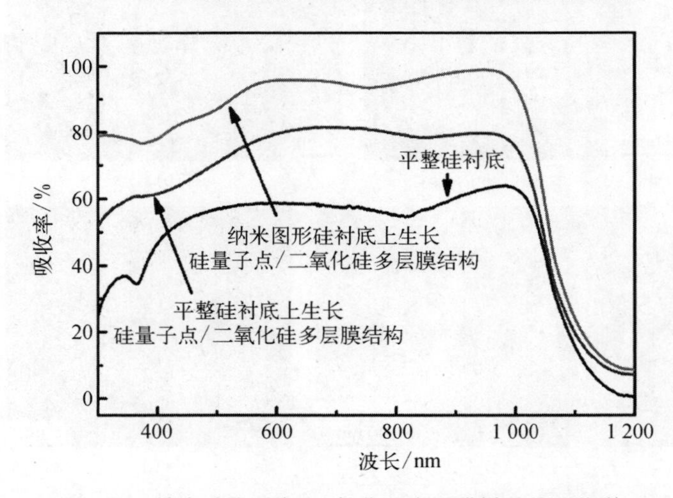

图 5.6　纳米硅量子点/二氧化硅多层膜样品的吸收谱

底,计算得到对于 AM1.5 G 太阳光谱的加权反射率超过 40%,而结合纳米硅量子点和纳米陷光结构后,加权反射率低于 5%;相应地,具有纳米图形结构量子点多层膜材料的光吸收在宽光谱(300~1 000 nm)都得到提高,平整衬底的加权平均吸收率约为 55%,而利用纳米硅量子点多层膜,加权平均吸收率达到 70.9%,结合纳米图形陷光结构,最高的加权平均吸收率可达到 90.3%。特别在短波侧的吸收增强更为明显。因而,利用制备的纳米图形结构量子点多层膜太阳能电池可以促进对太阳光的吸收,拓宽响应光谱范围,解决在传统太阳能电池中,高能光子产生的载流子能量因为热弛豫过程而损失所导致的短波响应差的问题。与对照的平整硅衬底电池相比,图形衬底电池的短路电流密度提高到了 29.0 mA/cm^2,说明有更多的入射光子被吸收以后产生了更多的电子-空穴对,且外量子效率(EQE)在短波段有着明显的提高,这与前面所提到的短波侧的吸收增强是一致的[20]。

正如前面所提到的那样,利用二氧化硅作为介质层构成纳米硅量子点多层结构材料确实可以实现异质结电池,观测到光伏特性。但二氧化硅和硅之间较大的势垒高度对载流子的输运和收集效率产生较大的影响。利用非晶氮化硅或碳化硅膜代替二氧化硅膜,则由于它们与硅之间的势垒高度较小,可能有利于光生载流子的输运和收集。另外,虽然利用掺杂可以形成 p-n 结型的太阳电池器件结构,但对纳米硅量子点的掺杂本身仍有许多问题没有得到解决,如杂质是在纳米硅量子点中,还是在包裹纳米硅量子点的介质中,或者在界面处;在高温热退火过程中,杂质有无扩散,对材料性质是否有影响等。采用和非晶硅太阳电池类似的 p-i-n 器件结构,即将纳米硅量子点多层膜材料作为本征 i 层来制备基于纳米硅量子点的太阳电池也不失为一种可能的选择。

图 5.7 给出了基于纳米硅量子点/碳化硅多层结构的 p-i-n 结构太阳电池的示意图。其中 i 层是具有 6 个周期的纳米硅量子点/碳化硅多层膜材料,其具体制备方法可参见本书第 2 章的相关内容。多层膜是制备在 p 型单晶硅衬底上的,在多层结构上沉积了 10 nm左右厚度的掺磷的 n 型非晶硅膜以构成 p(衬底)-i(Si 量子点多层结构)-n(掺杂非晶硅)结构,整个结构简单,一次沉积而成,也不需要昂贵的设备与条件,制作成本较低。随后,在 p 型 Si 底部蒸镀了 Al 作为背电极,在上表面蒸镀了束状 Al 作为上电极,并在蒸镀完成后,在高纯氮气的气氛中进行了合金化处理,最终得到了光伏电池器件,电池的面积为 1 cm×1 cm。

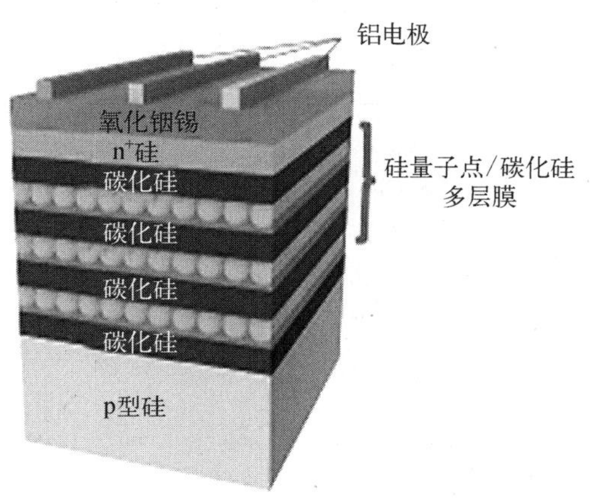

图 5.7 纳米硅量子点多层膜/单晶硅异质结太阳电池的结构示意图

对于采用非晶碳化硅作为介质层材料，即使其厚度在 4 nm，也可以观测到明显的光伏效应，这与二氧化硅的结果有所差别，这说明采用势垒高度较小的碳化硅代替二氧化硅确实有利于载流子的输运，易于得到较大的电流密度。当然，作为势垒层的碳化硅层厚度对电池性能也有很大的影响，在保持纳米硅量子点尺寸相同，但碳化硅层厚度不同(2 nm 和 4 nm)的情况下，测试了电池样品在 AM1.5 G (100 mW/cm^2)模拟太阳光照射下的光伏特性。从实验测试结果可以发现，对于非晶碳化硅层较厚的电池样品，虽然其开路电压 V_{OC} 略大，但其短路电流 I_{SC} 明显低于非晶碳化硅层较薄的电池样品，这导致了功率转换效率远低于非晶碳化硅层较薄的电池样品。非晶碳化硅的厚度较厚会导致光生载流子在收集的过程中，在通过非晶碳化硅层时的隧穿效率较低，使得载流子的收集效率低，而控制碳化硅膜的厚度对进一步提高和改善电池性能有很大的作用。

为了研究纳米硅量子点在电池中的作用，特别是对电池光谱响应特性的影响，就需要对形成纳米硅量子点前后电池的性质进行比较分析。图 5.8(a)给出了退火后形成纳米硅量子点/碳化硅多层膜时的太阳电池的外量子效率(EQE)的测试结果和退火前非晶硅/碳化硅多层膜太阳电池的外量子效率的测试结果。多层膜中纳米硅量子点尺寸为 4 nm，非晶碳化硅膜的厚度是 2 nm，根据光吸收谱推算出的光学带隙约是 1.5 eV，这与修正过的有限深势垒模型计算的结果符合得较好。图 5.8 的结果可以看到，形成纳米硅量子点后，在短波测的光谱响应有了明显的提高，响应光谱范围得到了拓宽。图 5.8(b)是扣除退火前非晶硅/多层膜太阳电池和单晶硅衬底影响后的纳米硅量子点多层膜太阳电池外量子效率结果。这可以代表纳米硅量子点对电池响应的贡献，可以看到，其对应的光谱响应范围主要在短波侧，峰值位置为 500 nm，这与对材料的光吸收的测试结果相一致[21]。

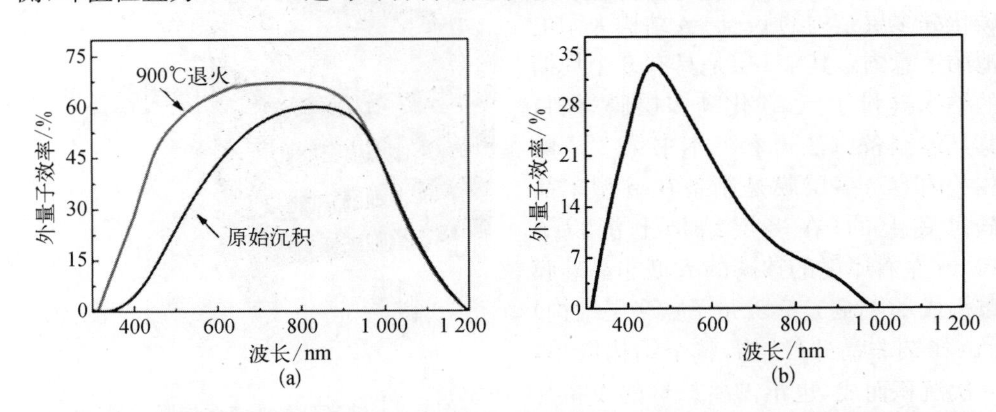

图 5.8 退火前后多层膜太阳电池外量子效率(a)和扣除其他影响后的纳米硅量子点多层膜太阳电池外量子效率(b)

对基于纳米硅量子点/碳化硅多层膜的 p-i-n 结构的实验研究还表明，在形成纳米硅量子点后，p-i-n 结构的电学特性也有所改善，表现在器件的二极管特性更加明显,特别是正向电流密度提高。这可能是退火导致非晶硅层晶化形成纳米硅量子点后,材料的导电性能得到改善,同时,热退火也有利于n型层杂质的进一步激活以形成良好的p-i-n结。在AM1.5 G(100 mW/cm^2)模拟太阳光照射下,器件的短路电流密度从退火前的18.45 mA/cm^{2}增加到24.13 mA/cm^2,电池的能量转换效率也有了明显的增加[21]。另外,如果将利用纳米小球刻蚀技术得到的图形衬底应用于基于纳米硅量子点/碳化硅多层膜的p-i-n结构电池,实验中同样发现电池具有良好的光学减反效果。利用纳米陷光结构沉积纳米硅量子点/碳化硅多层结构,在280～1 200 nm的宽光谱内,加权平均吸收率达到了90%。电池性能也得到了明显提高,得到的短路电流密度从28.2 mA/cm^{2}增大到31.1 mA/cm^2,能量转换效率可以达到9.7%。

很多研究小组也对比了不同的介质材料对基于纳米硅量子点的电池结构的电学和光伏性能的影响。认为用碳化硅或氮化硅代替二氧化硅可以提高载流子的隧穿概率,降低串联电阻,同时保持纳米硅量子点的量子限制效应以用于新一代太阳电池中。为此,在材料制备方面有许多小组开始尝试和研究。例如,有小组报道在等离子体增强型化学气相沉积系统中制备了富硅氧化硅/碳化硅多层结构,再利用热退火获得纳米硅量子点,通过控制沉积薄膜的组分、厚度来控制所形成的纳米硅量子点的尺寸和密度,但同时他们发现,在退火过程中非晶碳化硅层中的缺陷态密度会增加,导致材料的发光强度下降,而利用氢钝化处理可以改善这一情况[22]。利用感应耦合等离子体辅助化学气相沉积技术,借助于氢稀释,也可以在单晶硅衬底上制备出镶嵌在非晶碳化硅膜中的纳米硅量子点材料,并且不需要后续的高温热退火处理,这对太阳电池器件的制作带来了很大便利。通过研究不同氢稀释比例下获得的纳米硅量子点材料的表面形貌、结构和组分特性等,发现随着氢稀释比例的增加,纳米硅量子点的尺寸和晶化程度变大。这说明了氢在纳米硅量子点的成核和长大过程中起到很重要的作用[23]。

澳大利亚新南威尔士大学的研究小组利用磁控溅射的方法,交替制备了厚度为6 nm的富硅碳化硅和2.5 nm的化学配比碳化硅周期性多层膜,多层膜的总厚度约为160 nm。样品在1 100℃下退火9 min后,得到纳米硅量子点/碳化硅的多层膜结构。剖面透射电子显微镜的表征结果证明获得了清晰且界面平整的纳米硅量子点/碳化硅的多层膜,纳米硅量子点的尺寸在3～5 nm。测量退火前后样品的透射率和反射率,利用Tauc公式拟合得到样品的光学带隙,发现,原始沉积的薄膜光学带隙约为1.4 eV,1 100℃退火后薄膜的光学带隙上升到2.0 eV。为了制作基于纳米硅量子点/碳化硅多层膜结构的太阳电池,他们在n型硅衬底上沉积了硼掺杂的纳米硅量子点多层膜,在正面蒸镀束状铝电极,厚度约为0.8 μm;在背面蒸镀30 nm的金属电极,器件在氮气氛围下,在400℃下合金化40 min以形成良好的欧姆接触,电池的面积为1 cm^2。对器件进行的暗电流-电压曲线测量结果显示器件有着良好的二极管特性,在偏压±1 V时整流比达到1×10^4。在正向偏压0.1～0.4 V

内利用理想二极管方程拟合得到，理想因子 n 值约为1.24。进一步分析得到，正向偏压较低(<0.1 V)时，电流主要受旁路电阻的影响；偏压较高(>0.4 V)时，电流主要来源于空间电荷限制电流(SCLC)的传导机制；对于中间的区域，p－n结界面的复合是主要的传导机制。在AM1.5 G的模拟太阳光照射下测量电池的电流-电压特性，发现异质结电池的开路电压为463 mV，短路电流密度为19 mA/cm²，填充因子为53%，光电转换效率为4.66%。对器件进行的外量子效率和内量子效率的测试结果显示，在400 nm处样品的内量子效率达到35%，高于传统的晶体硅电池，这一部分来自量子点有源层的光电转换。通过外量子效率结果积分可以计算出短路电流密度为19.46 mA/cm²，与电流-电压测试结果吻合[24]。

非晶氮化硅材料作为介质膜的研究工作也有小组在进行，他们在制备出材料的基础上，通过比较掺杂纳米硅量子点/氮化硅和掺杂纳米硅量子点/二氧化硅多层材料的电流-电压特性，发现确实在氮化硅体系中，电流密度有明显的增加。但是掺硼和掺磷的结果有所不同，还需要进一步研究[25]。最近，有小组在电子回旋共振化学气相沉积系统中制备了磷掺杂的富硅氮化硅材料，通过热退火使制备的薄膜中析出硅颗粒形成镶嵌在氮化硅膜中的磷掺杂纳米硅量子点，其和p型单晶硅衬底形成了p－n结型太阳电池结构。在制备过程中反应气体使用的是氮气和硅烷。通过研究不同的氮气/硅烷比例下制备出的样品的性质，发现随着这个比例的增加，形成的纳米硅量子点的尺寸会逐渐减小，这导致材料的光学带隙增大和导电性能的降低，而对应的太阳电池的开路电压基本不变，但短路电流密度会逐渐上升，电池的填充因子逐渐降低，因此只有在合适的反应气体比例下才能获得较好的电池性能。在报道中最好的电池结果是开路电压为500 mV，短路电流密度是28.2 mA/cm²，填充因子为65.2%，电池的能量转换效率为8.6%[26]。

为了进一步拓宽量子点电池的光谱响应范围，南京大学研究小组提出了一种新的具有渐变带隙的基于硅量子点/碳化硅多层膜的电池结构。这是考虑太阳光光谱可以分成连续的若干部分，用禁带宽度与这些部分有最好匹配的材料按光学带隙从大到小的顺序从入光面开始排列起来，让波长最短的光被最外边的宽带隙材料电池利用，波长较长的光能够透射进去让较窄带隙材料电池利用，图5.9给出了这种电池的结构示意图。在实验中，就是将不同尺寸的纳米硅量子点按尺寸从大到小的顺序制备出来，最上面(入光面)的量子点尺寸最小，这样，小的纳米硅量子点由于具有较大的光学带隙，可以吸收太阳光谱中短波长的光子能量，而波长较长的太阳光子可以继续透入，被尺寸较大的量子点继续吸收，从而提高整体电池的吸收效果。这种渐变带隙结构与周期性纳米硅量子点多层膜结构相比，光吸收波长范围明显变宽，吸收率也有增加，即渐变带隙多层结构能很好地实现宽光谱吸收。将这种渐变结构结合具有良好减反特性的硅基纳米陷光结构，得到最高的光电转换效率为12.8%。

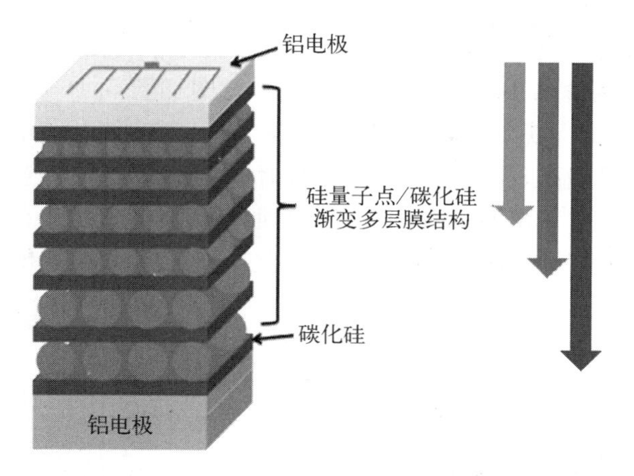

图 5.9　基于纳米硅量子点/碳化硅多层膜的渐变带隙电池的结构示意图

5.2.3　非硅衬底上的纳米硅量子点太阳电池

在 5.2.2 节提到的基于纳米硅量子点太阳电池的结构中都用到了单晶硅衬底，而对电池的性能测试表明，绝大部分的光生载流子是在单晶硅衬底中产生的。这是因为一般制备的纳米硅量子点多层膜的总厚度相对于单晶硅衬底而言都很薄，其对太阳光的吸收有限，纳米硅量子点的作用并不能完全显示出来。另外，新一代太阳电池的发展方向是低成本和高效率，考虑进一步减小材料成本，研究在非硅衬底上，特别是在廉价的玻璃或柔性衬底上的基于纳米硅量子点的光电器件的制备与特性就显得尤为必要。

利用磁控溅射技术，可以在石英衬底上制备全纳米硅量子点电池结构。澳大利亚新南威尔士大学的小组在 2009 年报道了他们的结果。其具体方法是在清洗过的石英衬底上，先制备 35 个周期的磷掺杂富硅氧化硅/二氧化硅多层膜，然后沉积 10 个周期的未掺杂富硅氧化硅/二氧化硅多层膜，最后在上面沉积 25 个周期的硼掺杂的富硅氧化硅/二氧化硅多层膜以形成 p-i-n 电池结构，其中富硅氧化硅和二氧化硅层的膜厚分别是 4 nm 和 2 nm。样品制备好后，先在氮气气氛下经过 1 h 的温度为 1 100℃ 的热退火来使得富硅氧化硅层中形成纳米硅量子点，再在 625℃下，利用氢等离子体处理了 20 min。接着利用蒸镀的金属铝作为掩模，采用刻蚀技术将埋藏的磷掺杂层暴露出来，最后蒸镀铝电极制作出相应的电池器件结构，整个结构制备结束后还在 5%的氢气和 95%的氮气气氛中退火以形成欧姆接触，退火温度是 410℃。实验结果表明，所得到的 p-i-n 结构的电流-电压关系显示出二极管特性，得到的电池的开路电压为 373 mV[27]。随后，他们又在石英衬底上制备了面积为 2.2 mm^2 的基于纳米硅量子点多层膜的 p-i-n 结构薄膜太阳电池，为了提高电池的开路电压，在制备富硅氧化硅膜的时候增加了膜中的氧含量，同时，为了减小由氧含量的增加导致的电阻率增大的问题，他们直接将原来作为掩模的金属铝作为电极使用实现自对准接触，并且在结平台处沉积的自对准 Al 电极层的厚度也相对减薄到 40 nm，整个结构的示意图如图 5.10 所示。在 AM1.5 G 的模拟太阳光照射下，获得了 492 mV 的开路电压，电池的开路电压性能相对于先前的结果有了明显提高，但短路电流密度只有 0.002 mA/cm^2，这可以归结为器件的串联电阻较大。进一步通过对比在没有光照和有光照情况下的电流-电压关系，发现两者推算出的串联电阻不一致，因此对光照条件下存在光伏效应的等效电路模型进行了分析[28]。

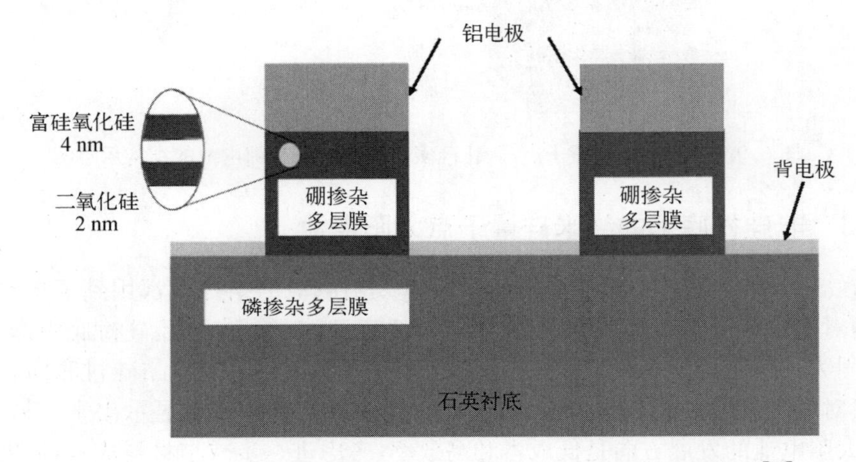

图 5.10 基于纳米硅量子点/二氧化硅多层膜太阳电池结构示意图[28]

在以上的电池结构制备过程中，在磷掺杂层和在硼掺杂层上的金属铝电极非常容易因为相互接触导通而使器件短路。为此，在器件制备时，利用光刻的办法在石英衬底上制备了类似结构的电池，这样不仅使器件电绝缘的问题得到解决，也避免了采用反应离子刻蚀技术使材料表面受到损伤而导致器件性能下降的可能。由此制备出的电池器件的开路电压为 270 mV，而短路电流密度达到 0.124 mA/cm^2，比之前的器件有了非常显著的提高[29]。

以上的太阳电池器件的制作过程都很复杂，需要用到光刻等半导体工艺，如何能利用简单的制作技术在非硅衬底上获得基于纳米硅量子点的电池结构仍是一个值得探索的课题。从技术上说，虽然纳米硅结构是实现短波光有效吸收的重要途径，但上面所用的纳米硅材料制备方法一般是通过高温退火富硅氧化硅薄膜材料来形成镶嵌在二氧化硅中的纳米硅量子点薄膜，在纳米硅量子点中产生的光生载流子很难通过绝缘的二氧化硅层输运到两侧的电极，形成光电流。光生载流子的输运困难是阻碍纳米硅量子点太阳电池性能提高的重要瓶颈之一。此外，经过 1 100℃以上的高温热退火工艺对体硅电池不利，如降低少子寿命等。另外，界面缺陷过多，作为复合中心或陷阱，使得器件性能不佳，能量转换效率低。

为此，南京大学研究小组提出了利用激光诱导晶化技术，在廉价的镀有透明导电氧化铟锡(ITO)膜的玻璃衬底上制备全纳米硅量子点电池的思路和方法。利用激光诱导晶化技术代替热退火过程,不仅可以避免为了制作电池电极而需要采用光刻等手段,也解决了高温热退火时会导致玻璃衬底和 ITO 膜破坏的可能性,以及长时间高温退火所引起的杂质互扩散所导致的 p-i-n 器件结构破坏的难题。在实验中,利用等离子体增强型化学气相沉积技术,在 ITO 导电衬底上连续沉积硼掺杂非晶硅、非晶硅/碳化硅多层膜和磷掺杂的非晶硅膜以形成 p-i-n 结构。其中,硼掺杂非晶硅和磷掺杂非晶硅膜的厚度都是 10 nm,而非晶硅/碳化硅多层膜中非晶硅层厚度为 4 nm,碳化硅层厚度为 2 nm,共沉积 30 个周期。晶化过程是采用 KrF 准分子脉冲激光(波长为 248 nm)诱导晶化技术来实现的。晶化时采用单个脉冲辐照(约 30 ns),能量密度最大为 190 mJ/cm^2,晶化面积约为 1 cm^2。图 5.11 是晶化后的基于硅量子点/碳化硅多层膜的 p-i-n 结构太阳电池的电流-电压关系,可以看到,电流-电压曲线呈现出明显的整流特性,在±6 V 处的整流比大于 10^4,说明利用激光晶化技术,确实可以形成性能良好的 p-i-n 器件结构。

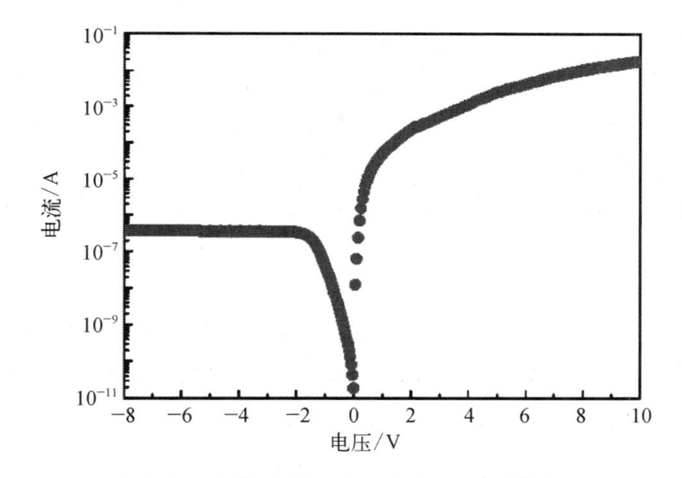

图 5.11 基于纳米硅量子点/碳化硅多层膜太阳电池结构的电流-电压特性

图 5.12 是在平整的 ITO 玻璃衬底上制备的基于纳米硅量子点/碳化硅多层膜 p-i-n 结构太阳电池的外量子效率(EQE)特性,而图中的插图给出的是电池在 AM1.5 G 模拟太阳光照射下的电流-电压特性,电池面积为 0.8 cm^2。由测试结果可以观测到明显的光伏效应,电池的开路电压为 475 mV,而短路电流密度则是 0.2 mA/cm^2。由 EQE 谱的结果,可以看出,纳米硅量子点电池的响应光谱范围主要在短波侧,峰值在 500 nm 左右,这与前面的分析是基本一致的。

德国夫琅禾费太阳能系统研究所(Fraunhofer Institute for Solar Energy Systems)的研究小组也报道了基于纳米硅量子点/碳化硅体系的 p-i-n 结构太阳电池的研究结果。他们为了获得没有单晶硅衬底影响的全纳米硅量子点太阳电池,采用了热氧化、刻蚀等复杂的工艺方法,制备了无衬底的基于纳米硅量子点/碳

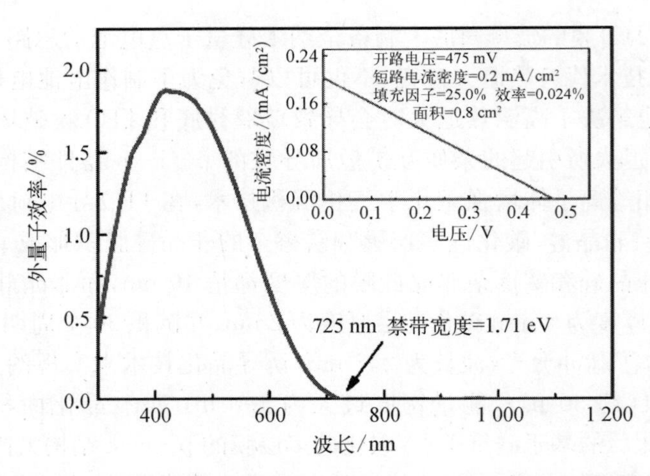

图 5.12 基于纳米硅量子点/碳化硅多层膜 p-i-n 结构太阳电池的 EQE 特性
插图是相应电池光照下的 $J-V$ 特性

化硅体系的 p-i-n 结构太阳电池，其中本征层是在等离子体化学气相沉积系统中制备的富硅碳化硅/化学配比碳化硅多层膜结构，在高于 1 000℃ 的退火温度下退火 1 h 来获得纳米硅量子点。对器件的测试得到这种全量子点的薄膜电池能够获得的最好的开路电压结果为 370 mV[30]。图 5.13 给出了器件的结构示意图和电池在 1 个标准太阳光照射下的电流-电压特性，电池的有效面积为 1 mm^2。所得到的太阳电池的开路电压是 282 mV，短路电流密度是 0.339 mA/cm^2。进一步对电池在不同强度的太阳光谱照射条件下的电流-电压特性的研究结果表明，只有 6.8% 的光生载流子能够被电极所收集，其余大部分在输运和收集过程中由于强烈的复合作用损失掉了，所以除了考虑纳米硅量子点材料要具有合适的带隙，如何进一步提高材料的电学性质也是今后需要考虑的问题[31]。

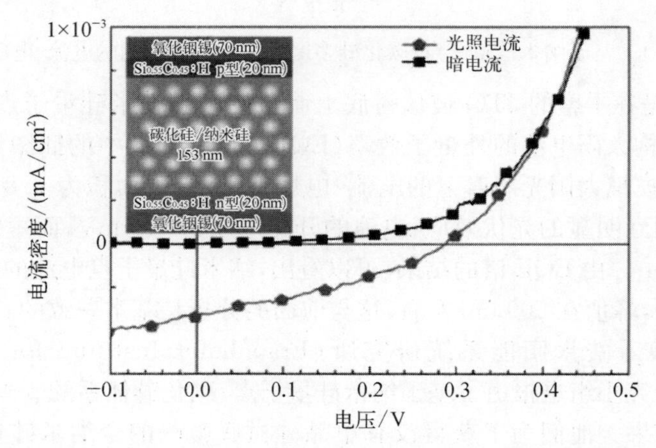

图 5.13 基于纳米硅量子点的太阳电池器件的结构示意图及光照下的 $J-V$ 特性[31]

5.3 纳米硅量子点提高太阳电池效率的其他途径

利用纳米硅量子点的量子尺寸效应,可以直接通过控制量子点的尺寸得到具有不同禁带宽度的硅基材料,进而设计全硅基的叠层太阳电池来实现光电转换效率的提高。除此之外,利用纳米硅量子点材料中载流子运动受限及其辐射复合概率增加等特点,人们也提出了其他提高太阳电池效率的可能途径[32]。

5.3.1 多激子效应

前面已经提到,对于入射到硅太阳电池中能量大于其禁带宽度的一个光子,可以吸收并激发出一对电子-空穴对,所产生的光生电子和空穴具有较高的能量,会通过热弛豫过程,即通过载流子碰撞、与声子的相互作用及辐射与非辐射复合的过程回到平衡态。但在低维半导体材料中,特别是在半导体量子点材料中,有可能会出现多激子产生(MEG)过程,即纳米半导体量子点材料吸收一个较高能量的入射光子,产生多个电子-空穴对(激子)的过程。Nozik 从理论上讨论了在纳米半导体中存在着载流子倍增现象的可能性[33]。在量子点中,载流子的运动受到限制,并且在有限的受限环境中有着很高密度的电子和空穴,因此,电子和空穴的库仑相互作用也增强,相对于体材料,由于碰撞离化而产生多激子的概率也增大。故此,当一个高能光子吸收产生一对电子-空穴对后,所产生的电子、空穴有很高的能量,其可以通过碰撞电离产生两个或两个以上的电子-空穴对,通过这样的多激子效应产生多个电子-空穴对,而多激子效应可以显著提高太阳电池的短路电流,并提高相应电池的能量转换性能,而电池的成本并不会因此有较明显的增加。

最初研究纳米半导体中的多激子效应的原因之一就是该效应有可能极大地增强太阳电池的转换效率,突破单结太阳电池的 Shockley-Queisser 极限的限制。因此,有许多研究小组从理论方面探讨了利用纳米半导体量子点的多激子效应来提高新型太阳电池性能的可能性。Schaller 等[34]最先通过计算表明,多激子效应可以使单结量子点太阳电池的效率达到 60.3%,突破 Shockley-Queisser 效率极限。在理想状态下,电池的最高能量转换效率会随着带隙的减小而提高,并且可以趋近 100%[35]。美国国家可再生能源实验室(NREL)的 Nozik 小组使用细致平衡模型计算了相应的光伏电池和光电解电池的转换效率,发现在一个标准太阳光谱(AM1.5)照射下,多激子效应使单结太阳电池的效率提高到 44.4%,而双结太阳电池的效率可以提高到 47.7%[36]。

最近,有小组报道一种新奇的在纳米硅量子点中的多激子产生现象[37]。在这个多激子产生过程中,由于短波长光子激发后产生的激子不是在同一个纳米硅量子点中,即一个高能的光子产生两对激子,两对激子是同时产生的,但是位于相邻的两个不同的量子点中。他们制备了高密度的纳米硅量子点材料,量子点之间有很多是相邻的,具有耦合作用。通过超快的泵浦-探测(pump-probe)技术研究了这一过程,发现当激发光子的能量超过禁带宽度 E_g 2 倍的时候就可以产生多激子,即使此时的激发能量密度较低也可以。在这一过程中,载流子和载流子之间的相互作用得到抑制,但多激子信号却得到增强,并且激子的寿命相对于在同一量子点中产生的情形增加了 6 个数量级。这是因为,在同一个量子点中产生的多激子由于俄歇复合的作用,其寿命很短,而此时由于激子处于不同的量子点中,俄歇复合的影响就大大降低,激子寿命明显变长。这就为多激子效应在太阳电池中的应用提供了便利,使得在电池中有足够的时间尺度来将产生的多激子收集出来。对这一过程的微观物理机制的研究和理解还有待更深入的理论工作。

5.3.2 下转换(转移)和上转换

下转换又叫量子剪裁,把一个高能光子剪裁成两个低能光子,然后被电池吸收产生两个电子-空穴对,这样可以减少太阳能电池因吸收一个高能光子而产生的热化损耗,提高高能光子的利用率,从而提高太阳能电池的转换效率。下转换实现了光子数的增益,可以使太阳能电池的效率超过 Shockley-Queisser 效率极限。在硅太阳能电池中覆盖一层下转换材料,可以使紫外光子在被硅太阳能电池吸收之前转换成可以高效利用的可见-近红外光子,提高硅电池在紫外波段的响应率,达到增加电池效率的目的。下转换硅太阳能电池模型如图 5.14 所示。

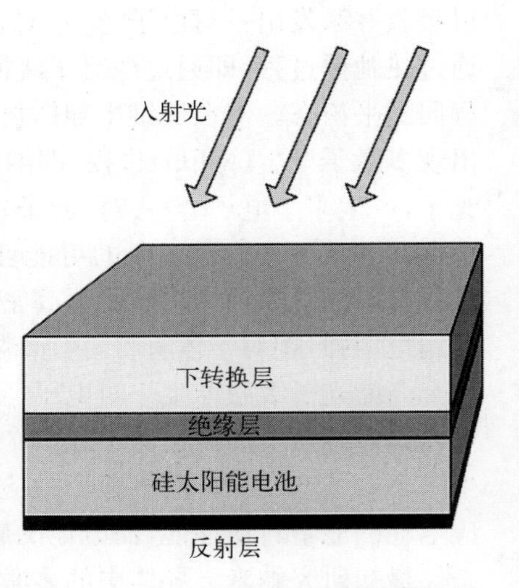

图 5.14 下转换硅太阳能电池模型

下转移是太阳光谱转换的另一个途径,类似于下转换,但是在下转移过程中量子效率不可能超过 100%。它将一个高能光子转变成一个可以被电池吸收的低能光子,可以减少表面复合的损耗,增加对高能光子的吸收利用,提高光电流和电池的能量转换效率,但是不能使太阳能电池的效率超越 Shockley-Queisser 效率极限。很多研究者利用不同材料的下转移发光过程来提高太阳能电池效率,其中主要包括采用量子点[38,34]、稀土发光[39]、金属发光[40]、硅纳米晶[41]等。

纳米硅量子点由于量子尺寸效应,其发出的光一般落在可见与近红外光谱区间,而这正好是单晶硅或多晶硅太阳电池响应较好的光谱范围,因此利用纳米硅量子点作为荧光下转移材料,有可能提高硅电池的性能。意大利的研究小组在等离子体增强型化学气相沉积系统中制备了富硅氧化硅薄膜,通过 900℃、30 min 的热退火形成纳米硅量子点层,在室温下量子点的光致发光峰位于 800 nm 左右。他们将纳米硅层制备在单晶硅电池上,研究了电池的光响应谱,发现利用纳米硅层后,在380～740 nm，内量子效率得到了提高，大约增加了14%。他们认为这一提高来源于纳米硅量子点的荧光下转移[42]。2012年，浙江大学皮孝东课题组利用硅烷冷等离子体方法制备了纳米硅量子点，同样观测位于773 nm左右的光致发光信号。他们将制备出的纳米硅量子点采用喷墨打印技术涂在多晶硅太阳能电池的表面使得电池的能量转换效率提高了2%。对电池性能的系统研究和分析表明，纳米硅量子点使得电池的表面反射率有了明显的改善，导致电池的外量子效率谱的提高，然而，在300～400 nm光谱内外量子效率的提高则应归结为纳米硅量子点的荧光下转移效应[43]。

在研究纳米硅量子点/二氧化硅多层结构异质结太阳电池时，同样也可观测到纳米硅量子点荧光下转移效应的贡献。图5.15(a)是制作在纳米图形陷光结构上和常规平整硅衬底上的纳米硅量子点/二氧化硅多层结构异质结太阳电池的外量子效率谱。可以看到，相对于平整衬底电池，具有纳米图形结构的电池的外量子效率在短波和长波侧都有较为明显的增加。图5.15(b)则是将两者的外量子效率相除得到的结果，明显地显示出短波侧的提高更为显著。长波侧的增加可以认为是纳米图形衬底所导致的，而更为明显的短波侧的内量子效率的提高除了纳米图形结构的陷光效果，也存在着纳米硅量子点的荧光下转移的增强效果。为了证明这一点，图5.16给出了在波长为325 nm的He-Cd激光激发下两个样品的光致发光谱。可以看到，无论是在平整衬底上，还是在纳米图形结构上，纳米硅量子点/二氧化硅多层结构在室温下都可以观测到较强的荧光发射，两者的发光峰位基本没有改变，发光峰中心在850 nm左右，这与其他文献的报道基本吻合。制作在纳米图形结构衬底上的纳米硅量子点/二氧化硅多层膜的光致发光峰的强度相对于平整衬底上的样品有明显的增强。这使得具有纳米图形结构的异质结电池在短波长照射时，纳米硅量子点可以发出更多的长波长荧光光子，而发射出来的荧光光子可

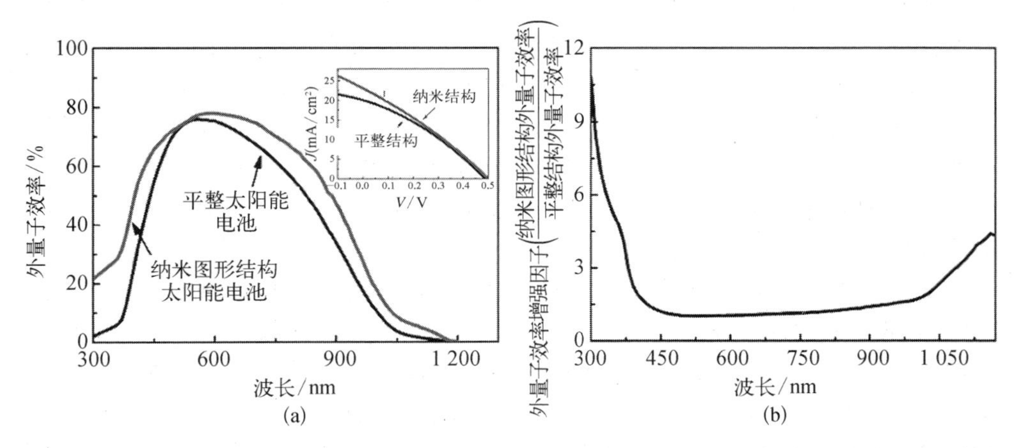

图5.15 纳米硅量子点/二氧化硅多层结构异质结太阳电池的内量子效率谱(a)和纳米图形结构太阳电池和平整异质结太阳电池的外量子效率之比(b)[20]

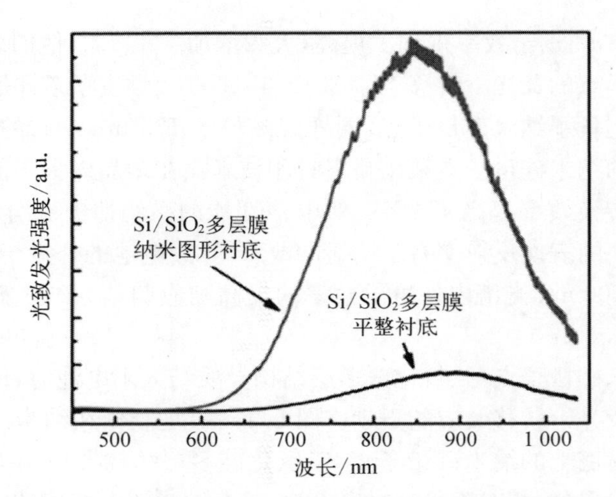

图 5.16 纳米硅量子点/二氧化硅多层结构的光致发光谱

激发光源是波长为 325 nm 的 He-Cd 激光[20]

以被下面的单晶硅衬底材料有效地吸收，产生光生电子-空穴对，从而对电池的转换效率的提高产生贡献，也使得电池的短波侧的光谱响应得到改善[20]。

利用纳米硅量子点进行上转换的研究较少。所谓波长上转换过程就是将两个甚至多个能量低于电池材料带隙的长波长的入射光子转换为一个能量高于材料带隙的可被有效吸收的光子以减少透过损失，拓宽电池的长波长响应光谱范围[44,34]。澳大利亚新南威尔士大学的 Green 研究小组首次设计了基于太阳光谱上转换层的单结太阳能电池结构，并利用细致平衡理论预测了在非聚合光照下，电池可以获得高达 47.6% 的光电转换效率[44]。2008 年，美国纽约州立大学布法罗分校的研究小组报道他们在利用激光分解硅烷得到的纳米硅量子点材料中观测到了 2 个和 3 个光子吸收所导致的上转换荧光发射的现象[45]。研究所用的纳米硅量子点分散在水溶液或其他化学溶剂中，在波长分别为 778 nm 和 1 335 nm 的飞秒激光的激发下，得到了峰位位于 650 nm 左右的荧光发射信号，其发光谱与用波长为 339 nm 的激光激发测得的结果几乎一致。他们认为是由纳米硅量子点具有很强的非线性光学吸收特性所导致的，而对荧光寿命的测试也证明了在纳米硅量子点中存在着多个辐射复合途径，而量子点本身的能带结构及量子点的表面态在其中都可能起着重要的作用。

对于镶嵌在二氧化硅中的纳米硅量子点而言，有报道可以观测到中心位于 420 nm 的蓝光发射，一般认为这是和纳米硅与二氧化硅界面处的 Si—O 键相关的缺陷态发光，因此，其发射波长是固定的，并不随纳米硅量子点尺寸的变化而变化[46,47]。利用纳米硅量子点-二氧化硅体系的这一特性，也可以来有效地吸收和利用长波长的低能光子，实现对入射到太阳电池中的光谱的调控，提高太阳电池的能量转换效率。例如，在短波长激发下，在量子点中存在大量的自由载流子，而自由载流子对长波长的光有很好的吸收效率，因此可以通过自由载流子来吸收长波长的光子，而吸收了长波长光子的载流子具有更高的能量，可以通过多激子产生过程来进一步增加光激发载流子的数目，或者吸收了长波长光子的载流子可以被表面的 Si—O 缺陷态所俘获，并发出 420 nm 的蓝光被电池材料吸收。这样原本无法被电池有效吸收的长波长光子也能利用起来。当然也可以利用前面所说的纳米硅量子点的强非线性吸收特性，直接吸收 2 个或者 3 个长波长的低能光子，产生一对电子-空穴对。由于与 Si—O 键相关的 420 nm 的缺陷态发光是固定的，所以也可以通过调节量子点的尺寸来优化对不同波长的低能光子的吸收来达到最佳的效果。

5.3.3　热载流子

正如前面说的那样，在短波长的太阳光子作用下，半导体中的价带电子吸收此光子能量跃迁到导带，被激发的电子相对于处于平衡态的载流子，具有较高的能量，但在体材料中，这种热载流子会通过与晶格的相互作用将能量传递给晶格原子，造成热损失。如果能在其与晶格发生相互作用之前就将热载流子提取出来，就可以减少上述弛豫过程所导致的能量损失，提高短波侧的光谱响应特性，特别是这样可以获得较高的电池的开路电压，这就是所谓的热载流子电池。可以看出，要实现热载流子太阳电池，就要求对热载流子的收集速度必须快于其冷却速度，即需要提高材料的迁移率并减小传输距离来缩短收集时间，另外，也可以通过延长热载流子的冷却时间来达到这一目的。低维半导体结构所具有的量子化能级有可能减慢热载流子的冷却速度，但迄今为止，这一设想主要还是停留在理论研究上[48,49]。

图 5.17 示意地给出了一种理想的热载流子电池的能带图，在中间的热吸收体和收集电极之间，可以加上分别对应于热电子和热空穴的能量选择接触材料，这一接触材料可以提供一条很窄但又高效的能量通道，类似于一个能量滤波器，使得热载流子可以在弛豫到导带底（或价带顶）之前，就通过这一能量选择通道被两边电极所收集。这样的话，仅仅只有少部分能量损失掉，而整个电池的开路电压可以明显地得到提高[48]。基于纳米硅量子点的双势垒结构正好提供了实现这种能量选择的可能。在如图 5.18 所示的纳米硅量子点的双势垒结构中，由于夹在两层介质势垒层中的硅量子点具有分立的量子能级，存在着量子共振隧穿现象，在结构两边

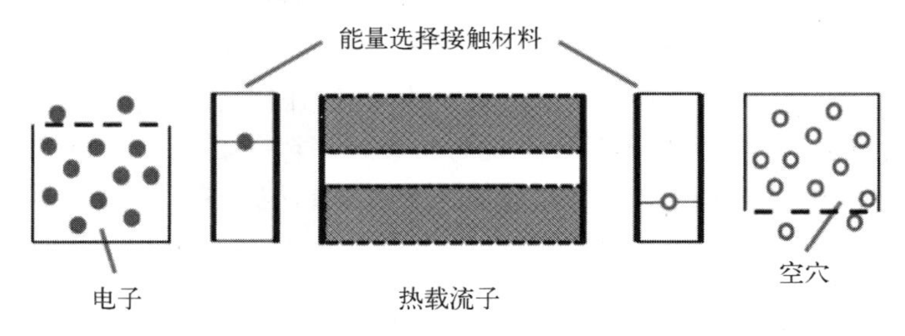

图 5.17　理想的热载流子电池的能带图

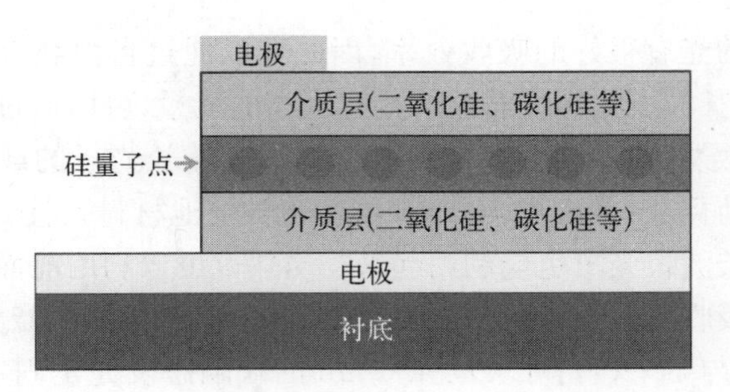

图 5.18　基于纳米硅量子点的双势垒共振隧穿结构示意图

的电极上加上偏压后,随着外加偏压的增加,其电流-电压关系会产生共振隧穿峰,出现负阻效应,这就意味着可以利用纳米硅量子点的共振隧穿效应来作为电池的能量选择器,在其能量共振最大处将热载流子提取收集起来。

实验上,利用等离子体增强型化学气相沉积技术或磁控溅射技术来连续沉积硅基介质膜/非晶硅/硅基介质膜这样的三明治结构,再结合热退火技术可以制备出纳米硅量子点双势垒结构材料。介质势垒层一般是二氧化硅,但也可以是非晶氮化硅或碳化硅膜。Conibeer 等就是利用磁控溅射技术制备出纳米硅量子点/二氧化硅双势垒结构,并在这种结构中初步观测到了室温下的共振隧穿现象,共振峰出现在外加偏压为 1.4 V 左右[48]。南京大学研究小组在清洗过的 p 型硅衬底上,先通过热氧化技术获得 3 nm 厚度的隧穿氧化层,然后在等离子体气相沉积系统中,通入氢稀释的硅烷气体,采用逐层(layer-by-layer)制备技术来获得纳米硅量子点层[50],然后又沉积了 25 nm 厚的控制层氧化层,最后在上下两面蒸镀了铝电极得到了三明治双势垒隧穿结构。对此结构的研究发现在不同的测试温度下,可以观测到电流共振峰,显示出负阻效应,且电流峰较为尖锐,具有几乎相同的电压间隔。分析表明,这与纳米硅量子点中的库仑阻塞效应和量子能级的存在相关联,由相关模型得到的理论值与实验值也能很好地匹配。值得注意的是,在此结构中,无论是正向偏压还是在反向偏压下都能观测到电流-电压关系中的共振峰的存在,因此,利用这种结构确实有可能实现在热载流子电池中的能量选择[51]。除了三明治结构,在纳米硅/二氧化硅多层结构的电流-电压关系中也可以观测到电流共振峰[52]。图 5.19 是纳米硅量子点/二氧化硅多层膜结构的电流-电压关系,可以看到其出现了明显的电流共振峰,具有较大的电流峰谷比,而且研究表明介质层的厚度、纳米硅量子点的尺寸及晶体的晶化质量等对共振隧穿特性都有很大的影响,因此改变不同的结构参数可以得到不同的隧穿性质。除了在二氧化硅/纳米硅量子点/二氧化硅双势垒共振隧穿结构或者纳米硅/二氧化硅多层结构中,在非晶氮化硅/纳米硅量子点/非晶氮化硅双势垒隧穿结构中也可以观测到类似的共振隧穿电学特性[53],当外加偏压在逐步增加的过程中,或由于纳米硅量子点中分立量子能级的作用,产生负阻区,出现共振电流峰。此外,非晶氮化硅相对于二氧化硅具有

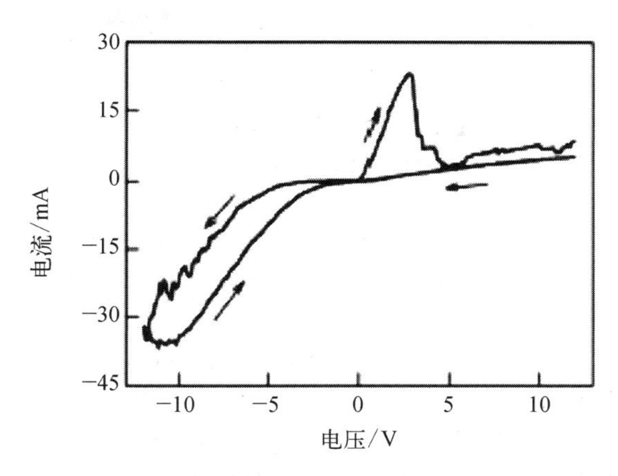

图 5.19 室温下纳米硅量子点/二氧化硅多层膜结构的电流-电压关系[52]

较低的势垒高度，使得在相同的介质层厚度的情况下，载流子的隧穿概率更高，更利于载流子的有效输运和收集。总之，对于热载流子电池的研究及其实用前景的探索是很有意义的工作，但相关的研究尚处于初步阶段，能否真正地和电池技术结合起来实现热载流子电池的设想还有许多基础性问题和技术上的挑战需要去克服，还需要更多的理论和实验两方面的工作。

综上所述，对于半导体量子点太阳能电池的研究尚有许多关键问题不是很清晰，与器件性能紧密相关的材料的构筑，纳米硅量子点结构中的光学过程，光生载流子的产生、分离及输运过程，电池结构中内建电场的产生与作用等关键的基本科学问题也亟待探索解决。在技术上，需要获得高密度、尺寸可调控的纳米硅量子点薄膜材料，同时制备过程最好是低耗能的低温过程；为了减少界面态的影响和损耗，对纳米硅量子点表面需要有良好的钝化；并要考虑如何获得 p 型和 n 型掺杂纳米硅材料以形成 p－i－n 或异质结构，使得光生载流子能有效分离。此外，为了使光生载流子能够在产生后有效地分离并被两端电极所收集到，还需要考虑介质层的材料等以便载流子能通过高效率的输运方式达到收集电极。基于纳米硅量子点的叠层电池是否能真正提高能量转换效率也是值得从理论和实验两方面进行探索的课题。目前，虽然国内外都已经开始了探索性工作，也已取得了初步结果，但离真正实现高效的硅基叠层光伏电池还有很长的路要走。

参 考 文 献

[1] Green M A. The path to 25 percent silicon solar cell efficiency: History of silicon cell evolution. Progress in Photovoltaics: Research and Applications, 2009, 17(3): 183－189.

[2] Shockley W, Queisser H J. Detailed balance limit of efficiency of pn junction solar cells. Journal of Applied Physics, 1961, 32(3): 510－519.

[3] Cho E C, Green M A, Conibeer G, et al. Silicon quantum dots in a dielectric matrix for all-silicon tandem solar cells. Advances in Optoelectronics, 2007, 1: 69578.

[4] Slaoui A, Collins R T. Advanced inorganic materials for photovoltaics. MRS Bulletin, 2007, 32(3): 211-218.
[5] (日)滨川圭弘. 太阳能光伏电池及其应用. 北京: 科学出版社, 2008: 36.
[6] (澳)格林(Green M A). 硅太阳能电池: 高级原理与实践. 上海: 上海交通大学出版社, 2011: 181.
[7] McMahon W E, Kurtz S, Emery K, et al. Criteria for the design of GaInP/GaAs/Ge triple-junction cells to optimize their performance outdoors. Proceedings of the 29th IEEE Photovoltaic Specialists Conference, USA, 2002: 931-934.
[8] Ma W, Hariuchi T, Lim C C, et al. Optimum design and its experimental approach of a-Si/poly-Si tandem solar cells. Solar Energy Materials and Solar Cells, 1994, 32(4): 351-368.
[9] (美)施敏. 半导体器件物理与工艺. 苏州: 苏州大学出版社, 2002: 310.
[10] 李友杰. 高效三结 GaInP2/GaAs/Ge 太阳电池研究. 上海: 上海交通大学, 2008.
[11] 司俊丽. 第三代太阳能电池的效率计算. 安徽: 合肥工业大学, 2007.
[12] Meillaud F, Shah A, Droz C, et al. Efficiency limits for single-junction and tandem solar cells. Solar Energy Materials and Solar Cells, 2006, 90(18): 2952-2959.
[13] Hao X J, Cho E C, Flynn C, et al. Effects of boron doping on the structural and optical properties of silicon nanocrystals in a silicon dioxide matrix. Nanotechnology, 2008, 19(42): 5646-5652.
[14] Erwin S C, Zu L, Haftel M I, et al. Doping semiconductor nanocrystals. Nature, 2005, 436(7047): 91-94.
[15] Park S, Cho E C, Song D Y, et al. n-Type silicon quantum dots and p-type crystalline silicon heteroface solar cells. Solar Energy Materials and Solar Cells, 2009, 93(6-7): 684-690.
[16] Conibeer G, Green M A, Corkish R, et al. Silicon nanostructures for third generation photovoltaic solar cells. Thin Solid Films, 2006, 511-512(14): 654-662.
[17] Hong S H, Kim Y S, Lee W, et al. Active doping of B in silicon nanostructures and development of a Si quantum dot solar cell. Nanotechnology, 2011, 22(42): 425203-1-6.
[18] Liu Y, Xu J, Xun H C, et al. Depth-dependent anti-reflection and enhancement of luminescence from Si quantum dots-based multilayer on nano-patterned Si substrates. Optics Express, 2011, 19(4): 3347-3352.
[19] Sun S H, Lu P, Xu J, et al. Fabrication of anti-reflecting Si nano-structures with low aspect ratio by nano-sphere lithography technique. Nano-Micro Letters, 2013, 5(1): 18-25.
[20] Xu J, Sun S H, Cao Y Q, et al. Light trapping and down-shifting effect of periodically nanopatterned Si-quantum-dot-based structures for enhanced photovoltaic properties. Particle & Particle Systems Characterization, 2014, 31(4): 459-464.
[21] Cao Y Q, Lu P, Zhang X W, et al. Enhanced photovoltaic property by forming p-i-n structures containing Si quantum dots/SiC multilayers. Nanoscale Research Letters, 2014, 9(1): 634-1-6.
[22] Ding K N, Aeberhard U, Astakhov O, et al. Defect passivation by hydrogen reincorporation for silicon quantum dots in SiC/SiOx hetero-superlattice. Journal of Non-Crystalline Solids,

2012, 358(17): 2145 - 2149.
[23] Cheng Q, Tam E, Xu S Y, et al. Si quantum dots embedded in an amorphous SiC matrix: nanophase control by non-equilibrium plasma hydrogenation. Nanoscale, 2010, 2(4): 594 - 600.
[24] Song D Y, Cho E C, Conibeer G, et al. Structural, electrical and photovoltaic characterization of Si nanocrystals embedded SiC matrix and Si nanocrystals/c - Si heterojunction. Solar Energy Materials and Solar Cells, 2008, 92(4): 474 - 481.
[25] Conibeer G. Si and other Group IV quantum dot based materials for tandem solar cells. Energy Procedings, 2012, 15: 200 - 205.
[26] Wu P J, Wang Y C, Chen I C. Fabrication of Si heterojunction solar cells using P-doped Si nanocrystals embedded in SiN_x films as emitters. Nanoscale Research Letters, 2013, 8 (41): 457 - 1 - 7.
[27] Perez-Wurfl I, Hao X J, Gentle A, et al. Si nanocrystal p - i - n diodes fabricated on quartz substrates for third generation solar cell applications. Applied Physics Letters, 2009, 95 (15): 153506 - 1 - 3.
[28] Perez-Wurfl I, Ma L, Lin D, et al. Silicon nanocrystals in an oxide matrix for thin film solar cells with 492 mV open circuit voltage. Solar Energy Materials and Solar Cells, 2012, 100 (4): 65 - 68.
[29] Wu L F, Zhang T, Lin Z Y, et al. Silicon nanocrystal photovoltaic device fabricated via photolithography and its current-voltage temperature dependence. Solar Energy Materials and Solar Cells, 2014, 128(9): 435 - 440.
[30] Löper P, Stüwe D, Künle M, et al. A membrane device for substrate-free photovoltaic characterization of quantum dot based p - i - n solar cells. Advanced Materials, 2012, 24 (23): 3124 - 3129.
[31] Löper P, Canino M, Qazzazie D, et al. Silicon nanocrystals embedded in silicon carbide: investigation of charge carrier transport and recombination. Applied Physics Letters, 2013, 102(102): 033507 - 1 - 4.
[32] Conibeer G. Third-generation photovoltaics. Materials Today, 2007, 10(11): 42 - 50.
[33] Nozik A J. Spectroscopy and hot electron relaxation dynamics in semiconductor quantum wells and quantum dots. Annual Review of Physical Chemistry, 2001, 52(1): 193 - 231.
[34] Shcherbatyuk G V, Inman R H, Wang C, et al. Viability of using near infrared PbS quantum dots as active materials in luminescent solar concentrators. Applied Physics Letters, 2010, 96(96): 191901 - 1 - 3.
[35] Schaller R D, Sykora M, Piertryga J M, et al. Seven excitons at a cost of one: Redefining the limits for conversion efficiency of photons into charge carriers. Nano Letters, 2006, 6(3): 424 - 429.
[36] Hanna M C, Nozik A J. Solar conversion efficiency of photovoltaic and photoelectrolysis cells with carrier multiplication absorbers. Journal of Applied Physics, 2006, 100(7): 074510 - 1 - 8.
[37] Trinh M T, Limpens R, de Moer W D A M, et al. Direct generation of multiple excitons in adjacent silicon nanocrystals revealed by induced absorption. Nature Photonics, 2012, 6(6): 316 - 320.

[38] van Sark W G J H M, Meijerink A, Schropp R E I, et al. Enhancing solar cell efficiency by using spectral converters. Solar Energy Materials and Solar Cells, 2005, 87(1): 395 - 409.

[39] Ye S, Zhu B, Luo J, et al. Energy transfer between silicon-oxygen-related defects and Yb^{3+} in transparent glass ceramics containing $Ba_2TiSi_2O_8$ nanocrystals. Applied Physics Letters, 2008, 93(18): 181110 - 1 - 3.

[40] Ye S, Yu D C, Huang X Y, et al. Ultrabroadband sensitization of near infrared emission through energy transfer from Pb to Yb ions in $LiYbMo_2O_8$: Pb. Journal of Applied Physics, 2010, 108(8): 083528 - 1 - 4.

[41] Svrcek V, Slaoui A, Muller J C. Silicon nanocrystals as light converter for solar cells. Thin Solid Films, 2004, 451: 384 - 388.

[42] Yuan Z Z, Pucker G, Marconi A, et al. Silicon nanocrystals as a photoluminescence down shifter for solar cells. Solar Energy Materials and Solar Cells, 2011, 95(4): 1224 - 1227.

[43] Pi X D, Zhang L, Yang D R. Enhancing the efficiency of multicrystalline silicon solar cells by the inkjet printing of silicon-quantum-dot ink. The Journal of Physical Chemistry C, 2012, 116(40): 21240 - 21243.

[44] Trupke T, Green M A, Würfel P. Improving solar cell efficiencies by up-conversion of sub-band-gap light. Journal of Applied Physics, 2002, 92(7): 4117 - 4122.

[45] He G S, Zheng Q D, Yong K T, et al. Two-and three-photon absorption and frequency upconverted emission of silicon quantum dots. Nano Letters, 2008, 8(9): 2688 - 2692.

[46] Brewer A, von Haeften K. In-situ passivation and blue luminescence of silicon clusters using a cluster beam/H_2O codepostion production method. Applied Physics Letters, 2009, 94 (94): 261102 - 1 - 3.

[47] Priolo F, Gregorkiewicz T, Galli M, et al. Silicon nanostructures for photonics and photovoltaics. Nature Nanotechnology, 2014, 9(1): 19 - 32.

[48] Conibeer G, Jiang C W, König D, et al. Selective energy contacts for hot carrier solar cells. Thin Solid Films, 2008, 516(20): 6968 - 6973.

[49] Nozik A J, Parsons C A, Dunlary D J, et al. Dependence of hot carrier luminescence on barrier thickness in GaAs/AlGaAs superlattices and multiple quantum wells. Solid State Communications, 1990, 75(4): 297 - 301.

[50] Wu L C, Dai M, Huang X F, et al. Room temperature electron tunneling and storage in a nanocrystalline silicon floating gate structure. Journal of Non-Crystalline Solids, 2004, 338(1): 318 - 321.

[51] Qian X Y, Chen K J, Huang J, et al. Room temperature multi-peak NDR in nc - Si quantum-dot stacking MOS structures for multiple value memory and logic. Chinese Physics Letters, 2013, 30(7): 077303 - 077311.

[52] Chen D Y, Sun Y, He Y J, et al. Resonant tunneling with high peak to valley current ratio in SiO_2/nc - Si/SiO_2 multilayersat room temperature. Journal of Applied Physics, 2014, 115(4): 043703 - 1 - 4.

[53] Wang J M, Wu L C, Chen K J, et al. Charge storage in self-aligned doubly stacked Si nanocrystals in SiN_x dielectric. Journal of Applied Physics, 2007, 101(1): 014325 - 1 - 4.

第6章

硅纳米颗粒的冷等离子体法制备及其在太阳电池中的应用

6.1 利用冷等离子体法制备硅纳米颗粒

随着纳米科学与技术的发展，纳米材料作为一类新型材料，展现出了各种新颖的性能。在纳米半导体材料中，作为最重要的半导体材料硅在纳米尺度上的一种存在形态，硅纳米颗粒由于具有量子限域效应[1-3]和多激子效应[4]，其光电性能备受瞩目。目前，人们已经将硅纳米颗粒应用于生物标记、记忆存储、传感和光电器件等领域，取得了一系列进展。硅纳米颗粒的光电性能也使其有可能用于太阳电池的制备。目前，硅纳米颗粒在太阳电池中应用可以通过基于硅纳米颗粒的硅墨水和硅浆料来实现。在传统硅太阳电池表面印刷硅墨水，其效率能够得到提高[5]。在传统的硅太阳电池制备过程中，可以通过印刷硅浆料对硅片进行掺杂[6,7]。另外，人们研究了利用纯硅纳米颗粒制备薄膜太阳电池[8]，把硅纳米颗粒与有机半导体(如 P3HT 等)复合[9]，构成具有体异质结结构的太阳电池；将硅纳米颗粒与碳纳米结构(富勒烯或单壁碳纳米管等)[10]复合形成体异质结太阳电池。这些基于硅纳米颗粒的太阳电池已经展示了硅纳米颗粒作为器件组成部分对于整个器件性能的提升所起到的重要作用。硅纳米颗粒在太阳电池中的应用为太阳电池的发展注入了新的活力[11]。

目前，硅纳米颗粒的合成方法一共有三类。第一类是液相法，即通过液相反应直接合成硅纳米颗粒[12-14]。第二类是固相法，其关键在于首先在衬底(如硅片)上直接沉积富硅氮化硅[15,16]或者富硅氧化硅[17-19]薄膜，然后通过热处理的方法，使超出正常化学计量比的硅原子在固相的薄膜中析出，进而形核长大成硅纳米颗粒。第三类是气相法，主要是通过在气相中分解含硅的前驱体，所得硅原子聚集形核长大，形成硅纳米颗粒。在上述三种方法中，气相法的产率一般比较高，对硅纳米颗粒结构的调控也比较灵活。在当前各种气相法中，冷等离子体法能够很好地调控硅纳米颗粒的晶态、尺寸和表面，而且可以方便地对硅纳米颗粒进行掺杂和合金化，因而近年来得到了越来越多的关注。

6.1.1 冷等离子体的重要性质

等离子体是由电子、离子、原子或自由基等粒子组成的集合体。等离子体的电离程度比较高，其正、负电荷数目一致，并且在电荷方面呈现电中性。这是继目前传统的固体、液体和气体之后，物质存在的另一种特殊的形态，人们将其称为“物质第四态”。

等离子体与普通气体有着本质上的差别：在组分上，等离子体由带电粒子和中性粒子共同组成，其中带电粒子又包括带负电的电子和带不同电荷的离子，而中性粒子则包括分子、原子和自由基。与之不同的是，普通气体是由宏观上呈电中性的分子或原子组成的。在性质上，等离子体是一种具有较大的电离度、宏观上保持电中性的导电性的流体，其内部的带电粒子间存在着库仑力，体系中带电粒子的运动会受到电磁场影响。在普通气体中，其本身的电离度比较小，粒子与粒子之间基本不存在净的电磁力。等离子体状态取决于组成粒子的种类、密度和温度。为了进一步研究等离子体的性质，人们引入了电离度(α)的概念

$$\alpha = \frac{n_e}{n_e + n_g} \tag{6.1}$$

式中，n_e 为电子密度；n_g 为中性粒子密度。当 $\alpha = 1$ 时，等离子体称为完全等离子体；当 $\alpha > 0.1$ 时，则称为强电离等离子体。

从微观尺度上看，物质内部微观粒子平均动能的度量是温度。在热力学平衡态下，粒子的能量分布始终遵循麦克斯韦分布定律(Maxwell distribution law)。根据麦克斯韦分布定律，单个粒子的平均平动能 K_e 与温度之间的关系是

$$K_e = \frac{1}{2}mv^2 = \frac{3}{2}kT \tag{6.2}$$

式中，m 为粒子质量；v 为粒子速度的均方根；k 为玻尔兹曼常量。从弹性碰撞理论可以得知，同类粒子之间发生碰撞的概率远大于异类粒子之间的碰撞概率，不仅如此，同类粒子之间发生碰撞所交换的能量效率也是最高的。因此，在等离子体中，每一种粒子先达到其各自的热平衡状态，而电子由于其质量最轻而最先到达平衡状态。考虑粒子重量和粒子“热容”等综合因素，等离子体宏观温度由系统中的重粒子的温度来决定。

在等离子体系统中，电子温度为 T_e，离子温度为 T_i，而中性粒子温度为 T_g。当 $T_e = T_i$ 时，等离子体称为热平衡等离子体。热平衡等离子体不仅电子温度高，而且离子的温度也高。由于理论上的严格意义的热平衡状态的形成条件非常苛

刻，一般容易得到的是局域热力学平衡态。热平衡等离子体的温度可达到 $5\times10^3\sim2\times10^4$ K，一般这类的体系存在于高压环境中。

当 $T_e > T_i$ 时，等离子体称为非热平衡等离子体。此时，等离子体中的电子的温度可以达到 10^4 K 甚至更高，但是等离子体中的原子和离子等重粒子温度却仅有 300～500 K。因此，人们对非热平衡等离子体按其重粒子的温度将其称为低温等离子体或冷等离子体。

对于半导体纳米颗粒而言，其内部的原子成键的类型主要是离子键和共价键。其中，以离子键结合的半导体(如 PbS、CdS 和 CdTe)纳米颗粒，它们的原子间键能较低，因此可以通过液相法合成。以共价键结合的半导体(如 Si 和 Ge)纳米颗粒，其原子间的键能比较高，因此在这类半导体纳米颗粒的合成时需要更高的温度。冷等离子体法能够用于合成硅纳米颗粒有以下三个重要原因。

1. 硅纳米颗粒在冷等离子体中带电

由于冷等离子体中作为轻粒子的电子的温度远高于硅纳米颗粒本身的温度，从而导致电子的迁移率也远高于硅纳米颗粒本身的迁移率，所以利用冷等离子体法所制备出的硅纳米颗粒，其颗粒表面很容易形成负电荷集聚。表面带有负电荷的纳米颗粒，通过相互库仑排斥力的作用，能有效地防止自身发生团聚。所以，冷等离子体法特别适合于合成尺寸小且尺寸分布窄的硅纳米颗粒。在研究硅纳米颗粒带电方面，Bernstein 和 Allen[20] 提出了轨道运动限域理论(OML theory)。

等离子体中电子电流可以通过下式获得

$$I_e = \frac{1}{4} e n_e S \sqrt{\frac{8 k_B T_e}{\pi m_e}} \exp\left(-\frac{e\,|\,\phi\,|}{k_B T_e}\right) \phi < 0 \tag{6.3}$$

式中，I_e 为电子电流；n_e 为电子密度；k_B 为波尔兹曼常量；T_e 为电子温度；m_e 为电子质量；ϕ 为硅纳米颗粒的势能。等离子体中负离子电流为

$$I_i = \frac{1}{4} e n_i S \sqrt{\frac{8 k_B T_i}{\pi m_i}} \exp\left(1+\frac{e\,|\,\phi\,|}{k_B T_i}\right) \phi < 0 \tag{6.4}$$

式中，I_i 为负离子电流；n_i 为负离子密度；T_i 为负离子温度；m_i 为负离子质量。通过结合平衡状态下的电子和离子所产生的电流数值，可以得到硅纳米颗粒所带的电量为

$$Q = 4\pi\varepsilon_0 R_p \phi \tag{6.5}$$

式中，R_p 为硅纳米颗粒的半径；ε_0 为硅纳米颗粒的介电常数。

但是，在实际情况中，并不是所有电量都可以被硅纳米颗粒完全捕获。Gatti 等[21] 提出当硅纳米颗粒尺寸小于 100 nm 时，其捕获电子的概率为

$$R_0(E_{\mathrm{kin}}) = \frac{\mathrm{e}\,|\,\phi\,|}{E_{\mathrm{kin}}} R_{\mathrm{p}} \tag{6.6}$$

式中,E_{kin}为离子的动能;R_{p}为硅纳米颗粒的半径。

2. 硅纳米颗粒在冷等离子体中的限域

在冷等离子体中,高迁移率的电子最容易到达反应腔体的腔壁,使其带上负电。反应腔壁上负电的产生会使试图接近腔壁的带负电的硅纳米颗粒受到强烈的静电排斥作用。这会有效减少硅纳米颗粒在反应腔壁上的损失,从而提高硅纳米颗粒的产率。

3. 冷等离子体中选择性的硅纳米颗粒加热

在冷等离子体体系中,由于其中的中性粒子的体密度比较低,所以其通过对流、传导和辐射等途径进行降温的过程就显得十分缓慢,选择性放热就可以使硅纳米颗粒本身的温度高于外界环境几百摄氏度。这也就是在冷等离子体中,虽然气体的温度接近外界室温,但硅纳米颗粒的形核生长过程仍能继续进行的原因所在。Mangolini 等[17]提出了硅纳米颗粒尺寸小于 10 nm 时与时间相关的硅纳米颗粒能量平衡方程。在离子和电子发生复合及硅纳米颗粒的表面发生某种化学反应时,采用 Monte-Carlo 模型进行处理就可以得出整个冷等离子体体系的能量平衡态取决于硅纳米颗粒的温度

$$\frac{4}{3}\pi R_{\mathrm{p}}^3 \rho C \frac{\mathrm{d}T_{\mathrm{p}}}{\mathrm{d}t} = G - S \tag{6.7}$$

式中,ρ为硅的密度;C为特定的加热系数;T_{p}为硅纳米颗粒的温度;G为硅纳米颗粒在上述选择性加热时所能释放出的能量;S为实际反应过程中释放的能量。

利用冷等离子体合成硅纳米颗粒的系统主要由以下部分组成:气体输运管道、等离子反应腔、真空泵、气压计、气压调节系统、流量控制计、射频电源、匹配箱和计算机控制系统。在利用冷等离子体合成硅纳米颗粒时,硅的前驱体一般为硅烷(SiH_4)[22,23]或四氯化硅($SiCl_4$)[24]。

6.1.2 硅纳米颗粒的晶态调控

Anthony 等[20]指出,在利用冷等离子体法制备硅纳米颗粒时,等离子体的功率对于所合成的硅纳米颗粒的晶态起到了至关重要的调控作用。如图 6.1 所示,当等离子体的功率较低(25 W)时,X 射线衍射(XRD)测试硅纳米颗粒的结果显示没有明显的衍射峰,说明所制备的硅纳米颗粒为非晶态。随着等离子体功率的加大,硅纳米颗粒的 XRD 衍射峰出现了,表明硅纳米颗粒的结晶性越来越好。等离子体的功率足够大(>55 W)时,可以合成完全是晶态的硅纳米颗粒。

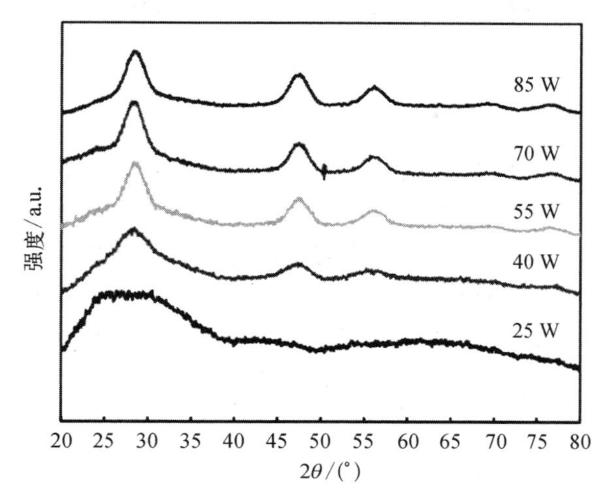

图 6.1 不同功率下合成的硅纳米颗粒的 XRD 图谱[20]

6.1.3 硅纳米颗粒的尺寸调控

采用冷等离子体法合成的硅纳米颗粒，其尺寸主要受硅的前驱体在等离子体中的分压和硅纳米颗粒在等离子体中的停留时间所控制。图 6.2 显示的是 Mangolini 等[22]研究的硅烷在等离子体中的分压和硅纳米颗粒在等离子体中的停留时间影响硅纳米颗粒大小的结果。由图可见，当硅烷在等离子体中的分压增加时，硅纳米颗粒的尺寸略微变大。当硅纳米颗粒在等离子体中的停留时间增加时，硅纳米颗粒的尺寸则显著变大。这说明，硅纳米颗粒在等离子体中的停留时间比含硅前驱体在等离子体中的分压能更有效地调控硅纳米颗粒的尺寸。

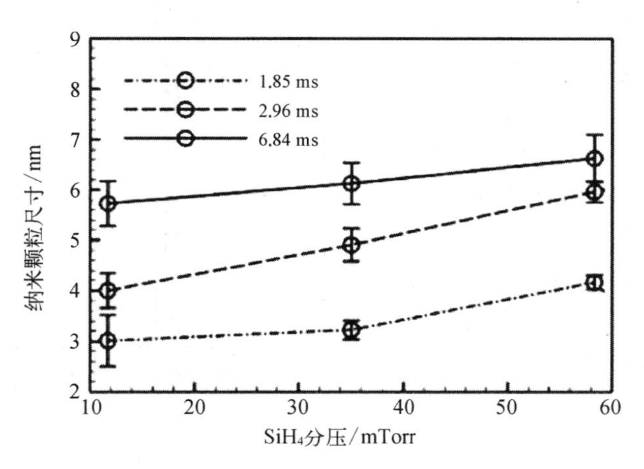

图 6.2 硅烷在等离子体中的分压和硅纳米颗粒在等离子体中的停留时间对硅纳米颗粒尺寸的影响[22]

硅纳米颗粒在等离子体中的停留时间可以由下式计算而得

$$\tau = \frac{PL}{F}\sigma \tag{6.8}$$

式中，P 为气压；L 为等离子体的长度；σ 为等离子体有效截面积；F 为气体的流量。硅纳米颗粒在等离子体中的停留时间会随着气压 P、等离子体长度 L 和等离子体有效截面积 σ 的增大而增大，但是随着总气流量 F 的增大而减小。

当制备出的硅纳米颗粒的尺寸为几个纳米时，硅纳米颗粒就会由于量子限域效应而显示出很好的发光性能。其发光波长会随着硅纳米颗粒尺寸的变化而蓝移。在紫外线的照射下，尺寸不同的硅纳米颗粒可以呈现出不同的发光波长[22]。

6.1.4 硅纳米颗粒的表面调控

当用硅烷作为硅的前驱体来合成硅纳米颗粒时，所得到的硅纳米颗粒的表面一般最初是被氢钝化的[22]。氢钝化的硅纳米颗粒表面在空气中短时间内就会氧化[26]，造成硅纳米颗粒的光学和电学性能不稳定。另外，氢钝化的硅纳米颗粒在各种普通溶剂中的分散性比较差，从而制约了硅纳米颗粒的应用[27]。Mangolini 等[28]尝试了利用冷等离子体对硅纳米颗粒的表面进行氢化硅烷化处理，结果把起初被氢钝化的硅纳米颗粒表面转变成了被烷基钝化的硅纳米颗粒表面。这种硅纳米颗粒表面的调控可以清楚地从傅里叶变换红外（FTIR）吸收光谱测试中看到。图 6.3 给出了表面起初被氢钝化的刚合成的硅纳米颗粒、十二烯、在液相/冷等离子体中与十二烯进行过氢化硅烷化反应的硅纳米颗粒的 FTIR 吸收光谱。与在液相中一样，在冷等离子体中硅纳米颗粒与十二烯反应后，硅纳米颗粒的表面出现了 CH_x 基团，而没有 C═C，表明硅纳米颗粒的表面接上了十二烷基。被十二烷基钝化的硅纳米颗粒能

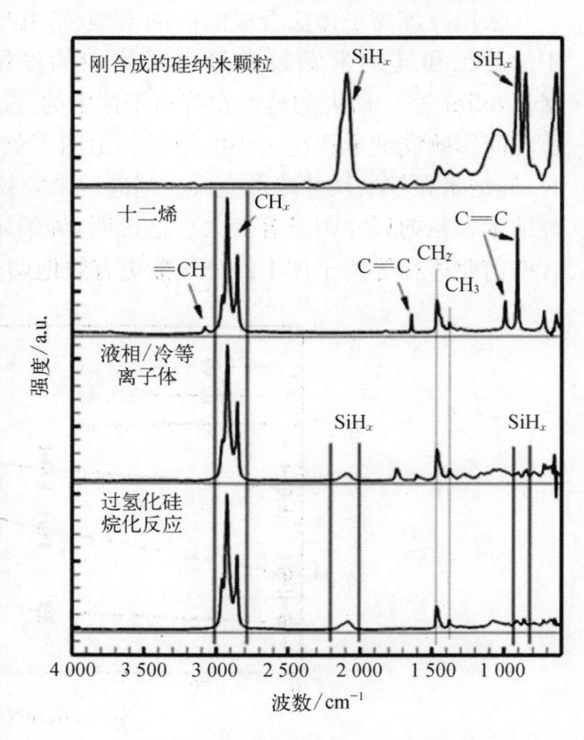

图 6.3 刚合成的硅纳米颗粒、十二烯、在液相/冷等离子体中与十二烯进行过氢化硅烷化反应的硅纳米颗粒的 FTIR 吸收光谱

够很好地分散于各种有机溶剂如甲苯和环己烷[29]，其在空气中的氧化与氢钝化的硅纳米颗粒相比大大减缓[30]。

Nozaki 等[22]将 $SiCl_4/H_2/Ar$ 混合气输入冷等离子体系统进行反应时发现，所制备的硅纳米颗粒的表面存在 Cl 原子。随着混合气体系中 H_2 的增加，硅纳米颗粒的光致荧光(PL)的强度会增加，并且当氢的浓度在 0.7%～0.8%时，其光致发光谱会在 670 nm 处出现一个较强的发光峰。但是，随着 H_2 含量的继续上升，硅纳米颗粒表面的 Cl 原子逐渐被 H 原子所代替，其光致发光谱中的发光峰由原来的 670 nm 移动到 520 nm 处，并且发光强度与原来相比也会有较大的下降。由此可见，在冷等离子体中调控硅纳米颗粒的表面能够有效调控硅纳米颗粒的发光性能。

6.1.5　硅纳米颗粒的掺杂

类似于体硅材料的掺杂，在硅纳米颗粒中有意掺杂进一些杂质原子之后，可以有效地改变硅纳米颗粒的性能。Ⅲ族、Ⅴ族元素(主要是 B 和 P)是目前硅纳米颗粒的主要掺杂剂，除此之外，Mn 和 N 等杂质理论上也可以掺入硅纳米颗粒中[31]。

Fujii 等[32-36]对在固相中合成的硅纳米颗粒的磷掺杂、硼掺杂及硼磷共掺之后的结构和相关光电方面的性能进行了较为全面的研究。Pi 等[37-40]则对利用冷等离子体合成的硅纳米颗粒的掺杂进行了一系列的理论和实验研究。他们的工作[41,42]表明，由于冷等离子体本身就是一种热力学非平衡态，用冷等离子体合成的硅纳米颗粒中 P、B 的实际掺杂浓度有可能会高于在体硅材料中掺杂时的固溶度。图 6.4(a)显示了约 13 nm 的硅纳米颗粒中 B 和 P 的平均浓度(C_{ct})，其变化和利用气体流量计算出的理想浓度(C_{ideal})呈线性关系。图 6.4(b)显示了利用 X 射线光电子谱仪(XPS)测得的 B 和 P 浓度(C_{XPS})与其平均浓度的关系。由于 C_{XPS} 为杂质

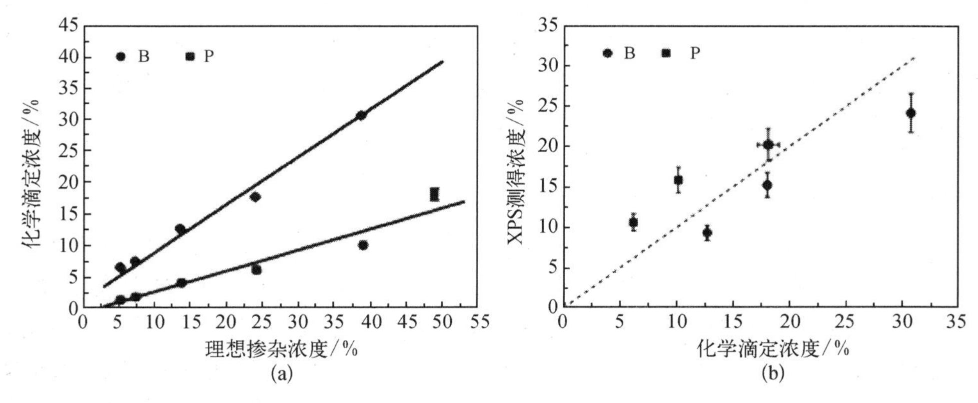

图 6.4　化学滴定掺杂浓度(C_{ct})与理想掺杂浓度(C_{ideal})之间的关系(a)和通过 XPS 得到的掺杂浓度(C_{xps})与 C_{ct} 之间的关系(b)[42]

在硅纳米颗粒表面附近的浓度，通过比较 C_{XPS} 和 C_{ideal} 可以推测杂质在硅纳米颗粒中的分布情况。对 P 而言，$C_{XPS} > C_{ideal}$，说明 P 原子倾向于处在硅纳米颗粒的表面。对 B 而言，情况刚好相反。

对于在冷等离子体中对硅纳米晶体进行掺杂，其过程可以示意性地用图 6.5 表示，在这个模型中，掺杂原子首先碰撞 Si 纳米颗粒（①），碰撞会引起掺杂原子的吸附（②）。随着 Si 纳米颗粒的继续长大，掺杂原子陷入 Si 纳米颗粒的内部（③），而 Ar 离子的碰撞会引起能量的释放（④）。此外，内部的掺杂原子会移动到表面（⑤），而在表面的掺杂原子则会由于电子和离子的撞击而发生脱附（⑥）。具体如下：① 掺杂原子到达硅纳米颗粒的表面，并且与硅纳米颗粒发生碰撞；② 掺杂原子被硅纳米颗粒吸附；③ 硅纳米颗粒继续长大，新生长的硅原子会将表面的掺杂原子包于内部；④ Ar^+ 到达硅纳米颗粒表面与表面处的电子复合，同时释放能量；⑤ 掺杂原子从亚表面移动到硅纳米颗粒的表面；⑥ 表面处的掺杂原子脱附而进入气相中。由于掺杂原子从亚表面移动到新的表面需要能量的参与，而这个能量对于 B 原子而言为 3.1 eV，对于 P 原子而言则为 2.7 eV。因此，B 原子更容易停留在亚表面处，而 P 则容易移动到表面上，即 B 会更多在核中存在，而 P 则更多地在表面存在。P 原子移动到表面之后，会相应发生脱附而进入气相中。因此，P 的掺杂效率相应低于 B。

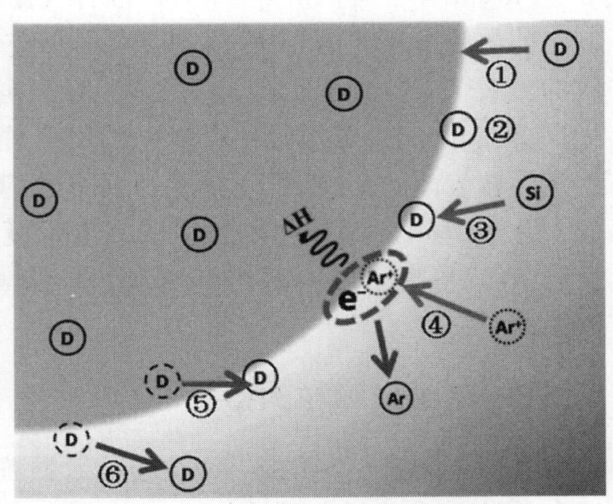

图 6.5 在冷等离子体中对硅纳米颗粒进行掺杂的示意图[42]

Stegner 等[43]研究了不同掺 P 浓度的硅纳米颗粒薄膜的电学性能。他们将掺 P 的硅纳米颗粒配成硅墨水，在聚酰亚胺的衬底上成膜。电子顺磁谱（EPR）测试的结果表明，P 的掺入与硅纳米颗粒的暗电导之间存在相关性。具体来说，当 P 的掺杂浓度提高时，暗电导率也会随之升高。

6.1.6 硅锗合金纳米颗粒

Pi 和 Kortshagen[44]展示了利用冷等离子体法不仅可以制备硅纳米颗粒，而且还可以制备出成分可控的硅锗合金（$Si_{1-x}Ge_x$）纳米颗粒。冷等离子体制备硅锗合金纳米颗粒的原理和制备硅纳米颗粒相似，硅烷和锗烷两者在冷等离子体中分解，通过调节加入的硅烷和锗气体的比例，可以得到不同化学计量比的硅锗合金纳米颗粒。图 6.6 是利用冷等离子体合成的硅锗合金纳米颗粒的拉曼和 XRD 表征结果。硅锗合金化最直接的证据是拉曼光谱中位于 390 cm^{-1} 处的与 Si－Ge 对应的

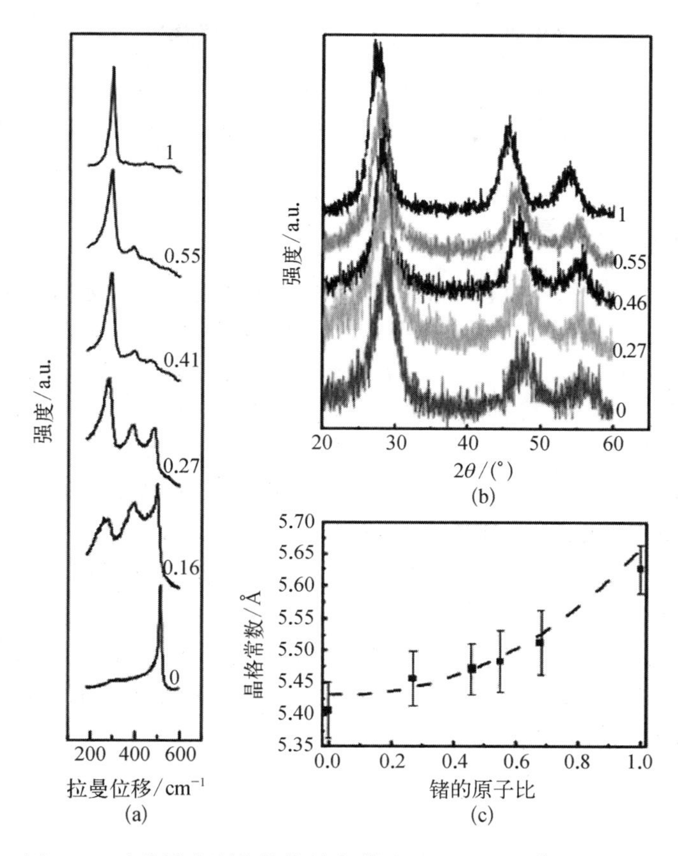

图 6.6 硅锗纳米颗粒的拉曼光谱图(a),XRD 图谱(b)及通过XRD 计算出来的晶格间距与锗含量的关系(c)[44]

峰的出现。不同的合金计量比使得 XRD 的衍射峰也发生移动,通过分析,发现硅锗合金纳米颗粒的晶格常数随着锗含量的增加而增加。

Rowe 和 Kortshagen[45]在冷等离子体中对硅锗合金纳米颗粒进行了掺杂,具体方法就是在原料混合气(SiH_4+GeH_4)中加入乙硼烷(B_2H_6)或磷烷(PH_3),从而实现 p 型或 n 型掺杂。他们发现,P 原子在硅锗合金纳米颗粒中的掺杂效率几乎是 B 原子的 2 倍。尽管在硅纳米颗粒中 P 的掺杂效率可以接近 100%,但是在硅锗合金纳米颗粒中 P 原子的掺杂效率仅有 16%。与硅纳米颗粒类似,硅锗合金纳米颗粒中的 P 原子倾向存在于颗粒的表面,而 B 原子倾向位于颗粒的内部。

6.2 基于硅纳米颗粒的硅墨水

把粉末状的硅纳米颗粒配制成硅墨水能够显著地方便化硅纳米颗粒的应用。

通过低成本地印刷硅墨水，有望获得性价比良好的新型硅基器件。目前，硅墨水的配制还处于起步阶段。尽管如此，当前简单的硅墨水已经展现了其应用潜力，特别是在太阳电池制备方面。在硅墨水的印刷方式上，旋涂、喷墨打印和丝网印刷都已有尝试。

6.2.1 硅墨水的配置

将硅纳米颗粒分散到有机溶剂中就可以形成硅墨水。所选的有机溶剂可以是单一种类的溶剂，也可以是几种不同种类的溶剂按一定比例配置的混合溶液。将硅纳米颗粒溶于单一或混合溶剂之后得到的悬浊液就是硅纳米颗粒墨水，简称硅墨水。在配置硅墨水时，关注点在于硅墨水的整体性能，而这一性能是与有机溶剂的选择息息相关的。具体而言，一是稳定性，所选用的有机溶剂不能与硅纳米颗粒发生化学反应；二是挥发性，考虑成膜之后薄膜的性质，因此，有机溶剂的挥发性要适宜，这要求溶剂沸点不能太高，以便于其快速挥发，但是也不能太低，以免在快速挥发过程中造成薄膜的开裂；三是分散性，溶剂要使得形成的墨水均一均衡。

为了使硅墨水能够均匀分散，所选择的溶剂的介电常数必须和硅纳米颗粒的介电常数一致或者尽量接近。根据 Wang 和 Zunger 提出的公式，硅纳米颗粒的介电常数 ε 与体硅材料的介电常数 ε_b 关系为

$$\varepsilon = 1 + \frac{\varepsilon_b - 1}{1 + \left(\frac{\alpha}{R}\right)^l} \tag{6.9}$$

式中 $\alpha=4.25$；$l=1.25$；R 为硅纳米颗粒的半径。

在 300～1 100 nm 的波长内，硅纳米颗粒的介电常数的平均值大约为 18.8。在常用的有机溶剂中，丙酮的介电常数为 21，丙醇为 20，而丁醇为 18。因此，有的研究小组选择乙醇作为溶剂，也有的小组采用 1，2-二氯苯(DCB)和异丙醇(IPA)形成混合溶剂。但是，乙醇的挥发性太快，在旋涂过程中，墨水的浓度会随着时间而发生较大程度的变化，所以会对实验的结果造成较大的影响。使用 DCB 作为溶剂，也有其本身的问题：DCB 的沸点很高，硅纳米颗粒成膜时，会严重影响薄膜质量；除此之外，DCB 由于是芳香族化合物，本身具有较大的毒性。因此，不同的研究人员会在综合考虑溶剂的挥发性、介电常数和价格等诸多因素的情况下，在不同的实验条件下，选择不同的单一或者混合有机溶剂。

除了选择溶剂，硅墨水的浓度对硅纳米颗粒的成膜也会产生很大的影响。具体来说，一方面，浓度过高时，高浓度的墨水其本身的润湿性不好，因此在旋涂过程中硅纳米颗粒容易发生偏聚，无法很好地覆盖衬底；而另一方面，浓度过低则会影

响薄膜的致密性。因此，在配制硅墨水时，必须在考虑所用溶剂和衬底性质等综合因素的情况下，选择合适的硅墨水的浓度。

在配制硅墨水时，为了把硅纳米颗粒分散于特定的溶剂中，硅纳米颗粒的表面改性至关重要。图 6.7 显示了通过表面改性把氢钝化的硅纳米颗粒转化为水性和油性硅纳米颗粒的流程[29]。首先，用 HF 刻蚀表面有氧化层的硅纳米颗粒，得到表面被氢钝化的硅纳米颗粒。然后将十二烯与氢钝化的硅纳米颗粒混合加热，发生氢化硅烷化反应，进而得到能溶于有机溶剂的油性的硅纳米颗粒。再以该油性的硅纳米颗粒为起点，利用一端亲水一端亲油的 F127 进行处理，最后获得水性的硅纳米颗粒。

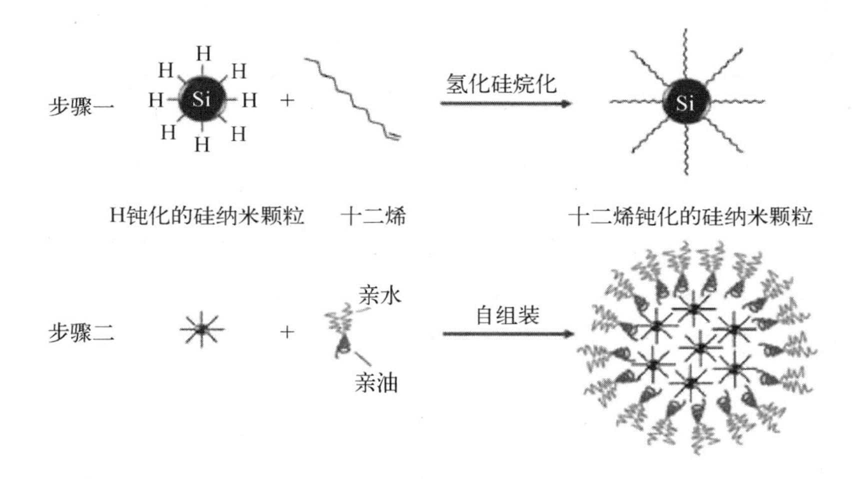

图 6.7　氢钝化的硅纳米颗粒转化为水性和油性硅纳米颗粒的示意图[31]

6.2.2　在太阳电池表面打印硅墨水

Pi 等[5,46]尝试了在传统的成品晶硅太阳电池表面印刷硅墨水。图 6.8 示意了利用喷墨打印技术在成品多晶硅太阳电池表面印刷硅墨水。研究发现，在喷墨打印时墨滴间距的变化会引起多晶硅太阳电池效率的变化。当墨滴间距为 $<40\ \mu m$ 时，多晶硅太阳电池效率的提高最为明显(相对提高了 2%)。硅墨水印刷在多晶硅太阳电池表面后，硅墨水中的溶剂会挥发，留下由硅纳米颗粒组成的多孔结构。该多孔结构具有很好的陷光和减反效果，同时硅纳米颗粒能够高效地吸收紫外线和蓝光，发出红光。这种下转换作用增强了太阳电池对短波长光的利用。从图 6.8 可以看到，多晶硅太阳电池效率的提高主要得益于短路电流的增加。这与前面分析的硅纳米颗粒只是在光学和多晶硅太阳电池耦合在一起了是一致的。

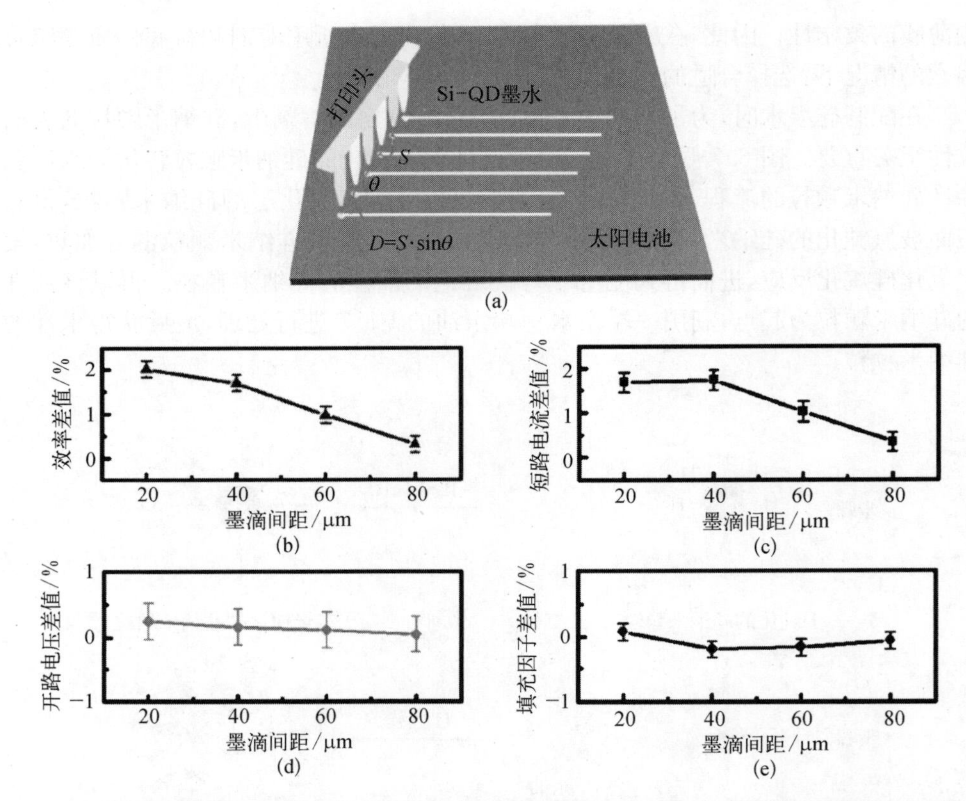

图 6.8 在多晶硅表面运用喷墨打印的方式印刷硅墨水的示意图及喷墨打印时墨滴间距对太阳电池各参数的影响[5]

(b)～(e)分别是效率、开路电压、短路电流和填充因子与喷墨打印时墨滴间距的关系

6.3 基于硅纳米颗粒的硅浆料

用硅纳米颗粒除了可以配制成浓度较低的硅墨水，还可以配制成适合于丝网印刷的高黏度的硅浆料。硅浆料目前主要的用途是掺杂。Innovalight 公司利用硅纳米颗粒制备了适用于丝网印刷的硅浆料。这种硅浆料可用于太阳电池的选区 n 型掺杂，从而制备出相比传统晶体硅电池效率更高的选择性发射极高效太阳电池。2009 年，Innovalight 公司[47]就发表了这种利用硅浆料制备的高效太阳电池的相关论文，展示了利用这种 n 型硅浆料在 p 型硅片上制备出高效率的具有选择性发射极的方法。

6.3.1 硅浆料的配制

掺杂硅浆料的配置主要是通过两种方法实现的。第一种是将硅纳米颗粒进行掺杂，随后与特定的溶剂进行混合。第二种是将硅纳米颗粒与磷/硼源、松油醇、乙基纤维素等混合而配制出不同计量比、不同浓度和黏度的硅浆料。在配制硅浆料时，必须调控的重要参数有硅浆料的黏度和掺杂原子的含量等。

6.3.2 硅浆料的掺杂作用

Innovalight 公司于 2009 年提出了用磷掺杂的硅浆料来制备具有选择性发射极的硅太阳电池的理念。他们通过丝网印刷掺磷的硅浆料，然后进行普遍的 n 型掺杂，进而实现了选区重掺，其结果如图 6.9(a)所示。重掺部分的方块电阻在 30～50Ω/□，而轻掺部分的方块电阻在 80～100Ω/□。这种硅浆料掺杂与运用其他磷浆料掺杂相比，优势在于选区掺杂准确，不会将磷扩散到不希望扩散到的硅片区域中。如图 6.9(b)所示，通过浓度梯度的表征，发现其可以在微米级的范围内实现高掺杂和低掺杂的较好的选择性，并且两者的分界线非常明显，在界面处的浓度梯度非常大。在实际使用上，用这种硅浆料制备出了效率为 19%的具有选择性发射极的硅太阳电池，而其在规模化生产中也表现出了 18.6%的转换效率[48,49]。

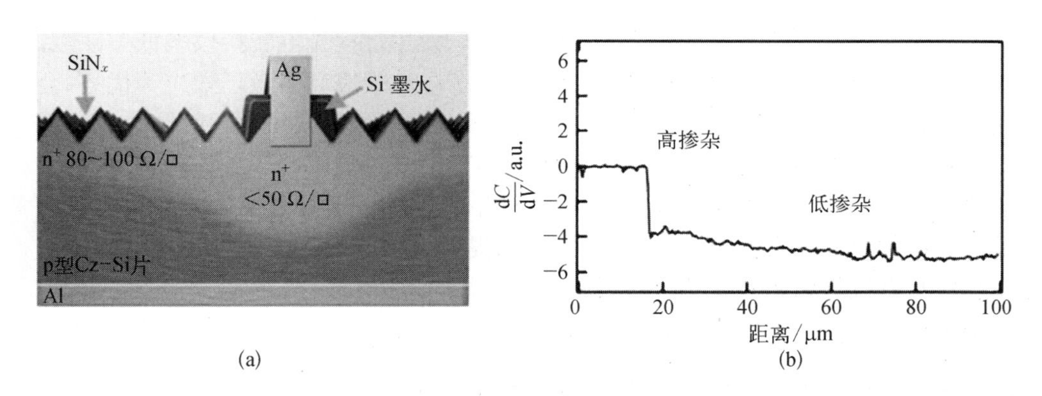

图 6.9 运用了 Innovalight 硅浆料的太阳电池结构剖面图(a)和 dC/dV 线扫描结果(b)[48]

杨歆逸等[7]把硅纳米颗粒与掺杂试剂混合，制备出了可以用于丝网印刷的硅浆料。图 6.10 显示的是 B/P 的掺入对于硅片方块电阻的影响。B/P 掺杂剂的加入会使得丝网印刷之后的硅片的方块电阻大大降低，并且 B 掺杂剂对方块电阻的影响大于 P 掺杂剂，并且两者与方块电阻的关系均接近于线性关系。

Gao 等[50]利用不同掺杂 B 浓度的硅纳米颗粒配成了硅浆料。他们采用丝网印刷的方法，在硅片表面形成了不同的硅薄膜，掺杂浓度在 $1.6\times10^{20}\sim1.0\times10^{21}$ 改变。结果显示，丝网印刷出的硅薄膜的方块电阻会随着 B 掺杂浓度的改变而改变。

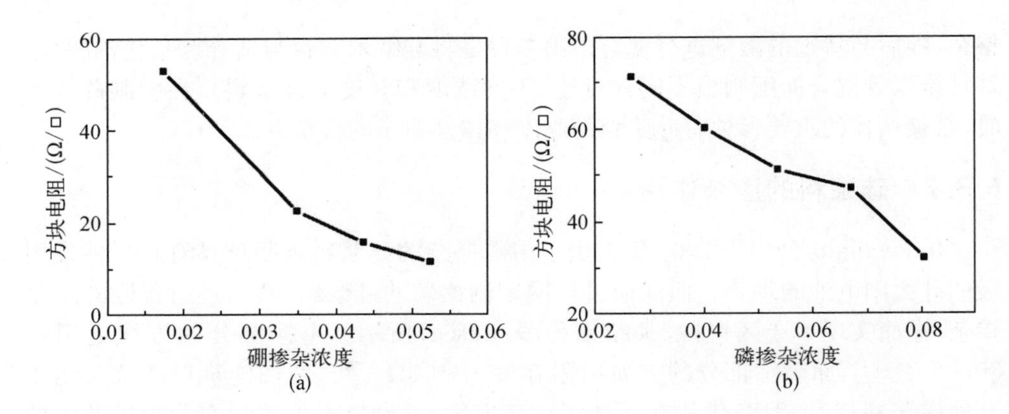

图 6.10　印刷具有不同硼浓度的硼掺杂硅浆料后，硅片表面的方块电阻(a)和印刷具有不同硼浓度的磷掺杂硅浆料后，硅片表面的方块电阻(b)[7]

6.4　基于硅纳米颗粒的太阳电池薄膜

目前使用的太阳电池存在生产过程能耗高、使用过程光电转换效率低等缺点。与体硅材料相比，硅纳米颗粒本身所具备的量子限域效应和多激子效应等优势，会使得其在与传统太阳电池复合或者第三代太阳电池等领域发挥独特的作用。

对于硅纳米颗粒而言，一般以两种形式在太阳电池中发挥作用。第一是在基质薄膜(如氧化硅、氮化硅等薄膜)中嵌入硅纳米颗粒。这种电池主要利用的是硅纳米颗粒优异的吸收特性，通过加大吸收来提高太阳电池的效率。第二是将硅纳米颗粒与有机物和无机物(碳纳米材料等)等结合，制备体异质结太阳电池。这种电池主要利用硅纳米颗粒能带可调的特点，通过调控能带来提高电池效率[51]。

6.4.1　硅纳米颗粒与高分子半导体材料的复合

对于有机物太阳电池而言，其研究目前已经取得了较大的发展，而有机物与无机纳米颗粒进行杂化太阳电池的研究，目前还处于起步阶段，并且所使用的无机纳米颗粒一般也仅限于化合物半导体中的 CdS、PbS、CdTe 等，对于硅纳米颗粒与有机物进行复合的研究是近几年才开始的。

2009 年，Liu 等[9]将硅纳米颗粒和 P3HT 进行复合，形成一种基于有机无机杂化的体异质结太阳电池。与以前使用制备硅纳米颗粒的薄膜基质退火技术不同，他们所采用的方法就是前面所描述的冷等离子体法。Liu 合成出来直径分别为 3～5 nm、5～9 nm、10～20 nm 的硅纳米颗粒。随后，他们选择 DCB 作为溶剂，将合成出的硅颗粒与 P3HT 一起溶于 DCB 中进行搅拌。在器件结构上，他们选择了有机电池的基本结构，即在 ITO 上旋涂一层 PEDOT∶PSS 作为空穴传输层，在空穴传输层上再旋涂混合溶液作为活性层，最后利用热蒸发的方法蒸发一层 Al 作为电极。

在体异质结太阳电池中，硅纳米颗粒分布在以 P3HT 为基础的基质中，从而在一定程度上克服了硅纳米颗粒薄膜的孔隙率较大的缺点。另外，体异质结结构形成的网络状结构，使得在内部形成的光生载流子可以通过不同的路径而传输到电极两端。图 6.11(a)和图 6.11(b)分别是电池的 $J-V$ 曲线和 IPCE 曲线。结果表明，3～5 nm 的硅纳米颗粒在与 P3HT 以 35%比例复合之后，其电池效率最高。此时的开路电压(V_{OC})为 0.75 V，短路电流密度(J_{SC})为 3.3 mA/cm^2，填充因子(FF)为 0.46。相比较而言，硅纳米颗粒的尺寸越小，器件的效率越高，原因在于小的纳米颗粒可以在量子限域效应的作用下，使得其本身的导带值升高，从而在一定程度上提高电池的 V_{OC}。

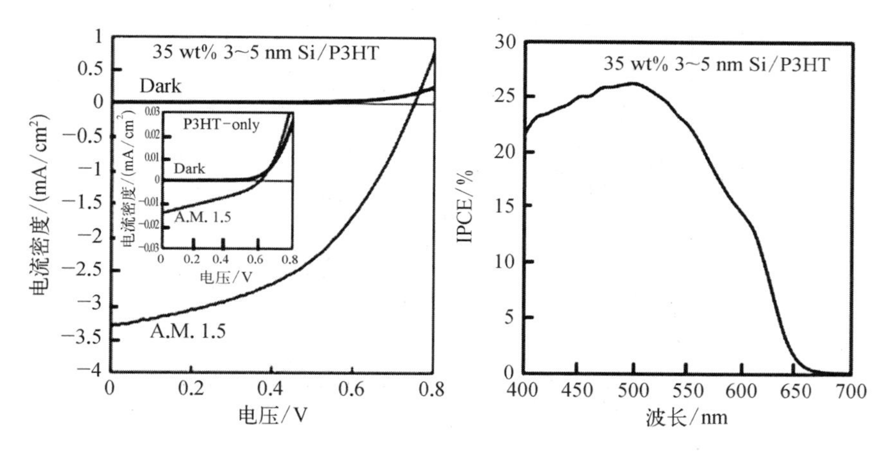

图 6.11 复合太阳电池(主图)和 P3HT 太阳电池(插图)的 $J-V$ 曲线(a)和该复合太阳电池对应的量子效率曲线(b)[9]

Nozaki[31]用冷等离子体法制备了直径为 6 nm 的硅纳米颗粒，将其与 P3HT 和 PTB7 分别混合之后旋涂在事先涂有 PEDOT∶PSS 的 ITO 上，形成杂化太阳电池。如图 6.12 所示，研究发现，P3HT 作为杂化电池的施主材料时，由于其禁带太宽(2.0 eV)，与硅纳米颗粒混合之后在 650 nm 以上吸收非常弱。相对而言，PTB7 的禁带较窄，因此可以在较长波长下进行吸收。因此，PTB7 较 P3HT 而言在 300～800 nm 的短路电流密度(J_{SC})出现了明显提高。

为了探究不同氧化程度对于硅纳米颗粒表面钝化的影响，Nozaki 等[52]通过控制硅纳米颗粒氧化的时间，得到了钝化程度不同的表面纳米颗粒，再分别与 PTB7 进行混合，从而得到了杂化太阳电池，如图 6.13(a)所示。由于硅纳米颗粒在杂化电池中充当的是受主的角色，所以，硅纳米颗粒对于电子的传输作用会直接影响太阳电池的效率。如图 6.13(b)的 $J-V$ 曲线所示，随着氧化时间的增加，电池的 J_{SC}

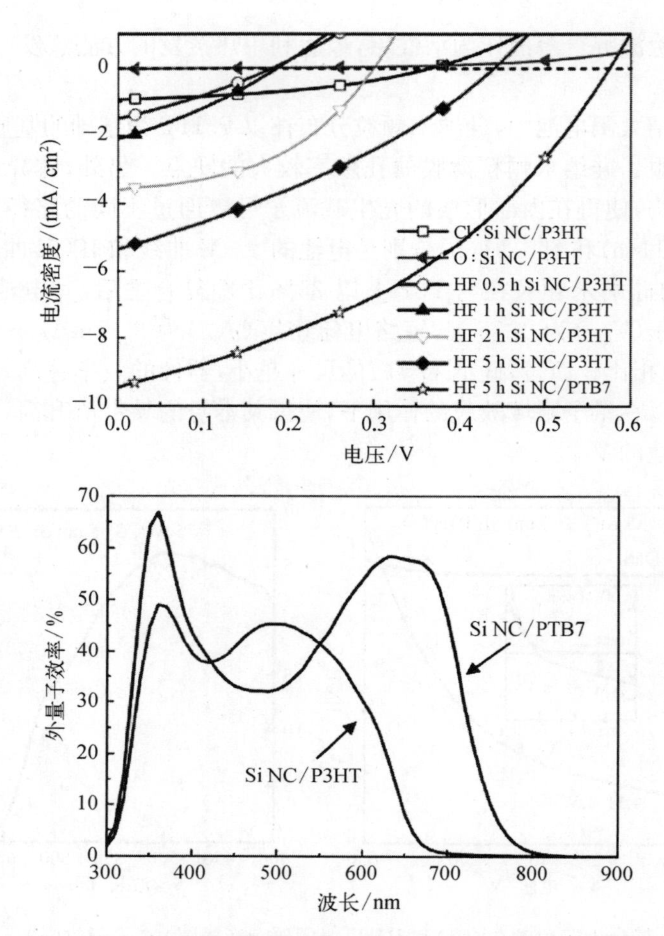

图 6.12 硅纳米颗粒与 P3HT 和 PTB7 形成杂化太阳电池的光伏曲线(a)和外量子效率(EQE)曲线(b)[31]

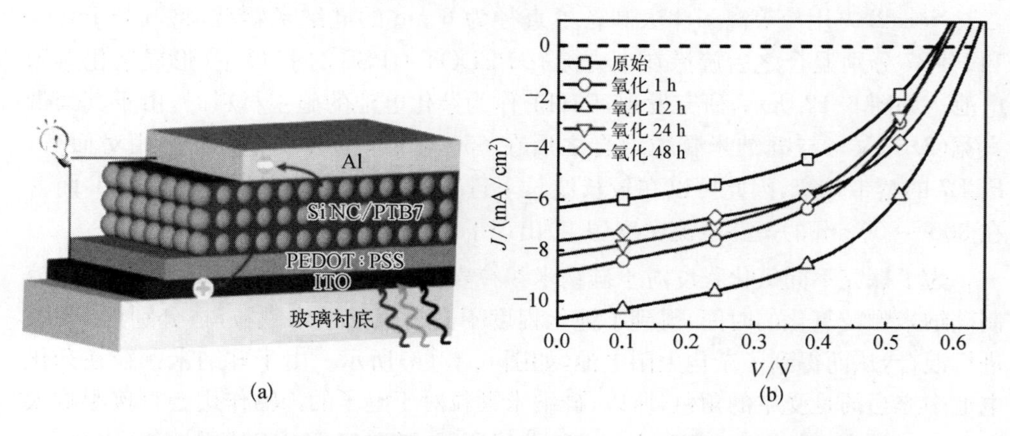

图 6.13 硅纳米颗粒/PTB7 杂化太阳电池结构示意图(a)和 $J-V$ 曲线(b)[52]

会出现较大的变化。其原因在于，氧原子会在 Si—Si 键中插入而形成 Si—O—Si 键，但不会影响 Si—OH 或者 Si—H_X。当氧钝化了硅纳米颗粒表面之后，其原本表面上由于悬挂键而产生的缺陷态会减少，因此在一定程度上减少载流子的复合概率，所以，随着氧化时间的增加，太阳电池的 J_{SC} 出现了大幅度增加。但是，当硅纳米颗粒长时间(>12 h)氧化之后，会由于氧原子继续进入表面层以下的位置，从而形成一个有一定厚度的"富氧层"，并且会造成势垒增加和散射增加，从而直接导致太阳电池的电性能降低。

6.4.2 硅纳米颗粒与低维碳材料的复合

2010 年，Svrcek 等[10]将硅纳米颗粒与 C_{60} 相结合，形成了杂化太阳电池。与冷等离子体法制备硅纳米颗粒不同，Svrcek 运用机械球磨和电化学腐蚀的方法相结合，作为制备硅纳米颗粒的手段。随后，在有效的溶剂中用纳秒激光器进行分散处理，将硅纳米颗粒的溶解度有效提高。电池活性层由硅纳米颗粒和 90 nm 的 C_{60} 组成，顶端的 Al 电极由热蒸发制备，旋涂 PEDOT：PSS 作为空穴传输层，器件结构如图 6.14(a)所示。图 6.14(b)是硅纳米颗粒与 C_{60} 组成杂化电池后的能带图，可以发现，活性层接受光子之后，硅纳米颗粒充当施主，将产生的电子传递给最低未占分子轨道(lowest unoccupied molecular orbita, LUMO)较低的 C_{60}，从而使得电子和空穴分离，并且被拉到电极的两端。这一研究工作证明，硅纳米颗粒在与有机物进行复合时不仅可以充当受主，而且可以充当施主。但是，可以看到，在与 C_{60} 形成电池时，硅纳米颗粒在可见光波段的吸收是限制其效率继续提高的关键。

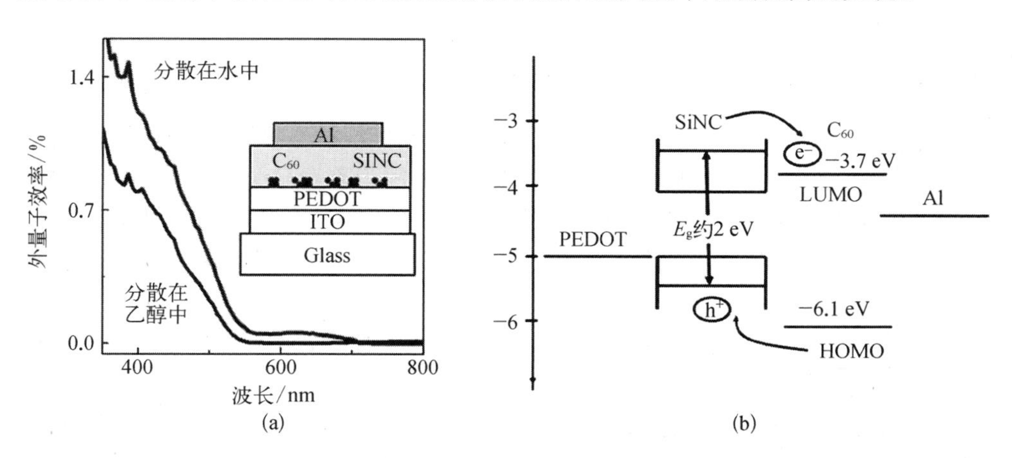

图 6.14 散在乙醇或水中的微晶碎片在沉积 C_{60} 后形成器件的外量子效率曲线(a)和器件的能带图(b)[10]

2011 年，Svrcek 等[53]在与 C_{60} 复合的基础上，又将硅纳米颗粒与单壁碳纳米管进行复合制备成体异质结太阳电池。他们将硅纳米颗粒与单壁碳纳米管混合在甲苯溶剂中，作为活性层材料，在 ITO 上旋涂一层 PEDOT：PSS 作为空穴传输层，在空穴传输层上再旋涂一层活性层材料,最后蒸发 Al 作为电极。他们证明,在单壁碳纳米管吸收的基础上,加入的硅纳米颗粒可以极大提高整个器件在短波段的吸收,从而有效地提高整个太阳光吸收波段(300～1 100 nm)的光谱响应度,太阳电池的结构和 EQE 测试结果如图 6.15(a)所示。在对于硅纳米颗粒的选择上,Svrecek 阐述了 p 型硅纳米颗粒比 n 型硅纳米颗粒能表现出更好的器件性能的原因在于 p 型硅纳米颗粒与单壁碳纳米管之间良好的电学耦合性和能带匹配性。如图 6.15(b)所示,在 AM1.5 的标准光强下,最终的太阳电池的开路电压(V_{OC})为0.14 V,短路电流密度(J_{SC})为 0.3 mA/cm^2,填充因子(FF)为 0.25,转换效率(η)为 0.01 %。

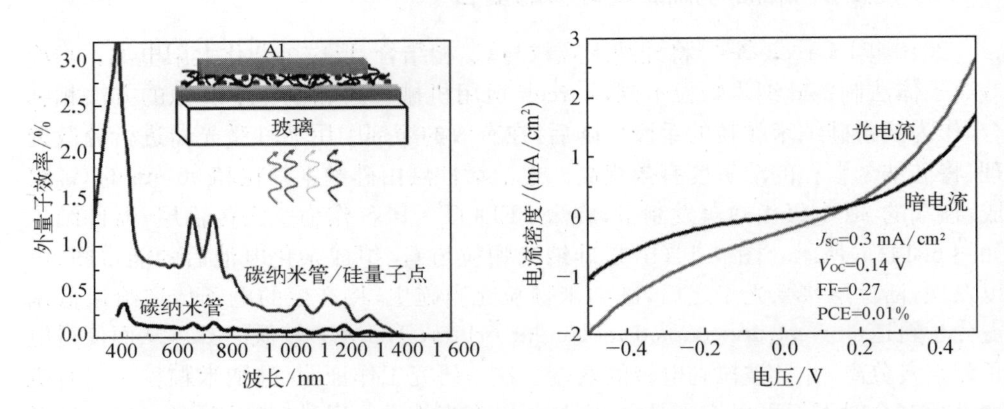

图 6.15　加入硅纳米颗粒和未加入硅纳米颗粒器件的外量子效率曲线,插图为结构示意图(a)和 p 型硅纳米颗粒和直径约0.83 nm碳纳米管复合电池的光伏曲线(b)[53]

6.4.3　硅纳米颗粒与 TiO_2 纳米结构复合

作为一种目前研究较为成熟的电池,染料敏化太阳电池的发展也吸引了不少研究者。染料敏化太阳电池的工作原理如下:利用染料分子对太阳光的吸收特性,在能态转变的过程中完成电子的转移。研究人员发现,如果在其中加入了一定量的硅纳米颗粒,就可以让激发态的染料分子将电子传递给硅纳米颗粒,从而完成电子的传递工作。

王蓉等[54]利用经过氢化硅烷化改性过的硅纳米颗粒,以正庚烷作为溶剂,将表面修饰的硅纳米颗粒溶于溶剂中,形成分散性较好的硅墨水。图 6.16(a)是 TiO_2 阵列的 SEM 截面图,所制备的 TiO_2 阵列的每个纳米阵列之间存在着较大的间隙,这样就为在其中加入硅墨水提供了可能。当将硅墨水添加在 TiO_2 纳米阵列的内部时,硅纳米颗粒与 TiO_2 之间就会有较大的接触面积,从而在一定程度上增加激子分离的效率。图 6.16(b)是硅纳米颗粒与 TiO_2 阵列组成杂化电池之后的 $I-V$ 曲线。从该曲线中可以看到,器件在暗场下呈现出了明显的二极管性质,并且在光照下的能量转换效率为 0.1%。

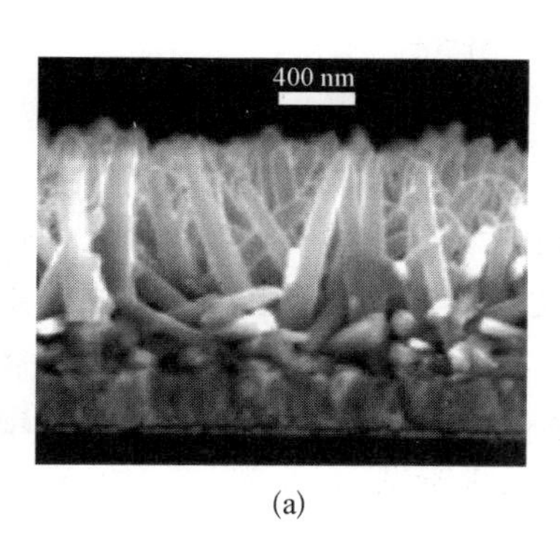

(a)

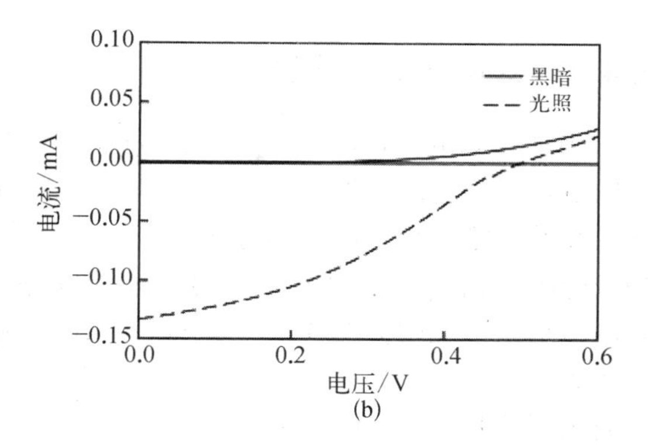

(b)

图 6.16　TiO_2纳米棒阵列的 SEM 图(a)和在黑暗中和 AM1.5 光照条件下硅量子点敏化太阳电池的 $I-V$ 曲线(b)[54]

2010 年，Kim 等[55]利用—COOH 钝化硅纳米颗粒的表面，从而得到表面接有—COOH 的硅纳米颗粒。在此基础上，Kim 将钝化之后的硅纳米颗粒与 TiO_2纳米颗粒基质薄膜进行复合，从而制备出含有表面修饰的硅纳米颗粒的染料敏化太阳电池。图 6.17(a)是硅纳米颗粒进行钝化和未使用硅纳米颗粒与 TiO_2所组成的太阳电池的 $J-V$ 曲线。相对而言，加入经过处理的硅纳米颗粒之后，染料敏化太阳电池的效率提升非常大，J_{SC}从 12.9 mA/cm^2 增加到 13.8 mA/cm^2，V_{OC}从 0.69 V 增加到 0.71 V，FF 从 0.58 增加到 0.61。Kim 认为，硅纳米颗粒对于器件性能的提高主要是提高了电池的开路电压和短路电流，原因是 Si—COOH 与 N719 染料直接相连，从而使得载流子能够直接从硅纳米颗粒传递到 TiO_2 纳米颗粒薄膜中。除此之外，从图 6.17(b)中可以发现，经过处理的硅纳米颗粒在组成太阳电池之后，其 IPCE 也会相应出现增加的趋势。综合的效应就是将未加入硅纳米颗粒的电池效率由 5.2%提高到 6.1%。

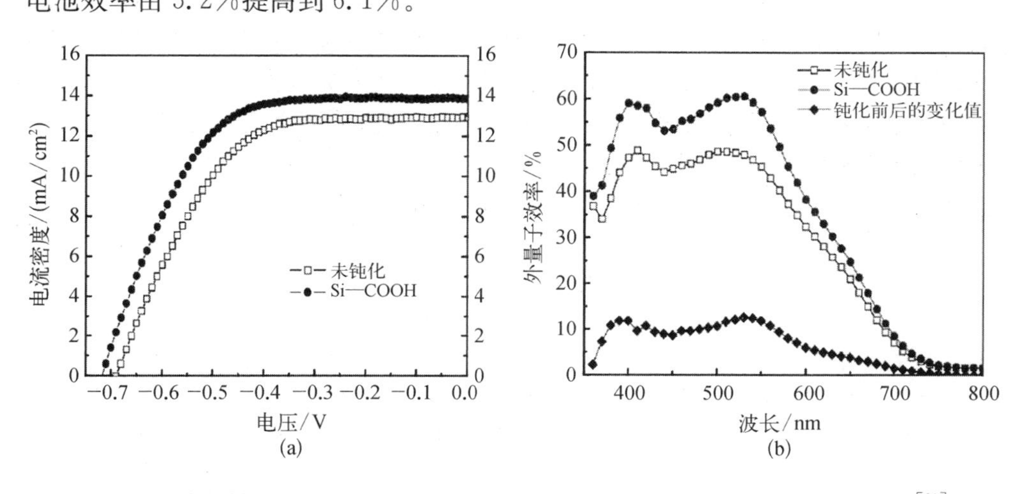

图 6.17　染料敏化电池的 $J-V$ 曲线(a)和染料敏化电池的量子效率曲线曲线(b)[60]

6.4.4 硅纳米颗粒薄膜

2010 年，Liu 和 Korshagen 证明，可以用本征的硅纳米颗粒制备出肖特基结的太阳电池[8]。他们首先将直径分布为 10～20 nm 的本征硅纳米颗粒溶于 DCB 中，然后在手套箱中利用旋涂的方法在透明导电氧化物(ITO)薄膜上沉积一层硅纳米颗粒薄膜，最后在硅纳米颗粒的薄膜上利用热蒸发的方法沉积一层铝电极。该太阳电池结构示意图如图 6.18(a)所示。根据测试，这种肖特基结太阳电池的电池效率约为 0.02 %，开路电压(V_{OC})为 0.51 V，短路电流密度(J_{SC})为 0.15 mA/cm^2，填充因子(FF)为 0.26。

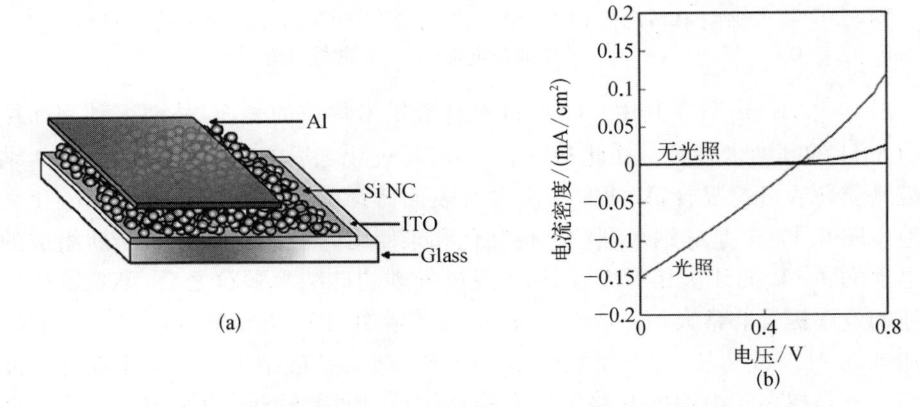

图 6.18 硅纳米颗粒太阳电池结构示意图(a)和硅纳米颗粒太阳电池的 $J-V$ 曲线(b)

从图 6.18(b)中可以看到，这种肖特基结构的太阳电池的短路电流密度较低，其原因可能是吸收较低，从而导致激子的产生数目较少，并且在电荷传输的过程中，载流子的复合概率远大于一般的太阳电池，所以电流值会相对较低。不仅如此，由于硅纳米颗粒的薄膜本身成膜性能不好，所以串联电阻很大，在光伏特性上就表现为 FF 较低。尽管光伏特性并不理想，但研究人员认为，可从以下三个方面提高其效率：第一，降低硅纳米颗粒表面的氧化程度，从而降低复合概率；第二，改善硅纳米颗粒之间的互连性以提高电荷的传输能力；第三，提高肖特基结与电极的接触，在一定程度下降低串联电阻，并且增加电流的提取效果[8]。

参考文献

[1] 赵杰，曾一平. 新型高效太阳能电池研究进展. 物理，2011，40(4)：233-240.

[2] 沈文忠. 面向下一代光伏产业的硅太阳电池研究新进展. 自然杂志，2010，32(3)：134-142.

[3] Schaller R D, Klimov V I. High efficiency carrier multiplication in PbSe nanocrystals: Implications for solar energy conversion. Physical Review Letters, 2004, 92(18): 186601-1-4.

[4] Beard M C, Knutsen K P, Yu P R, et al. Multiple exciton generation in colloidal silicon

nanocrystals. Nano Letters, 2007, 7(8): 2506-2512.

[5] Pi X, Zhang L, Yang D. Enhancing the efficiency of multicrystalline silicon solar cells by the inkjet printing of silicon-quantum-dot ink. The Journal of Physical Chemistry C, 2012, 116 (40): 21240-21243.

[6] 李庆,马翩翩,赵文达,等. 硅纳米颗粒薄膜对硅太阳电池的减反射作用分析. 太阳能学报, 2012,33(11): 1850-1855.

[7] 杨歆逸,高煜,皮孝东,等. 用于丝网印刷的掺杂硅浆料. 太阳能学报.

[8] Liu C Y, Kortshagen U R. A silicon nanocrystal Schottky junction solar cell produced from colloidal silicon nanocrystals. Nanoscale Research Letters, 2010, 5(8): 1253-1256.

[9] Liu C Y, Holman Z C, Kortshagen U R. Hybrid solar cells from P3HT and silicon nanocrystals. Nano Letters, 2009, 9(1): 449-452.

[10] Svrcek V, Mariotti D, Shibata Y, et al. A hybrid heterojunction based on fullerenes and surfactant-free, self-assembled, closely packed silicon nanocrystals. Journal of Physics D-Applied Physics, 2010, 43(41): 415402-415409.

[11] Soga T. Nanostructured materials for solar energy conversion. Amsterdam: Elsevier, 2006, 131-192.

[12] Pettigrew K A, Liu Q, Power P P, et al. Solution synthesis of alkyl- and alkyl/alkoxy-capped silicon nano particles via oxidation of Mg_2Si. Chemistry of Materials, 2003, 15(21): 4005-4011.

[13] Sandu I, Moreau P, Guyomard D, et al. Synthesis of nanosized Si particles via a mechanochemical solid-liquid reaction and application in Li-ion batteries. Solid State Ionics, 2007, 178(21): 1297-1303.

[14] Chen C, Kimura S, Nozaki S, et al. Selective formation of size-controlled silicon nanocrystals by photosynthesis in SiO nanoparticle thin film. Nanotechnology, IEEE Transactions on, 2006, 5(6): 671-676.

[15] Wang Y Q, Wang Y G, Cao L, et al. High-efficiency visible photoluminescence from amorphous silicon nanoparticles embedded in silicon nitride. Applied physics letters, 2003, 83(17): 3474-3476.

[16] Delachat F, Carrada M, Ferblantier G, et al. Properties of silicon nanoparticles embedded in SiN_x deposited by microwave-PECVD. Nanotechnology, 2009, 20(41): 170-223.

[17] Gatti M, Kortshagen U. Analytical model of particle charging in plasmas over a wide range of collisionality. Physical Review E, 2008, 78(4): 2517-2530.

[18] Mangolini L, Kortshagen U. Selective nanoparticle heating: Another form of nonequilibrium in dusty plasmas. Physical Review E, 2009, 79(2): 026405.

[19] Pi X D, Liptak R W, Campbell S A, et al. In-flight dry etching of plasma-synthesized silicon nanocrystals. Applied physics letters, 2007, 91(8): 083112-1-3.

[20] Anthony R, Kortshagen U. Photoluminescence quantum yields of amorphous and crystalline silicon nanoparticles. Physical Review B, 2009, 80(11): 115407.

[21] Allen J E, Annaratone B M, De Angelis U. On the orbital motion limited theory for a small body at floating potential in a Maxwellian plasma. Journal of Plasma Physics, 2000, 63(4):

299 - 309.

[22] Mangolini L, Thimsen E, Kortshagen U. High-yield plasma synthesis of luminescent silicon nanocrystals. Nano Letters, 2005, 5(4): 655 - 659.

[23] Mangolini L, Kortshagen U. Plasma - assisted synthesis of silicon nanocrystal inks. Advanced Materials, 2007, 19(18): 2513 - 2519.

[24] Nozaki T, Sasaki K, Ogino T, et al. Microplasma synthesis of tunable photoluminescent silicon nanocrystals. Nanotechnology, 2007, 18(23): 8397 - 8402.

[25] Pi X D, Liptak R W, Nowak J D, et al. Air-stable full-visible-spectrum emission from silicon nanocrystals synthesized by an all-gas-phase plasma approach. Nanotechnology, 2008, 19(24): 245603.

[26] Pi X D, Mangolini L, Campbell S A, et al. Room-temperature atmospheric oxidation of Si nanocrystals after HF etching. Physical Review B, 2007, 75(8): 794 - 802.

[27] Kelly J A, Veinot J G C. An investigation into near - UV hydrosilylation of freestanding silicon nanocrystals. ACS Nano, 2010, 4(8): 4645 - 4656.

[28] Holman Z C, Kortshagen U R. Plasma production of nanodevice-grade semiconductor nanocrystals. Journal of Physics D: Applied Physics, 2011, 44(17): 228 - 236.

[29] Ding Y, Gresback R, Liu Q, et al. Silicon nanocrystal conjugated polymer hybrid solar cells with improved performance. Nano Energy, 2014, 9: 25 - 31.

[30] Niesar S, Pereira R N, Stegner A R, et al. Low - cost post - growth treatments of crystalline silicon nanoparticles improving surface and electronic properties. Advanced Functional Materials, 2012, 22(6): 1190 - 1198.

[31] Chen X, Pi X, Yang D. Silicon nanocrystals doped with substitutional or interstitial manganese. Applied Physics Letter, 2011, 99(19): 193108 - 1 - 3.

[32] Imakita K, Ito M, Naruiwa R, et al. Ultrafast third order nonlinear optical response of donor and acceptor codoped and compensated silicon quantum dots. Applied Physics Letter, 2012, 101(4): 041112 - 1 - 4.

[33] Fujii M, Toshikiyo K, Takase Y, et al. Below bulk-band-gap photoluminescence at room temperature from heavily P-and B-doped Si nanocrystals. Journal of Applied Physics, 2003, 94(3): 1990 - 1995.

[34] Sumida K, Ninomiya K, Fujii M, et al. Electron spin-resonance studies of conduction electrons in phosphorus-doped silicon nanocrystals. Journal of Applied Physics, 2007, 101(3): 033504 - 1 - 5.

[35] Fukuda M, Fujii M, Hayashi S. Room-temperature below bulk-Si band gap photoluminescencefrom P and B co-doped and compensated Si nanocrystals with narrow size distributions. Journal of Luminescence, 2011, 131(5): 1066 - 1069.

[36] Mimura A, Fujii M, Hayashi S, et al. Photoluminescence andfree-electron absorption in heavilyphosphorus-doped Si nanocrystals. Physical Review B, 2000, 62(19): 12625 - 12627.

[37] Pi X D. Doping silicon nanocrystals with boron and phosphorus. Journal of Nanomaterials, 2012, 2012(20): 5603 - 5610.

[38] Ma Y S, Chen X B, Pi X D, et al. Lightlyboron and phosphorus co-doped silicon

nanocrystals. Journal of Nanoparticle Research, 2012, 14(4): 802 - 808.
[39] Chen X B, Pi X D, Yang D R. Critical role of dopant location for p-doped Si nanocrystals. Journal of Physical Chemistry C, 2011, 115(3): 661 - 666.
[40] Pi X D, Chen X B, Yang D R. First-principles study of 2. 2 nm silicon nanocrystals doped with boron. Journal of Physical Chemistry C, 2011, 115(20): 9838 - 9843.
[41] Pi X D, Gresback R, Liptak R W, et al. Doping efficiency, dopant location, and oxidation of Si nanocrystals. Applied Physics Letters, 2008, 92(12): 123102 - 1 - 3.
[42] Zhou S, Pi X, Ni Z, et al. Boron - and phosphorus - hyperdoped silicon nanocrystals. Particle & Particle Systems Characterization, 2014, 32(2): 213 - 221.
[43] Stegner A R, Pereira R N, Klein K, et al. Electronic transport in phosphorus-doped silicon nanocrystal networks. Physical review Letters, 2008, 100(2): 026803 - 1 - 4.
[44] Pi X D, Kortshagen U. Nonthermal plasma synthesized freestanding silicon-germanium alloy nanocrystals. Nanotechnology, 2009, 20(29): 295602 - 1 - 6.
[45] Rowe D J, Kortshagen U R. Boron-and phosphorus-doped silicon germanium alloy nanocrystals—Nonthermal plasma synthesis and gas-phase thin film deposition. APL Materials, 2014, 2(2): 1135 - 1140.
[46] Pi X, Li Q, Li D, et al. Spin-coating silicon-quantum-dot ink to improve solar cell efficiency. Solar Energy Materials and Solar Cells, 2011, 95(10): 2941 - 2945.
[47] Antoniadis H. Silicon ink high efficiency solar cells//Photovoltaic Specialists Conference (PVSC), 2009 34th IEEE. IEEE, 2009: 650 - 654.
[48] Alberi K, Scardera G, Moutinho H, et al. Localized doping using silicon ink technology for high efficiency solar cells//Photovoltaic Specialists Conference (PVSC), 2010, 35th IEEE. IEEE, 2010: 1465 - 1468.
[49] Poplavskyy D, Scardera G, Abbott M, et al. Silicon ink selective emitter process: optimization of selectively diffused regions for short wavelength response//Photovoltaic Specialists Conference (PVSC), 2010, 35th IEEE. IEEE, 2010: 3565 - 3569.
[50] Gao Y, Zhou S, Zhang Y, et al. Doping silicon wafers with boron by use of silicon paste. Journal of Materials Science & Technology, 2013, 29(7): 652 - 654.
[51] 张莉,皮孝东,杨德仁. 硅纳米晶体在太阳电池中的应用. 材料导报,2012,26(21): 128 - 134.
[52] Ding Y, Sugaya M, Liu Q, et al. Oxygen passivation of silicon nanocrystals: Influences on trap states, electron mobility, and hybrid solar cell performance. Nano Energy, 2014, 10: 322 - 328.
[53] Svrcek V, Cook S, Kazaoui S, et al. Silicon nanocrystals and semiconducting single-walled carbon nanotubes applied to photovoltaic cells. Journal of Physical Chemistry Letters, 2011, 2(14): 1646 - 1650.
[54] 王蓉,皮孝东,杨德仁. 硅量子点敏化太阳电池研究. 太阳能学报,2013,34(12): 2228 - 2231.
[55] Kim Y, Kim C H, Lee Y, et al. Enhanced performance of dye-sensitized TiO_2 solar cells incorporating COOH - functionalized Si nanoparticles. Chemistry of Materials, 2010, 22(1): 207 - 211.

第7章

一维Ⅳ族材料纳米结构的湿法制备

7.1 MACE法制备一维Ⅳ族半导体材料纳米结构的机理

不同于自下而上的CVD外延方法，采用自上而下的电化学方法刻蚀Ⅳ族材料制备微米线、纳米线、纳米棒、纳米柱等一维精细结构及构筑相关器件近年来也获得了持续关注，其中简单易行的金属辅助化学刻蚀(metal-assisted chemical etching, MACE)法发展尤为迅速，已经广泛应用于大规模Si基纳米线阵列的制备[1]。

MACE法加工Ⅳ族半导体材料目前主要集中于Si材料的研究，该方法可用于制备长度为几纳米至几百微米，最小直径小于10 nm的一维Si纳米结构[2]。目前较为认同的腐蚀机理如图7.1所示(以HF/H_2O_2溶液中Ag粒子辅助刻蚀Si制备纳米线为例)[3,4]。溶液中的氧化剂在与金属粒子的界面上被还原，同时把空穴通过金属注入Si的价带深处(金属粒子由于电负性高于Si而从Si中提取电子)，当空穴浓度积聚到一定程度后会造成硅的氧化，而被HF腐蚀掉。由于与金属直接接触部位的硅的空穴浓度最大，所以在足够高的溶液传质速率下会被抛光优先腐蚀掉，造成金属粒子的持续下沉进入Si材料体内，形成刻蚀孔；同时，金属粒子前端过剩的空穴会扩散到远离金属的部位，形成空穴梯度，其刻蚀速率远低于金属前端，在刻蚀孔孔壁上形成多孔层。综合以上两个过程，当沉入的金属粒子密度足够大且粒子沉积速率近似相等时，会在Si衬底上形成较为均匀的纳米线。如果采用Ag^+作为催化剂和氧化剂，Ag^+首先被还原成Ag纳米粒子沉积在Si表面，作为催化剂，启动刻蚀过程，在后续的刻蚀过程中，Ag被溶液中的其他氧化剂如H_2O_2再次氧化，再次从Si中得到电子而被还原，类似的氧化-还原过程持续进行，同样造成Si的持续刻蚀而形成Si纳米线。类似地，适当调整金属催化剂的厚度和间距，可以获得Si微米线，如图7.2所示[5]。

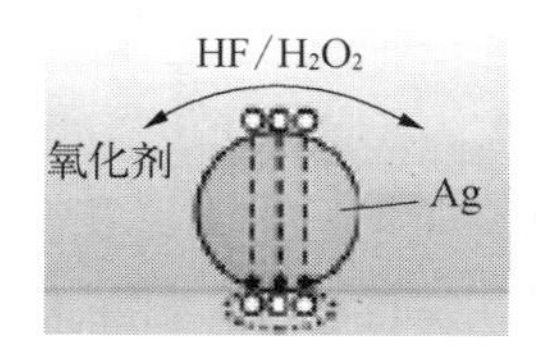

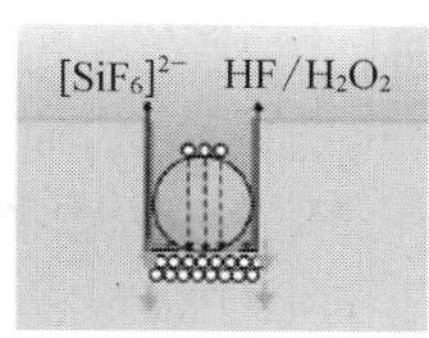

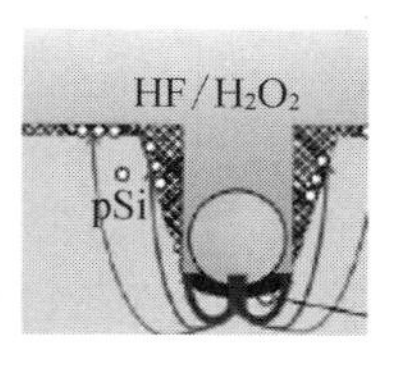

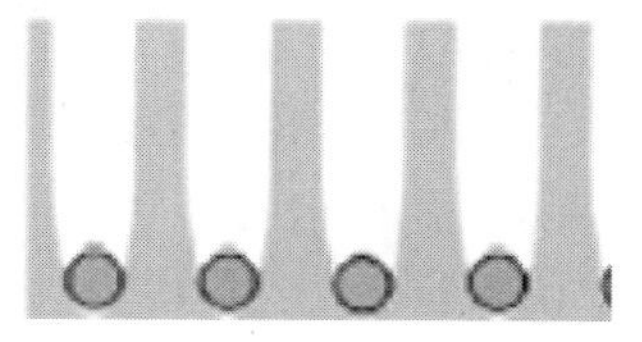

图 7.1　HF/H_2O_2溶液中 Ag 粒子辅助刻蚀 Si 制备纳米线的机理模型[3,4]

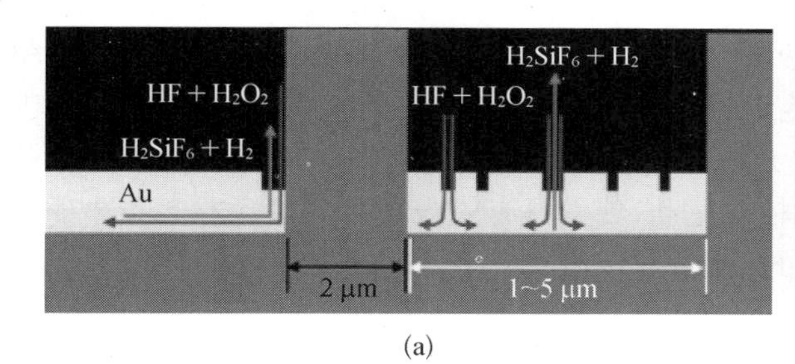

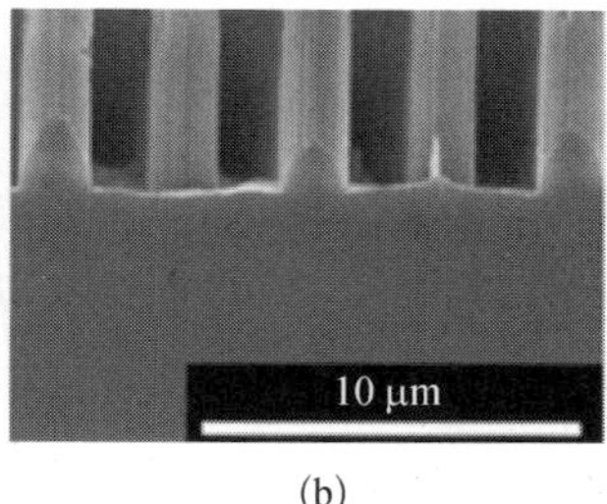

图 7.2　HF/H_2O_2溶液中 Au 辅助刻蚀 Si 制备微米线的机理模型(a)和 SEM 图像(b)[5]

7.2　MACE 法制备 Si 一维纳米结构形貌控制

MACE 法获得的 Si 一维纳米结构的具体形貌及分布状态取决于众多因素的综合影响，包括 Si 衬底晶向及前处理状态、掺杂类型及浓度、贵金属催化剂的种类、沉积方式和分布状态、添加剂的选择、溶液温度、溶液中 HF 与氧化剂的浓度、光辐照条件、外加电流及电压的调控、刻蚀的后处理等[4,6-15]。金属催化剂(含纳米粒子和离子)、氧化剂和含 F 的刻蚀剂是 MACE 反应能够发生的基本条件。目前纳米结构的 Ag、Au、Ni、Ti 等金属及其复合形态、纳米结构金属氧化物(如 AgO、Ag_2O、PtO_2 等)，以及各种可溶性金属盐[如 $AgNO_3$、Ag_2SO_4、$Cu(NO_3)_2$、$Fe(NO_3)_3$、$KAuCl_4$、$AuCl_3$、$PtCl_2$等]均成功用于制备一维 Si 纳米结构[3,14]，特别是 Si 纳米线。但考虑刻蚀效果及刻蚀结构的实用性、催化剂的稳定性、工艺可操作性、成熟度和可重复性等因素，目前最为成熟的是采用 Ag 粒子沉积和催化 MACE Si 体材料制备 Si 纳米线的工艺，以及采用 Ag 或 Au 网图案作为催化剂制备一维 Si 纳米结构[4,9-11,13,14]。所用氧化剂主要为 $AgNO_3$或 $AgNO_3/H_2O_2$[4]。虽然 BOE、$NH_3 \cdot 2HF$、$NaBF_4$及 NH_4F 已尝试用于 Si 纳米线阵列，但目前室温下 MACE 效果最好的刻蚀剂仍为 HF。综上所述，采用 Ag 或 Au 网图案作为催化剂，在含 HF/H_2O_2溶液中，或在 $AgNO_3/HF$ 中刻蚀 Si 制备一维纳米结构仍然为Ⅵ族半导体材料 MACE 加工领域的研究热点和主流工艺。目前采用 MACE 加工制备一维 Si 纳米结构的研究对象基本集中于高质量的单晶硅块体材料，而且所得结构以准直纳米线阵列为主，因此本章重点阐述准直 Si 纳米线阵列的 MACE

工艺。

单个金属粒子具有 6 个自由度，运动方向比较灵活，而且由于沉积工艺的限制，沉积粒子的尺寸和形状很难控制在一个相对狭小的范围内，即使经过进一步后续处理也难以获得较大改善，因此在 MACE 过程中极难将催化剂粒子沉入 Si 的速率控制在大致相同的速率，同时由于粒子运动方向的不确定，刻蚀方向不统一[16]。因此，采用分散的金属单粒子(层)作为催化剂，难以获得大尺寸分布、直径相对均匀的 Si 纳米线阵列。另外，单个粒子在沉积过程中运动轨迹易受到 MACE 过程中急速析出的气泡的冲击而改变方向，特别是在刻蚀速率较快的情况下，进一步加剧刻蚀方向的混乱，并增大纳米线表面的粗糙度[16,17]。因此如何限定分散的金属粒子在 MACE 过程中的横向运动，使其具有较为统一的运动方向和速率成为制备大尺寸 Si 纳米结构阵列的关键。

7.2.1 垂直一维 Si 纳米结构的制备

通过 MACE 单晶硅体材料制备垂直 Si 纳米结构阵列是目前的主流研究方向，相关研究又可大致分为随机分布的无序 Si 纳米阵列的制备和高度有序 Si 纳米结构阵列的制备。前者主要集中于 $AgNO_3$/HF 中刻蚀单晶 Si 制备随机分布的纳米线阵列，相关研究指出，刻蚀过程中贵金属枝晶的形成是获得高质量纳米线阵列的关键，详细机理尚未有统一定论，Ag 由于在 MACE 过程中能形成完美的枝晶而研究得最为广泛，其他 Au、Pt、Cu 等金属由于其相关粒子形成枝晶的质量相对逊色，而难以获得完美的 Si 纳米线阵列[3,18]。在含 $AgNO_3$/HF 的 MACE 体系中，在反应的开始阶段，由于 Ag^+ 选择性刻蚀 Si，通常会伴随纳米 Ag 籽晶粒子在 Si 表面自组装沉积[19]。随着后续反应的进行，这些随机分布的 Ag 粒子不断长大，以及 Ag^+ 在原有粒子上不断优先析出并长大，Ag 粒子最终生长成枝晶。MACE 过程中枝晶的一个潜在作用如下：可以作为随机模板，一定程度上限定 Ag 粒子的横向运动，使得其下方 Ag 粒子沉入 Si 基体的速率大致分布在一个较窄的范围内，保证了 Si 纳米线阵列的生成。此外，由于后续沉积的 Ag 粒子与枝晶的结合较为松散，分布也较为疏松，但在小区域内聚集较好，使得粒子受反应中生成的急速逸出的气体的冲击而易从枝晶上脱落，同时保证了小区域内团聚的粒子的完整性而不至于重新无序分散，因此不会大规模出现纳米线的分叉等亚结构。此外，Si 表层覆盖的较为疏松的枝晶结构使得溶液传质过程可以顺利进行，确保粒子前端的 MACE 反应可以持续进行。后续形成的 Ag 粒子在枝晶上的优先析出也确保了 MACE 速率最快的位置集中于粒子前端而非刻蚀孔或纳米线的侧壁，保证了纳米线的表面光滑度和整体的刻蚀方向，有利于纳米线阵列的形成。由于刻蚀过程中沉积的 Ag 粒子的尺寸较小，但粒径分布范围较大，所以所得纳米线的直径分布范围较宽，为 30～200 nm，其长度可通过反应时间灵活调控。

近年来基于制备小型多功能微电子器件的需求，在 Si 表面快速合理地制备大面积高度有序、直径及分布可控的周期性一维 Si 纳米结构阵列迅速成为研究热点，MACE 操作由于工艺简单、所得纳米结构形状可控、质量可靠而显示出独特的优势。在 Si 表面预先构筑合理的非连续周期性贵金属图案是 MACE 工艺制备有序一维 Si 纳米结构阵列的关键步骤，目前主要的图案构筑工艺如下：采用纳米压印技术、工艺制备有序图案[6,20]；以阳极氧化铝模板(AAO)为模板沉积金属层图案；与光刻工艺相结合，采用干涉光刻或嵌段共聚物光刻等获得模板沉积金属层[20]；自组装单层高度有序密排胶体微球(以 PS 球的研究最为广泛)，经后续加工后获得有序非密排单层微球模板[21]。各种新技术手段的不断涌现使得各种工艺间的融合越来越普遍，综合使用上述工艺制备图案无疑更具优势。

(1) 纳米压印技术制备图案：一种制备纳米级精细结构的常用工艺。超离子固态冲压(superionic solid state stamping，S4)方法是近年来开发的可与 MACE 完美结合的工艺，该工艺是预先用聚焦离子束刻蚀工艺(FIB)在沉积有 Ag_2S 层的橡皮上刻出图案，然后在覆盖有均匀 Ag 层的 Si 片上，通过橡皮和基材间的电化学反应将橡皮上的图案倒易转移到 Ag 层上，结合后续的 MACE 工艺，可以制备长径比可调的光滑的垂直和倾斜的 Si 纳米线阵列及多孔的倾斜 Si 纳米线阵列，其中纳米线的横向尺寸分辨率可达 10 nm[6]。该工艺操作简单，不涉及光刻机等大型设备，可重复性高，所得结构的光学性能好且具备较强的后续加工空间，有利于实现大规模生产。纳米压印光刻技术(SRNIL)可实现全晶圆图案化，以此为模板沉积 Ag 层催化剂后 MACE 反应所得一维 Si 纳米结构的形状可调、表面光滑、准直性好、长径比高，可实现亚 50 nm 的分辨率(图 7.3)[20]。

(a)

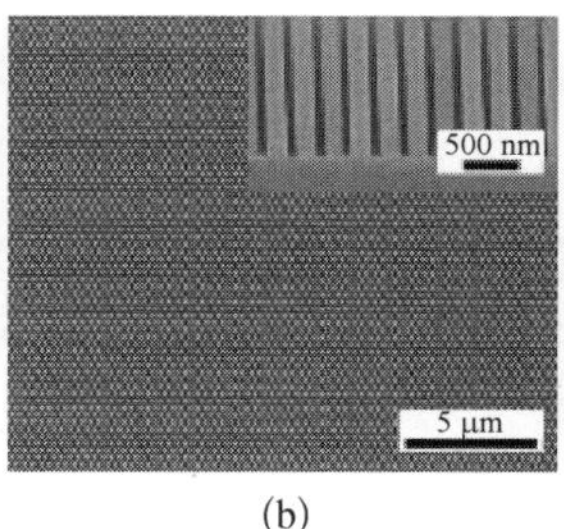

(b)

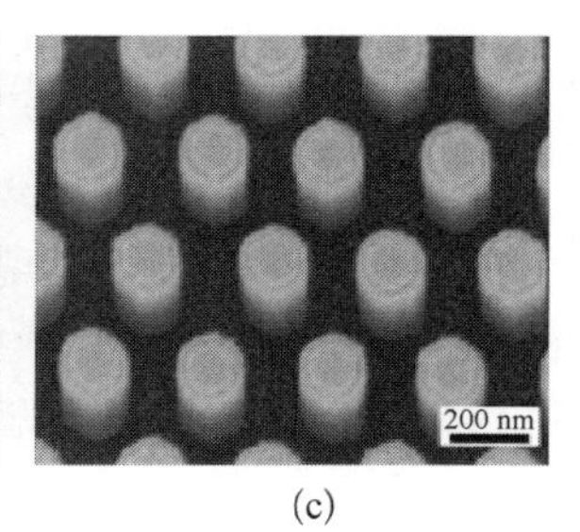

(c)

图 7.3　纳米压印光刻技术沉积 Ag 催化剂并进行 MACE 反应所得 Si 结构的光学和 SEM 图片[20]

(2) AAO 模板(阳极氧化铝模板)沉积金属层图案：高度有序 AAO 模板的制备工艺成熟，已广泛应用于 MACE 图案的构筑中。通常这种工艺是将预先制备的 AAO 转移到 Si 基底上，通过多次模板变换沉积网状贵金属催化剂，MACE 反应后获得一维 Si 纳米结构，纳米结构的尺寸和间距可通过最初的 AAO 模板的孔径和间距调节，如图 7.4 所示[22]。该工艺的瓶颈在于 AAO 模板的合理转移及与 Si 基底的结合，在转移过程中容易形成褶皱，会造成后续 MACE 过程中 Si 形貌的混乱和刻蚀速率的不统一。另外，Si基底和AAO模板的间隙会影响沉积的金属催化剂图案的质量。在Si基底上直接制备AAO图案可以有效避免这些问题，但需要借助于适当的电化学装置制备AAO模板，工艺较为烦琐，同时限定了其大规模有效应用。Park等改进了AAO模板的转移工艺，使得整个操作简单易行，相关工艺流程如下：在沉积有Ag层的AAO模板上继续斜角沉积一层Au，然后进入HNO_3溶液中溶解Ag夹层，实现Au网和AAO模板的分离。分离出的AAO可以重复使用，而漂浮在液面上的Au网可以简单转移到任意基底上，吹干后可与基底建立牢固的共形结构，确保MACE过程中高度有序一维Si纳米结构的形成[23]。

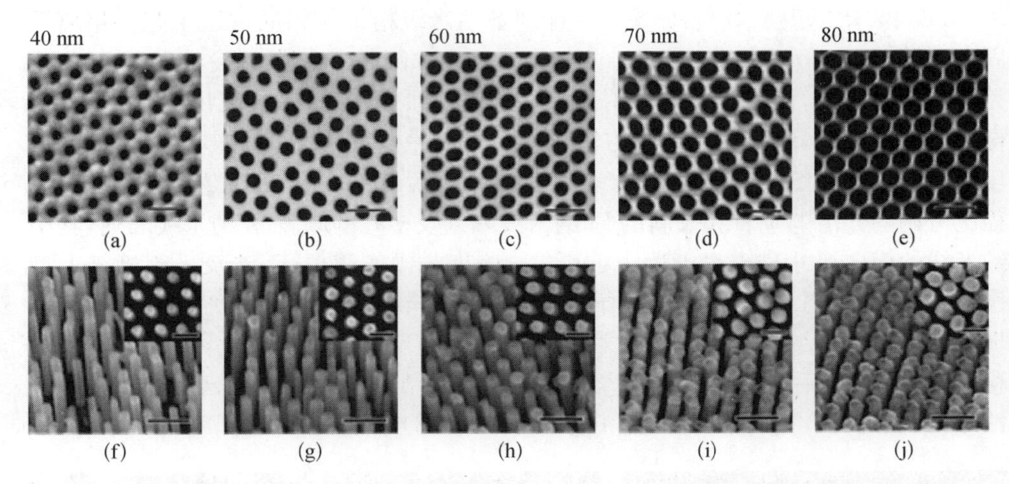

图7.4 借助不同孔径和间距的AAO模板制备Au图案后，MACE工艺得到的Si纳米柱阵列

(3) 干涉光刻或嵌段共聚物光刻方法制备金属催化剂模板：这组工艺均是利用光刻方法对光刻胶实现选择性曝光，直接在光刻胶上制备出图案，用来沉积金属催化剂图案，并通过后续的MACE技术制备出可控Si一维纳米结构。该工艺简单易行，所得结构较为规整。

(4) 通过自组装的胶体微球制备贵金属图案：该工艺首先在Si表面自组装一层高度有序的单层密排PS球，然后借助反应离子刻蚀(RIE)技术对PS球进行适当刻蚀，获得具有所需直径和球间距的高度有序非密排PS球，以此为模板进行金属催化剂的沉积[24]。该工艺的关键是制备高质量的单层密排胶体球及RIE技术的调控工艺。借助该工艺可以方便地实现对Si纳米结构直径、长度和密度的控制，并可通过后续的RIE技术加工制备尖端中空的Si纳米阵列。类似地，Weisse等采用Langmuir-Blodgett自组装的SiO_2微球掩模板，沉积Ag网催化剂经MACE反应获得垂直Si纳米线阵列后，巧妙利用温度的改变来调整Si基体中Ag催化剂的位置，经二次MACE反应，在不同掺杂类型的Si基底上均获得了如图7.5所示的有横向裂纹的垂直纳米线阵列[25]。

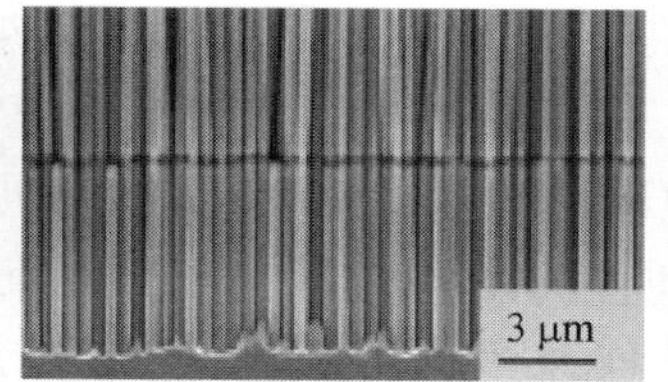

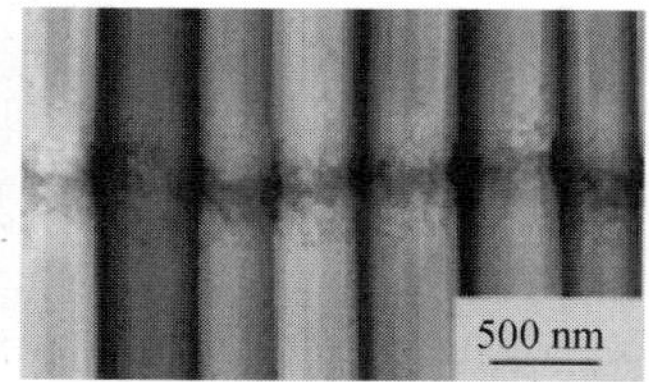

图 7.5　中间有裂纹的纳米线阵列的 SEM 图片[25]

另外，Megouda 等借助于光刻技术在不同掺杂浓度的 p－Si(100)基底上制备了 Au 图案，然后在 HF/$AgNO_3$溶液中进行 MACE 反应，通过调整溶液组分、刻蚀时间、温度等，在轻掺杂 Si 基底上实现了 Si 纳米线的区域选择性可控生长，并可控制不同区域间纳米线长度的差异和保持小区域内纳米线长度的均匀性[26]。

随着对 MACE 工艺的深入研究，对非晶硅、多晶硅块体及薄膜材料的相关刻蚀工艺取得了显著进步，在相关材料上均已制备出纳米线[27]。Douani 等在 $AgNO_3$/HF 溶液中 MACE 玻璃上沉积的非掺杂 a－Si∶H 薄膜，反应 15 s 即获得垂直 Si 纳米线阵列[27]。Li 等采用两步法 MACE 加工多晶硅材料，在高纯冶金级多晶硅片、冶金级多晶硅片、冶金级多晶硅粉末表面均制备了 Si 纳米线阵列，但由于基底的杂质及缺陷太多，纳米线并不能严格垂直于材料表面。研究者采用类似的方法加工不同掺杂类型的多晶硅薄膜，均获得了垂直于基底的纳米线阵列。该工艺进一步优化为一步法 MACE 加工多晶硅薄膜，也可获得纳米线，而且可用来在预织构的多晶硅片表面制备光滑的纳米线阵列。

7.2.2　非垂直一维 Si 纳米结构的制备

1. 倾斜一维 Si 纳米结构的制备

如前所述，Si 材料 MACE 反应的方向是催化剂粒子在 Si 基体中的群体性运动的统计表现，因此，MACE 法制备 Si 材料形貌主要取决于基体条件(包括体材料形态和质量、掺杂类型、浓度、晶面取向等及由此衍生出的生长条件、表面预处理等因素)、刻蚀条件(包括刻蚀溶液组成、刻蚀温度、辅助剂的添加等及由此衍生出的光照、外加磁场、溶液黏度、扰动等因素)、催化剂质量(包括分布状态、表面覆盖率、形状、种类、厚度及由此衍生出的沉积方式、后处理、局部聚集状态、粒子间距等因素)和与此相关的刻蚀速率[4,10,17,28-34]。通过合理调控上述因素，可以使刻蚀方向偏离原始晶面的法线方向，形成倾斜的一维纳米结构阵列(图 7.6)[6,10,33]。通常背键强度最小或原子密度最低的晶面是刻蚀的择优方向。除了可以利用刻蚀择优取向在不同基底上制备倾斜一维纳米结构，该类结构制备的另一关键点是通过调整 MACE 参数，在可控的刻蚀速率下，有效削弱各晶面的背键强度差异，并调整粒子前端的空穴浓度及分布，即改变局部 Si 材料的刻蚀和氧化速率的竞争和匹配，从而造成刻蚀沿预设方向合理进行，而非无约束状态下的绝对自然择优方向[33]。利用 MACE 工艺的择优取向在不同基底上可制备倾斜纳米线的 SEM 图像[32]。对于 Si(100)、Si(110)和 Si(111)三种晶片，其择优 MACE 方向均为⟨100⟩晶向，因此刻蚀后在 Si(110)和 Si(111)表面均形成倾斜纳米线阵列，但由于 NO_3^- 作为氧化剂把空穴注入 Si 价带的同时，能被 Ag 催化剂轻微地还原，造成 NO_3^- 局部浓度的波动，从而形成了锯齿状的倾斜纳米线；同时，由于 Si(110)基底上纳米线与基底的夹角过大，锯齿节点不及 Si(110)基底上的纳米线[32]。表 7.1 总结了 Si(111)晶片在 MACE 条件下的刻蚀方向对应关系。即使对于最容易刻蚀的 Si(100)晶面，通过简单改变 MACE 参数，也可以获得非⟨100⟩晶向的倾斜纳米线阵列。Shin 等提出了一种新的调节 MACE 纳米线方向的方法：他们首先在 Si(111)表面生长 InAs 纳米线作为掩模，然后沉积 Au 膜作为催化剂，通过 MACE 工艺制备出 Si 纳米线，Si 纳米线的方向与原 InAs 纳米线的方向保持一致，因此可通过调节最初 InAs 纳米线的生长方向、直径和密度来相应调控 Si 纳米线的具体形貌[35]。

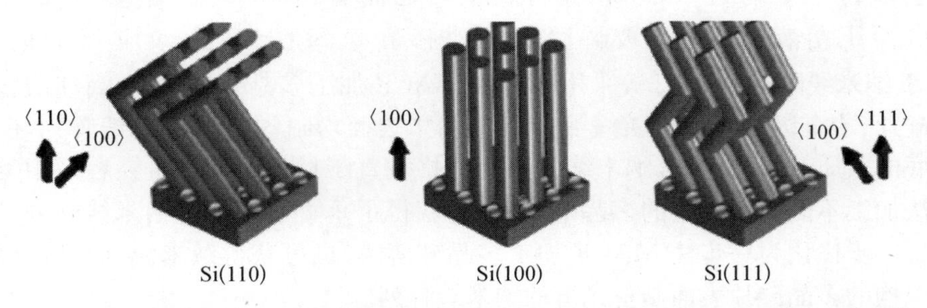

图 7.6 Ag 辅助 MACE 工艺在三种不同晶向基底上纳米线阵列的形成示意图[32]

表 7.1 n^--Si(111)晶片(1～10 Ω·cm)的 MACE 条件，α 和刻蚀方向 (α 为刻蚀方向与⟨111⟩晶向的夹角)[33]

[HF] /(mol/L)	[$AgNO_3$] /(mol/L)	[HF] /[$AgNO_3$]	T/℃	t/min	α/(°)	腐蚀方向
0.05	0.02	2.5	20	20	34.9±1.7	⟨110⟩
1	0.02	50	20	12	1.5±0.8	⟨110⟩
2.4	0.02	120	20	10	1.5±1.5	⟨110⟩
4.8	0.02	240	20	12	0.8±0.6	⟨110⟩
4.8	0.01	480	20	12	1.6±1.1	⟨110⟩

2. 混合取向 Si 纳米线的制备

中国科学院半导体研究所李传波等采用两步 MACE 工艺处理冶金级多晶硅粉末，制备了垂直取向和其他取向混合的 Si 纳米线填充层，具体流程图如图 7.7 和图 7.8 所示。与单晶硅的 MACE 工艺略有不同，在 $AgNO_3$/HF 溶液中，Ag 粒子的析出经历了从非平衡阶段向平衡阶段的转变，其形态也从最初的单粒子逐渐生长成枝晶，并进一步生长成 Ag 纳米棒微束，同时 Si 表面形成多孔层。后续在

$AgNO_3/HF/H_2O_2$溶液中进一步进行 MACE 工艺时，伴随 Ag 粒子的崩落和沉入 Si 粒子内部，逐渐形成了垂直于颗粒和其他取向混合的纳米线层，得到了表面覆盖一层纳米线刺猬状结构，如图 7.9 所示[36]。

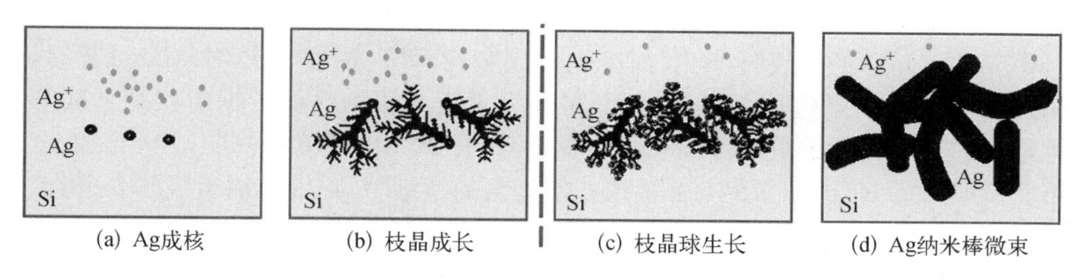

图 7.7　棒状 Ag 微束的形成过程[37]

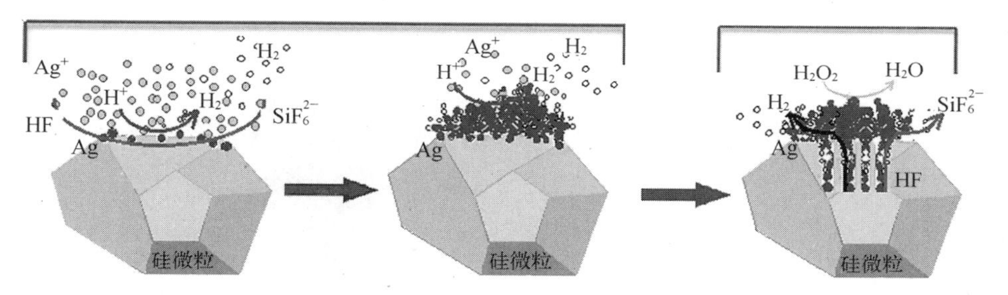

图 7.8　MACE 工艺加工多晶 Si 粉过程中，纳米粒子表面形成纳米线的流程示意图[37]

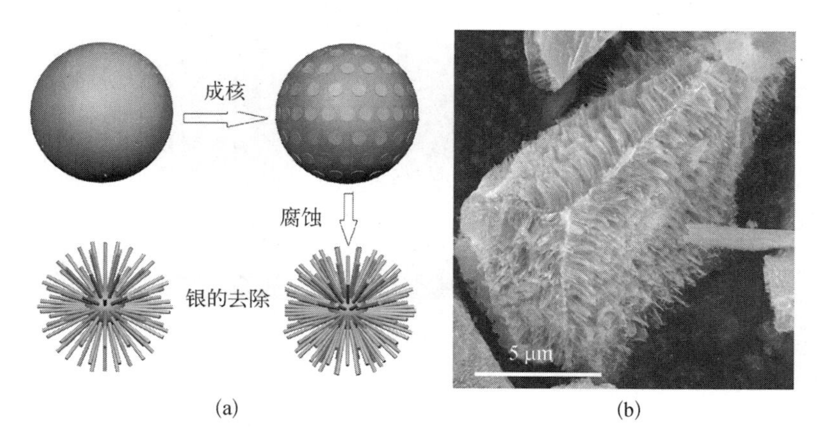

图 7.9　MACE 工艺加工多晶 Si 粒子制备刺猬状结构的流程图(a)和所得结构的 SEM 图片(b)[36]

7.2.3　非准直一维 Si 纳米结构的制备

目前采用 MACE 工艺制备的一维 Si 纳米结构主要是准直纳米线，而对于非准直纳米结构的研究极少且基本局限于单晶块体材料，但是在实际器件设计中非准直纳米结构可能更为普遍[7]。Kim 等率先开展了此方面的研究。如图 7.10 所示，以高度有序 AAO 模板首先制备出有规则纳米孔阵列的 Au 薄膜，然后转移到 Si(100)基底上，采用两步 MACE 方法进行加工，反应过程中利用界面处刻蚀剂浓度的突然改变来调节刻蚀的方向[10]。当第一次 MACE 过程中，采用较低 ε(ε=[HF]/[H_2O_2]) 的溶液时，Si 表面率先形成多孔薄层，在第二次 MACE 过程时，采用高 ε 的溶液，通过控制反应时间，可获得垂直于原始晶面的锯齿状纳米线阵列，如图 7.10(c)所示；若直接采用高 ε 的溶液，在 60℃的环境中一步 MACE 加工，可获得如图 7.10(d)所示的与晶面成一定夹角的超细[111]带状纳米线阵列；当依次采用高 ε 和低 ε 的溶液进行两步 MACE 加工时，可获得如图 7.10(e)所示的倾斜角度可调的折线状纳米线。Huang 等对 $AgNO_3$/HF 沉积的 Ag 粒子在 HF/H_2O_2溶液中 MACE 工艺加工 p-Si(111) 的研究结果也证实利用氧化剂浓度改变氧化速率，形成梯度，有助于形成锯齿状纳米线阵列。

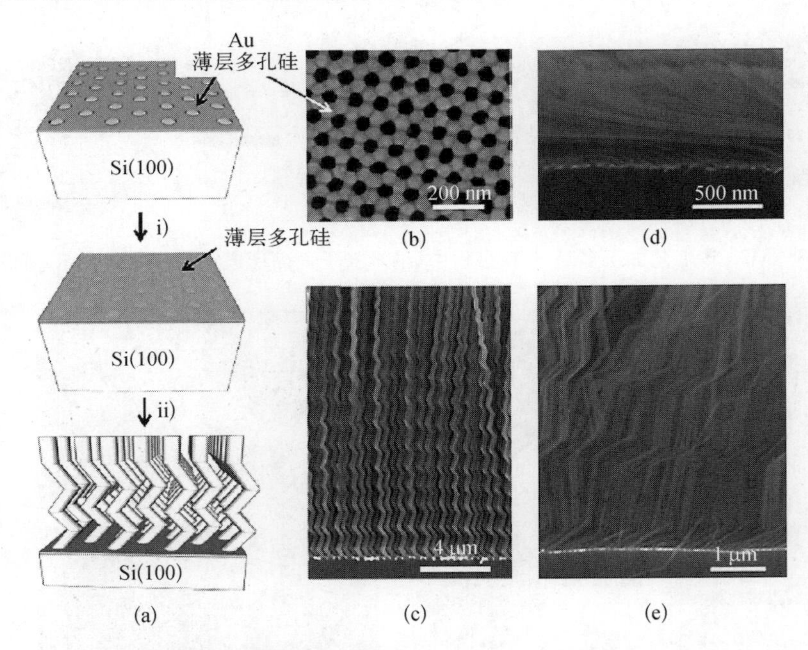

图 7.10 制备锯齿状 Si 纳米线的流程图(a)；Au 网的 SEM 图片(b)；垂直锯齿状 Si 纳米线阵列的横截面 SEM 图片(c)；带状[111]纳米线(d)；倾斜角度可调的纳米线(e)[10]

Chen 等在 $AgNO_3$(0.04 mol/L)/HF(4.6 mol/L)溶液中经一步 MACE 反应，在 n-和 p-Si(111)基底上均直接制备出了锯齿状纳米线，如图 7.11 所示[7]。该研究通过控制 Si 基底的晶体学取向、反应温度和刻蚀溶液的浓度来改变锯齿状 Si 纳米线节点处的角度。研究进一步证实，锯齿状纳米线的具体形貌取决于 Ag 粒子在基体中的运动轨迹，而这又直接取决于粒子沿不同晶面运动时所需克服的能量势垒。当在基体中运动的粒子较少时，其能量较小，不足以克服由〈111〉晶面转到最易刻蚀的〈100〉晶面时的势垒，因此刻蚀较易沿着与〈111〉晶向接近的〈113〉方向进行，形成如图 7.11(c1)所示的锯齿状纳米线。当众多 Ag 粒子以近似相等的速率在基体中运动时，相关势垒较易克服，形成如图 7.11(c2)和图 7.11(c3)所示的锯齿状结构。

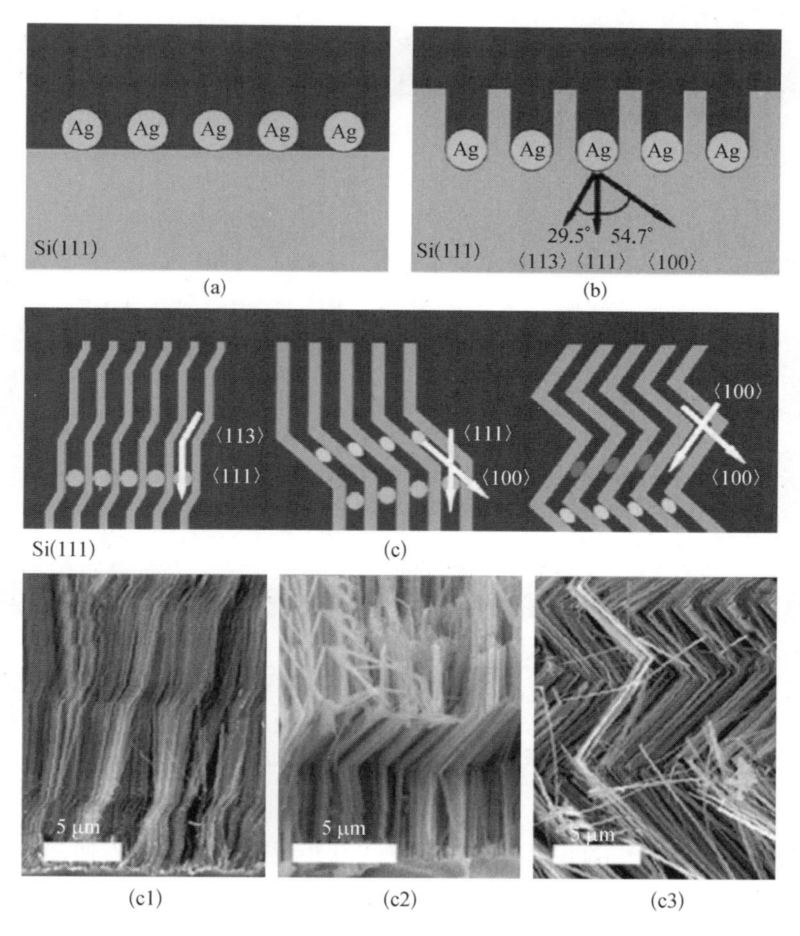

图 7.11 制备三种不同锯齿状纳米线的过程示意图及对应的 SEM 图片[7]

Lin 等构筑了 Au 催化剂模板，当顶部连续 Au 层的厚度大于底层 Au 网厚度的时候，在连续层与非连续层交界处，由于两层 Au 间存在微小裂痕，溶液传递均匀，经 MACE 反应后可获得较为均匀的纳米线形貌；与此相反，连续层覆盖处由于溶液传递受限，各处刻蚀速率不均匀导致形貌混乱，而出现弯曲的纳米线阵列。

Oh 等尝试采用磁场诱导 Si 的 MACE 工艺，为非准直一维 Si 纳米结构的制备提供了新的设计思路。如图 7.12 所示，当采用直径约为 1 μm 的 Au 层包裹的内核为磁性材料的粒子作为催化剂时，通过在 p－Si(100)的 MACE 过程中周期性地改变磁场方向，可以获得定向弯曲或锯齿状的 Si 纳米线阵列[31]。

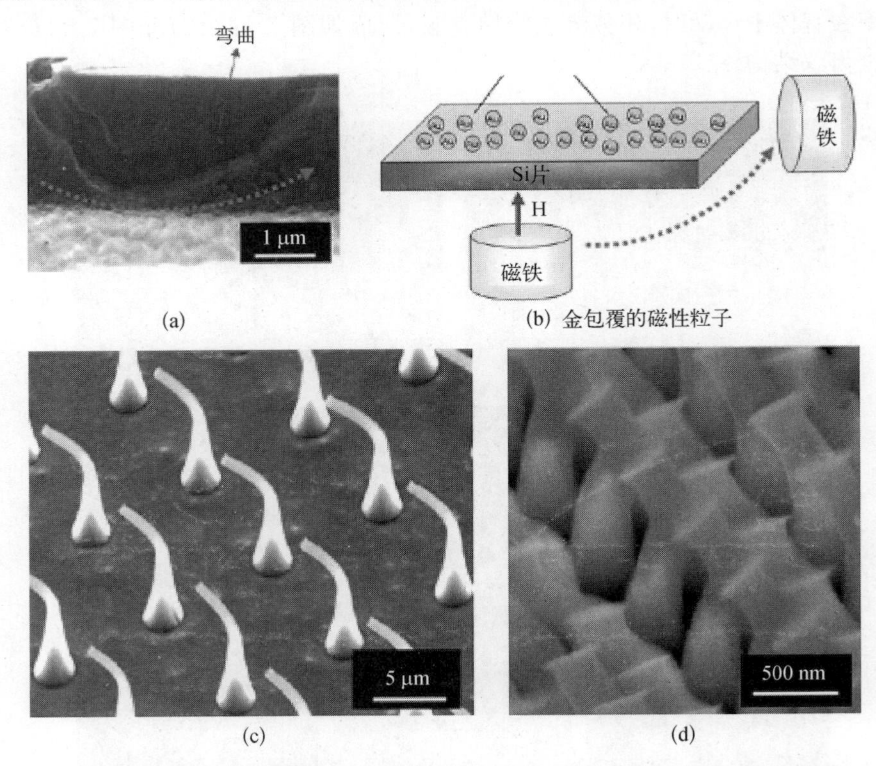

图 7.12 微米尺度倾斜孔道的 SEM 图片(a)；磁场引导催化剂 MACE 反应 Si 方向的示意图(b)；弯曲 Si 纳米线阵列(c)；磁场诱导 MACE 方向发生约 30°改变所形成的稠密的锯齿状 Si 纳米线阵列森林(d)[31]

掺杂的非晶硅薄膜展现出与块体 Si 材料不同的 MACE 行为。如前所述，非掺杂的非晶硅薄膜经短时间 MACE 过程后可获得垂直的纳米线阵列，但经 C 掺杂后(浓度小于 5%)，由于 Si—C 的溶解速率小于 Si—Si 键，MACE 速率显著下降，纳米线的密度也大幅下降，可导致弯曲 Si 纳米线的形成[27]。

7.2.4 多孔一维 Si 纳米结构的制备

随着 MACE 工艺制备的多孔一维 Si 纳米结构，特别是 Si 纳米线阵列在光电化学制氢、光电化学太阳能电池、光致发光、表面增强拉曼光谱(SERS)、高性能气体传感器、锂电池设计、生物医学、仿生材料设计等领域的应用探索逐步深入，多孔一维 Si 纳米结构的制备成为 MACE 加工领域的一个重要分支[4,9,12,19,30,38-40]。迄今为止，所有关于多孔一维 Si 纳米结构的 MACE 对象均为块体单晶 Si 和 Si 粉体,负载结构也以垂直纳米线阵列为主。关于一维纳米结构制备过程中表面多孔层的形成机理目前尚未有统一的解释,但主要集中于空穴的局部过剩、局部各向同性刻蚀向各向异性刻蚀转变导致的横向刻蚀两个方面,其主要影响因素为氧化剂和催化剂浓度的比例、基底掺杂浓度和类型、催化剂的选择等。目前比较有代表性的理论模型和制备方法如下。

1. *在垂直 MACE 过程中辅以横向刻蚀制备多孔 Si 纳米线*

对于掺杂类型和浓度固定的 Si 基底,制备多孔纳米线的关键步骤如下:通过调整氧化剂与刻蚀剂之间的浓度形成组元的空间梯度,从而打破氧化速率和刻蚀速率之间的平衡,造成空穴的空间分布不均匀,因此整个体系在各向同性刻蚀占主导的情况下,伴随局部刻蚀取向混乱,从而使 Si 在垂直刻蚀的同时发生一定程度的随机横向刻蚀,即在纳米线表面形成多孔层或整个纳米线呈现出多孔形貌。图 7.13 给出了在 HF/$AgNO_3$溶液中一步 MACE 工艺预氧化的 p - Si(100)晶片制备多孔 Si 纳米线阵列的示意图及相应的 SEM 图片[41]。在 MACE 过程中,一些 Ag 纳米粒子聚集形成枝晶覆盖在纳米线上,同时 Si 氧化层逐渐溶解。枝晶逐渐长大,消耗掉大量 Ag^+,枝晶下面的纳米线因 Ag^+ 的贫化而停止氧化和溶解。溶液中的 Ag^+ 因此而形成浓度梯度:$C_{1Ag^+} \gg C_{2Ag^+} > C_{3Ag^+}$,并因此而形成浓度电池,使得反应可以沿两条途径进行。在途径Ⅰ中,电子可以随机直接从 Si 的氧化界面上提取,造成多孔和锥形纳米线的形成;在途径Ⅱ中,从 Ag 粒子下方提取的电子可以转移到直径的表面还原 Ag^+。当 Si 片被氧化时,枝晶越少,溶液中的 Ag^+ 浓度越高,因此枝晶下面的 Ag^+ 浓度也越高,Ag 纳米粒子的形核可能性也越大,造成 Si 纳米线中多孔结构的形成。在纳米线的生长过程中,从其顶部到底部 Ag^+ 的数量逐渐下降,因此孔隙率也相应地下降,图 7.13 中的 SEM 检测结果证明了这一点。当引入适量 H_2O_2时,情况稍有变化:高电势的 H_2O_2(1.77 eV) 会氧化 Ag(0.78 eV),造成部分枝晶的溶解,形成新的 Ag^+,会在纳米线上重新形核,作为催化剂,横向刻蚀纳米线,形成多孔层[39]。通过控制 H_2O_2的浓度,可以调节 Ag^+ 的数量和重新形核的 Ag^+ 的数量,从而调节纳米线表面多孔层的情况。在 HF/$AgNO_3$溶液中沉积 Ag 粒子后,在 HF/H_2O_2溶液中进行二次 MACE 工艺加工 Si 的情况与此极为类似[42]。当采用乙二醇(EG)代替 H_2O_2时,由于溶液黏度增大,刻蚀孔中形成明显的 F^- 梯度,沿垂直方向因 Ag 粒子前端的刻蚀速率明显小于氧化速率而被钝化,而刻蚀孔壁由于缺陷众多,易于 Ag 粒子形核沉积,且越靠近孔顶部 F^- 越充足,因而能形成很好的横向随机刻蚀,导致多孔层的形成。另外,乙二醇的引入改善了溶液在界面的润湿性,进一步促进了 Si 纳米线的横向 MACE 反应。

众多研究指出单纯改变 HF 或氧化剂(特别是含 H_2O_2的溶液)的浓度,均能获得不同类型的多孔一维 Si 纳米结构,但尚未有统一模型揭示其形貌演化本质[4]。综合各种相关观点,Si 的 MACE 反应是氧化和刻蚀两个过程协调和竞争的同步过

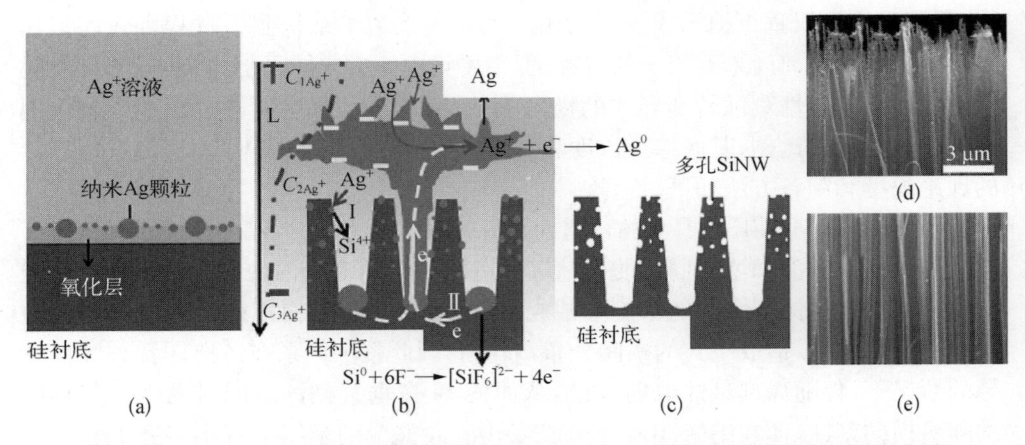

图 7.13 p-Si(100)在 HF/$AgNO_3$溶液中一步 MACE 工艺制备多孔 Si 纳米线阵列的示意图(a)～(c)；纳米线顶部 SEM 图(d)；纳米线底部 SEM 图(e)[41]

程，从刻蚀剂/氧化剂的浓度比来探索相关规律更为合理。以非(电)化学沉积的贵金属催化剂在 HF/H_2O_2体系中的 MACE 反应为例，Chern 等系统研究了多种晶向的 p-和 n-Si 的 S4-Ag-MACE 工艺，相关结果列于表 7.2 中[6]。从表中可以看出，HF 和 H_2O_2的浓度比例必须控制在>1∶1 的一定的范围内才能得到多孔纳米线，在这个范围内催化剂前端可以有足够的过剩空穴(即高 H_2O_2浓度)扩散到远离催化剂/Si 界面处，形成多孔结构。与此相反，Si^{4+}的快速去除(即高 HF 浓度)也有利于空穴的快速扩散。

表 7.2 S4-Ag-MACE 不同晶向 Si 纳米线的取向和形貌[6,8,12,43]

	浓度(HF/H_2O_2体积比)						
	≪1∶1	1.5∶1～2∶1	2.5∶1～3∶1	3∶1～3.25∶1	3.25∶1～3.5∶1	3.5∶1～4∶1	≫4∶1
(100) Si	无图形	多孔，垂直〈100〉	垂直〈100〉	倾斜〈110〉	倾斜〈111〉	多孔，倾斜〈111〉	无图形
(110) Si	无图形	多孔，倾斜〈100〉	倾斜〈100〉	垂直〈110〉	倾斜〈111〉	多孔，倾斜〈111〉	无图形
(111) Si	无图形	多孔，倾斜〈100〉	倾斜〈100〉	倾斜〈110〉	倾斜〈111〉	多孔，倾斜〈111〉	无图形

2. MACE 过程中通过周期性改变氧化速率制备条形码状一维 Si 纳米结构

条形码状一维 Si 纳米结构是指由空隙率不同的结构相继出现表现不同衬度形貌的区间所组成的一维 Si 纳米结构。Chiappini 等采用无电化学沉积的 Ag 和 Au 作为催化剂，在 HF/H_2O_2溶液中 MACE 反应加工 p-Si(100)，通过周期性改变溶液中 H_2O_2含量，来控制不同反应时间段注入 Si 中的空穴浓度，从而在 Si 纳米线的不同部位形成不同的孔隙率，大量类似部位的宏观统计效果使得纳米线在显微镜下呈现出明暗相间的纳米条形码。这种方法需频繁变换刻蚀溶液，操作起来较为复杂，形貌的精确控制比较困难。最近，通过外加电源精细控制条形码纳米线形貌有效地拓展了相关 MACE 工艺[13,44]。Kim 等实验中采用如图 7.14(a)所示的工艺，在 Au 网催化剂和 Pt 电极之间加入可调节电压，在 HF/H_2O_2 溶液中 MACE 反应加工 p - Si(100)，制备了形貌可控的纳米条形码纳米线[13]。研究发现，与纯粹的 MACE 工艺加工 Si 不同，当引入外加电压时，H_2O_2 因分解反应有效压制而不能提供 Si 氧化所需的空穴；与此同时，Au 网的作用由催化剂转变为纯粹的阳极，把外电源提供的空穴直接注入 Si 中，造成 Si 的氧化。空穴的注入部位不再是整个 Si 表面，而只存在于单纯的与 Au 接触的部位。当局部空穴形成速率远大于消耗速率时，过量空穴会从金属/Si 界面扩散到纳米线的晶格缺陷和掺杂位置处，形成了纳米线的选择性孔隙化，即只有与 Au 网直接接触部位附近的 Si 纳米线部位表现出孔隙化趋势，其他部位保持不变。在该工艺中，纳米线的孔隙率可以通过阳极电压振幅(U_{ano})的变化来调控，而所用脉冲电压的持续时间(τ_{ano})可以用来精细控制纳米线多孔部位的长度。

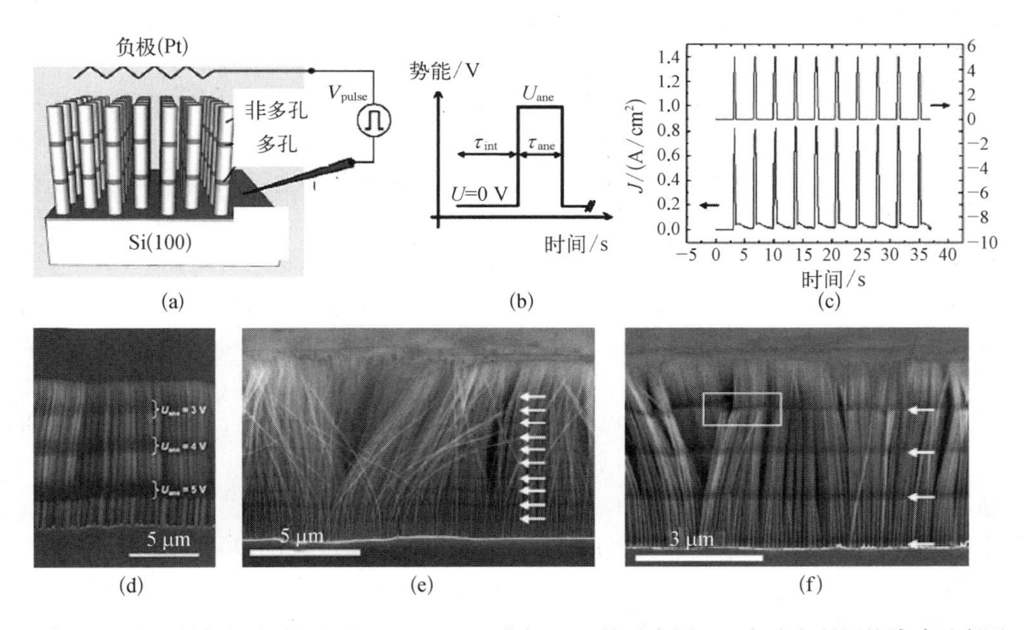

图 7.14　采用周期性脉冲阳极电压 MACE 工艺加工 Si 的示意图(a)；实验中所用的脉冲示意图(b)；MACE 工艺加工 Si 过程中电流随时间的变化检测(c)；MACE 工艺加工 p - Si(100)过程中通过调整 U_{ano} 制备的条形码状纳米线阵列的 SEM 图片(d)；$U_{ano}=5$ V 时制备的条形码状纳米线阵列的 SEM 图片(e)～(f)

当采用外加电流代替外加电压在 HF/H_2O_2 溶液中 MACE 工艺加工 p - Si 时，无论是物理沉积的贵金属网作为催化剂还是采用无电化学沉积的贵金属作为催化剂，均能得到形貌类似的条形码状纳米线阵列[44]。实验结果和相关模拟均证实，当空间电荷层的宽度(W_{SCR})小于 Si 纳米线的直径($r_{Si\ wire}$)时，外电流提供的空穴可以通过整个纳米线到达硅表面，因此在 Si 纳米线和纳米线下面的 Si 基体中均会产生孔隙，这与 $W_{SCR} > r_{Si\ wire}$ 时，纳米孔仅在 Si 纳米线间的空隙处产生的现象明显不同。在此过程中，因为作为氧化剂的空穴可由外部电源提供，以此可以用外电流来代替传统 MACE 过程中的 H_2O_2 来制备 Si 纳米线。这种改进的 MACE 过程中纳米线的表面形貌不受 H_2O_2 浓度的影响，因而可获得超长纳米线；同时，可以简单快速地轴向调控孔隙率和锯齿状纳米线的具体形态。

3. 通过改变掺杂浓度和类型裁剪多孔一维 Si 纳米结构

众多研究表明，Si 基底的掺杂浓度和掺杂浓度显著影响 MACE 行为，导致不同形貌一维纳米结构的形成，其中掺杂浓度的影响更为显著[4,8,39]。Wang 等采用基板完整压印光刻(substrate conformal imprint lithography, SCIL)沉积的 Au 膜作为催化剂在 HF/H_2O_2 溶液中采用 MACE 工艺加工不同掺杂浓度的 p-Si(100)，如图 7.15 所示，在重掺杂和轻掺杂 Si 表面分别形成纳米多孔柱阵列和纳米多孔层/实心纳米线核壳结构，即在相同 MACE 工艺下，纳米柱的孔隙率随 p-Si 掺杂浓度的升高而升高。无电化学沉积的 Ag 和 Au 在 HF/H_2O_2/乙醇的水溶液中 MACE 工艺加工 p-Si(100) 和 n-Si 的研究显示了类似的结果。Chiappini 等系统总结了基底掺杂浓度、催化剂种类、各溶液组分浓度等 MACE 参数的变化对所得形貌及 MACE 速率变化的影响。p-Si 基底掺杂浓度对 MACE 工艺形貌的影响可用图 7.15(f)中 $HF/AgNO_3/H_2O_2$ 溶液一步 MACE 工艺加工 p-Si(100) 制备 Si 纳米线的模型简单说明。当提高掺杂浓度时，Si 中费米能级降低，导致带弯减小，因此空间电荷层(W_{SCL})的宽度相应减小，同时空穴注入所需克服的能级势垒($e\Delta\Phi_{SCL}$)相应地降低，因此 Si 的氧化速率和溶解速率得到提高，有利于 Si 纳米线的生成和孔的生长[39,43]。另外，掺杂浓度的提高会引入更多的晶体缺陷和界面杂质，可以作为孔形核的优先位置。Mikhael 等采用纳米球光刻沉积 Au 催化剂，结合 MACE 工艺，在 HF/H_2O_2 溶液中室温下加工 n-Si(n：>10 和 n^+：0.002 Ω·cm)和 p-Si(p：>10 和 p^+：0.002 Ω·cm)制备纳米线。实验结果显示，对于 n^+-和 p^+-Si，纳米线上均能形成多孔层；而对于 n-和 p-Si 片，纳米线上均未能形成多孔层。低掺杂浓度和高掺杂浓度 Si 的 MACE 过程中催化剂的分布不同：对于低掺杂浓度的 Si 片，纳米线侧壁上并未检测到 Au，而且氧化剂浓度的变化对 Au 的分布没有明显影响；但对于高掺杂浓度的 Si，在纳米线壁上也发现了 Au，而且掺杂类型和氧化剂浓度的变化对 Au 的分布没有明显影响。低掺杂浓度和高掺杂浓度 Si 的 MACE 机制也存在差别：低掺杂 Si 的刻蚀过程中 MACE 反应占主导地位；对于高掺杂 Si，在体材料的薄弱部位存在着 Au-MACE 和纯化学刻蚀的相互竞争，即一方面，在掺杂子附近的纯化学刻蚀会形成各向同性的多孔层，另一方面，Au-MACE 导致纳米线的生成[45]。此外，HF/H_2O_2 在促进 Au-MACE 工艺加工 Si 的同时，对于形成各向同性的多孔层同样起作用。

研究者采用一步 MACE 法、无电化学沉积金属催化剂后的两步 MACE 法及

图 7.15　有序 Si 纳米多孔柱阵列和有表面多孔壳层的 Si 纳米柱阵列制备示意图(a)；MACE 工艺重掺杂 Si 制备的纳米多孔柱阵列的 SEM 图片(b)～(c)；MACE 工艺轻掺杂 Si 制备的有表面多孔壳层的 Si 纳米柱阵列的 SEM 图片(d)～(e)；p-Si 在刻蚀溶液中能带结构图(f)[39]

干法沉积贵金属催化剂后的 MACE 工艺均在 n-Si 上制备了多孔纳米线，但是目前的刻蚀基底基本限于常温下重掺杂的 n-Si(100)[9,12,42]。轻掺杂的 n-Si 多孔一维纳米结构的 MACE 工艺制备鲜有报道，而且仅限于加工高温下 n-Si(100)晶片[46]。虽然所有类似研究均指出，提高掺杂浓度可以提高所得纳米线的孔隙率，但目前对于 n-Si(100)基体上多孔纳米线的 MACE 机理尚未有统一定论，以 Zhong 和 To 等提出的模型最具代表性[9,42]。Zhong 等系统研究了 Ag 催化剂在 HF(4.8 mol/L)/H_2O_2(0.3 mol/L)溶液中采用两步 MACE 法，不同掺杂浓度(1～5 Ω·cm，0.3～0.8 Ω·cm，0.008～0.016 Ω·cm，0.001～0.002 Ω·cm)的 n-Si(100)所得形貌的演化，所得结果如表 7.3 所示。在 MACE 过程中，纳米线根部的 Ag 粒子会部分溶解氧化成 Ag^+，并形成逆向扩散，然后在上面的纳米线的缺陷位置处重新形核。对于高掺杂 n-Si，在掺杂物附近的缺陷点更多，因而纳米线上可以形成更多的 Ag 纳米簇(尺寸一般为几纳米)。这些纳米簇所在的位置可以作为新的刻蚀点形成纳米孔；而对于轻掺杂的 n-Si，纳米线根部的 Ag 粒子溶解量相对较少，纳米线上沉积的 Ag 纳米簇极少，因此难以形成多孔结构。综上所述，提高掺杂浓度可以显著降低 Si 的垂直刻蚀速率，导致横向随机刻蚀，在纳米线上形成多孔层，甚至纳米线的完全多孔化、抛光。另外，随掺杂浓度的提高，Si 上最初沉积的 Ag 粒子密度也显著增大，也有利于缓解 Si 的垂直刻蚀，提高纳米线的孔隙率[12,42]。

To 等系统研究了 HF/$AgNO_3$溶液中 n-Si(100)上介孔纳米线(mp-SiNW)的一步 MACE 制备工艺，如图 7.16(a)所示，n-Si(100)在 MACE 过程中基体的孔隙化和生长的 Ag 粒子的沉入过程同步发生，但是前者的速率要大于后者，造成

表 7.3　氧化剂浓度和 n－Si(100)的掺杂浓度影响 MACE 过程中孔形成的实验结果总结[42]

	硅片的电阻率			
	1～5 Ω·cm	0.3～0.8 Ω·cm	0.008～0.016 Ω·cm	0.001～0.002 Ω·cm
0.1 mol/L H_2O_2	纳米线 长度：5.9 μm	纳米线 长度：6.9 μm	纳米线 长度：7.1 μm	多孔核壳纳米线 长度：3.5 μm
0.3 mol/L H_2O_2	表面粗糙纳米线 长度：17.1 μm	表面粗糙纳米线 长度：21.0 μm	多孔核壳纳米线 长度：21.5 μm	多孔纳米线 长度：18.1 μm
0.6 mol/L H_2O_2	表面粗糙纳米线 长度：25.0 μm	表面粗糙纳米线 长度：26.0 μm	多孔纳米线 长度：29.3 μm	多孔纳米线 长度：19.4 μm

纳米线下面存在多孔层，这主要是因为基体的孔隙化源于未能长成粒子的微小 Ag 粒子形核点的随机刻蚀，即材料的孔隙化过程仅受粒子扩散的限制，而 mp－SiNW 的形成过程除此以外还受生长的 Ag 粒子中电子传输的控制[9]。研究结果证实，与 p－Si 的 MACE 过程中纳米线表面多孔层的形成原因不同，n－Si 基底上纳米线的形成过程主要受电子迁移而非空穴迁移控制，具体机理可由图 7.16(b)的能带图来阐释：Si 费米能级上的电子需要通过隧穿效应，克服空间电荷层(SCL)中的势垒 $\Delta\Phi$ 才能到达界面上，并与重掺杂子周围中性的表面态(SS^0)结合成 SS^- 还原 Ag^+，并使其长大为 Ag 粒子，形成枝晶覆盖在纳米线上。Ag 粒子的尺度和沉入基体的性能直接决定了 MACE 工艺形貌，而这又取决于向 Ag 粒子扩散的 Ag^+ 对粒子形貌的影响。当提高掺杂浓度时，SS^0 的数量增多，$\Delta\Phi$ 变小，SCL 变窄；同时，价带和导带的带弯变大，导致 SCL 中的电场增强，电子的隧穿驱动力增强[47]。因此，对于重掺杂的 n－Si，由于足够多的 SS^- 积聚在界面上，可以迅速消耗 Ag^+，造成溶液中 Ag^+ 的浓度下降，有效降低了扩散向界面的 Ag^+ 的梯度，从而延缓了其

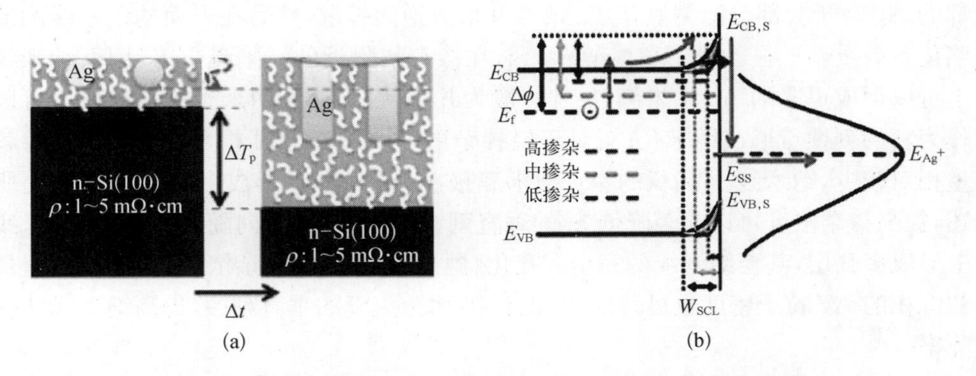

图 7.16　介孔纳米线(mp－SiNW)阵列的形貌随时间演化示意图(a)，n－Si 的 ΔT_P and ΔT_{NW} MACE 机理示意图(b)[9]

Δt 代表 MACE 时间；ΔT_P 代表纳米线下多孔层的深度变化；ΔT_{NW} 代表介孔 Si 纳米线的长度变化

扩散速率。因此，只有部分 Ag 粒子核能成长为粒子及枝晶将 Si 基体刻蚀成纳米线，剩余的将在扩散停止前的短时间内随机沉入基体中，形成随机分布的介孔[9,48]。当掺杂浓度较低时，界面态更多体现为结构缺陷和悬挂键，因而不利于多孔纳米线的形成。另外，掺杂元素的电负性(χ)对于多孔层的形成也有一定的影响：当掺杂元素的 χ 较小时，掺杂子易于通过 SS^- 将电子转移给 Ag^+，从而加速纳米线形成。综上所述，掺杂浓度和掺杂元素对一步 MACE 法过程有竞争性的影响。对于轻掺杂、中等掺杂和重掺杂，其 MACE 工艺形貌的主要影响因素为结构缺陷或悬挂键、χ 较小的掺杂子的选择、高掺杂能级。

Chen 等系统研究了 H_2O_2 浓度、刻蚀温度和时间等 MACE 工艺参数对低掺杂(1～10 Ω・cm) n - Si(100)上形成的多孔 Si 纳米线具体形貌的影响[46]。研究发现，与重掺杂 n - Si(100)上多孔 Si 纳米线的制备不同，满足临界浓度条件的 H_2O_2 的引入不再是多孔纳米线形成的先决条件，而且纳米线的形成过程也不再是随 H_2O_2 浓度的提高全固态纳米线的逐渐孔隙化过程[12]。在低掺杂 n - Si(100)上制备多孔纳米线的过程中，温度是最重要的影响因素，在无 H_2O_2 的环境下仍能获得多孔 Si 纳米线，但当 MACE 工艺温度低于 50℃时，未曾检测到多孔纳米线的生成。体系中引入 H_2O_2 可以增大多孔纳米线的密度并使其更均匀；同时，该体系下纳米线的刻蚀方向是全方位的，并能部分横向刻蚀刺穿纳米线，因此，纳米孔可以在纳米线内部生成，而非重掺杂纳米线的由外而内的逐步孔隙化过程。造成以上现象的原因是在此 MACE 过程中，溶液中初始的 Ag^+ 是主要的氧化剂，可以加速晶面缺陷附近 Si 的氧化，但常温下由于刻蚀的驱动力不足造成刻蚀速率下降，积聚在 Si 纳米线侧壁上的 Ag^+ 不足以使 Si 中的电子越过能量势垒提取出来，难以形成持续的刻蚀形成多孔结构[43,46]。当提高温度到临界程度，同时溶液中可保持充足的 Ag^+ 时，溶液中最初的 Ag^+ 可以部分积聚在 Si 纳米线的侧壁上，造成其附近纳米线部位的持续刻蚀并最终形成多孔纳米线[8,49]。当 MACE 工艺体系中引入 H_2O_2 时，由于部分 Ag 被加速氧化成了 Ag^+，而增大了溶液中 Ag^+ 的浓度，造成对 Si 纳米线侧壁的再次刻蚀，从而进一步增大了纳米线的孔隙率[46]。由此可见，在该纳米线的多孔化过程中，起主要作用的氧化剂是溶液中初始的 Ag^+ 的浓度，而非后续由 Ag 氧化而形成的 Ag^+ 的浓度，这与常温下 $HF/H_2O_2/AgNO_3$ 溶液中 MACE 工艺加工 p - Si(100)的机理明显不同[39]。Zhang 等采用无电化学沉积的 Ag 作为催化剂，在室温下的 HF/H_2O_2 溶液中 MACE 工艺加工低掺杂n -Si(100)，发现当刻蚀时间延长到 180 min 时，最初形成的光滑纳米线表面会变粗糙，形成纳米孔，但进一步延长刻蚀时间，形貌没有明显变化，纳米孔也未能生长成多孔层[11]。Geyer 等借助自组装的 PS 球为模板蒸镀 Ag 膜作为催化剂，在 HF/H_2O_2 溶液中 MACE 工艺加工轻掺杂的 n - Si，也获得了表面有多孔薄层(<100 nm)的 Si 纳米线，而且随温度的升高发现多孔层的生长速率加快，但该研究并未给出具体

的晶片取向及反应温度等具体信息[29]。Lin 等的研究也发现，在用无电化学沉积的 Ag－MACE 工艺加工 n－Si(100)时，Ag^+ 不能完全被还原成 Ag[50]。当掺杂浓度较低时，Ag 纳米粒子周围的 Ag^+ 在一定的浓度范围内会扩散离开纳米线，造成浓度降低，纳米线周围剩余的 Ag^+ 因缺乏有效的缺陷点作为重新形核点，而不能被还原成更小的 Ag 纳米粒子，所以扩散掉的 Ag^+ 不能刻蚀纳米线而形成多孔结构。但当掺杂浓度提高到一定程度时，Si 晶格中的缺陷点足够多，纳米线上回析出更小的 Ag 纳米粒子，形成新的刻蚀路径，造成多孔层的出现。另外，这些新形核的 Ag 粒子可以降低 Ag^+ 的浓度，从而加速其扩散，使重新形核过程可以持续进行。

4. 改变催化剂离子和粒子的刻蚀速率比调控多孔一维 Si 纳米结构的形貌

Chiappini 等采用无电化学沉积的 Au、Ag 及借助于纳米小球刻蚀技术(nanosphere lithography, NSL)沉积的 Ag 分别作为催化剂，在不同浓度和配方的 HF/H_2O_2/乙醇溶液中 MACE 工艺加工不同掺杂浓度的 p－和 n－Si(100)，获得了含多孔纳米线阵列在内的多种刻蚀形貌。据此，他们提出了相应的 MACE 模型，解释多孔纳米线、多孔纳米线＋多孔层所示的形貌。与 Chen 等 MACE 工艺加工低掺杂 n－Si(100)时，纳米线壁上纳米孔全方位形成的现象[46]不同，纳米孔垂直于纳米线的生长方向并止步于纳米线根部的基底，而纳米孔平行于纳米线的生长方向并作为连续结构延伸进纳米线下面的多孔层。其结构的形成机制如下：Si 材料先多孔化，然后在多孔层中刻蚀出纳米线。不同形貌预示了不同的 MACE 机制，即 Si 材料孔隙化速率和 Si 纳米线刻蚀速率的竞争关系的变化。此外，实验中检测到金属纳米粒子仅存在于多孔层顶部，因此造成 Si 多孔化的物质为溶液中的金属离子而非金属粒子，这与 Mikhael 等提出的 Au－MACE 和纯化学刻蚀的相互竞争导致多孔纳米线的形成机制明显不同。对应上述现象的 MACE 模型可由下述方程描绘的图景予以说明：

$$C_i = v_p = \Delta x_p / \Delta t_p \tag{7.1}$$

$$C_n = v_e = \Delta x_e / \Delta t_e \tag{7.2}$$

$$C_0 = C_i / C_n = v_p / v_e = \Delta x_p / \Delta x_p \tag{7.3}$$

式中，$\Delta t_p = \Delta t_e$；C_i，C_n，C_0 分别代表离子的催化活性，纳米粒子的催化活性和催化活性比。C_i 和 C_n 分别决定了 Si 材料的孔隙化速率和纳米线的刻蚀生长速率。当增大溶液中乙醇的浓度时，C_n 减小，而 C_i 变化不大，因此 C_o 增大，材料孔隙化加强。溶液中的离子浓度决定了 C_i，即决定了孔隙化速率，因此相关的 H_2O_2 的浓度对于调控材纳米线的具体形貌至关重要：当溶液中含高浓度 H_2O_2 时，原金属粒子上脱落的小粒子被氧化后难以二次析出，这些存在于溶液中的离子会引发一系列的刻蚀反应，最终导致 Si 基底的孔隙化。当 $C_0 = 1$ 时，MACE 过程中先形成纳米线，然后 Si 纳米线表面开始变得孔隙化；当 $C_0>1$ 时，Si 材料上先形成多孔层，然后多孔层中被 MACE 法加工出纳米线，获得多孔纳米线+多孔层结构。

5. 通过选择不同金属催化剂调控一维多孔 Si 纳米结构的形貌

虽然采用不同贵金属催化剂来制备 Si 纳米孔、全固态一维纳米结构等已有广泛的研究报道，但关于不同金属催化剂对一维多孔 Si 纳米结构形貌的影响目前尚处于起步阶段，所用的金属催化剂也仅限于 Au、Ag 及它们的相应离子形式[4,10]。关于在 HF/H_2O_2 溶液中 Si 纳米线的 MACE 过程中，Ag 的催化作用研究一直居于主导地位，研究者提出了多种机理模型，在 7.2.1 节中已有详细阐述，但 Au 的催化作用一直存在争议，其中的一个关键问题是 Au 在此过程中是否经历溶解和再沉积的过程[3]。Au 相对于 Si 的电负性比 Ag 更强，因此有报道指出 Au 催化剂可以先转变成 Au^{3+} 释放出电子，然后通过快速氧化 Si 而被还原成 Au。当高掺杂 Si 被 MACE 工艺制备时，在纳米线下面的多孔层中未曾检测到 Au，这与 Ag-MACE 工艺加工 Si 的情况明显不同[29]。此外，在多孔纳米线外面的多孔层中也未曾检测到 Au 的存在，这与一些关于 Ag-MACE 工艺加工 Si 的情况也存在差异[12]。因此，在多孔 Si 纳米线的 MACE 过程中，Au 和 Ag 的催化作用机理可能存在差异，合理选择催化剂类型成为调控多孔纳米线具体形貌的一种可能的途径。目前常用的无电化学沉积 Ag 一步或两步 MACE 工艺加工 Si 制备纳米线，特别是多孔纳米线，因反应中析出的 Ag 粒子的尺寸及分布较为随机而使得制备大面积高度有序均匀纳米线阵列难以控制[4]。当采用具有规则纳米孔阵列的 Ag 网作为催化剂时，因 Ag 的溶解导致难以获得直径和密度可控的准直纳米线，特别是在反应时间较长、反应温度较高的情况下。随反应的进行，Ag 网厚度逐渐减小，上述问题更加明显。虽然 Ag 的溶解会造成纳米线的孔隙化，但同时增加了精细调控多孔纳米线形貌的难度。

虽然有报道指出，Au 和 Ag 作为催化剂在常规 Si 纳米线的 MACE 制备过程中没有明显差别，但在一维多孔 Si 纳米结构的制备过程中却表现出较大的催化效果差异，形成了不同的刻蚀形貌。Dawood 等采用倾斜角沉积(glancing angle deposition, GLAD)方法沉积的 Au 和 Ag 催化剂，在室温下的 HF/H_2O_2 溶液中 MACE 工艺加工 n-Si(100)(8～12 Ω·cm)，获得了形貌不同的 Si 纳米线。两种催化剂情况下的纳米线的孔隙率均显示出从顶部到底端逐渐递减的趋势。当采用 Au 作为催化剂时，纳米线的长度更大，直径为 10～100 nm，整个纳米线为介孔结构，即纳米线的内部为介孔纳米晶而非单晶；当采用 Ag 催化剂时，纳米线的直径更大，为 100～200 nm，纳米线为晶体核心/薄多孔层的核壳结构，而非介孔形貌。采用不同催化剂造成的这些形貌差异，部分是因为 Au 和 Ag 粒子在 Si 表面分布状态的差异(包括粒子大小、形状、聚集程度等)，更重要的原因是两者催化能力的差异，集中体现为对 H_2O_2 分解的催化能力。Au 因具有比 Ag 更低的电势而表现出更强的催化分解 H_2O_2 的能力，因此可以将更多的空穴注入金属催化剂/Si 界面,在 HF 的刻蚀作用下形成更长的纳米线;同时扩散到远离金属催化剂/Si 界面位置处的空穴也更多(空穴的扩散长度大于纳米结构的长度),造成纳米结构表面更多的 Si 溶解,最终导致更大的孔隙率,形成介孔结构。另外,金属催化剂的种类可以影响形貌转变的边界:采用 Au 作为催化剂时,形成多孔纳米线的区域比 Ag 催化剂宽;Au - MACE 工艺时表面不会被抛光,而在高浓度 H_2O_2 的 Ag - MACE 工艺情况下,Si 表面会被抛光。另外,Liu 等将 AuAg 合金薄片中的 Ag 选择性刻蚀掉,得到了多孔 Au 薄膜,以此为掩模和催化剂,在 HF/H_2O_2 溶液中 MACE 工艺加工 p - Si(8～15 Ω·cm),获得了高孔隙率的 Si 纳米线,其平均孔径可达 4 nm[51]。

综上所述,采用单纯的 Au 或 Ag 作为催化剂刻蚀 Si 可以获得多孔纳米线,但都存在一定的缺点,其中影响精细调控的一个很重要的方面是形貌的稳定性。最近,研究者采用 Au/Ag 双催化剂 MACE 工艺加工 p - Si(100)使该研究方向取得了一定的突破。在此过程中,Au 的作用与此前报道的单纯 Au 作为催化剂的 MACE 过程不同,即 Au 因对 HF 和 H_2O_2 的混合物的独特化学惰性而表现为单纯的分解 H_2O_2 的催化剂,而 Ag 表现为 Si 氧化的催化剂。经 MACE 反应,在 Si 基底表面获得了轴向直径均匀的纳米线,意味着刻蚀过程中几乎没有发生金属催化剂的溶解。因此,对于这种复合催化剂的 MACE 过程,可以通过调控如图 7.16 所示的刻蚀参数来调整纳米线的孔隙率和取向,而且不会像单纯的 Au -或 Ag - MACE工艺时沿纳米线轴向孔隙率出现梯度变化的情况[52,53]。另外,当采用外接脉冲电压 MACE 工艺加工 p - Si(100)时,Au 网催化剂和下面的 Si 基体由于化学反应而形成良好的共形接触,即使在用超声去除纳米线的过程中,仍能保持完好,可进一步用于多孔纳米线的持续制备[13]。

6. 其他影响多孔 Si 纳米线形貌的因素

其他影响 MACE 工艺加工 Si 形貌的因素,如 Si 片的初始状态、溶液电阻、黏度、固/液界面润湿性、催化剂金属的沉积方式、催化剂粒子间连接方式、粒子形状、反应时间、温度、后处理方式等也都会对一维 Si 纳米结构的表面孔隙率产生影响[4,50,51,54]。Balasundaram 等采用不同方法在非简并掺杂的 p -和 n - Si(100)表面沉积 Au 膜,然后在不同浓度的 HF/H_2O_2 溶液中采用 MACE 工艺制备了尺度从小于 100 nm 至亚微米量级的纳米线和纳米柱。研究发现提高[HF]∶[H_2O_2]、降低温度和减少反应时间均能降低所得一维表面纳米结构表面的孔隙率。Lin 等的研究指出,随反应时间的延长,新的 Ag 粒子不断析出,导致新的纳米孔不断形成,而且纳米线侧壁上部分纳米孔会出现重叠[50]。此外,这些新纳米粒子通常在纳米线的缺陷位置处形核,一些形核中心靠近已形成的纳米孔,从而导致新、旧纳米孔的重叠。因此随反应时间延长,纳米线的孔隙率逐渐上升。基于类似原因,纳米线顶部要比底部具有更高的孔隙率,这与其他人的观测一致[41,52]。

Liu 等采用一步 MACE 工艺,在 HF/H_2O_2 溶液中 MACE 工艺加工 n^+-Si(100)(1～5 mΩ·cm),然后将表面纳米线阵列用胶带粘除,在同样的溶液中二次 MACE 工艺加工，获得了孔隙率更低、更长且不易聚集、机械强度更高的纳米线阵列。两次 MACE 工艺形貌的差异可归因于 MACE 工艺初始阶段 Si 片不同的表面状态，具体机理如下：第一次 MACE 工艺后，Si 表面生成高孔隙率纳米线，这些纳米线转移到胶带上后，原 Si 片表面残留断裂纳米线和多孔 Si 层；当进行第二次 MACE 工艺时，残留物率先刻蚀，并产生 Ag 枝晶。这些介孔残留物比第一次 MACE 工艺时的光滑表面化学活性高，因此枝晶的形成速率更快。厚枝晶可以有效组织 Ag^+ 向下面的 Si 基体扩散，因此可以阻止孔隙化进程，并比第一次 MACE 工艺更快形成低孔隙率的纳米线[54]。

此外，对 MACE 工艺制备的 Si 纳米线采用氧化/HF 刻蚀也可在表面形成纳米孔层。Zhang 等对有、无光辐照诱导下的无电化学沉积的 Ag-MACE 工艺加工 n-Si(001)(1～10 Ω・cm)制备的纳米线阵列在 $HCl : HNO_3 = 3 : 1$(v/v)溶液中氧化 1 min，然后在饱和 HF 溶液中刻蚀 1 min，均在纳米线表面形成了多孔层，而且光照 MACE 工艺制备的纳米线表面孔隙率明显大于后者。

7.2.5　其他制备 Si 一维纳米结构的 MACE 技术

尽管自从 2000 年 Li 和 Bohn 提出 MACE 技术以来，该领域取得了蓬勃发展，各种相关技术不断涌现，但在使用该技术制备一维纳米结构过程中仍需借助 Ag^+、H_2O_2 等成本较高的氧化剂，限制了其大规模实际应用；另外，对于非准直一维纳米阵列结构的制备尚需借助于模板的设计，工艺较为复杂，而且可控制备纳米线团簇尚存在一定的难度[55]。Hu 等提出了一种新的 MACE 技术——基底增强 MACE 技术，成功简化了准直一维 Si 纳米结构的 MACE 工艺，并可用于在单晶 Si 片、多晶 Si 片、Si 薄膜和 Si 粒子上制备出 Si 纳米线[56]。这种技术采用 HF 水溶液中溶解的 O_2 代替常用的 $AgNO_3$、H_2O_2 等有毒试剂作为氧化剂，当紧密接触石墨或贵金属(如 Ag、Au、Pt)基底的 Si 片通过溶液时，可以获得纳米线。当需要制备高长径比的 Si 纳米线时，Si 材料表面需要预先沉积一侧 Ag 或 Au 催化剂粒子。实验中发现，该反应中 O_2 的还原是主导机制。当 Si 表面有贵金属粒子催化剂时，以石墨基底上的 MACE 反应为例，阳极和阴极上的反应可用方程(7.4)和方程(7.5)描述：

$$\text{阳极(Si) 反应}\ Si + 6HF \longrightarrow H_2SiF_6 + 4H^+ + 4e^- \tag{7.4}$$

$$\text{阴极(石墨和金属) 反应}\ O_2 + 4H^+ + 4e^- \longrightarrow 2H_2O \tag{7.5}$$

具体反应机理如下：该 MACE 过程为石墨和贵金属催化剂粒子对 Si 原电池腐蚀的协同增强效果，即由于电极电势的不同，溶液中存在着 Si 和石墨之间的宏观原电池和 Si 与贵金属催化剂之间的微观原电池，因此，溶液中溶解的 O_2 在石墨和贵金属催化剂表面均可以被还原，同时 Si 被持续氧化释放出电子，并被 HF 持续刻蚀形成纳米结构。该腐蚀过程明显受制于 Si 基底的载流子特征，表现为在相同的加工条件下，由于 p - Si 的空穴更丰富，其腐蚀速率大于 n - Si，这与传统的 MACE 工艺结果正好相反；低掺杂 p - Si(100)(1～10 Ω · cm) MACE 工艺后所得纳米线表面光滑，而高掺杂 p - Si(100)(0. 001～0. 008 Ω · cm) MACE 工艺制备的纳米线为介孔结构[8]。另外，O_2还原反应催化活性的顺序为 Ag<Au<Pt，因此所得纳米线的长度也逐次增加。

Zhang 等在 MACE 过程中，通过入射光调制纳米线的生长，为倾斜和团簇及弯曲纳米线的制备提供了有益的参考。通过调整入射光的光强和光子能量，制备了角度和密度可调的向中心倾斜和团簇的纳米线，并根据细致的现象观察提出了相关模型，不同于以往因受孔隙率和表面张力作用的机械变形而导致纳米线弯曲的模型，该 MACE 过程中纳米线的变形主要源于 Si 纳米线阵列根部反应前沿优先的横向移动。一个合理的原因是 Si 表面不同区域光生电子-空穴对的不均匀分布所形成的附加电场，而该电场又受到形貌改变本身的进一步影响。具体刻蚀机理如下：在 MACE 工艺的最初阶段，Si 表面生成较短的纳米线，当引入光辐照时，电子从价带激发到导带，同时驱动 Ag^+ 还原并不断长大[57]。相邻纳米柱间的入射光存在差异，造成产生光生电子-空穴对的密度梯度，因此造成反应前沿的横向刻蚀。该反应的持续发生，导致倾斜纳米线的形成。在更大尺度上，在一些被更大电子密度包围的区域就会形成锥状结构。此外，Ag 逐渐转移到电子更多的区域，而在锥状结构间逐渐富集。随反应的继续进行，在扩张足够大的地方会形成新的纳米线，而且，在电子密度大和 Ag 含量高的区域，刻蚀相对增强，使得局部纳米线的长度减小，吸收的光能量减少[58]。因此，该区域会有更多的电子产生，这是个自我促进提升的过程。随着纳米锥的形成，纳米锥间纳米柱会消失。随反应的继续进行，纳米线持续倾斜，更多的纳米锥被破坏掉。通常来说，纳米簇的尺寸逐渐增大，但密度逐渐减小。另外，当化学条件固定时，横向刻蚀效果强烈依赖于光子能量、光子数目和 Si 片掺杂条件[9,43]。当上面这些因素更强时，光诱导电势会更大，从而加速横向刻蚀。另外，如果入射光的光子能量大于 Si 的带隙，则可以为 Si 的电子提供额外的能量与氧化剂快速反应，远离 Ag 粒子的区域可以被直接刻蚀掉。因此，刻蚀既可以在纳米线根部借助 Ag 粒子的催化发生，也可以在由于顶部的强烈刻蚀而发生[59]。在这种情况下并不能形成锥状纳米簇，而只有竹笋状纳米柱可以生成。如果只增加光子数目而保持入射光功率不变，则直接的 H_2O_2 刻蚀很弱；与此同时，纳米线的主要部分更容易刻蚀，导致这些纳米线簇的表面光滑或呈熔合状。

7. 2. 6 MACE 法制备一维 Si 基纳米异质结及相关复合结构

1. 一维 Si 基同质结、异质结的制备

利用 MACE 工艺对半导体各向异性刻蚀的特征，可以方便地制备如同质结、异质结等各种新颖的一维结构。目前关于同质结和异质结的 MACE 工艺研究均较少，前者主要是关于 Si p - n 结的制备，后者主要是关于 SiGe 合金的微加工。

Peng等利用MACE工艺各向同性的特征在50℃的HF/$AgNO_3$溶液中直接刻蚀平面Si二极管，反应60 min后获得了基于p－Si衬底的高品质Si纳米线p－n结二极管阵列[60]。

Wang等采用NSL结合Au－MACE工艺，在HF/H_2O_2溶液中加工梯度渐变的SiGe合金薄膜（Ge含量从0逐渐上升到25%，然后逐渐为0），获得了准直异质结纳米线阵列，但纳米线在垂直方向的刚度有待提高[61]。

2. 一维Si纳米结构与其他结构的结合

采用MACE工艺可以在制备Si一维纳米结构的同时制备出如分等级结构、三明治结构等复合结构。目前制备大面积分等级结构及在特定微结构上制备亚结构，形成分等级结构或混合结构，关键点仍然是限制催化剂粒子在MACE过程中的局部运动，其中最为有效的办法仍然是借助于外界磁场或预设的催化剂图案。分等级结构除图7.9介绍的直接在多晶Si粒子上制备的刺猬状结构，还包括通过制定特殊的金属催化剂图案或采用磁场控制催化剂运动方向获得的特殊结构。Oh等对磁场定向辅助控制MACE工艺制备的Si微米片垂直阵列再进行无磁场MACE工艺，在微米片表面制备了横向纳米线束[31]。

Zhang等采用无电化学沉积的Ag作为催化剂，在HF/H_2O_2溶液中同时MACE工艺加工轻掺杂的n－Si(100)和重掺杂的p－Si(100)的正反面，制备了Si纳米线（阵列）/Si/Si纳米线（阵列）组成的三明治复合结构（SSC），纳米线的长度、直径及孔隙率均可通过改变MACE参数简单加以调控[11,62]。

3. 基于MACE工艺的硅基Si/Ge纳米线制备

虽然早在2006年就已有通过MACE工艺制备$Si_{1-x}Ge_x$量子点阵列的研究报道，但限于Ge、SiC等材料本身的刻蚀难度和技术准备不足，目前基于Ⅵ族元素及其化合物的一维纳米结构MACE工艺制备研究以Si体系为主，相关的异质结构也局限于Si/Ge合金的零星报道[63-67]。由于Ge材料本身比较活泼，在H_2O_2、HNO_3等氧化性溶液和HF溶液中溶解速率均较大，通过MACE工艺制备Ge一维纳米结构极为困难，而且Ge的含量严重影响Si/Ge合金的湿法刻蚀形貌，相应的MACE工艺调控也更复杂[66-68]。研究者针对不同Ge含量的Si/Ge合金，合理调控MACE参数，成功制备了纳米线、纳米柱、超晶格纳米线等Si/Ge合金一维纳米结构[67,68]。Geyer等采用图案化的Ag膜在HF/H_2O_2溶液中MACE分子束外延（molecular beam epitaxy，MBE）生长的Si/Ge超晶格，成功制备了结晶质量良好、表面光滑、直径和长度可调（直径小可于20 nm）、长径比大于10的高密度（10^{10}根/cm^2）Si/Ge纳米线阵列，如图7.17所示[68]。Li等系统研究了常温下p－$Si_{1-x}Ge_x$（$0\leqslant x\leqslant0.4$）的MACE情况，发现可在HF/$AgNO_3$溶液中采用一步MACE工艺制备$Si_{1-x}Ge_x$纳米线，其刻蚀速率随Ge含量的增加而降低，采用过氧化氢作为氧化剂时，多缺陷的Si/Ge缓冲层腐蚀速度很快，很容易将外延层剥离，难以制备高质量Si/Ge纳米线[67]。图7.18给出了两步MACE工艺制备的$Si_{0.6}Ge_{0.4}$纳米线阵列图

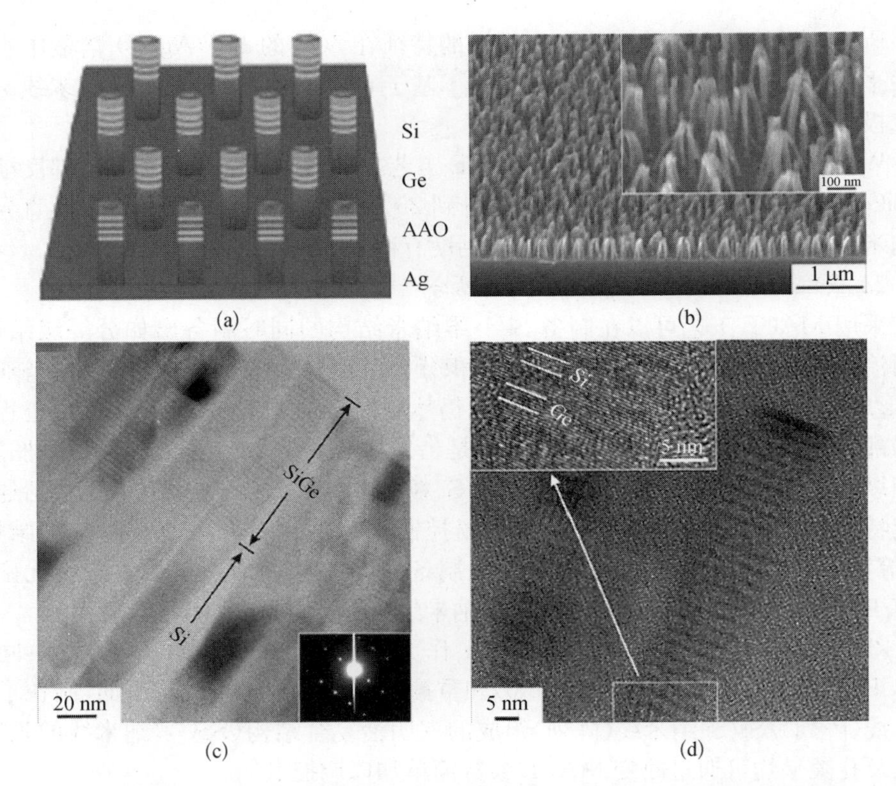

图 7.17 MACE 工艺制备 Si/Ge 纳米线的示意图(a);Si/Ge 纳米线的 SEM 图片(b);Si/Ge 纳米线的 TEM 图片(c);Si/Ge 纳米线的 HRTEM 图片(d)[68]

片,刻蚀速率随 Ge 含量的增加而降低[67]。研究还发现,在两步 MACE 过程中,刻蚀方向选择性地沿〈100〉方向构成直径为 50～200 nm 的结晶纳米线(结晶质量取决于氧化剂的浓度);同时,纳米线的长度取决于刻蚀时间、可用 Ag 粒子核氧化剂,这点和 Si 纳米线的 MACE 工艺并无明显区别。另外,随刻蚀时间的延长,影响刻蚀速率的主要因素由 Ge 含量逐渐过渡到化学试剂和 Ag 粒子的供应。

图 7.18 $Si_{0.6}Ge_{0.4}$ 纳米线阵列的 SEM 图片[67]

Wang 等运用 NSL 结合 Au-MACE 的工艺,在 HF/H_2O_2 溶液中处理 $Si_{0.83}Ge_{0.17}$,也获得了同质均匀的纳米线阵列,该刻蚀环境中,Si/Ge 合金层比 Si 材料更易刻蚀[61]。Lai 等也报道了随 Ge 含量降低,Si/Ge 刻蚀速率降低的实验结果。他们借助 NSL 和 Au-MACE 技术,在 $HF/H_2O_2/C_2H_5OH$ 的水溶液中加工 $Si_{0.8}Ge_{0.2}$,成功制备了长度为 300 nm～1 μm 的Si/Ge 纳米柱阵列，纳米柱的形貌与反应温度和反应时间密切相关。当温度由 5℃逐渐升高到 40℃时，MACE 工艺结构形貌逐渐由颈状纳米结构演化为锥状纳米柱阵列，直至消失。据此，他们提出了类似于 7.2.4 节提及的多孔 Si 纳米线阵列的刻蚀机理：溶液中始终存在着各向异性 Au－MACE 反应和各向同性的腐蚀反应。当温度较低时，两种反应均有效抑制，因此形成高度有限的颈状纳米结构；当温度逐渐升高时，前者逐渐占据主导地位，因此形成纳米柱阵列，但与此同时，后者也逐渐增强，导致纳米柱的顶部成锥状。当温度升高到 40℃时，两种反应均有效增强，导致很容易完全去除掉。MACE 工艺形貌随反应时间的变化主要是扩散到 Au 层下面 Si/Ge 表面反应物质的影响，特别是在反应初始阶段，尤为明显。

7.2.7　对一维 Si 纳米结构的再加工

目前对 MACE 工艺获得的一维纳米结构的再加工对象主要是垂直一维硅纳米结构，主要手段包括 MACE 工艺的多次运用及采用碱溶液、RIE 等刻蚀技术对预制备的一维纳米结构的形貌改进及修饰。

1. MACE 工艺的多次运用

除了通常所用的两步 MACE 工艺制备各种 Si 纳米线阵列，以及 7.2.4 节介绍的 Liu 等提出的二次 MACE 工艺制备低孔隙率纳米线阵列，Lind 等采用多次 MACE 工艺实现了对一维 Si 纳米结构的精细调控[54]。研究显示，MACE 工艺获得的 Si 纳米柱阵列的边缘结晶度不及中心部位，因此在含 $AgNO_3$/HF 的溶液中 MACE 时，边缘位置因优先沉积 Ag 而被率先刻蚀，多余的 Ag 粒子可用 HNO_3 去除，从而获得台阶状 Si 纳米柱阵列。对台阶状 Si 纳米柱进一步在含不同氧化剂的 $AgNO_3$/HF 溶液中继续刻蚀，可获得如图 7.19 所示的 Si 纳米棒、纳米铅笔、纳米锥状阵列，为调控一维 Si 纳米结构的陷光效果提供了更多的设计思路[14]。另外，

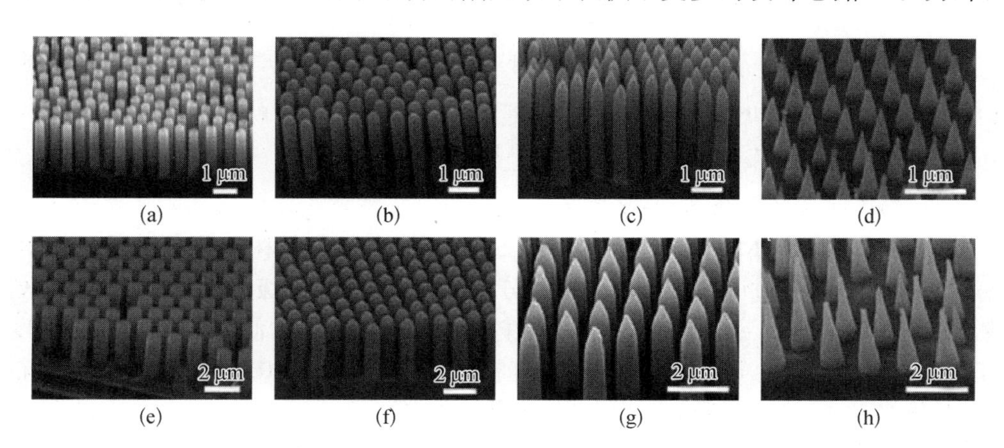

图 7.19　MACE 工艺加工 Si 获得的高长径比纳米柱(a)和(e)，纳米棒(b)和(f)，纳米铅笔(c)和(g)，纳米锥阵列图(d)和(h)的 SEM 图[14]

Azeredo 等首先采用 MACE 工艺制备了表面光滑的 Si 纳米线阵列，且纳米线的锥角最大可达 13°。纳米线的平均直径在 62～300 nm 可以调节，具体可通过最初沉积的金属层的厚度和沉积速率来控制 Au 网的孔径。然后他们采用在稀释的刻蚀溶液中进行二次缓速 MACE 加工，调节纳米线表面的粗糙度，表面均方根粗糙度可达 3.6 nm。这丰富了对既得纳米结构深加工的技术手段，可用于热电材料和高效太阳能电池表面减反射层的设计。

2. 结合传统的碱溶液刻蚀修饰 MACE 工艺所得一维 Si 纳米结构的形貌

Jung 等发展了一种新的制备尖锥状 Si 纳米线阵列的方式。如图 7.20 所示，利用 KOH 对 Si 的各向异性刻蚀特征，可以有效分离 MACE 工艺制备的顶部聚集的纳米线，并将纳米线顶部刻蚀成锥状[15]。相关机理如下：湿法刻蚀速率强烈依赖于表面原子的键强；纳米线顶部的角边位于(100)和(110)两个晶面之间，该位置处由于原子密度的突变而键强较弱，因而其刻蚀速率要低于平面区域，导致纳米线形成尖顶，从上至下呈现出锥状[15,69]。

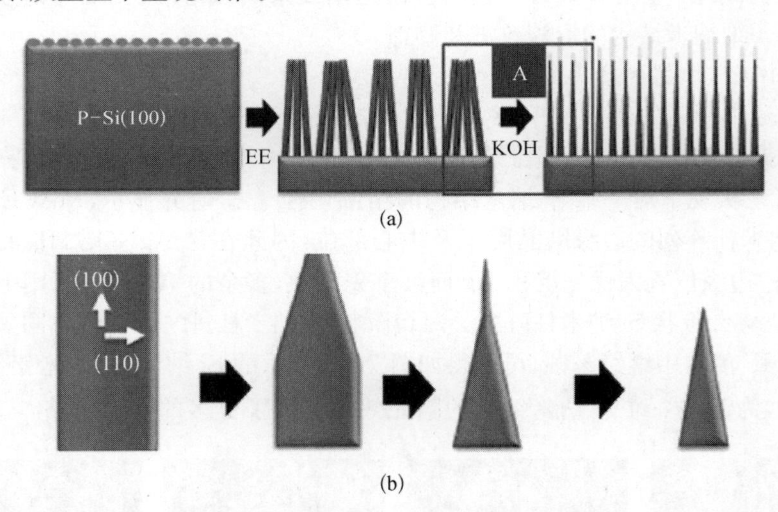

图 7.20 束状纳米线和尖锥状纳米线的制备流程(a)；KOH 后加工过程中尖锥状纳米线的形成示意图(b)[15]

3. 制备异质结或金属/半导体结

Lim 等在 Au - MACE 工艺加工 p - Si(100)制备的纳米树桩阵列上采用化学置换镀沉积 Te，通过调节沉积溶液的组分，制备了两种分等级异质结构：Te 纳米树叶/Si 纳米树桩、Te 纳米树丛/Si 纳米树桩。Oh 等采用类似的方法，在 MACE 工艺所得的 n - Si(100) 全固态和多孔纳米线及 p - n - Si(100)多孔纳米线表面沉积 Pt 纳米粒子，形成了局部金属/半导体结[38]。

4. 与其他技术手段结合制备特殊形貌

Pecora 等对 Au - MACE 工艺加工 p - Si(100)制备出的纳米线采用电子束曝

光(electron beam lithography, EBL)直写、标准提拉和 RIE 加工，制备出了具有周期性和非周期性几何形状的特殊结构(pinwheel 和 GA - spiral 结构)。Wang 等以 MACE 工艺制备的 p - Si 纳米柱阵列为基底，采用 CVD 方法沉积 ZnO 材料，成功获得了 p - Si 纳米柱/n - ZnO 纳米层/n - ZnO 纳米线阵列分等级异质结构，可用于高效光电探测器的设计[70]。他们进一步优化了该设计，在 ZnO 材料沉积之前先采用化学浴沉积一层 CdS 纳米粒子，最终制备了 p - Si/n - CdS/n - ZnO 纳米异质结构纳米雨林太阳能电池，如图 7.21 所示，有效提高了光电转换效率[71]。

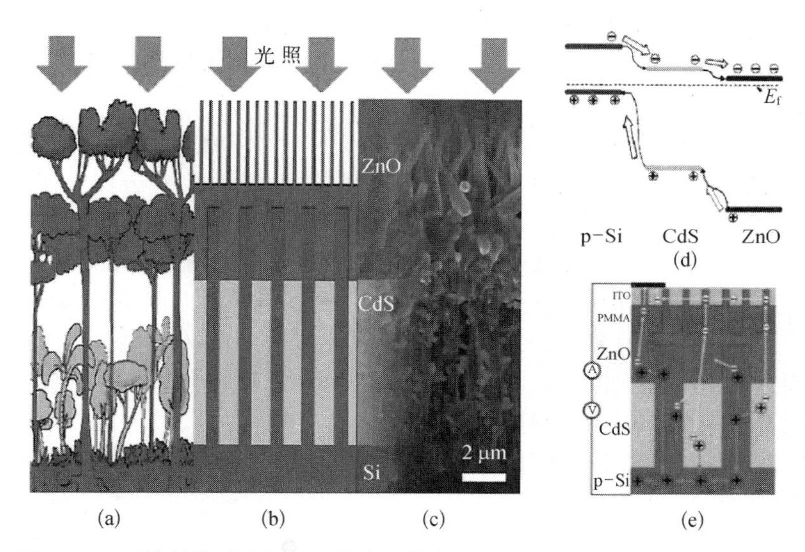

图 7.21 雨林植物示意图(a)；纳米雨林太阳能电池的设计(b)；基于 p - Si/n - CdS/n - ZnO 纳米异质结构设计的纳米雨林太阳能电池的横截面 SEM 图片(c)；p - Si/n - CdS/n - ZnO 异质结的能带结构图(d)；纳米雨林太阳能电池的载流子迁移和收集示意图(e)[71]

7.3 MACE 法制备的一维 Si 纳米结构的转移、收集和排列

基于器件设计的需要，将 MACE 工艺所得一维半导体纳米结构转移到合适的基底上成为该领域的一个研究热点。目前关于 MACE 法制备Ⅳ族半导体的一维纳米结构的转移和收集研究仅限于准直 Si 纳米线或纳米柱的研究，而且以垂直纳米线的研究为主；关于纳米线的排列研究刚刚起步。通常 MACE 工艺所得 Si 纳米线的收集方式如下：采用刀具将原基底上垂直纳米线阵列直接从 Si 片上刮下来，或者直接采用超声将纳米线与原基底剥离，然后在乙醇中超声分散后收集，滴涂或旋涂于目标基底上，待乙醇挥发后，基底上只剩下纳米线[18,72,73]。该方法简单易行，但会破坏原 Si 纳米线阵列的均匀性和结构排布，且难以实现 Si 纳米线的大

面积转移。为保证 Si 纳米线的转移质量,研究者分别开发了基于无裂纹纳米线和有裂纹纳米线的转移技术。

7.3.1 无裂纹垂直一维 Si 纳米结构的转移和收集

目前一维 Si 纳米结构的垂直转移研究对象仅限于垂直纳米线阵列。Shiu 等发展了一种巧妙转移纳米线的方法:事先在目标基底上旋涂一层聚甲基丙烯酸甲酯(PMMA),然后通过合理的压力将 Si 纳米线阵列插入 PMMA 中,将 PMMA 在高于其玻璃化相变温度的环境中矫正处理,实现纳米线的固定。当冷却到室温后可以通过简单剥离将 Si 纳米线留在目标基底上,该方法可以将纳米线转移到多种目标基底上。

Weisse 等开发了电辅助 Si 纳米线阵列的转移技术,可以通过简单操作将无裂纹垂直纳米线转移到其他平面基底上而保持原形貌[44]。该方法首先在母体 Si 基底上 MACE 工艺制备垂直阵列 Si 纳米线,然后在 Si 基体背部沉积 Al 作为电极,采用 Pt 作为对电极,在 HF/乙醇溶液中采用恒电流刻蚀,在纳米线阵列下面形成多孔牺牲层;随后借助标准电化学抛光技术实现多孔层及上面纳米线阵列与母体的分离。将分离下来的多孔 Si 层支撑的 Si 纳米线阵列翻转,附在有表面黏结剂的任意平面基底上并刻蚀掉多孔 Si 层,即可成功将纳米线转移到其他基底上,并能较好地保持原垂直阵列的图案。

中国科学院半导体研究所提出了一种新技术可以实现垂直 Si 纳米线阵列的水平转移,如图 7.22(a)～图 7.22(e)所示[74]。该工艺需要首先在目标基底上旋涂一层光刻胶,然后将 MACE 工艺制备的 Si 纳米线阵列的 p-Si(100)晶片裂成 1 cm×1 cm 的小块。将小块 Si 垂直压到目标基底上(在该过程中,新裂解形成的〈110〉部分朝下,并与目标基底平行)。移去刻蚀基底后,Si 纳米线阵列薄层会卡在光刻胶中。加热固化后,再次旋涂光刻胶,然后采用标准光刻、提拉、蒸镀技术制备电极,制备出基于水平准直多纳米线的器件。

7.3.2 有裂纹垂直一维 Si 纳米结构的转移和收集

MACE 过程中在一维垂直 Si 纳米线上构筑横向裂纹,在后续转移过程中通过施加应力(特别是剪应力)可以方便地实现顶部纳米线与母体基底的分离,特别是对于裂纹位置大体相同的均匀纳米线。目前横向裂纹的控制主要是借助于 MACE 过程中的横向刻蚀来实现。

1. 有裂纹一维垂直 Si 纳米结构的垂直转移

Weisse 等进一步拓展了 Shiu 等的方法,他们首先制备出在特定位置处具有水平横向裂纹的纳米线阵列,然后采用不同的方式分别转移到胶带、涂有 PMMA 的基底等多种目标基底上[25]。该流程类似于 Shiu 的方法,该方法可以借助 Si 纳米线在裂纹处的破裂简单移除 Si 基底,从而将大面积纳米线留在目标基底上,并极

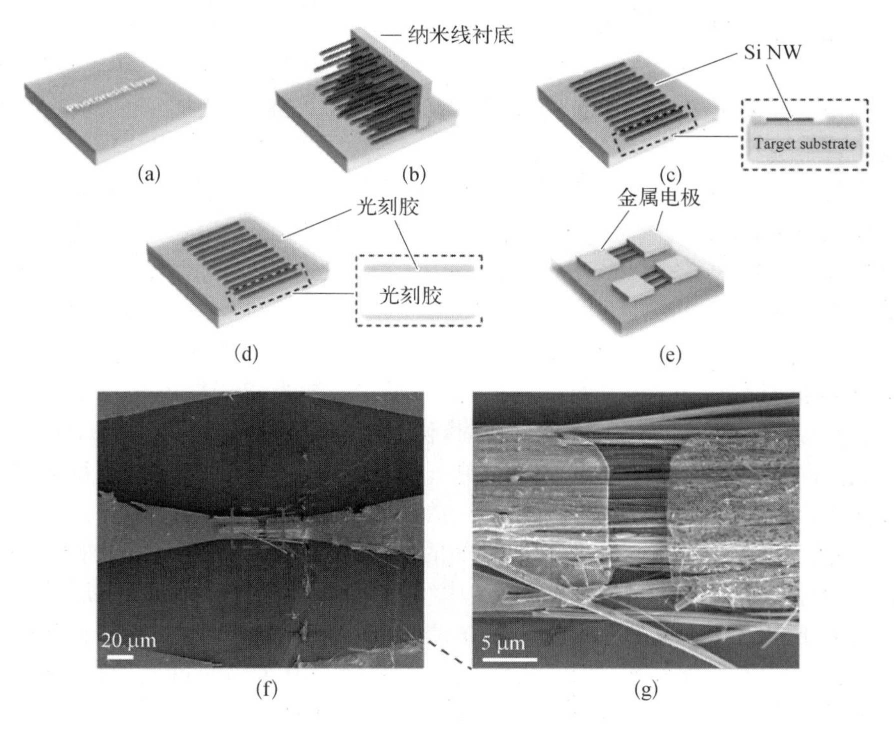

图 7.22　用水平准直 Si 纳米线阵列制备器件的流程图

(a) 旋涂光刻胶；(b) 刻蚀后的基底垂直压到目标基底上；(c) Si 纳米线转移到目标基底上；(d) 旋涂第二层光刻胶；(e) 利用光刻、提拉技术成功制备基于多纳米线的器件；(f)和(g) 基于多纳米线的典型器件的 SEM 图片[74]

大改善了纳米线阵列的均匀度；另外裂纹的存在使得纳米线可以较容易地用胶带将纳米线从 Si 基底上剥离下来，实现纳米线阵列向柔性基底的垂直转移。该方法适用于不同掺杂类型和掺杂浓度的 Si 基底上制备的纳米线。Li 等也提出了利用 Si 纳米线横向 MACE 工艺产生的裂纹合理分离和转移纳米线阵列的方法。与 Weisse 等借助 NSL 沉积 Ag 层采用 MACE 工艺制备 Si 纳米线阵列不同，Li 等首先采用 $AgNO_3$/HF 溶液在 Si 表面沉积 Ag 粒子，然后在 HF/H_2O_2溶液中进行二次 MACE 工艺，制备纳米线阵列，接着在 80℃的热水浴中分散和重新分配纳米线根部的 Ag 粒子，最后在与第二次 MACE 工艺相同的溶液中再次进行 MACE 过程，制备根部有裂纹的纳米线阵列，然后采用与 Weisse 等类似的操作，将纳米线阵列垂直转移到表面涂有聚二甲基硅氧烷(PDMS)的基底上。该方法与 Weisse 等的工艺相比，除了工艺更为简单，更明显的不同之处在于纳米线的制备方式不同，纳米线的位置和直径分布均较为随机，而且部分纳米线有根部分叉现象，因此，该工艺的转移操作适用范围更为灵活；同时，横向裂纹的分布位置在纳米线根部而非中间部位，因此可将更大长度的纳米线阵列转移到其他基底上。

上述报道的制备过程均借助于热水浴实现 Ag 粒子的重新分布，而且均集中于单层 Si 纳米线阵列的转移，工艺复杂，材料浪费严重，经济和时间成本均较高。最近 Wang 等采用无电化学沉积 Ag 作为催化剂 MACE 工艺加工 Si，研究发现纳米线的直径远小于 Weisse 等的报道，该纳米线阵列难以承受热水浸泡，无法制备垂直性较好、表面光滑的多层纳米线阵列，为此他们开发了更为简单有效的空气加热法辅助形成横向裂纹[75]。该方法中 Si 纳米线的阵列的结构几乎不受加热时间的影响，因此可以制备高达 5 层的纳米线阵列，有效提高了材料使用效率，大幅降低了成本。该工艺中首先采用无电化学沉积的 Ag 作为催化剂，在 HF/H_2O_2溶液中 MACE 工艺加工单晶 Si 制备 Si 纳米线阵列，用 N_2吹干后在空气中 150℃加热 30 min，在此过程中 Ag 层会有部分熔化，一些 Ag 纳米粒子会沉积在纳米线侧壁上，重新放入溶液中进行 MACE 过程时，侧壁上的 Ag 纳米粒子会辅助刻蚀纳米线形成横向裂纹，重复刻蚀-空气中加热-刻蚀步骤，可在 Si 基底上获得多层纳米线阵列层，该工艺广泛适用于不同晶向、掺杂类型和掺杂浓度单晶 Si 片。实验证明，采用此工艺在不额外引入 Ag 催化剂的情况下，可以生长 5 层 Si 纳米线层，但以 3 层刻蚀效果为最佳。刻蚀后的 Si 片经抛光后可以重复使用。多层纳米线阵列可借助于传统的覆膜机采用卷对卷方式(R2R)转移到其他基底上：首先热释胶带覆盖在多层 Si 纳米线阵列上，然后整个体系以一定速率通过覆膜机，在该过程中通过卷棍施加合理的压力，Si 纳米线阵列可以牢固地黏附在胶带上，经剥离后，由于胶带与纳米线间的黏附力更强，纳米线在裂纹处整齐断裂，纳米线阵列在胶带上分布均匀，而且近乎完美地保持了原阵列的垂直特性，而原基底上剩余的 Si 纳米线阵列形貌几乎未受影响，重复上述步骤可以实现 Si 纳米线阵列的逐层转移。再次借助于 R2R 技术，可以将胶带上的纳米线转移到其他基底上：在该过程中，将覆膜机加热到 120℃，使热释胶带丧失黏性，可以方便地将纳米线转移到目标基底上，为在转移过程中更好地保持其垂直特性，可事先在 Si 纳米线阵列上旋涂一层 PMMA。

另外，为了更好保持原纳米线阵列的垂直排列完整性，Weisse 等又提出了垂直转移印刷技术(V-TPM)：首先在纳米线转移前采用正己烷稀释的 PDMS 封装有裂纹的 Si 纳米线阵列，以实现对纳米线的机械支撑和电绝缘保护，然后采用与前述类似的工艺流程，实现垂直 Si 纳米线阵列的垂直转移，并构筑了电子器件。该方法不但可以将纳米线阵列转移到玻璃片等刚性基底上，还可以转移到不锈钢片等柔性基底上。

2. 有裂纹一维垂直 Si 纳米结构的水平转移

MACE 工艺制备的一维 Si 纳米结构的水平转移研究极少，Weisse 课题组和 Zhang 课题组在这方面进行了开创性的探索。Weisse 等完善了 Si 纳米线阵列的水平转移方法，该流程极类似于 Fan 等发明的接触印刷法，是一种干法转移[25,76]。在转移过程中，Si 纳米线较容易在有裂纹的地方破裂，导致具有均匀长度的 Si 纳米线沉积在目标基底上,同时很大程度上保留了垂直纳米线阵列的有序度,使目标基底上水平排列的纳米线呈一定有序度排列。另外,通过该转移技术可将纳米线埋于PDMS中,并可以将纳米线集成到孔道中,赋予了纳米器件更灵活的设计思路。

Moon等采用接触印刷法实现了Si纳米线阵列向刚性和柔性基底的水平转移,并成功构筑了场效应晶体管[77]。该工艺的关键仍然在于有裂纹Si纳米线的形成。与以往采用Au网作为催化剂经MACE工艺后在Si表面制备出单一的准直Si纳米线阵列不同,Moon的研究发现随刻蚀时间的不同可以获得不同的MACE工艺形貌,通过优化工艺可以获得由表层纳米线阵列和下面的微结构层组成的双层结构[10,23,77,78]。该双层结构的形成机制主要涉及三方面:扩散是该结构形成关键因素;长径比是扩散的限制因素;双侧结构的形成涉及在双层界面附件的横向裂纹的形成。具体流程如下:Au网下面首先形成多孔层,成为反应溶剂和反应产物向Au网开孔处扩散的通道。随反应的进行,Au逐渐沉入基体中,刻蚀通道逐渐变深,新鲜反应溶剂到达Au层下空间的难度逐渐增大,反应中生成的Au粒子逐渐离开Au聚集处,而在其边缘位置形成对Si纳米线的横向刻蚀。临界深度取决于MACE工艺初始阶段所用Au网的尺寸,Si纳米线侧壁的横向刻蚀会导致水平裂纹的生成,自重完全脱离基体,并在脱离处形成更大的Au聚集点。该过程导致长径比的下降,同时垂直的Au刻蚀可以重新开动制备厚的垂直柱状阵列。该工艺操作简单,时间成本低,可以通过一步MACE工艺直接实现,而且转移后的Si片可以通过化学抛光作为新基底重复整个工艺流程,使得器件制备流程大为降低。研究表明,由于受基底表面粗糙度、黏附性等特征的影响,在SiO_2/Si基底上的转移质量取决于塑料基底,这可以通过采用接触印刷中常用的手段,如使用润滑剂或对纳米线表面进行功能化修饰等来改善[76,79]。

7.4　一维纳米线的微纳结构与修饰在光伏器件中的应用

Si纳米线在太阳能电池中的应用是目前MACE工艺制备的一维Si纳米结构应用最成功的领域,其中又以垂直Si纳米线阵列在增强光吸收和减反射设计中的研究最早,也最为成熟。高长径比Si纳米线阵列可将宽波段入射光范围的表面平均反射率降低到1.1%,远低于传统金字塔织构和激光表面织构。通过如下两种途径的表面形貌修饰,可进一步降低表面反射率:第一,对纳米线的形状进行后处理,构筑空气向Si基体折射率的梯度渐变体系。理论和实验均证明,当Si表面纳米结构的深宽比大于一定值,且折射率的变化为梯度渐变时,可有效压制宽波段、大角度入射光反射,提高太阳能电池的吸收效率。第二,在Si纳米线表面或附近区域沉积贵金属粒子进行修饰,充分利用表面等离子体共振(SPR)效果,协同减反射和多重散射增加光吸收。在MACE工艺制备的Si纳米线表面沉积了Ag粒子,使得 Si 纳米线阵列 300～1 200 nm 波段内的平均反射率降低到 0.8%以下。值得指出的是，随太阳能技术的日益成熟，效率的稳定性成为电池设计的一个重点，其中一个关键点是通过简单工艺实现不同工作环境中的电池表面自清洁功能，从而尽量消除或削弱粉尘颗粒沉积对入射光的阻挡和反射(特别是雨水冲刷后的表面残留物覆盖层)，造成电池效率下降，通过对其表面进行超亲水/疏水设计以及实现两者的相互转换成为保证其稳定工作的一项指标。表面自清洁功能与表面自由能和几何结构密切相关。基底的表面自由能特征决定了其本征润湿性，这可以通过表面化学修饰来调节，而借助表面粗糙度对表面自由能的影响可以将材料的亲水性或疏水性调节到极大值。在太阳能电池设计中引入一维 Si 纳米阵列除了能降低表面减反射，还在构筑自清洁界面方面具有独特优势。为获得较好的自清洁效果，一般需要采用低表面能的材料对具有亲水/疏水效果的一维 Si 纳米结构表面进行进一步修饰[80-85]。Kim 等采用 MACE 工艺加工 Si 以获得最大表面粗糙度，制备出了高密度、高长径比的垂直 Si 纳米线，可用于构筑基于半毛细(hemi-wicking)现象的超亲水表面[80]。采用氟碳(C_4F_8)涂层修饰后，可以将表面自由能下降到本征 Si 的 1/4，从而有效调节表面润湿性，实现超亲水向超疏水的转变，而维持 Cassie-Baxter 态的稳定性。据此他们提出了通过控制纳米结构高度的粗糙判据作为设计参数及作为超亲水(<10°)和超疏水(>160°)的设计准则，为不同环境中 Si 太阳能电池自清洁表面的设计提供了可靠的参考依据。此外，Si 纳米线的分布状态、表面修饰物质的沉积状态也会显著影响表面润湿性[81]。Yoon 等采用接触印刷法在 Si 纳米线阵列表面沉积硅氧烷低聚物，实现了超亲水向超疏水表面的转变，而且在不同环境中均具有较好的超期稳定性；借助硫酸进行化学清洗后，表面超亲水特性又可以完全恢复[81]。这种简单的表面润湿性转化设计拓展了 Si 基器件的应用范围，在太阳能电池自清洁表面、热转换表面等领域具有独特的应用前景。Seo 等进一步改进了该方法，在 1 000℃的氧气环境下采用循环快速热退火(RTA)处理 Si 纳米线，在悬挂键和缺陷处形成硅氧烷基团，使得表面接触角从 0°迅速增大到 154.3°，但该超疏水性表面在任意倾角下均表现出较高的水依附性能；当处理后的样品重新暴露在空气中时，表面重新形成硅醇基团(—Si—O—H)而恢复超亲水性[82]。

另外，Zhou 等的研究表明，通过 MACE 工艺制备出分等级结构后，即使不对表面进行化学修饰，也能获得较好的表面超疏水效果[85]。这种方法通过控制刻蚀时间来调节纳米结构的表面形貌及相应的润湿性能。在最优刻蚀条件下，纳米线聚集成束，束间形成微孔洞，这种形貌可视为分等级结构。困在微孔间的蒸汽包可以极大地减小固/液接触面积，从而增大表观接触角，甚至>150°，而滑动角<10°。采用氟代硅烷对该结构进行修饰后，接触角进一步增大，但滑动角也有所增加，这和前述其他人的报道不同。

材料表面的超亲水/疏水性能除了具有前述应用，还在光电探测器领域具有独特的应用。研究发现，对MACE工艺制备的Si纳米线采用聚丙烯酸(PAA)进行亲水性处理后可以增加受主态，从而有效增大电流，增强探测器的相应光能力，如图7.23所示[85]。

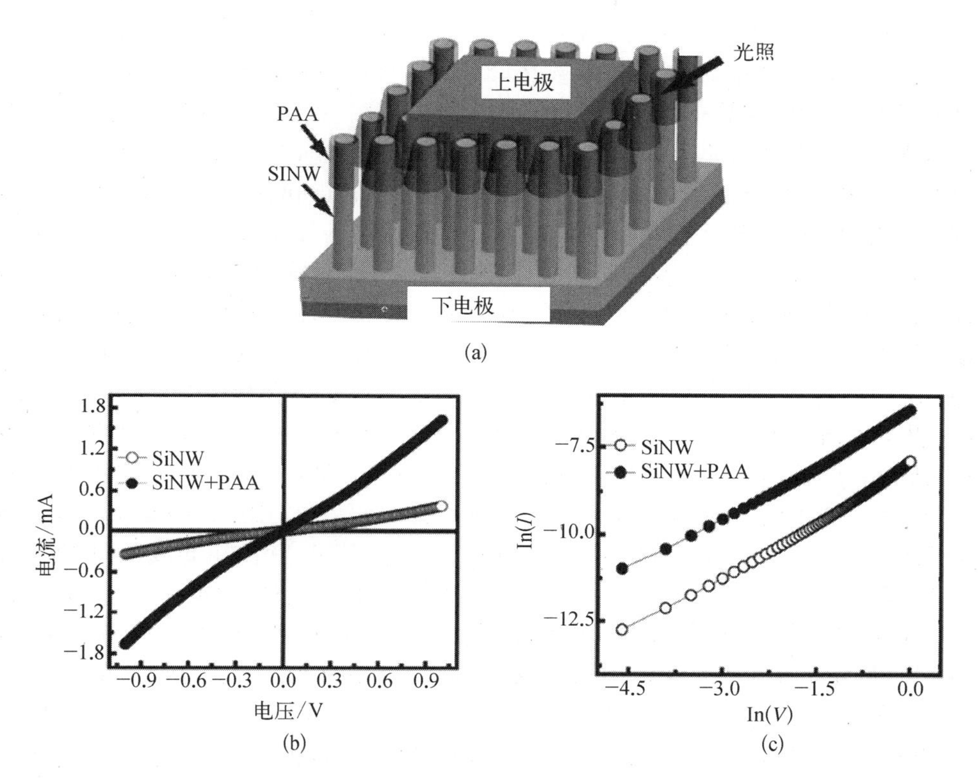

图7.23　Si纳米线阵列/PAA光探测器结构示意图(a)；Si纳米线阵列/PAA光探测器和纯Si纳米线阵列光探测器的不同形式的$I-V$曲线比较(b)和(c)[85]

综上所述，MACE工艺制备的一维Si纳米结构在器件的自清洁设计及维持器件稳定性方面已经逐渐受到关注。近年来，超疏水表面的研究已从简单地以疏水为目的扩展到抗腐蚀、减阻、生物相容性等方面。Si材料本身在这些方面具有独特的优势，因此一维Si纳米结构作为一种理想的材料结构有望得到持续关注，实现不断优化。基于Si纳米线的轴向和径向纳米太阳能电池及阵列因其独特的载流子搜集方式将有助于改善下一代光伏电池的发展，相关内容将在第8章详细阐述。此外，目前所有的超亲水/疏水表面均只能同时对一两种外界刺激作出反应，应用范围极为有限，而且如防冻、防霜、防雾功能的表面设计极少，基于Si表面，特别时MACE工艺制备的一维Si纳米结构表面的研究几乎为空白，因此尽快开展相关探索，建立普适模型，对于科学研究和实际应用均意义深远。

本章概括了一维Ⅳ族材料微米/纳米结构的湿法制备，重点介绍了MACE工艺加工 Si 基材料制备一维结构的发展现状及其在光伏领域中的应用。MACE 工艺是一种简单易行的湿法刻蚀工艺，可用来制备多种微/纳结构，其工作机理可简单概括如下：借助于贵金属粒子或离子的催化效果，在溶液中氧化剂的共同作用下，有效促进了 Si 中电子的提取，同时把空穴注入材料的价带深处，并借助于 F^- 的刻蚀作用，在表面形成局部快速氧化-刻蚀，获得微结构。该工艺制备一维Ⅵ族材料微米/纳米结构具有以下特点：① 工艺简单灵活，不依赖于大型、复杂设备，可与大规模工业化生产完美兼容。② 是一种相对柔和的加工手段，不存在如传统反应离子刻蚀加工和机械加工后有碎晶层、激光加工后有高能损伤层、碱溶液刻蚀后有难以去除的白点等反应残留物等缺点，而且所得结构可进行二次加工，进一步改善结构表面质量。③ 结合材料质量、掺杂情况、取向选择等本征因素，借助于表面预处理、模板和催化剂选择、溶液调配、温度和光辐照等外界因素的合理搭配，可对期望结构进行柔性化设计，而且随技术的进步，精细调控表面结构的准确度逐渐提高。④ 普适性较强，不但可用 MACE 工艺加工各种结晶形态和掺杂形态的 Si 块体、薄膜，甚至一维结构，而且可以扩展到 Si/Ge 合金的一维结构制备，并有望进一步拓展到 Ge、SiC 等其他Ⅳ族材料的一维纳米结构制备。⑤ 适用范围广阔，不但可以用来制备表面光滑的 Si 微米/纳米线、棒、锥等形态，而且可以用来制备相应的含表面细孔层、介孔层及完全多孔的一维结构，还可以制备如三明治结构、折线结构、锯齿结构、有裂纹的分层结构、梯度渐变结构等众多复杂结构。此外，制备的一维结构可方便地作为基底外延其他结构形成同质结或异质结，能较好地弛豫应力和改善界面质量，而且所得结构可方便地转移到其他刚性和柔性基底上，进行低维纳米结构器件设计。

MACE 法作为一种全新的工艺，近年来发展迅速，但目前仍存在众多领域有待探索，影响 MACE 法的因素、MACE 机理、具体的 MACE 过程等。本章主要基于一维 Si 纳米结构的制备，重点概括了以下四个方面：① 影响 MACE 的因素。基于目前的研究现状，详细描述了催化剂(含种类、尺寸、形状和分布等)、溶液(含温度、氧化剂和刻蚀剂的组成成分、比例搭配、不同溶液的处理顺序等)、材料预加工和后处理情况、材料本征情况(含材料维度、结晶状态、晶体质量、掺杂情况、表面取向)、外界辅助因素(含光辐照情况、外加电压或电流、外加磁场、辅助金属基底)等众多因素的搭配组合对 Si 材料刻蚀速率、方向(特别是择优取向)、表面形貌(含光滑度、孔隙率、形状等)等方面的影响，归纳了准直和非准直一维纳米结构及分层纳米结构的形貌演化规律，重点分析了不同表面孔隙率 Si 纳米线的制备过程，并详细阐述了借助模板和无模板情况下一维有序微米/纳米结构阵列(含倾斜和垂直阵列)的制备手段。另外，对于 Si/Ge 合金、Si/SiGe 复合体系的一维结构 MACE 工艺制备研究现状也进行了统计。② 归纳了 MACE 工艺制备的纳米线在不同基底间的水平和垂直转移(含转移后纳米线的完整度、长度变化、阵列有序度的保持等方面)技术，以及后续纳米线的排列技术(特别是有序排列)及相关器件设计探讨。③ 系统地梳理了目前报道的 MACE 行为和现象，并基于能带理论，力求建立统一的物理模型，为MACE技术的适用范围(含加工对象和技术进步)拓展提供了较好的参考准则。④ 介绍了MACE工艺制备的一维微米/纳米结构在纯科学研究和器件设计中的应用进展，重点阐述了所得结构在光伏器件设计中的应用。本章中相关部分以Si纳米线为核心，概括了表面自清洁功能设计等光伏设计的关键领域中的应用和发展前景。

作为一种持续发展、进步，应用范围不断扩大，并日益引起广泛关注的微/纳加工手段，未来MACE工艺加工Ⅳ族材料制备一维材料及器件设计应力求在理论研究和技术手段方面取得突破，主要集中于以下三个方面：① 采用原位监测、示踪观察、微观形貌变化的动态联系分析等先进手段透彻分析刻蚀路线、刻蚀方向转换等实验现象，统计分析各种刻蚀行为的势垒，结合能带理论和局部载流子浓度、运动行为的实验观测，建立系统的物理模型，并能有效预测刻蚀行为，为制定特定一维Ⅳ族材料微米/纳米结构提供有效的理论指导，最终实现不同材料的刻蚀路径可控或使横向和纵向刻蚀可随机任意转变，或实现各向异性刻蚀和各向同性刻蚀之间的可控转变。② 丰富MACE工艺体系，探寻更经济的贵金属催化剂、更有效或更合理的刻蚀溶液、更普适的刻蚀环境，扩展MACE对象，在更多Ⅳ族材料表面获得可用于器件设计的优质一维微结构；同时，丰富MACE手段，实现“自下而上”和“自上而下”技术的有机结合，制备复杂精细结构，例如，制备出局部可集成的Si纳米线阵列、直径分层可调Si纳米线阵列的制备、不同结构及形貌的共存。另外，探索更简单的各种MACE工艺加工所需的模板制备工艺，用于获得更高质量的大面积高度有序一维微结构阵列，并探索所得微结构的最优转移和排列、组装规律，提高基底循环利用效率和器件成品率，实现基于微结构的器件性能调控。③ 积极拓展基于MACE工艺制备的一维Ⅳ族材料微结构的器件研究。以目前的太阳能电池、光电探测器、锂离子电池为基础，将器件设计探索拓展到其他领域，如在高性能光学器件、雷达和仿生设计等军事和国防领域，生物医学，环境监测及净化，灾害预警和新型高密度能源存储器件等。

参考文献

[1] Choi J-Y, Alford T L, Honsberg C B. Fabrication of periodic silicon nanopillars in a two-dimensional hexagonal array with enhanced control on structural dimension and period. Langmuir, 2015, 31(13): 4018 - 4023.

[2] Huang Z P, Zhang X X, Reiche M, et al. Extended arrays of vertically aligned sub - 10 nm diameter 〈100〉 Si nanowires by metal-assisted chemical etching. Nano Letters, 2008, 8(9): 3046 - 3051.

[3] Geyer N, Fuhrmann B, Leipner H S, et al. Ag-mediated charge transport during metal-assisted chemical etching of silicon nanowires. ACS Applied Materials & Interfaces, 2013, 5(10): 4302 - 4308.

[4] McSweeney W, Geaney H, O'Dwyer C. Metal-assisted chemical etching of silicon and the

behavior of nanoscale silicon materials as Li-ion battery anodes. Nano Research，2015，8(5)：1395－1442.

[5] Um H-D，Kim N，Lee K，et al. Versatile control of metal-assisted chemical etching for vertical silicon microwire arrays and their photovoltaic applications. Scientific Reports，2015，5：11277－1－11.

[6] Chern W，Hsu K，Chun I S，et al. Nonlithographic patterning and metal-assisted chemical etching for manufacturing of tunable light-emitting silicon nanowire arrays. Nano Letters，2010，10(5)：1582－1588.

[7] Chen H，Wang H，Zhang X H，et al. Wafer-scale synthesis of single-crystal zigzag silicon nanowire arrays with controlled turning angles. Nano Letters，2010，10(3)：864－868.

[8] Zhang M L，Peng K Q，Fan X，et al. N-B Preparation of large-area uniform silicon nanowires arrays through metal-assisted chemical etching. The Journal of Physical Chemistry C，2008，112(12)：4444－4450.

[9] To W K，Tsang C H，Li H H，et al. Fabrication of n-type mesoporous silicon nanowires by one-step etching. Nano Letters，2011，11(12)：5252－5258.

[10] Kim J，Kim Y H，Choi S H，et al. Curved silicon nanowires with ribbon-like cross sections by metal-assisted chemical etching. ACS Nano，2011，5：5242－5248.

[11] Zhang T，Wu S L，Zheng R T，et al. Significant reduction of thermal conductivity in silicon nanowire arrays. Nanotechnology，2013，24(50)：505718－505725.

[12] Qu Y，Liao L，Li Y，et al. Electrically conductive and optically active porous silicon nanowires. Nano Letters，2009，9(12)：4539－4543.

[13] Kim J，Rhu H，Lee W. A continuous process for Si nanowires with prescribed lengths. Journal of Materials Chemistry，2011，40(21)：15889－15894.

[14] Lin H，Cheung H Y，Xiu F，et al. Developing controllable anisotropic wet etching to achieve silicon nanorods，nanopencils and nanocones for efficient photon trapping. Journal of Materials Chemistry A，2013，1(34)：9942－9946.

[15] Jung J Y，Guo Z，Jee S W，et al. A strong antireflective solar cell prepared by tapering silicon nanowires. Optics Express，2010，18(19)：A286－A292.

[16] Azeredo B P，Sadhu J，Ma J，et al. Silicon nanowires with controlled sidewall profile and roughness fabricated by thin-film dewetting and metal-assisted chemical etching. Nanotechnology，2013，24(22)：179－201.

[17] Geng X，Li M，Zhao L，et al. Metal-assisted chemical etching using tollen's reagent to deposit silver nanoparticle catalysts for fabrication of quasi-ordered silicon micro/nanostructures. Journal of Electric Materials，2011，40(12)：2480－2485.

[18] Peng K Q，Huang Z，Zhu J. Fabrication of large-area silicon nanowire p－n junction diode arrays. Advanced Materials，2004，16(1)：73－76.

[19] Peng K，Jie J，Zhang W，et al. Silicon nanowires for rechargeable lithium-ion battery anodes. Applied Physics Letters，2008，93(9)：033105－1－3.

[20] Ho J W，Wee Q，Dumond J，et al. Versatile pattern generation of periodic，high aspect ratio Si nanostructure arrays with sub－50－nm resolution on a wafer scale. Nanoscale

Research Letters, 2013, 8(1): 1 - 10.

[21] Wang Z W, Cai J Q, Wu Y Z, et al. Ordered silicon nanorod arrays with controllable geometry and robust hydrophobicity. Chinese Physics B, 2015, 24(1): 507 - 510.

[22] Huang J, Chiam S Y, Tan H H, et al. Fabrication of silicon nanowires with precise diameter control using metal nanodot arrays as a hard mask blocking material in chemical etching. Chemistry of Materials, 2010, 22(13): 4111 - 4116.

[23] Park S J, Han H, Rhu H, et al. Aversatile ultra-thin Au nanomesh from a reusable anodic aluminium oxide (AAO) membrane. Journal of Materials Chemistry C, 2013, 1(34): 5330 - 5335.

[24] Huang Z, Fang H, Zhu J. Fabrication of silicon nanowire arrays with controlled diameter, length, and density. Advanced Materials, 2007, 19(5): 744 - 748.

[25] Weisse J M, Kim D R, Lee C H, et al. Vertical transfer of uniform silicon nanowire arrays via crack formation. Nano Letters, 2011, 11(3): 1300 - 1305.

[26] Megouda N, Piret G, Galopin E, et al. Lithographically patterned silicon nanostructures on silicon substrates. Applied Surface Science, 2012, 18(258): 47 - 59.

[27] Douani R, Piret G, Hadjersi T, et al. Formation of a - Si : H and a - $Si_{1-x}C_x$: H nanowires by Ag-assisted electroless etching in aqueous $HF/AgNO_3$ solution. Thin Solid Films, 2011, 519(16): 5383 - 5387.

[28] Chen C Y, Li L, Wong C P. Evolution of etching kinetics and directional transition of nanowires formed on pyramidal microtextures. Chemistry - An Asian Journal, 2014, 9(1): 93 - 99.

[29] Geyer N, Fuhrmann B, Huang Z, et al. Model for the mass transport during metal-assisted chemical etching with contiguous metal films as catalysts. Journal of Physical Chemistry C, 2012, 116(24): 13446 - 13451.

[30] Gan L, Sun L, He H, et al. Tuning the photoluminescence of porous silicon nanowires by morphology control. Journal of Materials Chemistry C, 2014, 2(15): 2668 - 2673.

[31] Oh Y, Choi C, Hong D, et al. Magnetically guided nano-micro shaping and slicing of silicon. Nano Letters, 2012, 12(4): 2045 - 2050.

[32] Chen C Y, Wong C P. Unveiling the shape-diversified silicon nanowires made by HF/HNO_3 isotropic etching with the assistance of silver. Nanoscale, 2015, 7(3): 1216 - 1223.

[33] Bai F, To W K, Huang Z. Porosification-induced back-bond weakening in chemical etching of n - Si(111). Journal of Physical Chemistry C, 2013, 117(5): 2203 - 2209.

[34] Geng X, Qi Z, Li M, et al. Fabrication of antireflective layers on silicon using metal-assisted chemical etching with in situ deposition of silver nanoparticle catalysts. Solar Energy Materials and Solar Cells, 2012, 103(15): 98 - 107.

[35] Shin J C, Zhang C, Li X L. Sub - 100 nm Si nanowire and nano-sheet array formation by MacEtch using a non-lithographic InAs nanowire mask. Nanotechnology, 2012, 23(30): 305305 - 305310.

[36] Zhang C Q, Li C B, Du F H, et al. Hedgehog-like polycrystalline Si as anode material for high performance Li-ion battery. Rsc Advances, 2014, 4(100): 57083 - 57086.

[37] Ouertani R, Hamdi A, Amri C, et al. Formation of silicon nanowire packed films from metallurgical-grade silicon powder using a two-step metal-assisted chemical etching method. Nanoscale Research Letters, 2014, 9(1): 574-1-10.

[38] Oh I, Kye J, Hwang S. Enhanced photoelectrochemical hydrogen production from Silicon nanowire array photocathode. Nano Letters, 2012, 12(1): 298-302.

[39] Li S, Ma W, Zhou Y, et al. Fabrication of porous silicon nanowires by MACE method in $HF/H_2O_2/AgNO_3$ system at room temperature. Nanoscale Research Letters, 2014, 9(1): 1-8.

[40] Najar A, Charrier J, Pirasteh P, et al. Ultra-low reflection porous silicon nanowires for solar cell applications. Optics Express, 2012, 20(15): 16861-16870.

[41] Li S, Ma W, Zhou Y, et al. Fabrication of p-type porous silicon nanowire with oxidized silicon substrate through one-step MACE. Journal of Solid State Chemistry, 2014, 213(5): 242-249.

[42] Zhong X, Qu Y, Lin Y C, et al. Unveiling the formation pathway of single crystalline porous silicon nanowires. ACS Applied Materials & Interfaces, 2011, 3(2): 261-270.

[43] Hochbaum A I, Gargas D, Hwang Y J, et al. Single crystalline mesoporous silicon nanowires. Nano Letters, 2009, 9(10): 3550-3554.

[44] Weisse J M, Lee C H, Kim D R, et al. Electroassisted transfer of vertical silicon wire arrays using a sacrificial porous silicon layer. Nano Letters, 2013, 13(9): 4362-4368.

[45] Zeng Y, Yang D, Ma X, et al. Achromium-free etchant for delineation of defects in heavily doped n-type silicon wafers. Materials Science in Semiconductor Processing, 2008, 11(4): 131-136.

[46] Chen H, Zou R, Chen H, et al. Lightly doped single crystalline porous Si nanowires with improved optical and electrical properties. Journal of Materials Chemistry, 2011, 21(3): 801-805.

[47] Zhang X G. Mechanism of pore formation on n-type silicon. Journal of The Electrochemical Society, 1991, 138(12): 3750-3756.

[48] Zhang X G. Electrochemistry of silicon and its oxide. New York: Kluwer Academic/Plenum Publishers, 2001.

[49] Pan C, Zhu J. The syntheses, properties and applications of Si, ZnO, metal, and heterojunction nanowires. Journal of Materials Chemistry, 2009, 19(7): 869-884.

[50] Lin L H, Guo S P, Sun X Z, et al. Synthesis and photoluminescence properties of porous silicon nanowire arrays. Nanoscale Research Letters, 2010, 5(11): 1822-1828.

[51] Liu L, Bao X Q. Silicon nanowires fabricated by porous gold thin film assisted chemical etching and their photoelectrochemical properties. Materials Letters, 2014, 125(12): 28-31.

[52] Lotty O, Petkov N, Georgiev Y M, et al. Porous to nonporous transition in the morphology of metal assisted etched silicon nanowires. Japanese Journal of Applied Physics, 2012, 51(11): 749-773.

[53] Dawood M K, Liew T H, Lianto P, et al. Interference lithographically defined and catalytically etched, large-area silicon nanocones from nanowires. Nanotechnology, 2010,

21(20): 3293 - 3294.

[54] Liu J, Huang Z. Reducing the porosity and reflection loss of silicon nanowires by a sticky tape. Nanotechnology, 2015, 26(18): 185601.

[55] Li X, Bohn P W. Metal-assisted chemical etching in HF/H_2O_2 produces porous silicon. Applied Physics Letters, 2000, 77(16): 2572 - 2574.

[56] Hu Y, Peng K Q, Liu L, et al. Continuous-flow mass production of silicon nanowires via substrate-enhanced metal-catalyzed electroless etching of silicon with dissolved oxygen as an oxidant. Scientific Reports, 2014, 4(1): 3667 - 1 - 5.

[57] Norga G J, Platero M, Black K A, et al. Mechanism of copper deposition on silicon from dilute hydrofluoric acid solution. Journal of The Electrochemical Society, 1997, 144(144): 2801 - 2810.

[58] Liu X, Teng Y, Zhuang Y, et al. Broadband conversion of visible light to near-infrared emission by Ce^{3+}, Yb^{3+}-codoped yttrium aluminum garnet. Optics Letters, 2009, 34(22): 3565 - 3567.

[59] Osgood R M, Sanchezrubio A, Ehrlich D J, et al. Localized laser etching of compound semiconductors in aqueous-solution. Applied Physics Letters, 1982, 40(5): 391 - 393.

[60] Rashid J I A, Abdullah J, Yusof N A, et al. The development of silicon nanowire as sensing material and its applications. Journal of Nanomaterials, 2013, 2013(4): 280 - 289.

[61] Wang X, Pey K L, Choi W K, et al. Arrayed Si/SiGe nanowire heterostructure formation via Au - catalyzed wet chemical etching method. ECS Transactions, 2009, 16(25): 147 - 153.

[62] Zhang T, Wu S, Xu J, et al. High thermoelectric figure-of-merits from large-area porous silicon nanowire arrays. Nano Energy, 2015, 13: 433 - 441.

[63] Rittenhouse T L, Bohn P W, Adesida I. Structural and spectroscopic characterization of porous silicon carbide formed by Pt-assisted electroless chemical etching. Solid State Communications, 2003, 126(5): 245 - 250.

[64] Xu B, Li C, Thielemans K, et al. Thermoelectric performance of $Si_{0.8}Ge_{0.2}$ nanowire arrays. IEEE Transactions on Electron Devices, 2012, 59(12): 3193 - 3198.

[65] Huang Z, Wu Y, Fang H, et al. Large-scale $Si_{1-x}Ge_x$ quantum dot arrays fabricated by templated catalytic etching. Nanotechnology, 2006, 17(5): 1476 - 1480.

[66] Kawase T, Mura A, Dei K, et al. Metal-assisted chemical etching of Ge(100) surfaces in water toward nanoscale patterning. Nanoscale Research Letters, 2013, 8(1): 1948 - 1954.

[67] Xu B, Li C, Myronov M, Fobelets K. n^- Si - p^- $Si_{1-x}Ge_x$ nanowire arrays for thermoelectric power generation. Solid-State Electronics, 2013, 83(5): 107 - 112.

[68] Geyer N, Huang Z, Fuhrmann B, et al. Sub - 20 nm Si/Ge superlattice nanowires by metal-assisted etching. Nano Letters, 2009, 9(9): 3106 - 3110.

[69] Li X, Seo H S, Um H D, et al. A periodic array of silicon pillars fabricated by photoelectrochemical etching. Electrochimica Acta, 2009, 54(27): 6978 - 6982.

[70] Wang W, Zhao Q, Xu J, et al. A unique strategy for improving top contact in Si/ZnO hierarchical nanoheterostructure photodetectors. CrystEngComm, 2012, 14(9): 3015 - 3018.

[71] Wang W, Zhao Q, Laurent K, et al. Nanorainforest solar cells based on multi-junction hierarchical p - Si/n - CdS/n - ZnO nanoheterostructures. Nanoscale, 2012, 4(1): 261 - 268.

[72] Peng K Q, Wu Y, Fang H, et al. Uniform, axial-orientation alignment of one-dimensional single-crystal silicon nanostructure arrays. Angewandte Chemie International Edition, 2005, 44(18): 2737 - 2742.

[73] Peng K Q, Xu Y, Wu Y, et al. Aligned single-crystalline Si nanowire arrays for photovoltaic applications. Small, 2005, 1(1): 1062 - 1067.

[74] Zhang D L, Wang J Q, Zhang C Q, et al. Horizontal transfer of aligned Si nanowire arrays and their photoconductive performance. Nanoscale Research Letters, 2014, 9(1): 1 - 5.

[75] Wang Y, Zhang X, Gao P, et al. Air heating approach for multilayer etching and roll-to-roll transfer of silicon nanowire arrays as SERS substrates for high sensitivity molecule detection. ACS Applied Materials & Interfaces, 2014, 6(2): 2271 - 2279.

[76] Fan Z Y, Ho J C, Jacobson Z A, et al. A Wafer-scale assembly of highly ordered semiconductor nanowire arrays by contact printing. Nano Letters, 2008, 8(1): 20 - 25.

[77] Moon T, Chen L, Choi S, et al. Efficient Si nanowire array transfer via bi-layer structure formation through metal-assisted chemical etching. Advanced Functional Materials, 2014, 24(13): 1949 - 1955.

[78] Liu K, Qu S, Tan F, et al. Ordered silicon nanowires prepared by template-assisted morphological design and metal-assisted chemical etching. Materials Letters, 2013, 101(15): 96 - 98.

[79] Voskuhl J, Brinkmann J, Jonkheijm P. Advances in contact printing technologies of carbohydrate, peptide and protein arrays. Current Opinion in Chemical Biology, 2014, 18(18c): 1 - 7.

[80] Yoon S S, Khang D Y. Switchable wettability of vertical Si nanowire array surface by simple contact-printing of siloxane oligomers and chemical washing. Journal of Materials Chemistry, 2012, 22(21): 10625 - 10630.

[81] Seo J, Lee S, Han H, et al. Reversible wettability control of silicon nanowire surfaces: From superhydrophilicity to superhydrophobicity. Thin Solid Films, 2013, 527(8): 179 - 185.

[82] Wang Y D, Lu N, Xu H B, et al. Biomimetic corrugated silicon nanocone arrays for self-cleaning antireflection coatings. Nano Research, 2010, 3(7): 520 - 527.

[83] Yeo C I, Kim J B, Song Y M, et al. Antireflective silicon nanostructures with hydrophobicity by metal-assisted chemical etching for solar cell applications. Nanoscale Research Letters, 2013, 8(2): 159 - 1 - 7.

[84] Zhou Y B, He B, Yang Y, et al. Construct hierarchical superhydrophobic silicon surfaces by chemical etching. Journal of Nanoscience and Nanotechnology, 2011, 11(3): 2292 - 2297.

[85] Rasool K, Rafiq M A, Ahmad M, et al. Photodetection and transport properties of surface capped silicon nanowires arrays with polyacrylic acid. AIP Advances, 2013, 3(8): 082111 - 1 - 7.

第 8 章

新型硅基径向结太阳电池原理与应用

8.1 硅基新型径向结太阳电池

8.1.1 径向结电池基本结构和发展背景

可再生清洁能源的高效利用已成为建设可持续发展型社会的关键支撑技术。以硅基薄膜材料为代表的第二代太阳能光伏技术，为进一步降低光伏能源成本、推广便捷分布式光伏发电提供了关键基础。此外，针对日益丰富和多样化的光伏应用发展趋势，以及为适应特殊发电环境和建筑集成的具体需求，硅基薄膜光伏依然是一种不可替代的关键太阳能技术。然而，受限于非晶/纳米晶硅本身的无序不稳定结构，硅基薄膜电池一直以来在光电转换效率上无法实现突破。目前，最新平面 p-i-n 结构单层非晶硅（或非晶/微晶叠层结构）薄膜电池效率在 10.1%（11.7%）左右[1]。另外，硅基薄膜电池通常还受限于 15%～18%的光致衰减（light-induced degradation，LID）效应。

基于传统平面 p-i-n 结构的硅基薄膜电池在追求材料本身优化的策略上已经日益成熟，为了突破平面结构在“光吸收”和“载流子分离”上相互制约的困境，必须在电池构架上寻求新的突破方向来实现所谓“低成本-高效率”的新一代薄膜太阳能电池。在硅基或者其他半导体纳米线结构上淀积和构建径向结薄膜太阳能电池（radial junction thin film solar cells）能为此目标的实现提供一条切实可行的突破方向。如图 8.1 所示，通过在硅纳米线（silicon nanowires，SiNW）阵列上制备 p-i-n 结构，传统的二维 p-i-n 结构逐步演化到三维的径向结 p-i-n。在此三维阵列 p-i-n 构架中，对入射光的减反效果显著增强。此外，受益于“纳米线丛林”中多次散射/折射而导致的强陷光特性，对光子（尤其在长波长区域）的“有效吸收长度”可以远远大于 p-i-n 结中本征吸收层的物理厚度。因此，径向结 p-i-n 结构中本征吸收层厚度可以进一步减薄（如<100 nm）却获得比较厚的平面

p-i-n本征层(一般 280～300 nm)更强的光吸收特性。使用更薄的本征吸收层有利于增强 p-i-n 结构中的内建电场,进而提升光生载流子的分离和收集效率,显著减少 LID 效应,从而显著改善电学特性。径向结太阳能电池的概念提出以来,已经引起了国内外研究人员的广泛关注和研究兴趣,初步的研究结果也进一步证实了其优异的光学减反和增强吸收特性[2-5]。考虑硅基薄膜淀积技术的广泛应用和已经在规模化工业生产中的验证,如果能将此革命性的先进径向结薄膜电池技术工艺顺利引入实施,将为新型高效薄膜电池效率打开一个广阔的性能提升空间,从而可能推动一场新的产业升级革命。

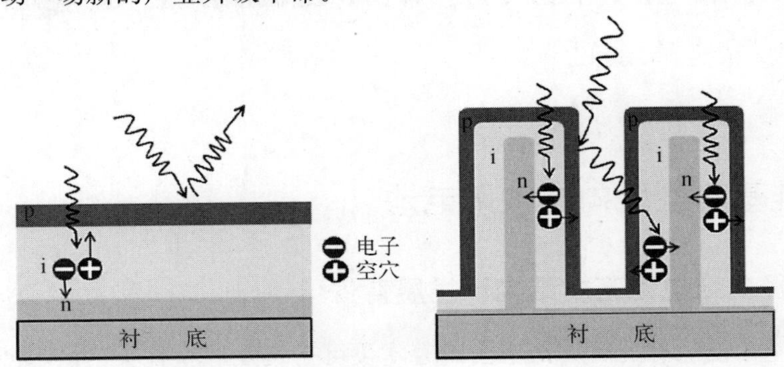

图 8.1 平面电池结构和径向结电池中的光吸收和光生载流子分离和收集示意图

8.1.2 基于纳米线阵列的径向结电池制备工艺

作为一种新型的三维构架太阳能电池结构(3D solar cell structure),径向结电池的制备首先在于如何获得一个理想的三维纳米线构架(nanowire framework),然后在此基础上构建/淀积功能化的 p-n 结或 p-i-n 结电池结构。根据纳米线框架的制备工艺特点,径向结电池的制备大致有以下方法。

一是在晶硅或者其他半导体块体材料中,通过“自上而下”(top-down)的光刻(lithography)、电子束曝光(electron beam lithography)或者掩模板刻蚀(template etching)工艺,定义出纳米线/柱阵列的径向结电池结构。一个典型的例子如图 8.2 所示,采用自组装单层密排二氧化硅小球(silica bead)阵列作为刻蚀模板,结合反应离子深硅刻蚀技术刻蚀硅衬底,可以在晶硅衬底中刻蚀出与小球直径一致的硅纳米柱阵列。最后将小球去除后,所制备的硅纳米柱阵列(图 8.2 中的 SEM 图像)可以作为径向结电池的框架,并通过掺杂扩散的方式制备 p-n 结区形成电池。此方法的优势在于可以制备直径在 50～600 nm 纳米线/柱阵列。在此范围内除了昂贵的电子束刻蚀技术,一般光刻工艺很难达到。另外,所制备的纳米柱继承了晶硅衬底的高品质晶格结构,除了表面刻蚀损伤(可以通过后续化学处理去除),纳米线的晶格体缺陷很少。此外,纳米柱中的掺杂浓度可以通过选择相应的晶硅衬底方便调控。

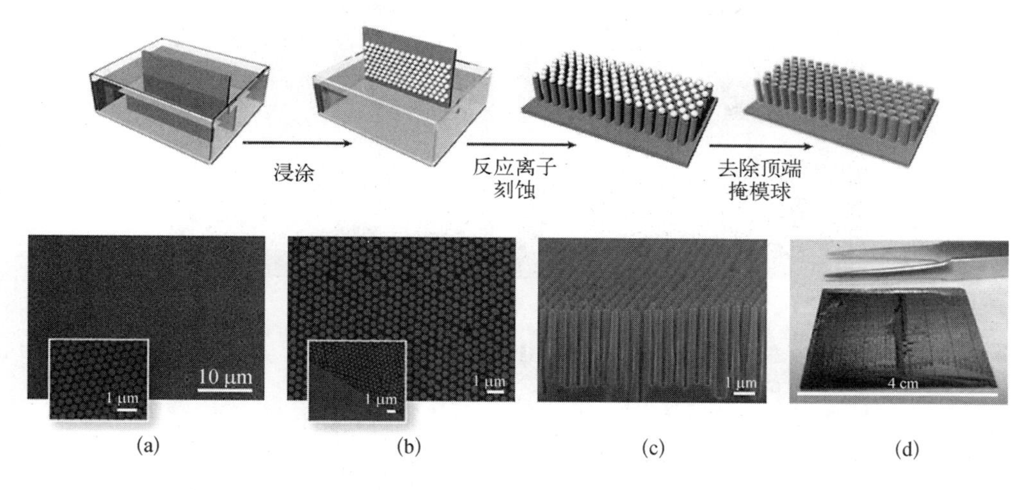

图 8.2 “自上而下”的纳米线阵列制备方法

(a) 单层密排小球阵列 SEM 图；(b) 与小球直径一致的硅纳米柱阵列 SEM 图；(c) 去除小球的硅纳米柱阵列 SEM 图；(d) 制备好的整块纳米线阵列 SEM 图

值得一提的是，径向结电池结构的结构并不仅限于纳米线和纳米柱。通过掩模板或者光刻、电子束曝光技术，还可以获得纳米孔径结构，这可以看作纳米柱的互补体结构。图 8.3(a)～图 8.3(c)为在 p - Si(100)中利用银纳米阵列作为掩模板和催化介质，在 $HF+H_2O_2$ 溶液中刻蚀出的规则纳米孔阵列，图 8.3(d)为纳米孔阵列的 SEM 剖面图。采用金属银点阵，在化学氢氟酸和过氧化氢($HF+H_2O_2$)配比溶液中，可以利用银/硅界面的选择性刻蚀，在硅衬底中制备出规则性纳米孔阵列，并在其上制备出相应的径向结电池结构。采取这种方法，一个显而易见的优势是在此刻蚀过程中，所损失的高品质晶硅材料较少，而且纳米孔径结构在机械支撑性及电学连通性方面具有独特的优势，因此也逐渐成为一种比较常见的“自上而下”定义的径向结电池框架结构。

二是通过“自下而上”(bottom-up)自组装生长制备纳米线阵列。最典型的是利用金属(常见的如金、铜、锡等)纳米颗粒的催化作用，通过“气-液-固”(vapor-liquid-solid, VLS)生长模式制备硅、锗及其他常见的半导体纳米线结构。通常首先利用蒸发、溅射等技术在衬底上淀积一层薄金属层[图 8.4(a)]；然后，加热或者利用等离子体(plasma)处理，使它发生表面迁移和聚集，可以形成直径在十几纳米到几百纳米的纳米颗粒阵列[图 8.4(b)]；之后，通入如硅烷(silane, SiH_4)等气相前驱气体，在金属诱导催化作用下，在金属表面分解并被吸收[图 8.4(c)]；当硅原子在金属液滴中的浓度达到并超过饱和溶解度时，开始在液滴与衬底之间的界面处析出直径与金属纳米颗粒大致相当的固态纳米线结构[图 8.4(d)]。利用这个 VLS 方法可以在较低的温度下，在各种廉价的玻璃、不锈钢甚至柔性基底上生长出直径很小(10 nm 以下)的竖直纳米线结构。相比于“自上而下”的模板刻蚀技

图 8.3 硅纳米孔阵列结构的 SEM 图像

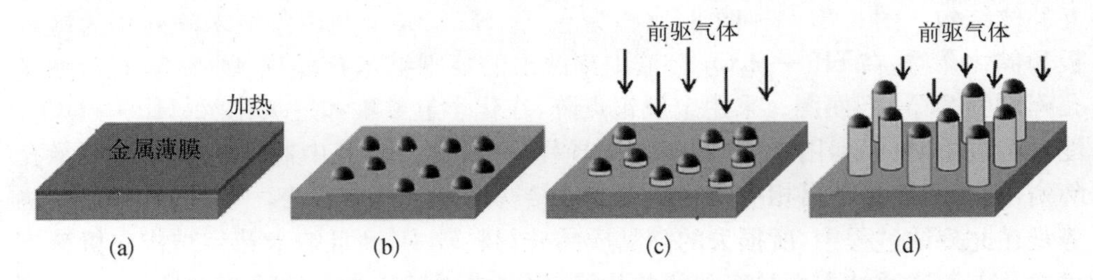

图 8.4 采用 VLS 生长模式制备硅纳米线的工艺流程示意图

术，利用 VLS 生长纳米线结构更为方便、经济(不需要使用高品质晶硅衬底)，并且可以和目前大规模的硅基薄膜电池工艺(制备温度要求在＜350℃以下)相结合。另外，纳米线 VLS 生长过程中，还可以通入相应的掺杂气氛(如硼烷和磷烷等)来实现对纳米线的掺杂调控。

与此同时，VLS 生长纳米线在径向结太阳能电池中的应用也受到几个方面的挑战。首先，由于在金属诱导催化的生长过程中会引入一定的金属残余(尤其是由金颗粒诱导的硅纳米线生长)，在纳米线表面形成载流子复合中心，不利于光生载流子的收集；其次，“自下而上”的 VLS 纳米线生长过程中，纳米线的密度和方向性控制远不及“自上而下”的纳米柱刻蚀技术，这也为径向结电池的高品质结区制备带来了挑战。目前完全基于 VLS 纳米线本身作为光吸收层的径向结电池效率还无法突破 2%，究其原因主要为以上因素。

然而，这些问题并没有限制 VLS 纳米线结构在径向结电池中的应用。VLS 生长纳米线结构中一定程度的排布(distribution)和朝向(orientation)上的无序，从优化光吸收的角度而言，并非绝对是一个不利因素。关键在于如何保证在纳米线上形成较好的径向结结构。例如，在玻璃等非晶衬底上进行 VLS 生长，所获得的纳米线阵列多为随机分布。为了确保在纳米线阵列上，能够通过 PECVD 技术获得高质量、均匀的径向 p-i-n 结，对纳米线的直径、长度和空间分布(密度)的调控十分关键。一般而言，纳米线的长度和密度在确保获得足够的陷光效应的同时，还必须保留充裕的空间间距以方便随后在纳米线(SiNW)上淀积获得较为均匀的径向结。为此，著者团队经过多年探索，总结出了利用氢等离子体处理的调控工艺，在 AZO/玻璃衬底上获得了密度、直径大小和分布可控的金属催化颗粒阵列[6]。在其后的 VLS 纳米线生长过程中，所调控的金属颗粒分布也就决定了所生长纳米线的空间分布，从而实现对纳米线阵列分布的有效调控，如图 8.5(c)所示。

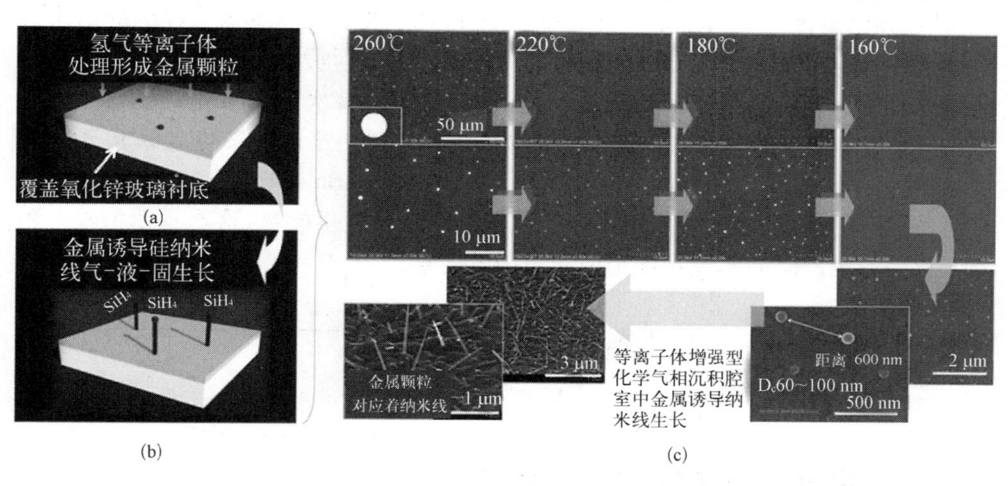

图 8.5　纳米线生长过程(a)和(b)；金属催化颗粒直径和分布改变的 SEM 图像(c)[6]

另外，如果按照制备过程中的结区结构和工艺划分，又可以将径向结电池划分为① 利用半导体中常规的扩散掺杂或者离子注入工艺，在硅纳米柱表面一层形成与基底材料掺杂极性相反的径向 p-n 结电池结构；② 利用薄膜淀积工艺，在已有掺杂纳米线上淀积包裹(coating)相应的本征和掺杂薄膜层，如本征氢化非晶硅(intrinsic hydrogenated amorphous silicon, a-Si∶H)和掺杂氢化非晶硅等，而实现的薄膜径向 p-i-n 结电池结构。通常，前者多实现于利用模板刻蚀工艺在硅衬底中刻蚀出的纳米柱阵列结构上，制备径向 p-n 结晶硅电池结构，而后者经常与自组装 VLS 模式生长的纳米线结合，利用薄膜电池工艺实现径向 p-i-n 结薄膜电池。

8.1.3　单根纳米线径向结电池制备和应用

为了实现大面积光伏器件应用，人们所熟悉的电池结构自然要求的是大面积

(一般 NREL 接受的电池校准测试样品都要求电池面积>1 cm^2)的电池制备工艺,这也就意味着在上述纳米径向结电池中,包含着数以百万计并联的3D构架纳米线径向结太阳能电池单元(radial junction solar cell unit)。至少有两个重要的原因驱使着人们研究其中的单根(individual)径向结电池的特性:首先,从研究层面上看,每一个独立的单根径向结电池单元都是一个独立、完整的光伏转换微纳组件,研究单根径向结电池的光电转换,能帮助人们暂时忽略众多电池制备工艺方面的影响因素,而专注于径向结构架带来的光电响应特性,发现和优化其独特的结构优势和设计;其次,从器件应用层面上看,在新一代的光电集成系统中,单根的纳米线径向结电池可以作为一个功能单元,与微纳功耗器件高度集成在一起,为新一代的自支持纳电子器件提供能量。

2007年,在纳米线器件研究领域十分著名的哈佛大学 Lieber 小组最早在 *Nature* 上报道了一种全新的径向 p-i-n 结电池构架[7]。如图 8.6 所示,这款"标准的"径向结电池完全构建于一根通过 VLS 模式生长的几十纳米直径的硅纳米线上,通过 CVD 方式在 p 型掺杂的纳米线核"core"上先后覆盖了本征和 n 型掺杂的纳米晶硅(nanocrystalline Si, nc-Si)的壳"shell"层,首次展示了较好的整流和光电转换特性。虽然其太阳能转换效率,以及结区质量与平面标准电池结构还有很大的差距,但是单根纳米线即可以作为新型电子器件(transistor、sensor 等)的核心构建,还能作为"纳米发电机"为周围的其他纳米元件提供能源,这本身预示着一种令人激动的全方面纳米线器件集成和应用的前景。

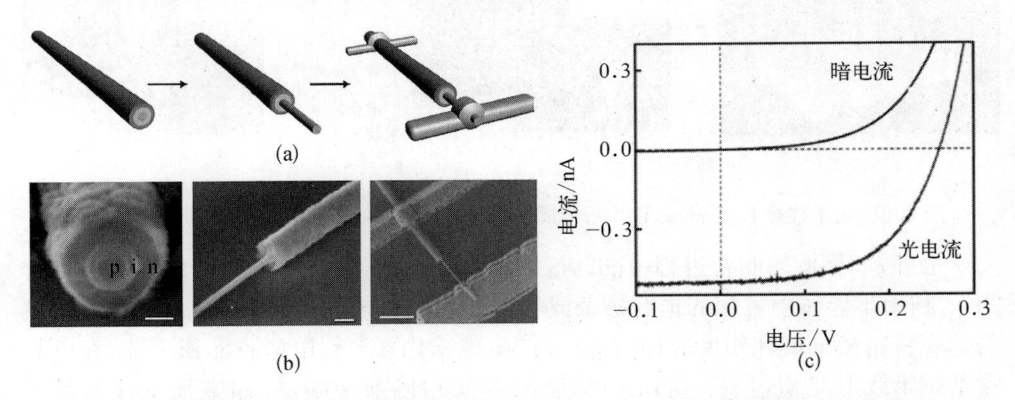

图 8.6 在单根 VLS 生长硅纳米线上制备的单径向 p-i-n 太阳能电池的工艺流程(a),以及相对应的 SEM 图(b);单根纳米线径向结电池在标准 AM1.5 太阳辐照下的 $I-V$ 响应曲线(c)[7]

此外,VLS 生长硅纳米线还能通过与金属电极形成肖特基接触(Schottky contact)的方式实现光电转换特性,为研究纳米线内的载流子寿命和复合速率提供一个研究平台。如图 8.7(a)所示,Lewis 和 Atwater 小组于 2008 年报道了利用铝(Al)作为电极接触一根 VLS 生长的硅纳米线,在局域性焦耳热(Joule heating)作用下,在一端形成具有整流特性的 Al/Si 肖特基结[8]。虽然其中铝电极融入硅纳米线形成掺杂合金的详细过程还没有明确解释,但是纳米线本身作为光吸收介质,通过扫描光电响应谱(scanning photocurrent microscopy)分析可以推断出 VLS 生长硅纳米线中载流子表面复合速率(或者等效的体载流子寿命)为 1 350 cm/s(或 15 ns),这些参数为评估纳米线结构作为电池有效吸收层提供了关键依据。

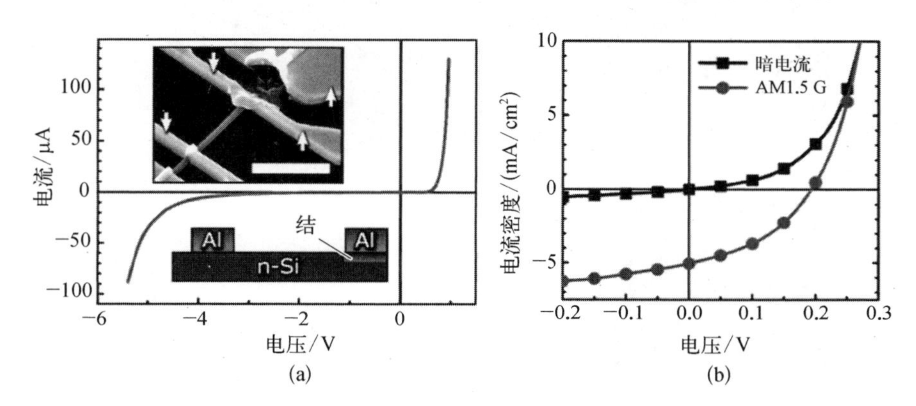

图 8.7 制备具有调制特性的 p-n 结电池结构(a)和电池在 AM1.5 辐照下的 $J-V$ 相应曲线(b)[8]

除了在平面电极框架(如以上两例)中对单根径向结电池进行测量和评估,更为有趣的是研究 VLS 生长纳米线作为一个三维的电池构建框架,在大面积电池应用中的特性表现。为此,著者课题小组利用锡(Sn)催化的 VLS 纳米线生长模式,通过初期纳米线密度的精确调控,获得十分稀疏的竖直纳米线径向结电池结构[9]。如图 8.8 所示,单根径向结电池的长度在 1~2 nm,在 SEM 腔内电子束聚焦轰击的激励下,在 p-i-n 结区中所产生的电子-空穴对能够被内建电场(built-in field)快速分离并收集,形成可探测的电流信号。利用这样的电子束导致电流(electron beam induced current, EBIC)分布测试技术,可以直接评估纳米线上的径向结,以及纳米线周围的平面非晶硅 p-i-n 结中的内建电场强度及结区的品质。由图 8.8 可见,在纳米线径向结上可以探测到几倍于周围平面结区的电流信号,这也首次从实验上证明了利用掺杂纳米线结构所制备的径向结电池结区在品质上的优越性,为进一步研发高效硅基薄膜径向结电池提供了一个关键依据。

另外,最近瑞士联邦理工学院(洛桑)(EPFL)的 Fontcuberta 课题组在 *Nature Photonics* 上报道了一则轰动性的研究进展。他们在竖直站立的 GaAs 径向结纳米线结构中观测到了超越常规吸收极限(Lambert-Beer law)的光收集特性,进而打破了单节电池效率 33.7%的 Shockley-Queisser 极限,见图 8.9[10]。当然,这一令人突破的实现还取决于对纳米线径向结电池有效结区面积的定义选择上。对于单根纳米线而言,本身就类似于一个竖直微腔或者波导结构。入射光场的耦合吸收(incoupling and absorption)截面一般都会大于它本身的几何投影面积。这

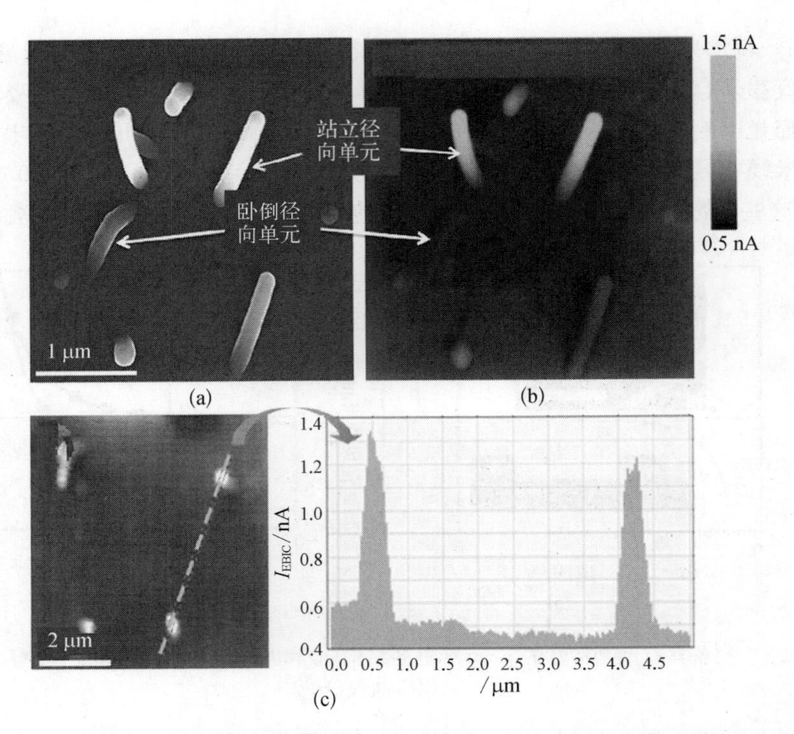

图 8.8 在分立的锡-催化 VLS 生长竖直纳米线结构上实现径向 p-i-n结电池的 SEM 图像(a),以及与之对应的电致激励电流谱扫描图像(b),相对电流图像(c)[9]

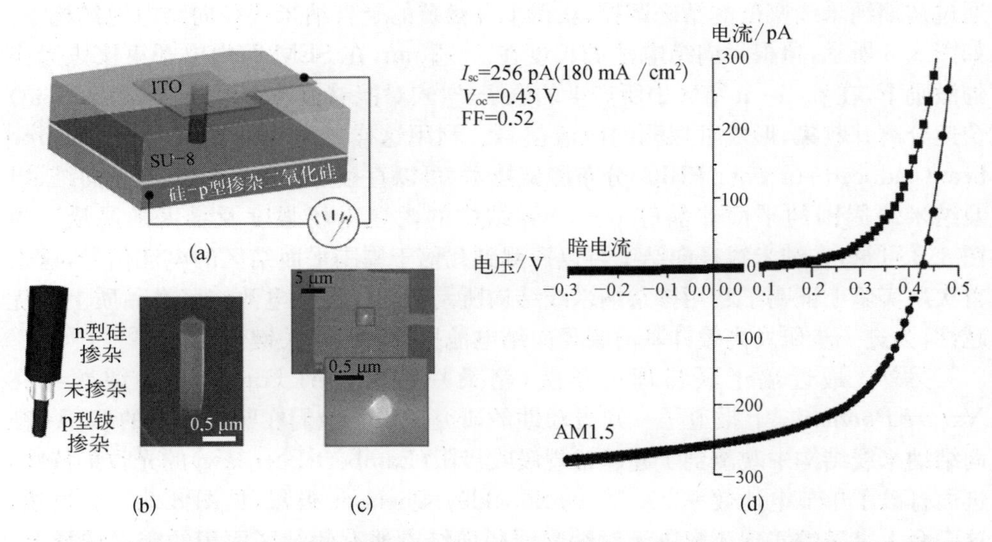

图 8.9 单根 GaAs 纳米线径向结电池内部 core-shell 结构示意图(a)～(c)及为 AM1.5 辐照下,根据纳米线单元投影面积折算 $I-V$ 曲线(d)[10]

一点有趣的现象将在8.2节径向结的光学特性中专门详细介绍。

8.2　径向结太阳能电池原理

8.2.1　3D构架的光学陷光特性

太阳能电池在太阳光谱中的光学吸收特性对电池效率有至关重要的影响，所以减小反射和透射损失对于任何一种太阳能电池来说都是一个不可避免的问题。通常可以在电池表面淀积一层透光的绝缘涂层作为增透膜(anti-reflective coating，ARC)来减少光的反射损失。在正常入射情况下，一块不经处理的硅衬底能反射超过30%的入射能量[11]，但采用增透膜的情况下可以减小至3%以下。这一层抗反射涂层的反射系数和薄膜厚度可以根据从空气-增透膜界面和增透膜-衬底界面的两束反射光干涉相消的原则确定。这种方法的缺点在于只能减小单一波长的反射，虽然可以通过淀积多层增透膜来拓宽减反波段，但其中增加的薄膜制备工艺复杂度可想而知。硅纳米线阵列(SiNW arrays)形成的3D构架由于其相对于平面二维结构更大的表面积和比可见光波长更短的纳米线直径而具有独特的光学陷光特性，通过选择合适的纳米线直径和密度，可以在很大的太阳光宽谱范围内都获得较好的减反效果。顶部直径小于底部的锥形纳米线结构具有渐变的反射系数，所以它相比于一般的纳米线或平面结构能提供更多角度上的减反作用[12]，但同时，更尖的顶部也意味着它更难钝化。

另外，纳米线阵列透射损失也可以通过陷光作用来减小，因为电池表面的三维结构大大增加了光在吸收层中的光学吸收长度，并且还能减少吸收层的材料使用。对于非薄膜的晶硅电池而言，可以用KOH溶液湿法刻蚀〈100〉晶硅衬底制备电池表面的三维结构；对于薄膜硅基电池，通常的方法是直接在表面的TCO电极上制备绒面结构，通过控制低压CVD退火炉的淀积工艺或者对溅射形成的ZnO∶Al薄膜酸处理直接获得。在这种情况下，入射光会在不同角度进行传播而不是直接垂直传播到衬底表面，从而增加光学吸收长度。Yablonovitch和Cody的研究表明对于一个完美朗伯反射体光学长度可以增加$4n^2$倍，其中n是吸收层材料的反射系数[13]。

纳米线由于其直径小于或接近入射光波长，它和入射光之间产生较强的相互作用。Garnett等曾经测量出在一个有序的硅纳米线阵列中光学长度可以增强73倍，超过了不用背反射层的硅衬底的漫反射减反极限25倍[2]。他们发现光学长度和纳米线的长度之间有很强的联系。明显的陷光效应同样可以在利用PECVD技术制备的无序倾斜的硅纳米线阵列中观察到。图8.10给出了Sn诱导的中间是晶体核、外面是不同厚度的非晶壳的壳结构硅纳米线阵列的吸收光谱[14]。该图表明

400 nm 厚的 a-Si：H 薄膜的在图示给出的波段内吸收低于 55%，可见光反射很强。然而在短波区域，所有的纳米线样品都有 85%～95%的高吸收，其中纳米线的不同直径是根据生长之前纳米颗粒催化剂的不同尺寸决定的。可以发现，随着包裹的 a-Si：H 层的厚度增加，吸收光谱出现红移，这是因为纳米线在衬底上的填充比也在增加。Caltech[5]的研究成果还表明，有序均匀排列的周期性纳米线阵列可以比随机排列的无序纳米线结构提供更强的光吸收特性。这是因为周期性的纳米线阵列可以提供更强的各向异性角吸收剖面，从而帮助避免光伏器件中的低吸收“死区”。

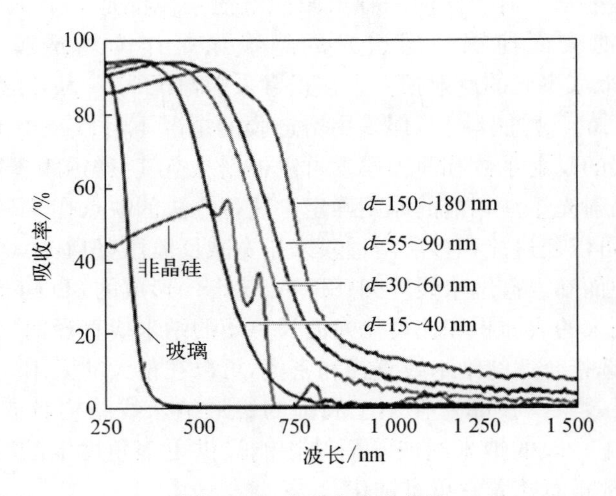

图 8.10　光吸收分布曲线

8.2.2　光学模式和腔体耦合吸收特性

在基于硅纳米线的径向结电池结构中，入射光在其中有独特的腔体耦合光学特性[15]。对于 p-i-n 结构的电池而言，入射光在被中间的本征非晶硅吸收前，首先需要经过顶部的 TCO 电极和 n 型发射层，所以，分析入射能量在径向和轴向的光学传播特性和能量损失情况对于研究径向结电池非常重要。在图 8.11(a)中，给出了不同波长入射光照射下纳米线电池结构中的电场分布，图 8.11(b)展示了径向结电池结构中各层的吸收分布。可以看到，在短波段(λ=350 nm)的时候，大部分的光能量损失在外部的 ITO 电极层和 n 型发射层，而本应产生空穴-电子对的本征吸收层却很少吸收；在 λ=550 nm 的时候，中间的本征吸收层成了最显著的强吸收区域，而最里面的晶硅纳米线却吸收很弱，虽然此时晶硅纳米线中的电场分布很强[图 8.11(a)]，这是因为在 550 nm 的时候，非晶硅的吸收系数是晶硅的两个量级之多。在更长的波段(λ=750 nm)，此时的入射光子能量达到非晶硅的光学带隙，入射能量被强烈限制在晶硅纳米线内部。

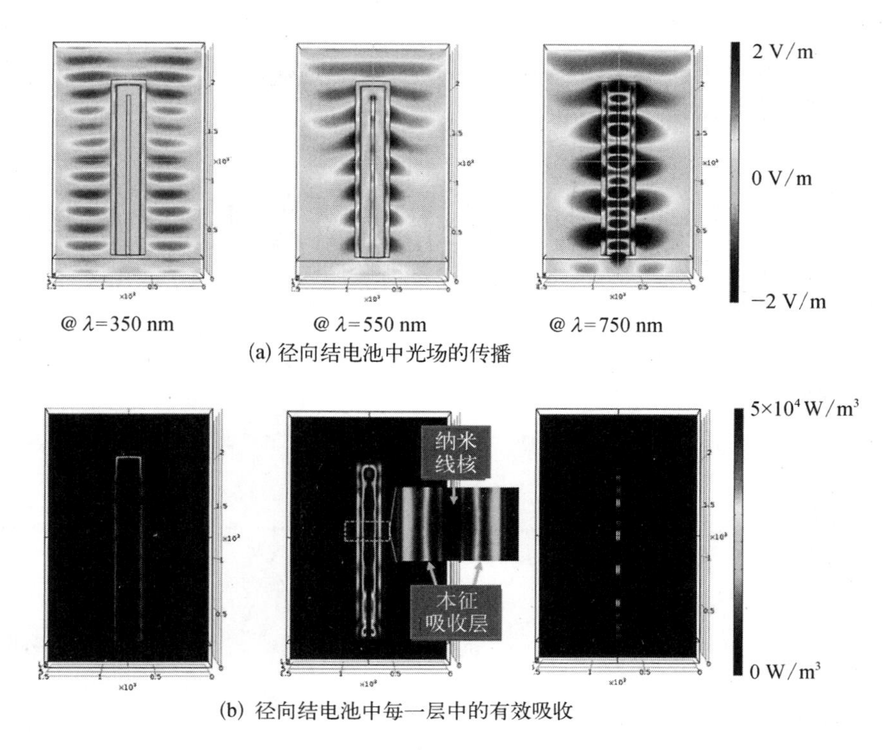

图 8.11 不同入射光波长下单根径向结电池结构中的电场分布(a)和多层径向结电池结构中每一层对应的能量吸收分布图(b)

由上述分析可以相对清楚地了解光在非晶硅径向结薄膜太阳能电池模型中较为详细的耦合、传播，以及在复杂的轴向淀积的各薄膜层中的吸收剖面分布情况。可以看到，本征非晶硅作为吸收层，其中的有效吸收随着入射光波长的变化有很明显的强弱变化，而基于纳米线的准一维径向结电池结构中也存在着明显的腔体耦合共振吸收特性。

当然，为了拓宽吸收光谱，进一步提升电池的效率和性能，进行叠层设计肯定是下一步的路线。著者所在课题组设置了非晶硅/纳米晶硅径向结叠层太阳能电池模型，研究其光吸收特性[16]。图 8.12(a)和图 8.12(b)分别是单结和叠层电池中各层的吸收曲线图，可以很明显地发现，在单结径向结电池中，非晶硅吸收层的吸收谱线只能到大约 750 nm，长波长区域很大部分在 ITO 层中耗散掉了；而在径向结叠层电池中，纳米晶硅吸收层将吸收谱线拓宽到了 1 000 nm 左右，拓宽了电池的吸收光谱。图 8.12(c)和图 8.12(d)分别是平面叠层电池和径向结叠层电池两个吸收层的吸收谱线。在平面电池中，使用约 10 μm 的纳米晶硅吸收层获得了约 13.6 mA/cm^2 的短路电流，而在径向结电池中，仅仅使用了约 120 nm 的纳米晶硅吸收层就获得了高达 14.2 mA/cm^2 的短路电流，大大减少了昂贵的纳米晶硅材料的使用。另外从反射谱线来看，得益于纳米线丛林出色的陷光效应，径向结电池的反射也较小。结合之前的一些数据，计算得到径向结叠层电池的潜在效率能够达到 15％，前景十分光明。

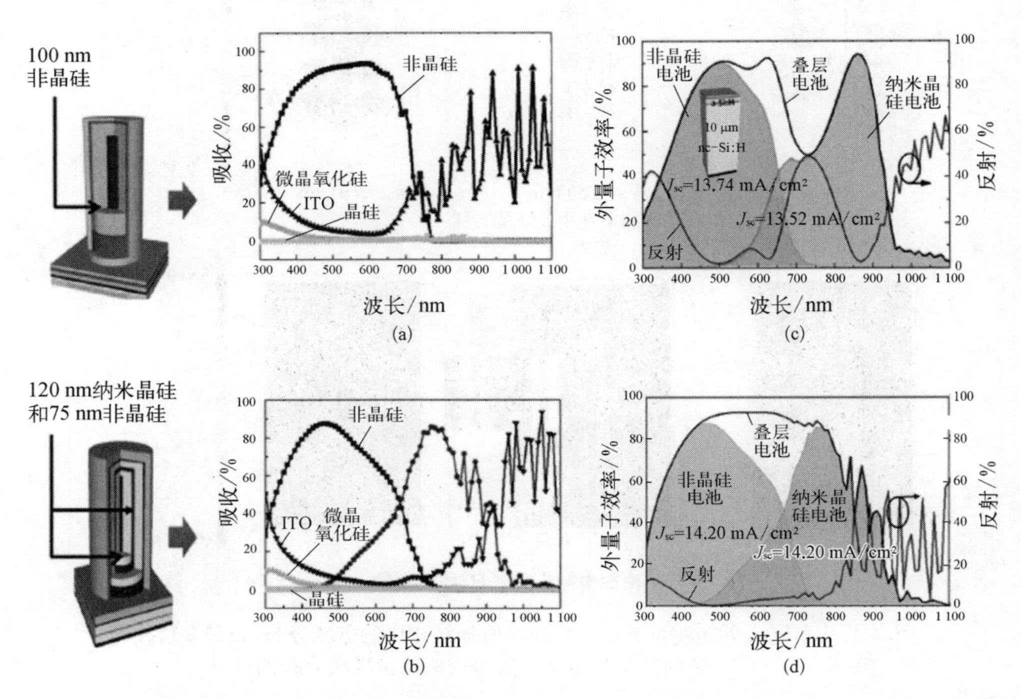

图 8.12 单结径向结电池和叠层径向结电池中不同材料层中的吸收百分比(a)、(b)和平面叠层电池和径向结叠层电池中各层的外量子效率曲线图(c)、(d)

当然，相对于刻蚀出来的整齐的各种参数都可控的硅纳米线阵列来讲，通过 VLS 过程生长的纳米线的密度、长度、直径等参数都需要更加精确的参数调控，而且在取向上有一定的随机性，这也导致了所制备的径向结太阳能电池大多数都具有一定的倾斜角。著者所在课题组建立了倾斜的径向结电池数值模型来模拟倾斜角对其光吸收特性的影响[17]，例如，其是否有想象中的自遮蔽效应等。模拟数据发现，当分别对电池吸收层的迎光面和背光面沿着纳米线的长度方向进行吸收能量的积分时，其总和十分接近[图 8.13(a)和图 8.13(b)]。这说明在纳米结构中，自遮蔽效应并不明显。进一步，研究了在相同线密度下不同倾斜角度对电池光吸收特性的影响发现，在较高的线密度下[图 8.13(c)]，不同倾斜角度的电池的外量子效应响应曲线基本重合，这说明在这种条件下倾斜角度对电池的光吸收基本没有影响；而在线密度较低的情况下[图 8.13(d)]，不同倾斜角度的电池其 EQE 响应曲线有较大的不同。这启示人们需要去调控线的密度，使制备的径向结电池对倾斜角具有更大的容错率。

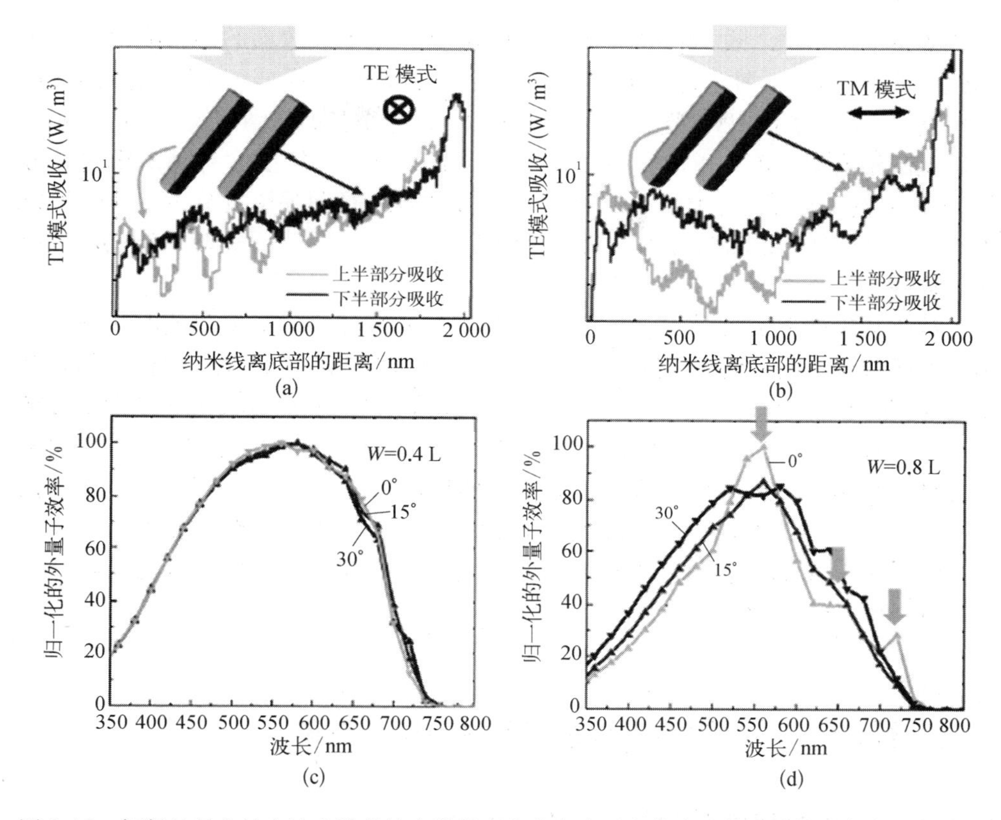

图 8.13　倾斜的径向结电池中沿着纳米线长度方向迎光面和背光面的吸收能量密度(a)和(b)；径向结电池归一化外量子效率响应图(c)和(d)

8.2.3　径向结构中电学载流子输运特性

硅纳米线的电学输运特性，对制作类似场效应晶体管和太阳能电池等功能性器件非常重要，但通过“自上而下”和“自下而上”两种方法制备的纳米线却有不一样的电学特性，前者获得的硅纳米线具有和所用硅衬底一样的掺杂特性，因为它不需要引入其他的后续掺杂源就可以直接获得较好的导电特性，但后者生长的纳米线的掺杂类型和掺杂能级却由生长过程中的掺杂源决定，否则直接获得的硅纳米线一般都是偏本征和绝缘的。人们不能直接测量硅纳米线的掺杂浓度，因为传统的霍尔特性和二次离子光谱测定已经不适用于这样的纳米结构。一种可行的测量纳米线中载流子迁移率和浓度的方法是制备基于纳米线的场效应晶体管[18]。采用这一技术，Garnett 等通过电容电压测量来提取径向载流子浓度剖面和表面缺陷密度[19]。尽管径向剖面分布可以通过这个测量获取，但是在三维结构中的掺杂剂分布却不能得知。出于这个目的，原子探针断层(atom probe tomography，APT)扫描显微镜更适合用来定量地确定纳米线掺杂的体分布[20-23]。Perea 等观察到，原位掺杂生长的纳米线中的掺杂分布是不均匀的，纳米线表面的掺杂浓度要大于其他区域[20]。Chen 等也曾经报道过利用 APT 技术分析的硅纳米线径向掺杂梯度模型[21]，研究了在 CVD 退火炉中由金属 Au 诱导生长的硅纳米线在径向与轴向截面上的硼浓度分布。通过在 30 nm×30 nm×116 nm 尺度内对纳米线进行分析，可以发现硼原子是不均一分布的。利用硅纳米线径向的浓度分布剖面图可以推算出在纳米线中的硼浓度由中间区域较低的 $8.1\times10^{18}\,cm^{-3}$ 逐渐向外增加到边缘区域的 $7.1\times10^{19}\,cm^{-3}$。

尽管从理论上讲前景一片大好，但是基于纳米线的径向结太阳能电池仍具有很大的挑战性。大多数早期的径向结太阳能电池原型都存在催化剂残留增加复合中心、薄膜层无法均匀覆盖包裹及电学特性较差等问题，从而大大限制了能量转换效率。所以，早期报道的电池的开路电压都低于 300 mV。通过"自上而下"方法刻蚀晶硅衬底制备而成的径向结太阳能电池能提高开路电压至 500 mV，效率达到 10%以上[24,25]。另外，利用金属铜作为催化剂并且使用较合理的催化剂清洗方式，Atwater 的课题组通过 VLS 生长方法制备纳米线而获得的径向结电池已经达到 7.9%的能量转换效率[26]。

8.3 径向 p－n 结硅纳米线电池结构的制备

8.3.1 p－n 结电池器件特性和性能现状

尽管硅纳米线和纳米孔阵列有希望降低生产成本并提高光伏器件的能量转换效率，但是，至今，纳米结构的硅基太阳能电池并没有获得比传统硅基平面电池更高的效率，其原因在于纳米结构导致了光生载流子复合的加强。Oh 等[27]通过分别测量纳米结构的表面复合和俄歇复合，如图 8.14(a)所示，表征出结的掺杂浓度以此来确定何种复合机制占主导，进而能够设计和制备纳米结构的"黑硅"电池，在不需要减反射层的情况下其效率可以达到 18.2%，这是目前文献报道的硅基纳米线电池的最高效率。图 8.14(b)展示了该电池与两种不同电池的 $J-V$ 特性曲线。

该实验小组通过实验证实了在纳米结构的太阳能电池中有两种主要的竞争复合机制，其主导机制依赖于 p－n 结的形成条件和纳米结构的表面积。与传统观点相反的是，他们定量的分析表明，在纳米结构的太阳能电池中，俄歇复合过程不同于简单的表面复合过程，在纳米结构中高表面积区域与内扩散相关的过多掺杂导致了俄歇复合，限制了光生载流子的收集和电池效率的提高。通过轻掺杂和控制表面积来抑制俄歇复合，该小组得到了接近理想情况的蓝光光谱响应和高达 18.2%的能量转换效率。此外，他们的实验结果为使用高深宽比的纳米结构制备径向 p－n 结太阳能电池提供了一些指导。必须严格设计掺杂工艺和表面钝化参数,使俄歇复合和表面复合最小化。另外,为了获得较高的填充因子,必须设计好电极接触工艺。

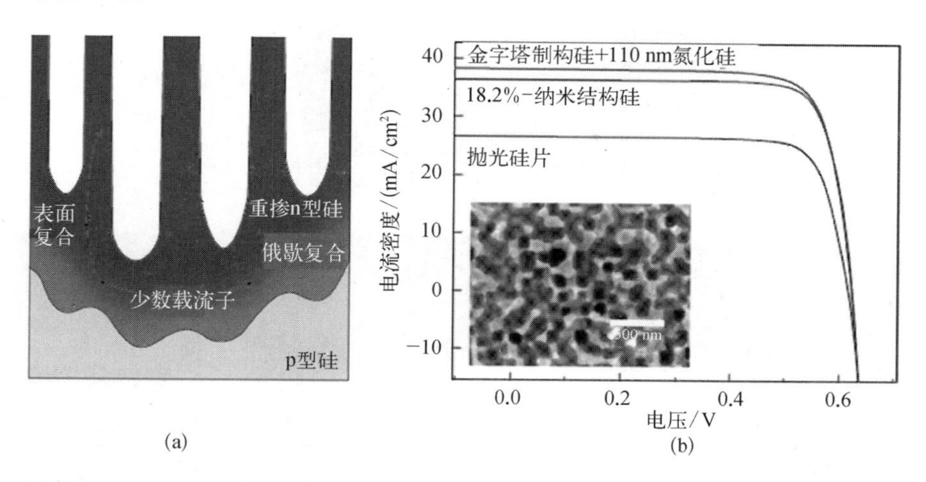

图 8.14 硅纳米结构中的少子复合机制示意图(a)和硅的 $J-V$ 曲线(b),插图是纳米结构硅的平面 SEM 示意图

8.3.2 径向异质结电池的特性

斯坦福大学的 Kim 等[28]制备了混合硅基微米线径向结太阳能电池,通过优化的钝化和表征策略,其效率达到了 11.0%。在实验中,他们研究了对于竖直线阵列太阳能电池的两种钝化策略。其一是使用氢化非晶氮化硅层来钝化顶部表面,这个方法经常在体硅电池中使用,而且已经证实能够为平面单根硅微米线光伏器件形成一个有效的钝化/减反层。其二是使用一层非常薄的本征层来钝化 p-n 结,这个方法在 HIT 电池中已经证实相当有效果。径向结电池的结构是通过刻蚀 p 型单晶硅片形成 p 型单晶硅微米线核,然后淀积本征多晶硅钝化层,其后是 n 型多晶硅发射极,最外层是氢化非晶氮化硅钝化层。其结构示意图和 SEM 图如图 8.15 所示。该工艺得到的径向结太阳能电池的效率最高达到了 11.0%,而使用相同工艺的平面结电池的效率只有 8.6%,这个高效率来自 p-n 结和顶部表面的有效钝化,也来自氢化非晶氮化硅的减反射效果,当然还有径向结电池在结构上的优点。

为了获得最高的效率,纳米线的尺寸调控是关键步骤。当纳米线半径和少子扩散长度大致相当时,在较小半径下有效径向载流子扩散导致的光电流的增加会达到饱和。在这个尺度下,暗电流的影响主导了电池的性能;在比较细的线中,饱和电流的快速增加会严重减小开路电压。理想的纳米线半径实际上应该和少子扩散长度在一个量级上。在晶硅中,即使有高的缺陷态密度和深的陷阱能级,扩散长度仍然在微米量级。例如,在 10 ns 的载流子寿命和 1 cm^2/s 的扩散系数的极限条

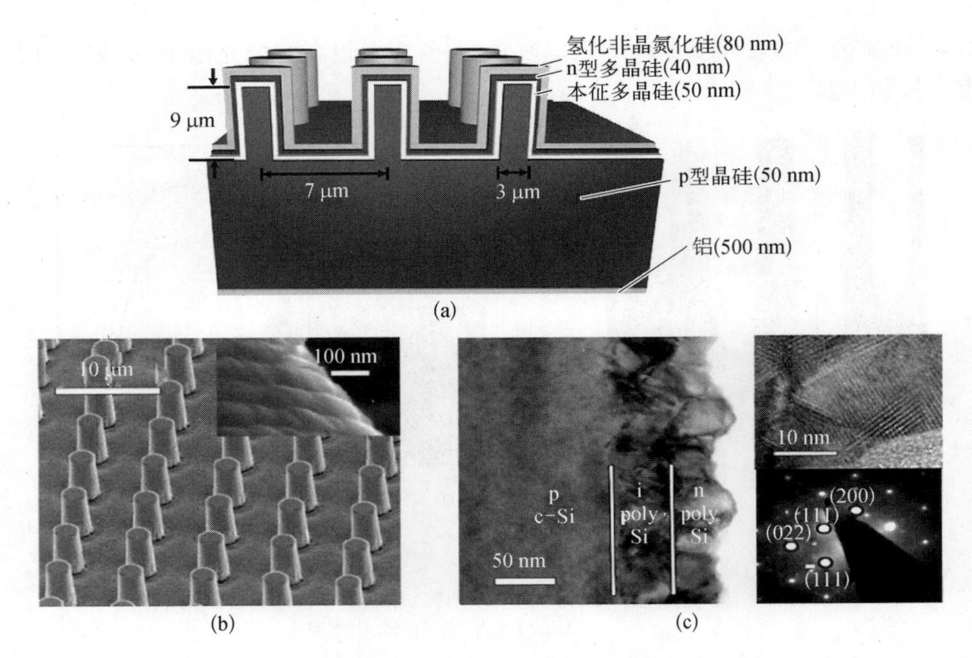

图 8.15 硅微米线-平面电池

件下,其扩散长度仍然有 1 μm。当纳米线半径小于少子扩散长度时,饱和电流的陡峭增加总会使径向结电池具有极低的开路电压。另外,微米尺寸的线设计只对具有非常短的扩散长度的材料有效[29]。

除了对特定质量材料的纳米线的半径的优化设计,为了获得高的开路电压,使通过结区的饱和电流最小化也是必要的。由于在竖直方向结的面积的增大,结的特性和线的外表面的表面复合严重影响了饱和电流。Sanyo 公司[30]提出的在晶硅和具有更大带隙的非晶硅之间加入一层薄的本征非晶硅层的异质结结构(HIT)能够带来较低的饱和电流,因而具有较高的开路电压。HIT 结构包括 n 型晶硅衬底和 p 型非晶硅发射极,中间加入了本征非晶硅层。薄的本征层的加入能够有效减少晶硅表面的界面态密度,钝化晶硅表面的悬挂键形成高质量的 p－n 结。此外,p 型非晶硅和 n 型晶硅衬底的平衡费米能级会产生一个带偏,阻止载流子通向表面,形成一个少子的"镜面",因此能够抑制饱和电流。

径向 p－n 异质结电池的结构如图 8.16(a)所示。电池由具有半径和少子扩散长度相当的 n 型晶硅核和 p 型非晶硅层发射极组成。获得高开路电压的关键是更高的带隙、高质量的钝化层和线半径的适当选择。该实验小组通过深反应离子刻蚀(DRIE)的工艺获得柱状阵列结构,其 SEM 图如图 8.16(b)所示。通常该刻蚀后的结构表面损伤和污染极大,直接淀积非晶硅只能获得极低的开路电压(＜200 mV)。这些样品需要经过严格的清洗过程来去除损伤,这一步对于获得高质量的表面用来淀积非晶硅是极其重要的。接着使用等离子体增强型化学气相沉积(PECVD)的工艺在低温下淀积非晶硅层,图 8.16(c)显示了淀积在晶硅线上的非晶硅层的 TEM 图。该小组实验数据显示,相同衬底的径向异质结电池相对于平面结电池具有更好的外量子效率,从而具有更高的短路电流。

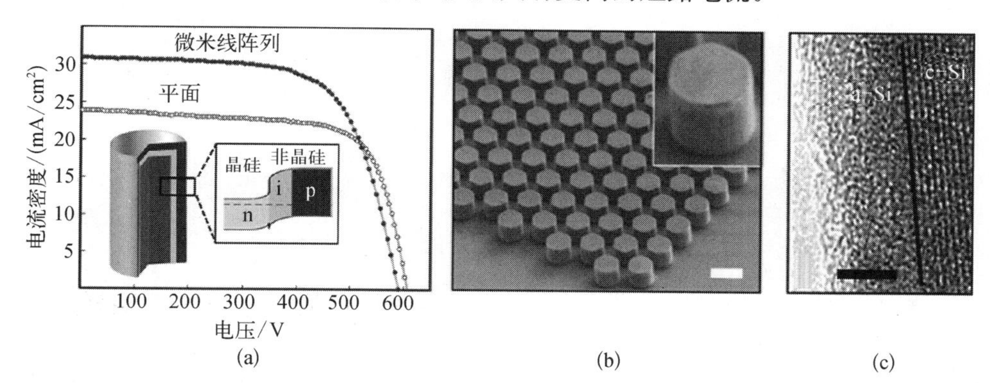

图 8.16 相同结构微米线阵列和平面结构电池 $J-V$ 曲线图(a),插图是微米线阵列异质结电池结构示意图和其异质结能带结构示意图;硅微米线阵列的 SEM 形貌图(b),插图是单根微米线的放大的形貌图;非晶-单晶异质结的 TEM 图(c)

8.3.3 混合 p-n 电池结构

目前有很多科研工作者正在参与研究制备聚乙撑二氧噻吩(PEDOT)/硅纳米线(SiNW)混合电池(hybrid solar cell)。PEDOT 是一种噻吩类的导电聚合物,据 Garnett[31] 等报道,PEDOT 能够有效钝化硅纳米线表面。通过在硅纳米线阵列上旋涂 PEDOT,两者之间形成一个肖特基结(Schottky junction)太阳能电池,而这个旋涂的方法十分简单并且不需要高温或者昂贵的仪器设备。

目前混合电池的效率记录已经达到了 11%[6]。在他们的工作中,使用周期排列的二氧化硅小球作为掩模板,通过反应离子刻蚀(RIE)的方法获得周期性的纳米锥阵列,然后在纳米锥表面旋涂上 PEDOT 形成了一个异质结。其工艺流程如图 8.17 所示。

尽管 PEDOT/SiNW 电池的效率已经超过了 10%,但是仍然有很多因素限制了电池性能的提升,如果能妥善解决的话,电池效率还有很大的提升空间。其中主要的限制因素来自 PEDOT 在硅纳米线表面的较差的覆盖[32]。虽然 PEDOT:PSS 聚合物在硅纳米线顶部形成了一层,但只有线的一小部分表面被 PEDOT 所覆盖到,其原因在于商用的大颗粒的 PEDOT:PSS 很难穿透进入硅纳米线阵列的底部,所以不能覆盖纳米线的整个表面。这就导致了两种材料之间的电学接触很差,所以载流子输运和钝化的优势无法完全体现出来。为了减小旋涂法带来的这个限制因素,必须略微减小纳米线的长度,这在一定程度上会限制纳米线阵列的陷光效应。一个可能的方法是在纳米线上采用电化学沉积的方法淀积 PEDOT。这个创新方法能够得到一个真实的核壳结构。

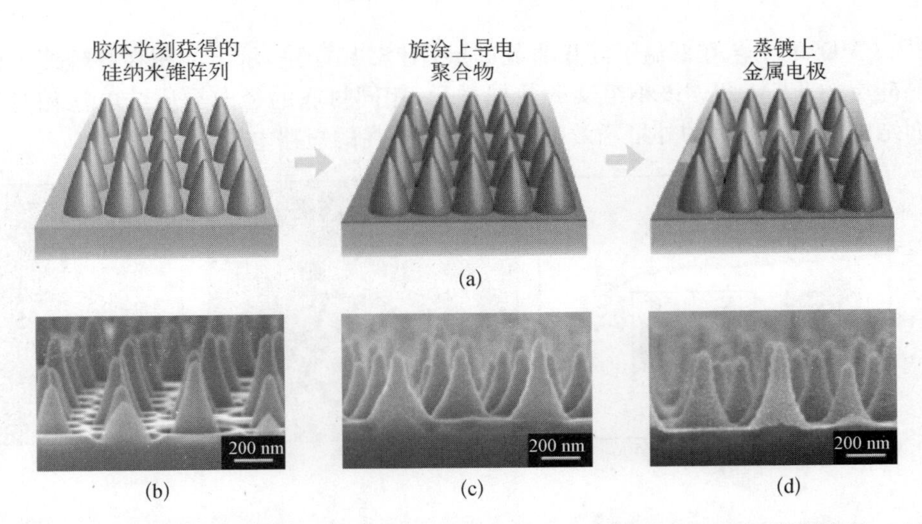

图 8.17　硅纳米锥/聚合物电池工艺流程示意图(a)和硅纳米锥界面 SEM 示意图(b)～(d)
(b) 纳米球光刻和反应离子刻蚀后形貌图；(c) 以 4 000 r/min 的速度旋涂上 PEDOT：PSS 后的 SEM 图；(d) 蒸镀金电极之后的 SEM 图

8.4　径向 p-i-n 结新型薄膜电池技术

8.4.1　径向结薄膜电池的结构设计和关键因素

为了实施和制备径向结薄膜太阳能电池，一个关键性的挑战在于如何获得大面积、低成本的可控纳米线结构。就长远产业应用而言最理想的是纳米线阵列结构能够使用标准的 PECVD 薄膜淀积系统，在廉价玻璃衬底上通过低温淀积技术实现大规模、高产能的生长制备。通过自组装生长的金属纳米颗粒诱导“气-液-固”(vapor-liquid-solid, VLS)模式[33]，能够方便地获得高产量的晶态硅、锗等半导体纳米线结构。其中最常报道的是通过金(Au) 纳米颗粒催化生长硅纳米线。但是，通过该方法制备获得的硅纳米线中存在着大量的金属金的残余，另外，在晶硅中，金掺杂所引入的深能级缺陷是高效载流子的复合中心。这两个因素会在制备径向结电池结构中引入十分严重的界面污染和体材料载流子复合，导致早期基于金或者其他贵金属纳米颗粒所催化生长的结构原型电池器件都展示出很低的开路电压(通常小于 0.3 V)和较低的填充因子(通常小于 0.5)，其电池转换效率也就难以达到较为理想情况。[34-38]。

针对上述问题，著者所在课题组最早提出并实现了在 PECVD 系统中，利用低熔点金属，如锡(Sn)[39-42]，铟(In)[40,43,44]，镓(Ga)[45]和铋(Bi)[46]在玻璃和金属等衬底上催化制备出晶态的硅纳米线及径向结电池(图 8.18)。通过此类低熔点金属催化 VLS 模式生长硅纳米线可以带来两大优势：① 能够实现硅纳米线的低温生长(230℃)技术[40],这使得选用各种廉价或柔性衬底成为可能;② 此类金属催化颗粒在诱导纳米线生长之后,可以通过 PECVD 系统中的氢气刻蚀进行原位清除,从而不需要在生长纳米线之后破除真空环境进行额外的化学清除处理,这种一步到位的洁净纳米线阵列对于构建高性能光伏器件尤其重要,也满足了工业界低工序、低成本的要求。另外,由于此类催化金属通常同时具备低表面能和极低的硅平衡浓度,一般认为"低表面能金属不能催化硅纳米线的生长",而这一系列实验工作首先从根本上改变了这一观点,并进而在理论模型解释上提出了低表面能(低平衡浓度)金属催化 VLS 过程的生长平衡机理[39-42]。最近,通过系统总结此类纳米线的独特生长平衡过程,首次通过实验验证了超薄表面催化层对平衡纳米线生长的关键作用[47]。

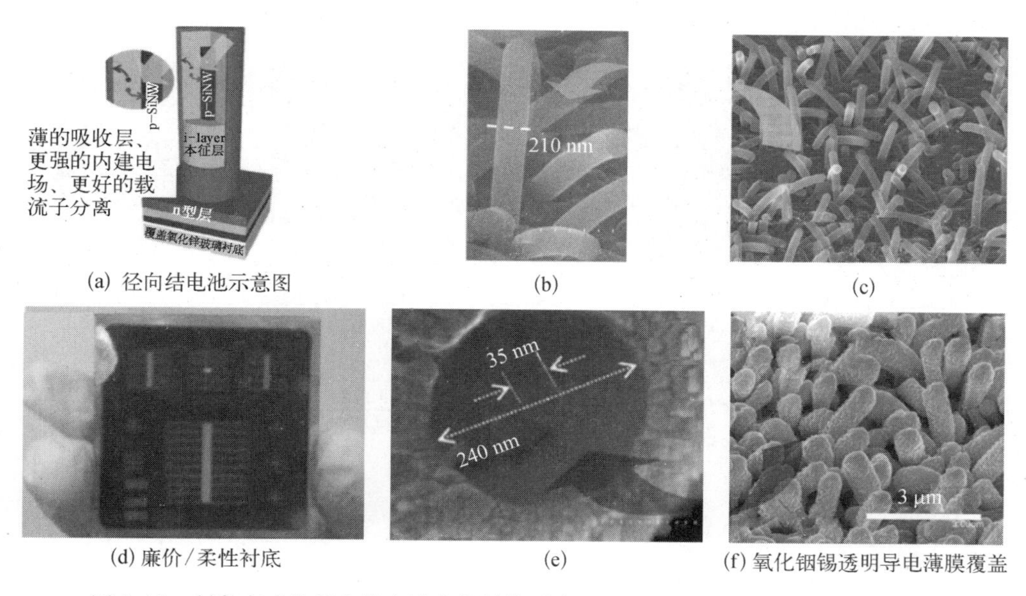

(a) 径向结电池示意图 (b) (c)

(d) 廉价/柔性衬底 (e) (f) 氧化铟锡透明导电薄膜覆盖

图 8.18 制备完成的径向结电池内部结构示意图,以及电池样品和剖面 SEM 图像

8.4.2 基于 VLS 生长纳米线径向结电池的制备工艺

具体而言,径向结纳米线薄膜电池的制备过程包括以下四个步骤:① 在 PECVD 系统中,利用氢气、硅烷和四甲基联苯胺(TMB)或者硼烷掺杂混合气源,在 AZO/玻璃衬底上生长 p 型硅纳米线;② 在硅纳米线上通过纯硅烷利用 PECVD 方法淀积厚度在 40～120 nm 的本征非晶硅层;③ 加入磷烷掺杂气源,淀积厚度在 10～15 nm 的 n 型发射极层,完成径向结电池的 p-i-n 结构;④ 为了使光从纳米线径向结电池结构的顶端入射,并作为电极的一部分收集带电粒子,通过磁控溅射的方式淀积 60～120 nm 的 ITO 透明接触电极层,并通过掩模蒸发形成插指状银接触电极。

纳米线的密度决定着径向结电池的密度，电池的性能与此密切相关。如图 8.19 所示，随着纳米线径向结的密度增加，从 $1.1\times10^8\ cm^{-2}$ 到 $7.0\times10^8\ cm^{-2}$，可以清楚地看到其对于径向结薄膜电池的具体影响。在 $2.6\times10^7\ cm^{-2}$ 左右，得到最优化的电池转换效率在 8.1%，这是目前基于自组装纳米线生长结构所实现的最高径向结薄膜电池记录[48]。径向结电池的一系列电池参数，如开路电压 V_{OC}、电流密度 J_{SC}、填充因子 FF 及转换效率随着纳米线密度变化的具体趋势见图 8.20。其中表 8.1 给出了各个不同厚度本征吸收层的电池样品在光照(120 h)前后的电池衰减特性。由表可知，100 nm 本周层的径向结电池效率在 120 h 光照后的衰减率为 6.1%，远低于平面非晶硅电池的光致衰减率(通常在 15%左右)，电池稳定性大大提高。比较 50 nm、100 nm 和 150 nm 三种不同吸收层厚度的电池样品，可以得出这样的结论，径向结电池较低的光致衰减主要得益于径向结电池中更薄的非晶硅光吸收层。

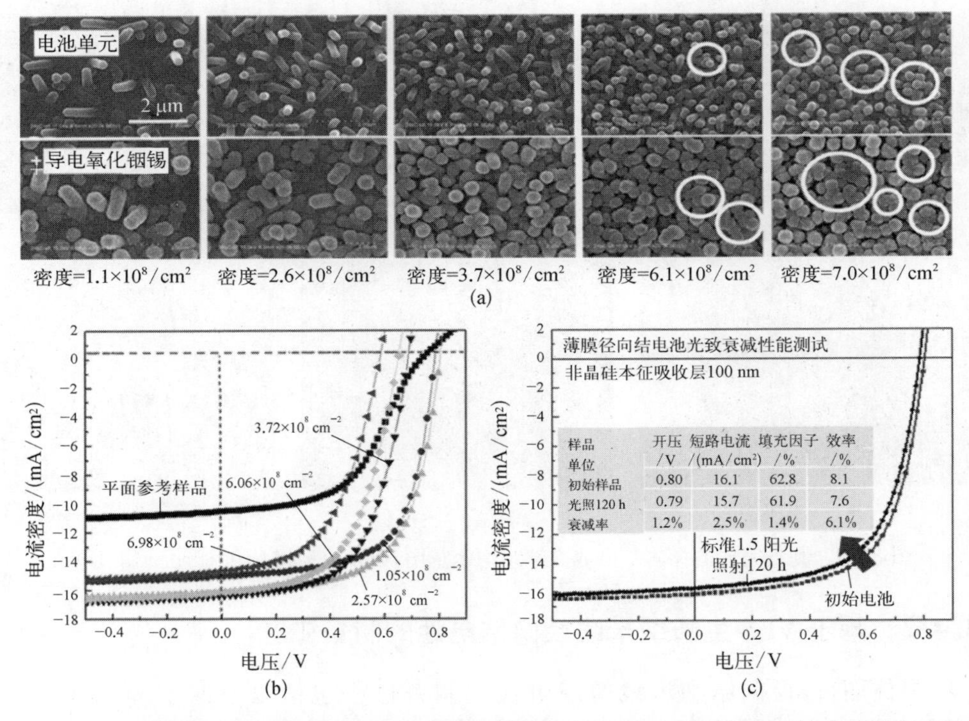

样品 单位	开压 /V	短路电流 /(mA/cm²)	填充因子 /%	效率 /%
初始样品	0.80	16.1	62.8	8.1
光照120 h	0.79	15.7	61.9	7.6
衰减率	1.2%	2.5%	1.4%	6.1%

图 8.19 不同密度硅纳米线阵列上实现的径向结的 SEM 图像(a)及其对应的 $J-V$ 特性(b)；最优径向结纳米线薄膜电池参数特性(c)[48]

值得一提的是，此径向结薄膜电池的本征吸收层厚度为 100 nm，仅仅为常规平面电池的 1/3，却实现了高达 $J_{SC}=16.1\ mA/cm^2$ 的短路电流。由于实验中还未对径向结 p-i-n 结构应用全面优化条件，如采用更宽禁带的发射极材料(如 a-SiC和 a-SiOx 等)，增加 p-i、i-n 界面缓冲层等，电池效率在后续的工作中将有望继续提升。

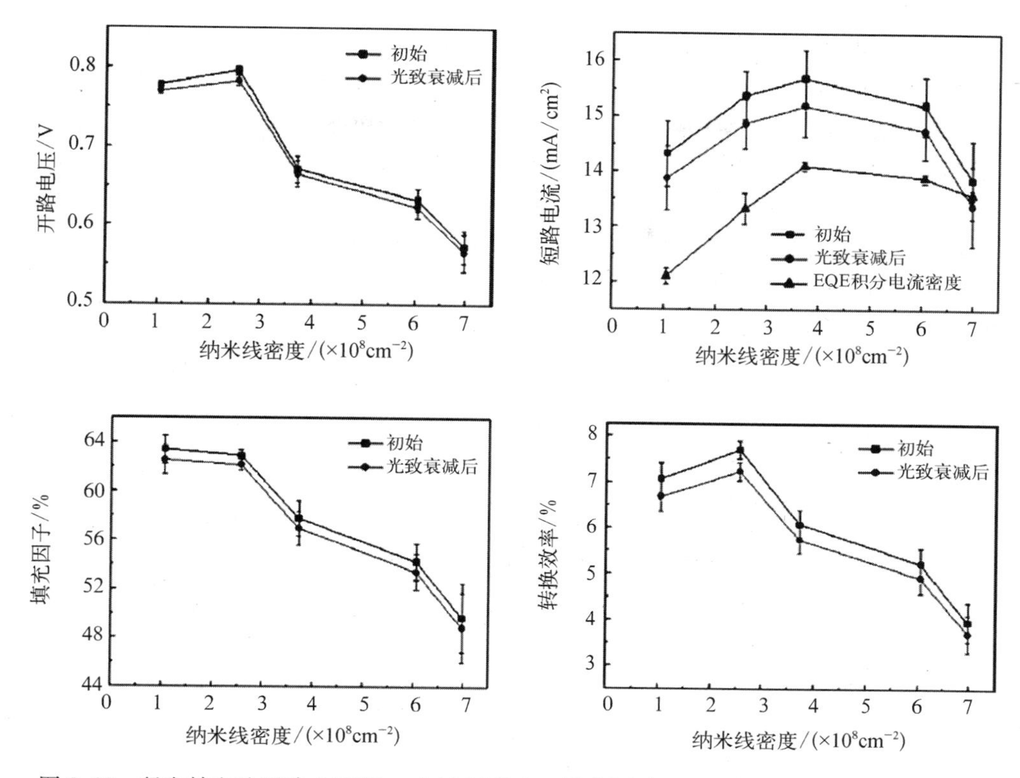

图 8.20 径向结电池开路电压 V_{OC}、电流密度 J_{SC}、填充因子 FF 及转换效率随着纳米线密度变化趋势

表 8.1 表格为吸收层厚度不同样品在光照前后的测试数据及衰减情况

样品		开路电压 V_{OC}/V	短路电流 J_{SC}/(mA/cm²)	填充因子 FF/%	转换效率 η/%	短路电流衰减率/%
吸收层 50 nm	光照前	0.618	13.46	60.26	5.02	4.86
	光照 120 h	0.652	12.80	56.85	4.75	
吸收层 100 nm	光照前	0.796	15.38	62.90	7.70	3.37
	光照 120 h	0.782	14.86	62.18	7.23	
吸收层 150 nm	光照前	0.716	14.60	51.81	5.41	5.17
	光照 120 h	0.680	13.85	48.90	4.61	

8.4.3 纳米线生长调控的独特优势

在金属催化 VLS 模式纳米线生长过程中，金属原子在纳米线生长界面中也会融入硅纳米线中。最近研究发现，在准平衡态的生长过程中，金属原子能够以超出平衡浓度几个数量级地进入硅纳米线晶格中[49]。对所生长的纳米线的掺杂极性进行调节发现，在锡、铟诱导的硅纳米线的生长过程中，金属元素的“巨掺杂注入”

浓度是与纳米线的生长速度直接相关的。简单而言，纳米线生长速度越快，其偏离平衡态的程度越高，“金属杂质注入”过程就越容易发生，故而掺杂浓度就越高(具体模型描述参见相关文献工作)[49,50]。更为有趣的是，通过选用适当的低熔点催化金属，如金属铋(Bi)，可以在获得纳米线阵列的同时实现对硅纳米线的有效 n 型掺杂[48]。这主要是通过在 VLS 过程中，催化金属铋原子会适量地溶解在作为电极的硅纳米线中，而铋原子在硅晶格中所引入的能级靠近硅的导带(图 8.21)，因而在硅中引入了明显的 n 型掺杂效果。利用这样的方法，可以在制备径向结 p-i-n 电池结构的过程中，避免使用有毒易挥发的 n 型掺杂气氛(如磷烷等)，进一步降低生产成本和简化工艺流程，这将十分有助于径向结薄膜电池的产业化应用。

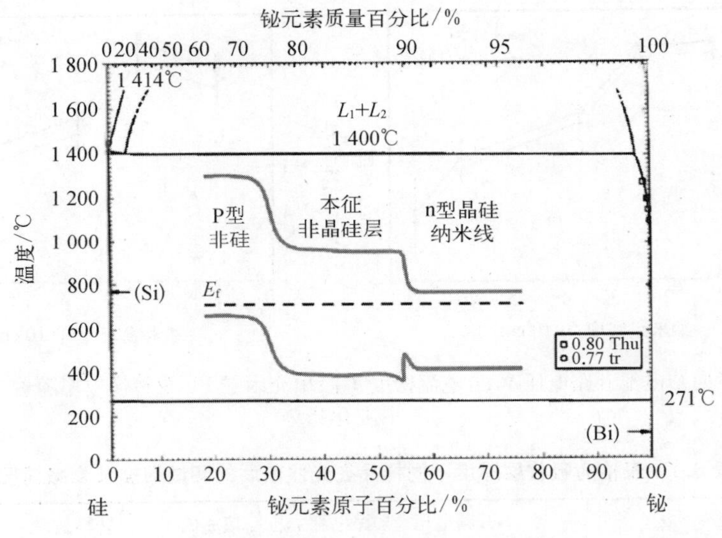

图 8.21 径向结 p-i-n 结构示意图

基于这样的方式，可以利用铋催化硅纳米线的 VLS 生长过程，如图 8.22 所示，然后在 n 型纳米线上完成如上所述的径向结 p-i-n 结的制备工艺。实验发现，在没有铋元素引入的情况下，无论是平面参考样品还是纳米线电池样品开路电压都非常低。随着铋元素引入的不断增加，内建电场逐渐增强，开路电压明显上升接近 0.8 V (已经可以与正常掺杂 p-i-n 结的开路电压相比)。这说明铋催化生长的纳米线过程不但获得三维纳米线结构，还在其中引入了明显的掺杂效果。这也充分反映了利用纳米线生长过程的独特生长动力学过程，实现有效物性调控和功能器件的独到优势。

金属铋在诱导生长纳米线过程中可以实现掺杂效果，但却存在着线比较扭曲、形貌较差等问题，由此带来的表面缺陷问题可能会影响电池的性能，而锡金属诱导的纳米线直而且表面光滑，没有掺杂效果。为了实现形貌好、有直接掺杂效果的硅纳米线电池，探索了利用铋锡合金诱导生长硅纳米线的实验可能性，并得到了初步的实验结果。由图 8.23 给出了铋锡金属在晶硅中的掺杂能级、合金相图及两种金

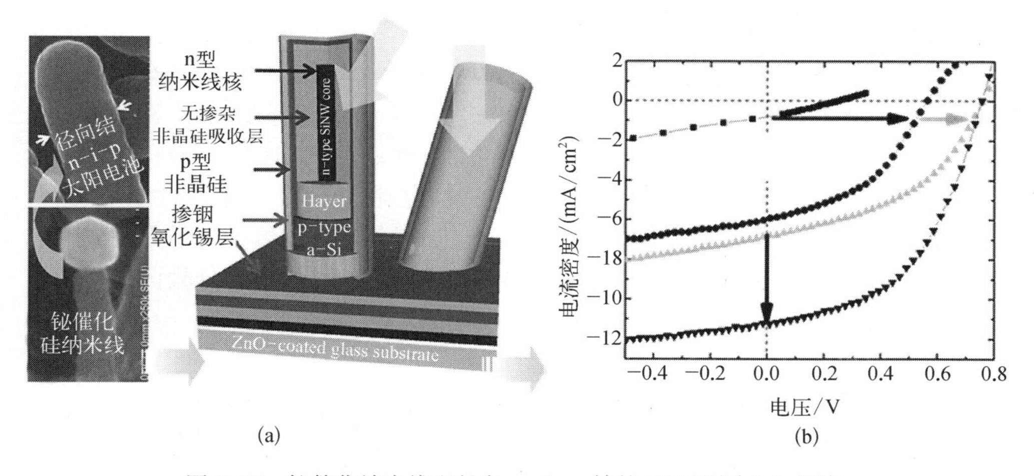

图 8.22　铋催化纳米线和径向 p-i-n 结的 SEM 图片(a)；径向结电池在 AM1.5 辐照条件下的 $J-V$ 特性演化(b)[46]

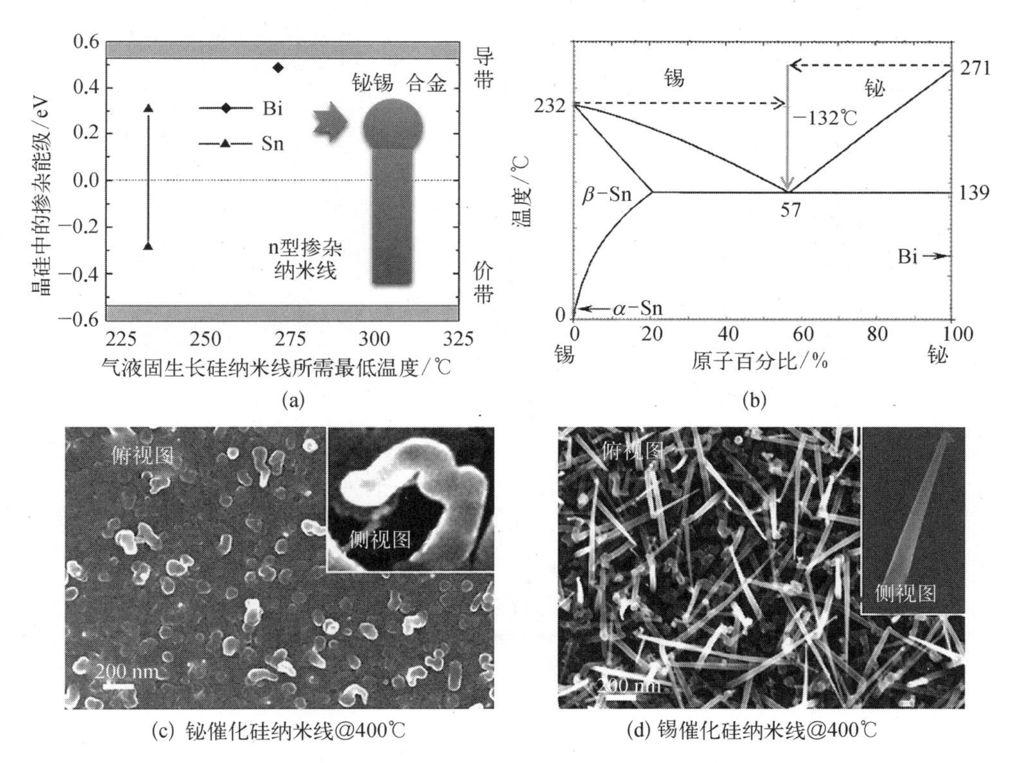

(c) 铋催化硅纳米线@400℃　　(d) 锡催化硅纳米线@400℃

图 8.23　金属铋和锡在晶硅中的掺杂能级(a)；铋锡金属合金相图(b)；铋和锡金属在 400℃下诱导生长的硅纳米线扫描电镜图片(c)～(d)

属分布在400℃下诱导生长的硅纳米线图。图8.24(a)和图8.24(b)给出了铋锡合金诱导生长的硅纳米线图,由图可知合金诱导的纳米线和纯锡诱导生长的纳米线在形貌上非常相似。由图8.24(c)和图8.24(d)可知,在320℃条件下,合金诱导生长的纳米线在激活率及形貌上要优于锡。进一步的电池形貌如图8.25(a)和图8.25(b)所示,不同诱导金属/合金制备的电池性能测试如图8.25(c)和表8.2所示,在同一炉对比样品中,纯锡诱导线制备的"电池"不具备电池的性能,而铋锡合金制备的电池相对于铋金属电池,在开路电压、短路电流和填充因子方面都有极大的提高,这一方面验证了铋锡合金诱导纳米线的掺杂效果,也部分验证了纳米线形貌对电池的积极影响。

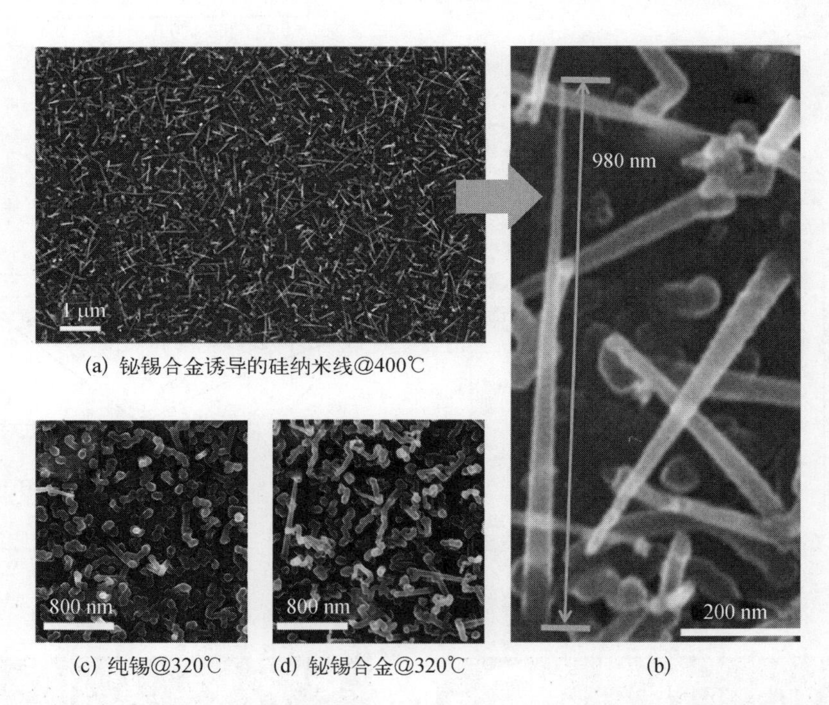

(a) 铋锡合金诱导的硅纳米线@400℃

(c) 纯锡@320℃　(d) 铋锡合金@320℃　(b)

图8.24　铋锡合金诱导生长的硅纳米线SEM图(a)~(b);纯锡及铋锡合金在320℃下诱导生长的硅纳米线电镜图(c)~(d)

表8.2　不同诱导金属/合金制备的电池性能对比表

	V_{OC}/V	J_{SC}/(mA/cm^2)	FF/%	转换效率/%
纯锡	—	—	—	—
纯铋	0.68	4.45	38.9	1.18
铋锡合金	0.65	9.38	51.5	3.14

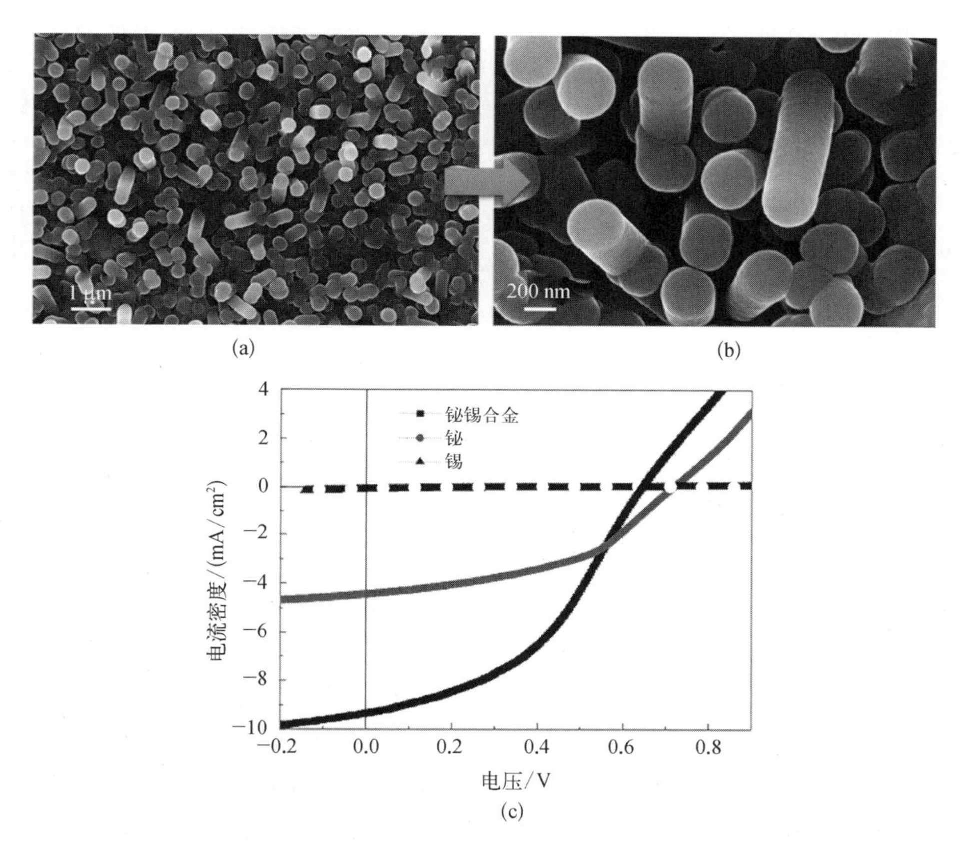

图 8.25 合金诱导的硅纳米电池 SEM 图(a)～(b)和电池性能对比图(c)

参 考 文 献

[1] Green M A, Emery K, Hishikawa Y, et al. Solar cell efficiency tables (version 43). Progress in Photovoltaics: Research and Applications, 2014, 22(1): 1-9.

[2] Garnett E, Yang P. Light trapping in silicon nanowire solar cells. Nano Letters, 2010, 10 (3): 1082-1087.

[3] Sivakov V, Andrä G, Gawlik A, et al. Silicon nanowire-based solar cells on glass: Synthesis, optical properties, and cell parameters. Nano Letters, 2009, 9(4): 1549-1554.

[4] Peng K Q, Lee S T. Silicon nanowires for photovoltaic solar energy conversion. Advanced Materials, 2011, 23(2): 198-215.

[5] Kelzenberg M D, Boettcher S W, Petykiewicz J A, et al. Enhanced absorption and carrier collection in si wire arrays for photovoltaic applications. NatureMaterials, 2010, 9(3): 239-244.

[6] Jeong S, Garnett E C, Wang S, et al. Hybrid silicon nanocone-polymer solar cells. Nano Letters, 2012, 12(6): 2971-2976.

[7] Tian B, Zheng X, Kempa T, et al. Coaxial silicon nanowires as solar cells and nanoelectronic power sources. Nature, 2007, 449(7164): 885 - 889.

[8] Kelzenberg M D, Turner-Evans D B, Kayes B M, et al. Photovoltaic measurements in single-nanowire silicon solar cells. Nano Letters, 2008, 8(2): 710 - 714.

[9] Yu L, Rigutti L, Tchernycheva M, et al. Assessing individual radial junction solar cells over millions on VLS - grown silicon nanowires. Nanotechnology, 2013, 24(27): 3605 - 3611.

[10] Krogstrup P, Jorgensen H I, Heiss M, et al. Single-nanowire solar cells beyond the shockley-queisser limit. Nature Photonics, 2013, 7(4): 306 - 310.

[11] Green M A. Solar cells: Operating principles, technology, and system applications. United States: Prentice-Hall Inc. Englewood Clifls, NJ. 1982.

[12] Zhu J, Yu Z, Burkhard G F, et al. Optical absorption enhancement in amorphous silicon nanowire and nanocone arrays. Nano Letters, 2008, 9(1): 279 - 282.

[13] Yablonovitch E, Cody G D. Intensity enhancement in textured optical sheets for solar cells. Electronic Devices, IEEE Transactions on, 1982, 29(2): 300 - 305.

[14] Adachi M, Anantram M, Karim K. Optical properties of crystalline — amorphous core — shell silicon nanowires. Nano Letters, 2010, 10(10): 4093 - 4098.

[15] Yu L, Misra S, Wang J, et al. Understanding light harvesting in radial junction amorphous silicon thin film solar cells. Scientific Reports, 2014, 4(3): 4357 - 1 - 6.

[16] Qian S, Misra S, Lu J, et al. Full potential of radial junction si thin film solar cells with advanced junction materials and design. Applied Physics Letters, 2015, 107(4): 043902 - 1 - 6.

[17] Lu J, Qian S, Yu Z, et al. How tilting and cavity-mode-resonant absorption contribute to light harvesting in 3d radial junction solar cells. Optics Express, 2015, 23(19): A1288 - A1296.

[18] Cui Y, Zhong Z, Wang D, et al. High performance silicon nanowire field effect transistors. Nano Letters, 2003, 3(2): 149 - 152.

[19] Garnett E C, Tseng Y C, Khanal D R, et al. Dopant profiling and surface analysis of silicon nanowires using capacitance-voltage measurements. Nature Nanotechnology, 2009, 4(5): 311 - 314.

[20] Perea D E, Hemesath E R, Schwalbach E J, et al. Direct measurement of dopant distribution in an individual vapour-liquid-solid nanowire. Nature Nanotechnology, 2009, 4(5): 315 - 319.

[21] Chen W, Dubrovskii V G, Liu X, et al. Boron distribution in the core of si nanowire grown by chemical vapor deposition. Journal of Applied Physics, 2012, 111(9): 094909 - 1 - 6.

[22] Roussel M, Chen W, Talbot E, et al. Atomic scale investigation of silicon nanowires and nanoclusters. Nanoscale Research Letters, 2011, 6(1): 1 - 6.

[23] Murthy D, Xu T, Chen W, et al. Efficient photogeneration of charge carriers in silicon nanowires with a radial doping gradient. Nanotechnology, 2011, 22(31): 2250 - 2262.

[24] Jia G, Eisenhawer B, Dellith J, et al. Multiple core-shell silicon nanowire-based heterojunction solar cells. The Journal of Physical Chemistry C, 2013, 117(2):

1091 - 1096.

[25] Lu Y, Lal A. High-efficiency ordered silicon nano-conical-frustum array solar cells by self-powered parallel electron lithography. Nano Letters, 2010, 10(11): 4651 - 4656.

[26] Putnam M C, Boettcher S W, Kelzenberg M D, et al. Si microwire-array solar cells. Energy & Environmental Science, 2010, 3(8): 1037 - 1041.

[27] Oh J, Yuan H C, Branz H M. An 18. 2%- efficient black-silicon solar cell achieved through control of carrier recombination in nanostructures. Nature Nanotechnology, 2012, 7(11): 743 - 8.

[28] Kim D R, Lee C H, Rao P M, et al. Hybrid si microwire and planar solar cells: Passivation and characterization. Nano Letters, 2011, 11(7): 2704 - 2708.

[29] Gharghi M, Fathi E, Kante B, et al. Heterojunction silicon microwire solar cells. Nano Letters, 2012, 12(12): 6278 - 6282.

[30] Taguchi M, Terakawa A, Maruyama E, et al. Obtaining a highervoc in hit cells. Progress in Photovoltaics: Research and Applications, 2005, 13(6): 481 - 488.

[31] Garnett E C, Peters C, Brongersma M, et al. Silicon nanowire hybrid photovoltaics// Photovoltaic Specialists Conference (PVSC), 2010 35th IEEE. IEEE, 2010.

[32] He L, Jiang C, Wang H, et al. Simple approach of fabricating high efficiency si nanowire/ conductive polymer hybrid solar cells. Electronic Device Letters, IEEE, 2011, 32(10): 1406 - 1408.

[33] Wagner R S, Ellis W C. Vapor-liquid-solid mechanism of single crystal growth (new method growth catalysis from impurity whisker epitaxial + large crystals si e). Applied Physics Letters, 1964, 4(5): 89.

[34] Perraud S, Poncet S, Noël S, et al. Full process for integrating silicon nanowire arrays into solar cells. Solar Energy Materials & Solar Cells, 2009, 93(9): 1568 - 1571.

[35] Gunawan O, Guha S. Characteristics of vapor-liquid-solid grown silicon nanowire solar cells. Solar Energy Materials & Solar Cells, 2009, 93(8): 1388 - 1393.

[36] Th S, Pietsch M, Andr G, et al. Silicon nanowire-based solar cells. Nanotechnology, 2008, 19(29): 2123 - 2131.

[37] Tsakalakos L, Balch J, Fronheiser J, et al. Silicon nanowire solar cells. Applied Physics Letters, 2007, 91(23): 233117 - 1 - 3.

[38] Yuan G, Aruda K, Zhou S, et al. Understanding the origin of the low performance of chemically grown silicon nanowires for solar energy conversion. Angewandte Chemie International Edition, 2011, 50(10): 2334 - 2338.

[39] Yu L, Alet P J, Picardi G, et al. Synthesis, morphology and compositional evolution of silicon nanowires directly grown on SnO_2 substrates. Nanotechnology, 2008, 19(48): 3850 - 3856.

[40] Yu L, O'Donnell B, Alet P J, et al. Plasma-enhanced low temperature growth of silicon nanowires and hierarchical structures by using tin and indium catalysts. Nanotechnology, 2009, 20(22): 9956 - 9968.

[41] Yu L, Fortuna F, O'Donnell B, et al. Stability and evolution of low-surface-tension metal

catalyzed growth of silicon nanowires. Applied Physics Letters, 2011, 98(12): 123113-1-3.

[42] Yu L, O'Donnell B, Maurice J L, et al. Core-shell structure and unique faceting of sn-catalyzed silicon nanowires. Applied Physics Letters, 2010, 97(2): 023107-1-3.

[43] Alet P J, Yu L, Patriarche G, et al. In situ generation of indium catalysts to grow crystalline silicon nanowires at low temperature on ito. Journal of Materials Chemistry, 2008, 18(43): 5187-5189.

[44] Zardo I, Conesa-Boj S, Estradé S, et al. Growth study of indium-catalyzed silicon nanowires by plasma enhanced chemical vapor deposition. Applied Physics A: Materials Science & Processing 2010, 100(1): 287-296.

[45] Zardo I, Yu L, Conesa-Boj S, et al. Gallium assisted plasma enhanced chemical vapor deposition of silicon nanowires. Nanotechnology, 2009, 20(15): 733-734.

[46] Yu L, Fortuna F, O'Donnell B, et al. Bismuth-catalyzed and doped silicon nanowires for one-pump-down fabrication of radial junction solar cells. Nano Letters, 2012, 12(8): 4153-4158.

[47] Misra S, Yu L, Chen W, et al. Wetting layer: The key player in plasma-assisted silicon nanowire growth mediated by tin. The Journal of Physical Chemistry C, 2013, 117(34): 17786-17790.

[48] Misra S, Yu L, Foldyna M, et al. High efficiency and stable hydrogenated amorphous silicon radial junction solar cells built on VLS-grown silicon nanowires. Solar Energy Materials & Solar Cells, 2013, 118: 90-95.

[49] Moutanabbir O, Isheim D, Blumtritt H, et al. Colossal injection of catalyst atoms into silicon nanowires. Nature, 2013, 496(7443): 78-82.

[50] Chen W, Yu L, Misra S, et al. Incorporation and redistribution of impurities into silicon nanowires during metal-particle-assisted growth. Nature Communications, 2014, 5: 4134-1-7.

索 引